机械动力学基础

李一全　宋友贵　编著

国防工业出版社
·北京·

内容简介

本书分三个部分：机械动力学部分，主要介绍分析动力学和机械振动基础；分析动力学部分，主要介绍完整系统的第二类拉格朗日方程及应用，同时也涉及线性非完整系统，其中只介绍了带乘子的拉格朗日方程和阿贝尔方程，并对完整系统的哈密顿原理及第一类拉格朗日方程进行了简述；机械振动部分，主要介绍单自由度系统的振动、多自由度系统的振动以及连续系统的振动，同时简单介绍了离散体的近似方法，也对简单弹性体振动的数值计算方法作了阐述。

本书可作为高等院校机械类高年级本科生和研究生的教学参考书，也可供有关工程技术人员学习参考。

图书在版编目(CIP)数据

机械动力学基础/李一全，宋友贵编著．—北京：国防工业出版社，2024.5
ISBN 978-7-118-13036-2

Ⅰ.①机… Ⅱ.①李…②宋… Ⅲ.①机械动力学 Ⅳ.①TH113

中国国家版本馆 CIP 数据核字(2024)第 085223 号

※

国防工业出版社出版发行
(北京市海淀区紫竹院南路 23 号　邮政编码 100048)
河北文盛印刷有限公司印刷
新华书店经售

*

开本 787×1092　1/16　**印张** 15¼　**字数** 352 千字
2024 年 5 月第 1 版第 1 次印刷　**印数** 1—1500 册　**定价** 75.00 元

国防书店：(010)88540777　　书店传真：(010)88540776
发行业务：(010)88540717　　发行传真：(010)88540762

前 言

现代工程师应掌握基本的机械动力学原理和分析方法,能够应用力学基本理论解决机械系统中的动力学问题,才能保证所设计的现代机械系统具有高精度和高可靠性。

本书分为5章。第1章简述振动运动的基础理论知识;第2章为机械分析动力学基本内容,本章从分析动力学的基本概念开始,以完整系统的第二类拉格朗日方程及应用为主线,同时也涉及线性非完整系统,这其中只介绍了带乘子的拉格朗日方程和阿贝尔方程,同时对完整系统的哈密顿原理作了简述,最后对第一类拉格朗日方程作了简单介绍;第3章为单自由度系统的振动;第4章为多自由度系统的振动;第5章为连续系统的振动,除简单介绍了离散体的近似方法外,也对简单弹性体振动的数值计算方法作了阐述。

在第2~第5章后面均附有一定数量的习题,书后附有参考答案。

本书是在相关课程教学内容的基础上经删减、补充修订而成,以期达到用较少的学时掌握机械动力学所需力学知识的目的,也是教学改革的尝试。

由于编者水平有限,书中存在不当和疏漏之处,恳请读者指正。

编著者

2024年1月

目录

第1章
振动运动的基础理论

最简单的振动运动形式是周期的简谐振动,简谐振动的表示方法也往往是描述其他振动运动的基础。例如:一般的周期运动可借助傅里叶级数表示为一系列简谐振动的叠加;对于非周期的振动也可通过傅里叶积分做类似的分析。

1.1 简谐振动的表示方法

1.1.1 用三角函数表示简谐运动

通常用正弦(或余弦)函数表示简谐振动,即

$$x = A\sin(\omega t + \alpha) \tag{1-1}$$

式中:A,ω,α 分别为振动的幅值(也称振幅)、固有圆频率和初始相位角。

以时间 t 为自变量,式(1-1)所表示的位移与时间的关系就是简谐振动的运动方程,位移与时间的关系曲线如图 1-1 所示。

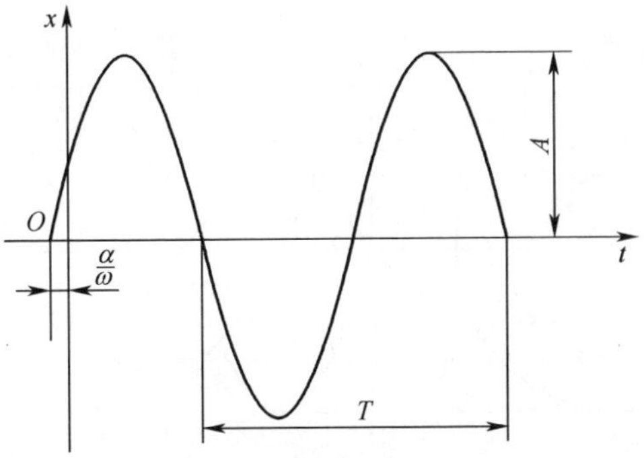

图 1-1　简谐振动

显然式(1-1)表示的是以某一点为中心往复的周期运动,一次往复经过的时间 $t = T$ 是不变的,T 与圆频率之间的关系为 $T = 2\pi/\omega$,单位为 s;工程上又采用每秒振动的次数为频率 $f = 1/T$,称为固有频率,单位为赫兹(Hz)。f 与 ω 之间的关系为 $\omega = 2\pi f$,也就是圆频率表示在 2π 秒内所振动的次数,在不致混淆的情况下也把 ω 称为固有频率,单位为弧度/秒(rad/s)。

振动的速度和加速度分别为

$$\begin{cases}\dot{x}=A\omega\cos(\omega t+\alpha)=A\omega\sin\left(\omega t+\alpha+\dfrac{\pi}{2}\right)\\ \ddot{x}=-A\omega^2\sin(\omega t+\alpha)=A\omega^2\sin(\omega t+\alpha+\pi)\end{cases} \tag{1-2}$$

式(1-2)表明若位移为谐函数,速度和加速度也为相同频率的谐函数。在相位上速度和加速度分别超前位移$\dfrac{\pi}{2}$和 π。

加速度和位移的关系为 $\ddot{x}=-\omega^2 x$,加速度大小与位移成正比,但方向与位移相反,即加速度总是指向平衡位置。

1.1.2 用旋转矢量表示简谐振动

简谐振动除用三角函数表示外,还可用平面上的旋转矢量表示。设一矢量 $\boldsymbol{A}$ 绕中心 O 点以角速度 ω 转动,设 $|\boldsymbol{A}|=A$,在 $t=0$ 时刻与水平线成 α 角。矢量 $\boldsymbol{A}(t)$ 就从几何上表示了频率为 ω 、幅值为 A 、相位角为 α 的简谐运动(图 1-2(a))。

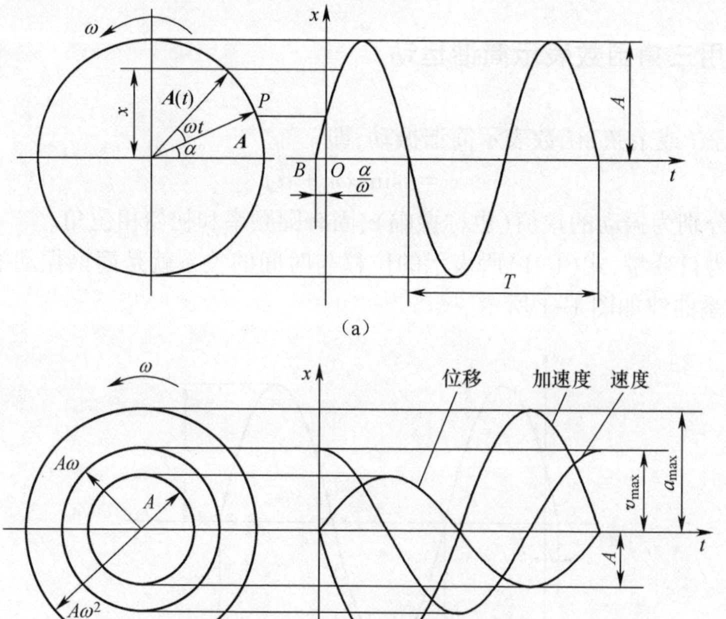

图 1-2 简谐振动的旋转矢量示意图

若将 $\boldsymbol{A}(t)$ 投影于垂直轴并将其值取作 $x(t)$,则有 $x=A\sin(\omega t+\alpha)$,这就是式(1-1)。如将 $\boldsymbol{A}(t)$ 投影在水平轴上,则得简谐振动的余弦表达式 $x=A\cos(\omega t+\alpha)$ 。

由式(1-1)和式(1-2)又可把简谐振动的位移、速度和加速度以及它们之间的关系用矢图示出(图 1-2(b))。

1.1.3 用复矢量表示简谐振动

简谐振动还可在复平面上表示。把位移和幅值都写成复数形式,用复指数表示谐函数则有

$$\boldsymbol{X} = \boldsymbol{A}\mathrm{e}^{\mathrm{j}\omega t} \tag{1-3}$$

式中:$\boldsymbol{X}$,$\boldsymbol{A}$ 分别为位移的复数形式和复数的振幅;$\mathrm{j} = \sqrt{-1}$ 为单位虚数,$\mathrm{e}^{\mathrm{j}\omega t}$ 为一个在复平面上以角速度为 ω 旋转的单位复矢量。式(1-3)是简谐振动的复指数表达式。按欧拉公式:

$$\mathrm{e}^{\mathrm{j}\omega t} = \cos \omega t + \mathrm{j}\sin \omega t \tag{1-4}$$

该单位矢量的实部为 $\mathrm{Re} = \cos \omega t$,虚部为 $\mathrm{Im} = \sin \omega t$。

复数振幅 $\boldsymbol{A}$ 在复平面上又可表示为

$$\boldsymbol{A} = A\mathrm{e}^{\mathrm{j}\varphi} \tag{1-5}$$

式中:$A = |\boldsymbol{A}|$,为复数振幅的模;$\varphi = \arg\boldsymbol{A}$ 为复数振幅 $\boldsymbol{A}$ 的幅角。由此可知复数振幅包含了振动的幅值和相位角两个信息。根据式(1-3),位移复矢量 $\boldsymbol{X}$ 可表示为

$$\boldsymbol{X} = A\mathrm{e}^{\mathrm{j}(\omega t+\varphi)} \tag{1-6}$$

其实部与虚部分别为

$$\begin{cases}\mathrm{Re}\boldsymbol{X} = A\cos(\omega t + \varphi)\\ \mathrm{Im}\boldsymbol{X} = A\sin(\omega t + \varphi)\end{cases} \tag{1-7}$$

因此,只要将复数表示的位移取虚部(或实部),即得到用三角函数表示的简谐振动。

用复指数形式表示的简谐振动,可给运算带来很多方便,如对式(1-6)两端对时间求导数,得

$$\begin{cases}\dot{\boldsymbol{X}} = \mathrm{j}\omega A\mathrm{e}^{\mathrm{j}(\omega t+\varphi)} = \omega A\mathrm{e}^{\mathrm{j}\left(\omega t+\varphi+\frac{\pi}{2}\right)} & (\mathrm{j} = \mathrm{e}^{\mathrm{j}\frac{\pi}{2}})\\ \ddot{\boldsymbol{X}} = -\omega^2 A\mathrm{e}^{\mathrm{j}(\omega t+\varphi)} = \omega^2 A\mathrm{e}^{\mathrm{j}(\omega t+\varphi+\pi)} & (-1 = \mathrm{e}^{\mathrm{j}\pi})\end{cases} \tag{1-8}$$

式(1-8)的虚部就分别为式(1-2)用正弦函数表示的振动速度与加速度。

顺便指出,对于简谐振动的合成可出现各种不同的情况,两个同频率简谐振动合成的结果仍是同频率的简谐振动。如果两个不同频率的合成与两个频率之比为有理数,可合成为周期振动,但不会是简谐振动。若两个简谐振动的频率之比为无理数时,其合成振动将是非周期的,在第 4 章讨论简谐振动叠加时将会遇到这种情形。

1.2 周期振动的谐波表示

在工程技术中常提到非简谐周期运动的振动,设振动 $x(t)$ 的周期是 T,则 $x(t) = x(t + T)$。假设 $x(t)$ 是以 2π 为周期的函数且满足狄利克雷条件,则可将其展成傅里叶级数:

$$x(t) = \frac{a_0}{2} + \sum_{n=1}^{\infty}(a_n\cos \omega_n t + b_n\sin \omega_n t) \tag{1-9}$$

式中:$\omega_n = n\omega_0 = n\dfrac{2\pi}{T}$,$\omega_0 = \dfrac{2\pi}{T}$ 称为基频;系数 a_0、a_n、b_n 可分别表示为

$$
\begin{cases}
a_0 = \dfrac{2}{T}\displaystyle\int_{-\frac{T}{2}}^{\frac{T}{2}} x(t)\,\mathrm{d}t \\
a_n = \dfrac{2}{T}\displaystyle\int_{-\frac{T}{2}}^{\frac{T}{2}} x(t)\cos\omega_n t\mathrm{d}t \quad (n = 1,2,\cdots) \\
b_n = \dfrac{2}{T}\displaystyle\int_{-\frac{T}{2}}^{\frac{T}{2}} x(t)\sin\omega_n t\mathrm{d}t \quad (n = 1,2,\cdots)
\end{cases} \tag{1-10}
$$

式(1-9)也可表示为

$$
x(t) = \frac{a_0}{2} + \sum_{n=1}^{\infty} A_n \sin(\omega_n t + \varphi_n) \tag{1-11}
$$

其中

$$
A_n = \sqrt{a_n^2 + b_n^2},\tan\varphi_n = \frac{a_n}{b_n} \quad (n = 1,2,\cdots) \tag{1-12}
$$

由式(1-12)可见,一个一般的周期函数可以用频率依次为基频 $\omega_0 = 2\pi/T$ 整数倍的无穷多简谐振动的叠加来表达,而把 $n = 1,2,\cdots$ 称为一次谐波,二次谐波,……

式(1-12)中的 A_n 和 φ_n 是频率为 ω_n 的谐波函数的幅值和相位角。傅里叶展开又称谐波分析法。

为表明各级谐波函数的幅值和相位角在周期函数中所占的成分,以 ω_n ($n = 1,2,\cdots$)为横坐标,分别以 A_n 和 φ_n 为纵坐标所绘制的图线称为幅值频谱图和相位频谱图,简称频谱图。周期函数的频谱等距离地分布于横坐标轴,函数的频谱表示该函数的简谐成分,这种表示方法又称为频谱分析。周期函数的谱线是离散的直线段称为离散频谱,如图 1-3 所示。

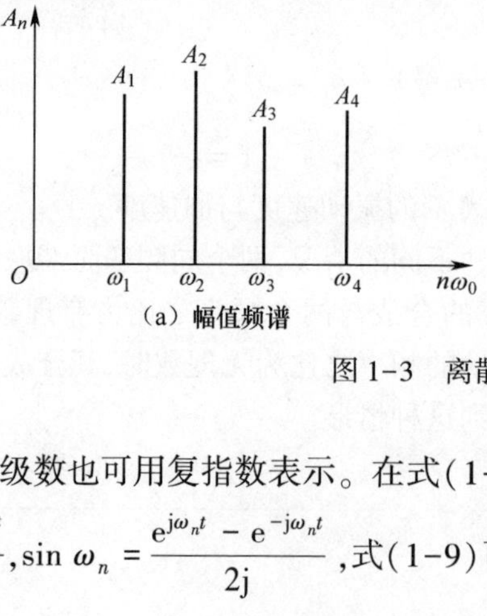

(a) 幅值频谱

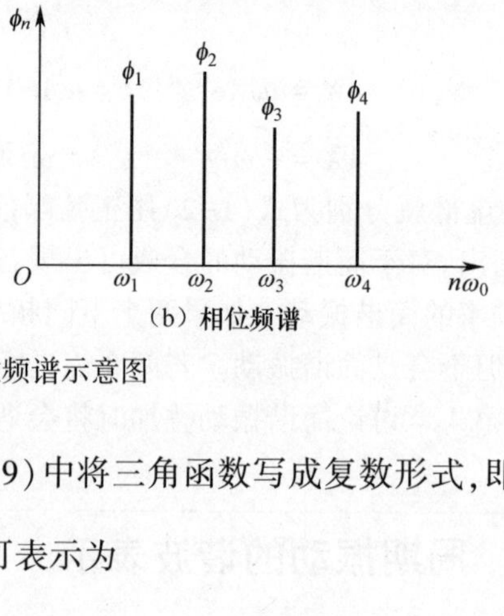

(b) 相位频谱

图 1-3　离散频谱示意图

傅里叶级数也可用复指数表示。在式(1-9)中将三角函数写成复数形式,即 $\cos\omega_n = \dfrac{\mathrm{e}^{\mathrm{j}\omega_n t} + \mathrm{e}^{-\mathrm{j}\omega_n t}}{2}$, $\sin\omega_n = \dfrac{\mathrm{e}^{\mathrm{j}\omega_n t} - \mathrm{e}^{-\mathrm{j}\omega_n t}}{2\mathrm{j}}$,式(1-9)可表示为

$$
\begin{aligned}
x(t) &= \frac{a_0}{2} + \sum_{n=1}^{\infty}\left(a_n \frac{\mathrm{e}^{\mathrm{j}\omega_n t} + \mathrm{e}^{-\mathrm{j}\omega_n t}}{2} + b_n \frac{\mathrm{e}^{\mathrm{j}\omega_n t} - \mathrm{e}^{-\mathrm{j}\omega_n t}}{2j}\right) \\
&= \frac{a_0}{2} + \sum_{n=1}^{\infty}\left(\frac{a_n - \mathrm{j}b_n}{2}\mathrm{e}^{\mathrm{j}\omega_n t} + \frac{a_n + \mathrm{j}b_n}{2}\mathrm{e}^{-\mathrm{j}\omega_n t}\right) \\
&= C_0 + \sum_{n=1}^{\infty}(C_n \mathrm{e}^{\mathrm{j}\omega_n t} + C_{-n}\mathrm{e}^{-\mathrm{j}\omega_n t})
\end{aligned} \tag{1-13}
$$

其中

$$C_0=\frac{a_0}{2},C_n=\frac{a_n-\mathrm{j}b_n}{2},C_{-n}=\frac{a_n+\mathrm{j}b_n}{2} \tag{1-14}$$

由式(1-14)可见，C_n 与 C_{-n} 是共轭复数。

将傅里叶展开的系数表达式也用复指数表示：

$$\begin{cases} a_n=\dfrac{2}{T}\displaystyle\int_{-\frac{T}{2}}^{\frac{T}{2}}x(t)\cos\omega_n t\mathrm{d}t \\ \quad=\dfrac{2}{T}\displaystyle\int_{-\frac{T}{2}}^{\frac{T}{2}}x(t)\dfrac{\mathrm{e}^{\mathrm{j}\omega_n t}+\mathrm{e}^{-\mathrm{j}\omega_n t}}{2}\mathrm{d}t \\ \quad=\dfrac{1}{T}\displaystyle\int_{-\frac{T}{2}}^{\frac{T}{2}}x(t)(\mathrm{e}^{\mathrm{j}\omega_n t}+\mathrm{e}^{-\mathrm{j}\omega_n t})\mathrm{d}t \\ b_n=\dfrac{1}{T}\displaystyle\int_{-\frac{T}{2}}^{\frac{T}{2}}x(t)\dfrac{\mathrm{e}^{\mathrm{j}\omega_n t}-\mathrm{e}^{-\mathrm{j}\omega_n t}}{j}\mathrm{d}t \end{cases} \tag{1-15}$$

将式(1-15)代入 C_n 与 C_{-n} 的表达式中，得

$$\begin{cases} C_n=\dfrac{a_n-\mathrm{j}b_n}{2}=\dfrac{1}{T}\displaystyle\int_{-\frac{T}{2}}^{\frac{T}{2}}x(t)\mathrm{e}^{-\mathrm{j}\omega_n t}\mathrm{d}t \\ C_{-n}=\dfrac{a_n+\mathrm{j}b_n}{2}=\dfrac{1}{T}\displaystyle\int_{-\frac{T}{2}}^{\frac{T}{2}}x(t)\mathrm{e}^{\mathrm{j}\omega_n t}\mathrm{d}t \end{cases} \quad (n=1,2,\cdots) \tag{1-16}$$

再将 C_0,C_n,C_{-n} 合写成一个公式，有

$$C_n=\frac{1}{T}\int_{-\frac{T}{2}}^{\frac{T}{2}}x(t)\mathrm{e}^{-\mathrm{j}\omega_n t}\mathrm{d}t \quad (n=0,\ \pm1,\ \pm2,\cdots) \tag{1-17}$$

系数 C_n 一般为复数，这些系数提供了 $x(t)$ 的频谱。

式(1-13)可表示为

$$x(t)=\sum_{n=-\infty}^{\infty}C_n\mathrm{e}^{\mathrm{j}\omega_n t}=\frac{1}{T}\sum_{n=-\infty}^{\infty}\left[\int_{-\frac{T}{2}}^{\frac{T}{2}}x(t)\mathrm{e}^{-\mathrm{j}\omega_n t}\mathrm{d}t\right]\mathrm{e}^{\mathrm{j}\omega_n t} \tag{1-18}$$

式(1-18)是傅里叶级数的复指数形式。

1.3 非周期函数的傅里叶积分

一个周期函数可展开成傅里叶级数，对于一个任意的非周期函数 $f(t)$ 可视为周期 T 趋于无穷大的周期函数，利用式(1-18)可将 $f(t)$ 展开为

$$f(t)=\lim_{T\to\infty}\frac{1}{T}\sum_{n=-\infty}^{\infty}\left[\int_{-\frac{T}{2}}^{\frac{T}{2}}f(\tau)\mathrm{e}^{-\mathrm{j}\omega_n\tau}\mathrm{d}\tau\right]\mathrm{e}^{\mathrm{j}\omega_n t} \tag{1-19}$$

当 n 取一切整数时，各 w_n 所对应的点便均匀地分布在以 ω 为变量的整个数轴上。设两个相邻频率的间隔为 $\Delta\omega_n=2\pi/T=\Delta\omega$，在 $T\to\infty$ 时，$\Delta\omega_n=\Delta\omega$ 可视为无穷小量，式(1-19)可写成

$$f(t)=\lim_{\Delta\omega\to 0}\frac{\Delta\omega}{2\pi}\sum_{n=-\infty}^{\infty}\left[\int_{-\frac{T}{2}}^{\frac{T}{2}}f(\tau)\,\mathrm{e}^{-\mathrm{j}\omega_n\tau}\mathrm{d}\tau\right]\mathrm{e}^{\mathrm{j}\omega_n t}$$

$$=\lim_{\Delta\omega\to 0}\frac{1}{2\pi}\sum_{n=-\infty}^{\infty}\left[\int_{-\frac{T}{2}}^{\frac{T}{2}}f(\tau)\,\mathrm{e}^{-\mathrm{j}\omega_n\tau}\mathrm{d}\tau\right]\mathrm{e}^{\mathrm{j}\omega_n t}\Delta\omega$$

$$=\frac{1}{2\pi}\int_{-\infty}^{\infty}\left[\int_{-\infty}^{\infty}f(t)\,\mathrm{e}^{-\mathrm{j}\omega t}\mathrm{d}t\right]\mathrm{e}^{\mathrm{j}\omega t}\mathrm{d}\omega \tag{1-20}$$

式(1-20)就是非周期函数$f(t)$的傅里叶积分公式,简称为函数$f(t)$的傅里叶积分。此积分要求函数$f(t)$除满足狄利克雷条件外,还要在无限区间$(-\infty,+\infty)$上绝对可积,也就是$\int_{-\infty}^{\infty}|f(t)|\mathrm{d}t$收敛。在式(1-20)中,令

$$\phi(\omega)=\int_{-\infty}^{\infty}f(t)\,\mathrm{e}^{-\mathrm{j}\omega t}\mathrm{d}t \tag{1-21}$$

则$f(t)$可表示为

$$f(t)=\frac{1}{2\pi}\int_{-\infty}^{\infty}\phi(\omega)\,\mathrm{e}^{\mathrm{j}\omega t}\mathrm{d}\omega \tag{1-22}$$

式(1-21)为函数$f(t)$的傅里叶变换,而式(1-22)是$\phi(\omega)$的傅里叶逆变换,$f(t)$和$\phi(\omega)$构成傅里叶变换对,二者通过式(1-21)和式(1-22)互相表达。

从式(1-20)可知,$f(t)$的傅里叶变换式(1-21)是$f(t)$的频谱表达式,因此$\phi(\omega)$又称为$f(t)$的频谱函数。

因为ω是连续变化的,所以非周期函数的频谱图是连续变化的曲线,称连续频谱。例如,单个矩形脉冲的频谱图就是连续的。

设单个矩形脉冲如图1-4(a)所示,$f(t)$可用下式表示:

$$f(t)=\begin{cases}0 & \left(-\infty<t<-\dfrac{\tau}{2}\right)\\ 1 & \left(-\dfrac{\tau}{2}<t<\dfrac{\tau}{2}\right)\\ 0 & \left(\dfrac{\tau}{2}<t<+\infty\right)\end{cases} \tag{1-23}$$

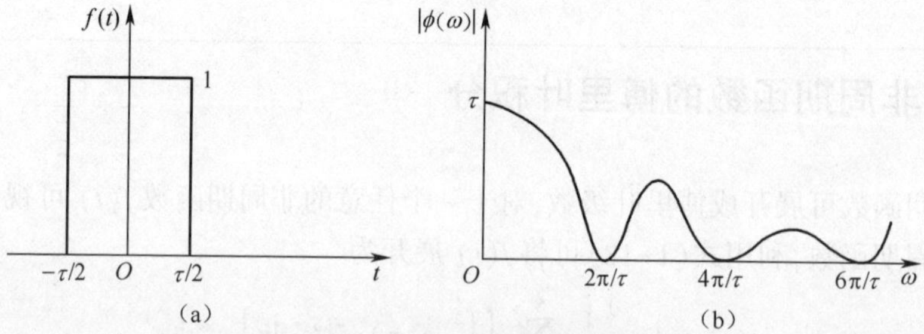

图1-4 矩形脉冲与频谱图

由式(1-21)求出$f(t)$的频谱函数为

$$\phi(\omega)=\int_{-\frac{\tau}{2}}^{\frac{\tau}{2}}\mathrm{e}^{-\mathrm{j}\omega t}\mathrm{d}t=\frac{1}{\mathrm{j}\omega}(\mathrm{e}^{\mathrm{j}\omega\tau/2}-\mathrm{e}^{-\mathrm{j}\omega\tau/2})$$
$$=\frac{2}{\omega}\sin\frac{\omega\tau}{2}$$

$f(t)$ 的幅值频谱函数为

$$\phi(\omega)=\tau\left|\frac{\sin\frac{\omega\tau}{2}}{\frac{\omega\tau}{2}}\right|$$

频谱图如图 1-4(b)所示的连续曲线(只画出 $\omega\geqslant 0$ 这一半)。傅里叶变换有很多性质及其应用,例如利用傅里叶变换的线性性质和微分性质,可以把线性常微分方程化成代数方程,通过解代数方程和求傅里叶逆变换可得到微分方程的解。但由于傅里叶变换要求被积函数在 $(-\infty,+\infty)$ 内绝对可积的条件。许多常见函数即便是很简单的如正弦函数、余弦函数、线性函数等都不满足上述条件,也就是不能取傅里叶变换。因此,傅里叶变换的应用就受到很大的限制,而拉普拉斯变换则可克服这个缺点,得到广泛的应用。

1.4 拉普拉斯变换

可以进行傅里叶变换的函数必须在 $(-\infty,+\infty)$ 内有定义,而实际上许多以时间 t 为自变量的函数只需考虑 $t\geqslant 0$ 时函数才有意义。因此,可认为在 $t<0$ 时 $f(t)=0$,同时对于这样的函数能够选到一个正的实常数 σ,当 $t\to\infty$ 时,$|f(t)|\mathrm{e}^{-\sigma t}\to 0$。这个条件与 $|f(t)|\mathrm{e}^{-\sigma t}$ 在 $(0,+\infty)$ 内绝对可积是一致的(即 $\int_0^\infty |f(t)|\mathrm{e}^{-\sigma t}\mathrm{d}t<\infty$)。

如果 $\sigma>\sigma_c$ 时,$\lim|f(t)|\mathrm{e}^{-\sigma t}\to 0$。而当 $\sigma<\sigma_c$ 时 $\lim|f(t)|\mathrm{e}^{-\sigma t}\to\infty$,$\sigma_c$ 就为收敛横坐标。对于不可能找到收敛横坐标值的函数如 e^{t^2},$t\mathrm{e}^{t^2}$ 等比指数函数增长得快的函数就不存在收敛横坐标,也就不存在上述的绝对可积的条件。

定义下列积分

$$F(s)=\int_0^\infty f(t)\mathrm{e}^{-st}\mathrm{d}t \tag{1-24}$$

为函数 $f(t)$ 的拉普拉斯变换,其中 s 为复变量。

式(1-24)也可简记为 $L[f(t)]=F(s)$,L 为运算符号,表示对符号后的函数 $f(t)$ 作式(1-24)右边的积分。

函数 $f(t)$ 在 $t\geqslant 0$ 的任意区间分段连续,且当 $t\to\infty$ 时 $f(t)\mathrm{e}^{-\sigma t}\to 0$。积分式(1-24)在 s 的实部大于 σ_c 的半平面一定存在。一个不满足傅里叶积分条件的函数 $f(t)$ 在作了上述规定后 $f(t)\mathrm{e}^{-\sigma t}$ 却满足傅里叶变换的条件。如令

$$q(t)=f(t)\mathrm{e}^{-\sigma t} \tag{1-25}$$

考虑到 $t<0$ 时,$f(t)=0$,则式(1-25)的傅里叶积分可写成

$$q(t)=\frac{1}{2\pi}\int_{-\infty}^{\infty}\left[\int_0^\infty q(\tau)\mathrm{e}^{-\mathrm{j}\omega\tau}\mathrm{d}\tau\right]\mathrm{e}^{\mathrm{j}\omega t}\mathrm{d}\omega$$

$$=\frac{1}{2\pi}\int_{-\infty}^{\infty}\left[\int_{0}^{\infty}f(\tau)\mathrm{e}^{-(\mathrm{j}\omega+\sigma)\tau}\mathrm{d}\tau\right]\mathrm{e}^{\mathrm{j}\omega t}\mathrm{d}\omega \tag{1-26}$$

式中,令复变量 $s=\sigma+\mathrm{j}\omega$,则

$$q(t)=f(t)\mathrm{e}^{-\sigma t}=\frac{1}{2\pi j}\int_{\sigma-\mathrm{j}\infty}^{\sigma+\mathrm{j}\infty}\left[\int_{0}^{\infty}f(\tau)\mathrm{e}^{-s\tau}\mathrm{d}\tau\right]\mathrm{e}^{(s-\sigma)t}\mathrm{d}s$$

$$=\frac{1}{2\pi\mathrm{j}}\mathrm{e}^{-\sigma t}\int_{\sigma-\mathrm{j}\infty}^{\sigma+\mathrm{j}\infty}\left[\int_{0}^{\infty}f(\tau)\mathrm{e}^{-s\tau}\mathrm{d}\tau\right]\mathrm{e}^{st}\mathrm{d}s \tag{1-27}$$

所以得

$$f(t)=\frac{1}{2\pi\mathrm{j}}\int_{\sigma-\mathrm{j}\infty}^{\sigma+\mathrm{j}\infty}\left[\int_{0}^{\infty}f(\tau)\mathrm{e}^{-s\tau}\mathrm{d}\tau\right]\mathrm{e}^{st}\mathrm{d}s$$

$$=\frac{1}{2\pi\mathrm{j}}\int_{\sigma-\mathrm{j}\infty}^{\sigma+\mathrm{j}\infty}F(s)\mathrm{e}^{st}\mathrm{d}s \tag{1-28}$$

其中

$$F(s)=\int_{0}^{\infty}f(t)\mathrm{e}^{-st}\mathrm{d}t \tag{1-29}$$

即为 $f(t)$ 的拉普拉斯变换。由此可知,式(1-24)所定义的拉普拉斯变换是傅里叶变换的一种特殊情况。

式(1-28)为拉普拉斯变换 $F(s)$ 的逆变换,即由 $F(s)$ 求时间函数 $f(t)$,可表示为

$$L^{-1}[F(s)]=f(t)=\frac{1}{2\pi j}\int_{\sigma-\mathrm{j}\infty}^{\sigma+\mathrm{j}\infty}F(s)\mathrm{e}^{st}\mathrm{d}s \tag{1-30}$$

式中: L^{-1} 为拉普拉斯逆变换记号;拉普拉斯变换 $F(s)$ 为复变量 s 的函数,在收敛域的半平面内均成立。

式(1-30)是一个复变函数的积分,通常可采用求留数的方法进行计算。特别是当 $F(s)$ 为有理分式时,可把其分为若干个简单多项分式之和。这些简单的有理分式所对应的逆变换又较容易得到。根据拉普拉斯变换的线性性质即可得到有理分式的逆变换函数。下面举几个常见简单函数的拉普拉斯变换。

1. 阶跃函数的拉普拉斯变换

$$f(t)=\begin{cases}0 & (t<0)\\ a & (t\geqslant 0)\end{cases}$$

$$L[f(t)]=L[a]=\int_{0}^{\infty}a\mathrm{e}^{-st}\mathrm{d}t=-\frac{a}{s}\mathrm{e}^{-st}\Big|_{0}^{\infty}=\frac{a}{s}$$

如 $a=1$ 即为单位阶跃函数的拉普拉斯变换, $L[1(t)]=\frac{1}{s}$。对于单位脉冲函数都 $\delta(t)$,由于 $\delta(t)=\mathrm{d}(1(t))/\mathrm{d}t$,根据拉普拉斯变换的微分性质 $L\left[\frac{\mathrm{d}}{\mathrm{d}t}f(t)\right]=sF(s)$,利用上述阶跃函数的拉普拉斯变换可得 $L[\delta(t)]=1$。

2. 指数函数

$$f(t)=a\mathrm{e}^{-\alpha t}\quad(t\geqslant 0)$$

$$L[f(t)]=\int_{0}^{\infty}a\mathrm{e}^{-\alpha t}\mathrm{e}^{-st}\mathrm{d}t$$

$$=a\int_{0}^{\infty}\mathrm{e}^{-(\alpha+s)t}\mathrm{d}t=\frac{s}{s+\alpha}$$

3. 线性函数

$$f(t)=kt \quad (t \geqslant 0)$$

$$L[f(t)]=k\int_0^{\infty} t\mathrm{e}^{-st}\mathrm{d}t=k\left(-\frac{t}{s}\mathrm{e}^{-st}\Big|_0^{\infty}-\int_0^{\infty}-\frac{\mathrm{e}^{-st}}{s}\mathrm{d}t\right)=\frac{k}{s^2}$$

4. 正弦函数

$$f(t)=\sin(\omega t) \quad (t \geqslant 0)$$

$$\sin(\omega t)=\frac{1}{2\mathrm{j}}(\mathrm{e}^{\mathrm{j}\omega t}-\mathrm{e}^{-\mathrm{j}\omega t})$$

$$L[f(t)]=\frac{1}{2\mathrm{j}}\int_0^{\infty}(\mathrm{e}^{\mathrm{j}\omega t}-\mathrm{e}^{-\mathrm{j}\omega t})\mathrm{e}^{-st}\mathrm{d}t=\frac{1}{2\mathrm{j}}\cdot\frac{1}{s-\mathrm{j}\omega}-\frac{1}{2\mathrm{j}}\cdot\frac{1}{s+\mathrm{j}\omega}=\frac{\omega}{s^2+\omega^2}$$

余弦函数$f(t)=\cos(\omega t)=\frac{1}{2}(\mathrm{e}^{\mathrm{j}\omega t}+\mathrm{e}^{-\mathrm{j}\omega t})$的拉普拉斯变换为$f(s)=\frac{s}{s^2+\omega^2}$。

以上为简单函数的拉普拉斯变换 $F(s)$的表达式,较为复杂一些函数的拉普拉斯变换可以从变换表中查到,不必去做积分运算。

利用简单函数的拉普拉斯变换可以方便地得到 $F(s)$为有理分式时的逆变换函数,而不用去查拉普拉斯变换表。

设 $F(s)$具有 $B(s)/A(s)$的形式,为有理真分式。否则,当 $B(s)$中 s 的最高次幂大于 $A(s)$中 s的最高次幂时,则要应用多项式除法将其化作一个有理多项式与一个有理真分式之和。

若 $F(s)$有不同的极点,或 $A(s)$的零点($A(s)=0$ 有不相同的根),$F(s)$可表示为

$$F(s)=\frac{B(s)}{A(s)}=\frac{b_1}{s-s_1}+\frac{b_2}{s-s_2}+\cdots+\frac{b_n}{s-s_n} \tag{1-31}$$

式中:$s_k(k=1,2,\cdots,n)$为 $F(s)$的极点,也是 $A(s)$的零点;$b_k(k=1,2,\cdots,n)$为常数。在式(1-31)两端乘以 $s-s_k$,得

$$(s-s_k)\frac{B(s)}{A(s)}=\left[\frac{b_1}{s-s_1}+\frac{b_2}{s-s_2}+\cdots+\frac{b_k}{s-s_k}+\cdots+\frac{b_n}{s-s_n}\right](s-s_k) \tag{1-32}$$

将 $s=s_k$代入式(1-32),得

$$\left[(s-s_k)\frac{B(s)}{A(s)}\right]_{s=s_k}=b_k \quad (k=1,2,\cdots,n) \tag{1-33}$$

依次求出各系数之后,由前面的指数函数的拉普拉斯变换可知式(1-31)每个分项分式所对应的逆变换为

$$f_k(t)=L^{-1}\left[\frac{b_k}{s-s_k}\right]=b_k\mathrm{e}^{s_k t}$$

由拉普拉斯变换的线性性质可知 $F(s)$的逆变换函数:

$$f(t)=L^{-1}[F(s)]=\sum_{k=1}^{n}b_k\mathrm{e}^{s_k t} \quad (t \geqslant 0) \tag{1-34}$$

例如,求 $F(s)=\frac{s+3}{s^2+3s+2}$的拉普拉斯变换。先求出 $A(s)=s^2+3s+2$ 的零点,$s_1=-1$,$s_2=-2$,则

$$F(s)=\frac{s+3}{s^2+3s+2}=\frac{s+3}{(s+1)(s+2)}=\frac{b_1}{s+1}+\frac{b_2}{s+2}$$

$$b_1=\left[(s+1)\frac{s+3}{(s+1)(s+2)}\right]_{s=-1}=2$$

$$b_2=\left[(s+2)\frac{s+3}{(s+1)(s+2)}\right]_{s=-2}=-1$$

$$f(t)=L^{-1}[F(s)]=L^{-1}\left[\frac{2}{s+1}\right]+L^{-1}\left[\frac{-1}{s+2}\right]=2e^{-t}-e^{-2t}$$

在上述方法中，首先要求出有理真分式分母多项式的根。

在式(1-32)等号左边，因为 s_k 是 $A(s)=0$ 的根，所以形式为不定式，因而可用洛必达法则将这个不定式展开对 s 求导得 b_k，即

$$\frac{\frac{d}{ds}[(s-s_k)B(s)]}{\frac{d}{ds}A(s)}\bigg|_{s=s_k}=\frac{B(s)}{A'(s)}\bigg|_{s=s_k}=b_k(k=1,2,\cdots,n) \tag{1-35}$$

若式(1-31)分母多项式 $A(s)$ 有 m 个重根，不妨设 s_1 为 $A(s)$ 的 m 阶零点，其余根为 $s_{m+1},s_{m+2},\cdots,s_n$ 是 $A(s)$ 的不同的根，即 $A(s)$ 的单零点，这时 $F(s)$ 的分项展开式为

$$F(s)=\frac{b_m}{(s-s_1)^m}+\frac{b_{m-1}}{(s-s_1)^{m-1}}+\cdots+\frac{b_1}{s-s_1}+\frac{a_{m+1}}{s-s_{m+1}}+\frac{a_{m+2}}{s-s_{m+2}}+\cdots+\frac{a_{n-m}}{s-s_n} \tag{1-36}$$

式中：s_1 和 $s_{m+1},s_{m+2},\cdots,s_n$ 分别为 $F(s)$ 的 m 阶极点与单极点，所以对于单极点的各分式系数可按式(1-33)或式(1-35)的方法逐一求出，从而获得相应各分式的逆变换。

对于重极点分式的各项系数，可先将式(1-36)两边乘以 $(s-s_1)^m$，即

$$(s-s_1)^mF(s)=b_m+b_{m-1}(s-s_1)+\cdots+b_1(s-s_1)^{m-1}+\cdots \tag{1-37}$$

略去上式单极点的各项分式乘以 $(s-s_1)^m$ 的各项，因为它们在运算中总含有 $s-s_1$ 的因子，在 $s=s_1$ 时各项均为零不影响对 $F(s)$ 的重极点各分式系数的计算。

在式(1-37)中令 $s=s_1$，得 $(s-s_1)^m F(s)=b_m$。将式(1-37)两边对 s 求导数：

$$\frac{d}{ds}[(s-s_1)^mF(s)]=b_{m-1}+2b_{m-2}(s-s_1)+\cdots+(m-1)b_1(s-s_1)^{m-2} \tag{1-38}$$

令　$s=s_1$，得 $\frac{d}{ds}[(s-s_1)^mF(s)]_{s=s_1}=b_{m-1}$

将式(1-38)两边对 s 求导数，得

$$\frac{d^2}{ds^2}[(s-s_1)^mF(s)]=2b_{m-2}+3b_{m-3}(s-s_1)+\cdots+(m-1)(m-2)b_1(s-s_1)^{m-3} \tag{1-39}$$

令 $s=s_1$，得

$$\frac{1}{2}\frac{\mathrm{d}^2}{\mathrm{d}s^2}[(s-s_1)^m F(s)]_{s=s_1}=b_{m-2}$$

如此进行下去,直至得到

$$\frac{\mathrm{d}^{m-1}}{\mathrm{d}s^{m-1}}[(s-s_1)^m F(s)]=(m-1)(m-2)\cdots b_1=(m-1)!\ b_1$$

令 $s=s_1$,得

$$\frac{1}{(m-1)!}\frac{\mathrm{d}^{m-1}}{\mathrm{d}s^{m-1}}[(s-s_1)^m F(s)]_{s=s_1}=b_1$$

在求得式(1-36)等号右边各单项式的系数后,就可得到逆变换函数:

$$f(t)=L^{-1}[F(s)]=\sum_{i=m+1}^{n}L^{-1}\left[\frac{a_i}{s-s_i}\right]+\sum_{k=1}^{m}\frac{b_k}{(s-s_1)^k}$$

下面用一个简例说明上述方法的应用。

已知:$F(s)=\dfrac{5(s+2)}{s^2(s+1)(s+3)}$,试求其拉普拉斯逆变换。

$F(s)$为有理真分式,$s_1=0$ 为其二阶极点,$s_2=-1$,$s_2=-3$ 为 $F(s)$的单极点,$F(s)$可分解为

$$F(s)=\frac{5(s+2)}{s^2(s+1)(s+3)}=\frac{b_2}{s^2}+\frac{b_1}{s}+\frac{a_1}{s+1}+\frac{a_2}{s+3}$$

$$a_1=\frac{5(s+2)}{s^2(s+3)}\bigg|_{s=-1}=\frac{5}{2}$$

$$a_2=\frac{5(s+2)}{s^2(s+1)}\bigg|_{s=-3}=\frac{5}{18}$$

$$b_2=\frac{5(s+2)}{(s+1)(s+3)}\bigg|_{s=0}=\frac{10}{3}$$

$$b_1=\frac{\mathrm{d}}{\mathrm{d}t}\left[\frac{5(s+2)}{(s+1)(s+3)}\right]_{s=0}=\frac{5(s+1)(s+3)-5(s+2)(2s+4)}{(s+1)^2(s+3)^2}\bigg|_{s=0}=-\frac{25}{9}$$

$$F(s)=\frac{10}{3}\cdot\frac{1}{s^2}-\frac{25}{9}\cdot\frac{1}{s}+\frac{5}{2}\cdot\frac{1}{s+1}+\frac{5}{18}\cdot\frac{1}{s+3}$$

$$f(t)=L^{-1}[F(s)]=\frac{10}{3}t-\frac{25}{9}+\frac{5}{2}\mathrm{e}^{-t}+\frac{5}{18}\mathrm{e}^{-3t}$$

第2章
机械分析动力学基础

在描述系统的运动时,分析力学与矢量力学用的方法有所不同。分析力学对系统的运动和所受到的作用侧重于用能量函数来表征,采用广义坐标来描述系统的位形,在动力学普遍原理的基础上,采用分析的方法导出具有普遍意义的各种形式的运动微分方程,并且避免引进约束力,从而克服非自由质点系中矢量力学无法避免的困难。分析力学的方法在工程中被广泛应用。

本章对分析力学的基本内容作了简要的叙述,其中包括分析力学的基本概念、动力学普遍方程、拉格朗日方程、阿贝尔方程和哈密顿原理等。

2.1 分析力学的基本概念

2.1.1 约束和约束方程

设由 N 个质点组成的质点系,其各质点的位置可用相对固定参考点 O 的矢径 $\boldsymbol{r}_i(i=1,2,\cdots,N)$ 表示。$\boldsymbol{r}_i$ 相对参考系 $Ox_1x_2x_3$ 的 $3N$ 个分量依次排序为 $x_1,x_2,\cdots,x_{3N}$,在笛卡儿坐标系内就完全确定了质点系内任意瞬时所有质点的位置,因此把 $3N$ 个坐标的集合称为质点系的位形。

质点的约束是指预先规定的对质点系内各质点运动的限制条件。把约束用数学式表示出来,就称表示式为约束方程。

例 2.1 写出图 2-1 所示刚性摆杆悬于 O 点的球面摆的约束方程。

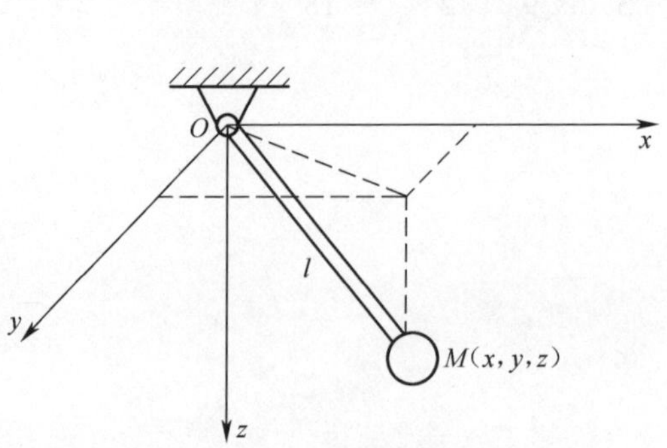

图 2-1 刚性摆杆

解：设摆长为 l，质点 M 被约束在半径为 l 的球面上运动。约束方程为 $x^2+y^2+z^2=l^2$，或写成

$$x^2+y^2+z^2-l^2=0 \tag{2-1}$$

如果摆杆长度可以随时间变化，则约束方程为

$$x^2+y^2+z^2-l^2(t)=0 \tag{2-2}$$

类似的例子还有很多，这类约束只限制质点系的位形。约束方程为有限形式（代数式）的约束称为完整约束或称几何约束，它们的约束方程一般形式为

$$f_k(x_1,x_2,\cdots,x_{3N},t)=0 \quad (k=1,2,\cdots,l) \tag{2-3}$$

若约束方程式(2-3)中不显含时间，则称约束为定常约束，如例 2.1 中的式(2-1)表示的约束即为定常约束；若约束方程式(2-3)中显含时间则称非定常约束，例 2.1 的式(2-2)表示的约束即为非定常约束。

以上的约束方程都是用等式表示的约束，表明质点系中的所有质点都不得脱离约束面，如例 2.1 式(2-1)、式(2-2)均表示 M 点不能到达约束曲面之外，也不能到达约束面之内，这种约束称为双面约束。如果将摆杆换作软绳，M 点不能到达约束曲面之外，但可向内脱离约束面，式(2-1)的约束方程成为不等式：

$$x^2+y^2+z^2\leqslant l^2 \tag{2-4}$$

约束变为单面约束，我们只涉及等式约束的情况。

如果质点系除受上述限制位形的约束外，质点系中质点的速度也受到给定的限制，在确定的坐标系 $Ox_1x_2x_3$ 中其约束方程一般形式为

$$f_r(x_1,x_2,\cdots,x_{3N},\dot{x}_1,\dot{x}_2,\cdots,\dot{x}_{3N},t)=0 \quad (r=1,2,\cdots,\rho) \tag{2-5}$$

若式(2-5)不可积分，则约束称为非完整约束；如式(2-5)可积分，则属完整约束的情形。仅具有完整约束的系统称为完整系统，完整系统也有定常与非定常之分，通常可按坐标变换的关系式中是否显含时间而确定。非完整约束也有定常与非定常之分，视约束方程中是否显含时间而定。

具有非完整约束的系统称非完整系统，常见的非完整约束形式，其约束方程为质点速度的一次代数方程，即

$$\sum_{i=1}^{3N} A_{ri}\dot{x}_i+A_{ro}=0 \quad (r=1,2,\cdots,\rho) \tag{2-6}$$

式中：A_{ri} 和 A_{ro} 均为坐标和时间的函数。

2.1.2 广义坐标

非自由质点系由于受到约束，描述系统位形的独立坐标数就要减少。设由 N 个质点组成的系统受到 l 个完整约束的限制，$3N$ 个笛卡儿坐标系中就只有 $n=3N-l$ 个独立变量，其余不独立的变量可从独立的约束方程式(2-3)中解出，而表示成独立坐标的函数。一律采用笛卡儿坐标系为独立变量描述系统的位形，有时并不方便，适当地采用某种合适的独立变量，系统的位形便可由这些独立参数唯一确定。

把这种能唯一确定系统位形的独立变量称为广义坐标。广义坐标通常用 q 表示，设描述系统的独立参数为 n 个，则可用 n 个广义坐标确定系统的位形，它们与质点系中任意质点

i 的笛卡儿坐标和位置矢径的关系为

$$\begin{cases} x_i = x_i(q_1, q_2, \cdots, q_n, t) \quad (i = 1, 2, \cdots, 3N) & (2\text{-}7a) \\ \boldsymbol{r}_i = \boldsymbol{r}_i(q_1, q_2, \cdots, q_n, t) \quad (i = 1, 2, \cdots, N) & (2\text{-}7b) \end{cases}$$

广义坐标对时间的导数 $\dot{q}$ 称为广义速度。

广义坐标是根据系统的实际情况选取的。

例 2.2 试用广义坐标表示图 2-2 中质点 M 的位置。

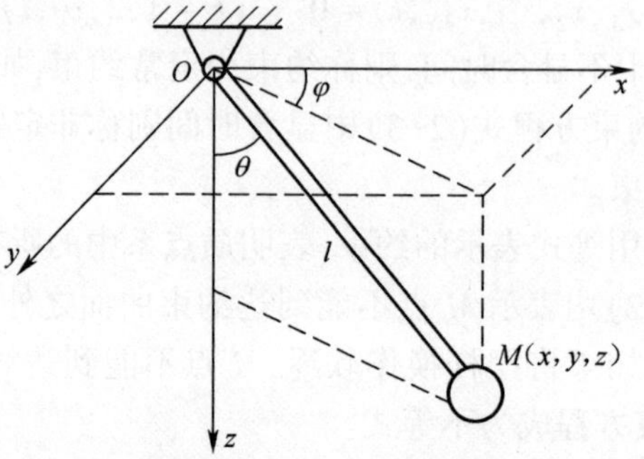

图 2-2 质点 M 的位置

解：图 2-2 中的约束面为半径为 l 的球面，其约束方程用下式表示的完整约束方程：

$$x^2 + y^2 + z^2 - l^2 = 0 \tag{2-8}$$

由于式(2-8)确定 M 点位置的独立参数只有两个，可选球坐标 θ、φ 为广义坐标，M 点的位置可用广义坐标确定，即

$$\begin{cases} x = l\sin\theta\cos\varphi \\ y = l\sin\theta\sin\varphi \\ z = l\cos\theta \end{cases}$$

用广义坐标确定系统的位形时，完整约束的约束方程是自动满足的，这是采用广义坐标的一个优点。

对于非完整约束的约束方程式(2-6)：

$$\sum_{i=1}^{3N} A_{ri}\dot{x}_i + A_{ro} = 0 \quad (r = 1, 2, \cdots, \rho) \tag{2-9}$$

可利用式(2-7a)将 $\dot{x}_i$ 表示为

$$\dot{x}_i = \sum_{s=1}^{n} \frac{\partial x_i}{\partial q_s}\dot{q}_s + \frac{\partial x_i}{\partial t} \tag{2-10a}$$

将式(2-10a)代入式(2-9)改变求和顺序，得

$$\sum_{s=1}^{n} a_{rs}\dot{q}_s + a_{ro} = 0 \quad (r = 1, 2, \cdots, \rho) \tag{2-10b}$$

其中

$$a_{rs} = \sum_{i=1}^{3N} A_{ri}\frac{\partial x_i}{\partial q_s}, a_{ro} = \sum_{i=1}^{3N} A_{ri}\frac{\partial x_i}{\partial t} + A_{ro}$$

式中：a_{rs} 和 a_{ro} 均为广义坐标和时间的函数。

式(2-10b)就是用广义坐标表示的关于广义速度的一次式的非完整约束方程,式中的系数 a_{rs} 和 a_{ro} 如果满足

$$\frac{\partial a_{rs}}{\partial q_k}=\frac{\partial a_{rk}}{\partial q_s},\frac{\partial a_{rs}}{\partial t}=\frac{\partial a_{r0}}{\partial q_s}\quad (s,k=1,2,\cdots,n) \tag{2-11}$$

则式(2-10b)可积分,约束方程成为有限形式,这时约束仍属于完整约束。

例 2.3 如图 2-3 所示,在水平面内做平面运动的一个均质杆 AB,质量为 m,长为 l,杆质心 C 的速度方向被限制在只能与杆轴线 AB 一致,试写出其质心 C 速度的约束方程。

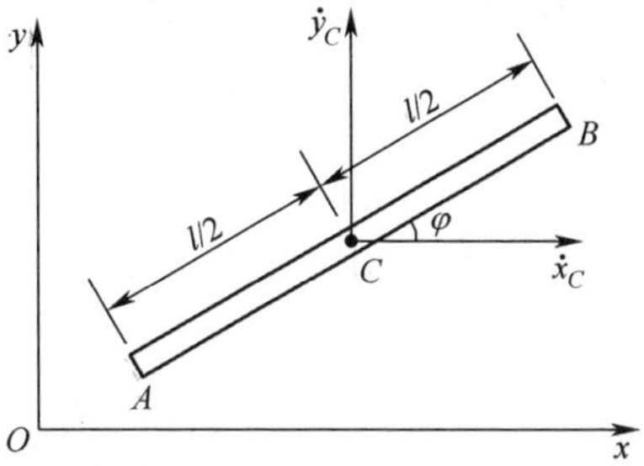

图 2-3 平面运动的均质杆

解: 选质心 C 的坐标 x_c、y_c 和杆 AB 与 x 轴的倾角 φ 为广义坐标,质心 C 点的速度表示式为

$$\boldsymbol{v}_{\mathrm{c}}=\dot{x}_c\boldsymbol{i}+\dot{y}_c\boldsymbol{j}$$

式中:$\boldsymbol{i}$、$\boldsymbol{j}$ 分别为 Ox、Oy 坐标轴上的基矢量。

由于质心 C 的速度方向恒沿 AB 方向,则

$$\dot{y}_c-\dot{x}_c\tan\varphi=0 \tag{2-12}$$

这是一个不可积分的线性非完整约束方程。

2.1.3 虚位移

虚位移是指在系统约束允许的条件下,质点系内各质点所发生的与时间无关的微小位移。虚位移用等时变分的符号表示,如 $\delta\boldsymbol{r}_i$、δx_i、δq_s 等分别表示矢径 $\boldsymbol{r}_i$、坐标 x_i 以及广义坐标 q_s 的虚位移,也称变分。虚位移与实位移不同,虚位移只需满足约束条件,它与真实运动系统所受到的主动力等都是无关的。而实位移除了满足约束条件外,还必须满足运动微分方程、一定的初始条件,是唯一实际发生的微小位移,而同一时刻虚位移则可有无限多组。

由于位形的微小变化是由坐标的变分来确定的,虚位移可用坐标的变分来表示。完整约束加在虚位移上的条件可由式(2-3)表示的约束方程求得,即

$$\delta f_k=\sum_{i=1}^{3N}\frac{\partial f_k}{\partial x_i}\delta x_i=0\quad (k=1,2,\cdots,l) \tag{2-13}$$

因为虚位移与时间 t 无关,所以 $\delta t=0$。对非定常完整约束的质点系中,各质点的虚位移相当于时间停滞,约束冻结瞬间成为定常的条件下,约束所允许的无限小的位移。也就是说在完整约束的情况下,无论约束是定常的还是非定常的,约束加在虚位移上的条件无差别,表示式都是虚位移约束方程式(2-13)。

若完整定常约束加在实位移上的条件式(2-3)不显含时间,约束的允许的实位移为

$$\mathrm{d}f_k = \sum_{i=1}^{3N} \frac{\partial f_k}{\partial x_i}\mathrm{d}x_i = 0 \quad (k = 1,2,\cdots,l) \tag{2-14}$$

完整非定常约束,加在实位移上的条件,由式(2-3)可得

$$\mathrm{d}f_k = \sum_{i=1}^{3N} \frac{\partial f_k}{\partial x_i}\mathrm{d}x_i + \frac{\partial f_k}{\partial t}\mathrm{d}t = 0 \quad (k = 1,2,\cdots,l) \tag{2-15}$$

比较式(2-13)与式(2-14)和式(2-15)便可得出,在定常完整约束下实位移是无数虚位移中的一个,而在非定常完整约束下,实位移不是虚位移之一,即实位移不处在虚位移之中。这个结论只适用于完整系统。

对于非完整约束的虚位移,可由约束方程得到

$$\sum_{i=1}^{3N} A_{ri}\dot{x}_i + A_{r0} = 0 \quad (r = 1,2,\cdots,\rho) \tag{2-16}$$

即

$$\sum_{i=1}^{3N} A_{ri}\mathrm{d}x_i + A_{r0}\mathrm{d}t = 0 \quad (r = 1,2,\cdots,\rho) \tag{2-17}$$

虚位移约束方程为

$$\sum_{i=1}^{3N} A_{ri}\delta x_i = 0 \quad (r = 1,2,\cdots,\rho) \tag{2-18}$$

式(2-17)就是非完整约束加在实位移上的条件,与式(2-18)相比较可知,只有式(2-17)中的 $A_{r0} = 0$,二者才相同,也就是非完整约束方程是关于速度项为齐次式时,而无论非完整约束是否定常,实位移才是虚位移之一,这与完整约束不同。

由广义坐标表示的非完整的约束方程式(2-18)可得到广义坐标表示的非完整约束加在虚位移上的条件:

$$\sum_{s=1}^{n} a_{rs}\delta q_s = 0 \quad (r = 1,2,\cdots,\rho) \tag{2-19}$$

如例 2.3 的非完整约束加在虚位移上的条件,可由该例的约束方程

$$\dot{y}_c - \dot{x}_c\tan\varphi = 0$$

得到

$$\delta y_c - \tan\varphi\delta x_c = 0 \tag{2-20}$$

即虚位移约束方程。

2.1.4 自由度

设由 N 个质点组成的质点系受 l 个完整约束,描述系统的独立参数即广义坐标数为 $n = 3N - l$ 个,这 n 个广义坐标 q 彼此是独立的,它们的虚位移(或广义坐标变分) $\delta q_s(s = 1,2,\cdots,n)$ 也是彼此独立的,我们把系统独立虚位移数目定义为系统自由度数。用 m 表示自由度数,则对完整系统有 $m = n$,因此对于具有完整约束的质点系广义坐标数目就是系统的自由度数,也就是广义坐标独立的变分数目。对于非完整系统,由于广义坐标的虚位移(变分)还必须满足非完整约束加在虚位移上的条件,即必须满足虚位移约束方程式(2-19)。

所以 n 个 δq 中只有 $n-\rho$ 个是独立的，自由度数为 $m=n-\rho$，也就是自由度数等于广义坐标数目减去非完整约束方程数目。

如例 2.3，确定系统的广义坐标数为 3，而有一个非完整约束方程，所以系统有两个自由度。

2.2 动力学普遍方程

动力学普遍方程是动力学的基本原理，在此基础上经过数学推演可以得到不同形式的运动微分方程。由 N 个质点所组成的质点系中，只要约束是理想的，无论系统是完整的还是非完整的，定常的还是非定常的，动力学普遍方程都是适用的。

动力学普遍方程可表述为：具有理想约束质点系在运动的任意瞬时，主动力和惯性力在虚位移上所做的元功之和等于零，即

$$\sum_{i=1}^{N}(\boldsymbol{F}_i - m_i\ddot{\boldsymbol{r}}_i)\cdot\delta\boldsymbol{r}_i = 0 \tag{2-21}$$

按照达朗贝尔原理，作用于质点系中质点上的主动力、约束力和质点的惯性力，在运动的任意瞬时形式上处于平衡，即

$$\boldsymbol{F}_i + F_{Ni} + \boldsymbol{F}_i^* = 0 \quad (i=1,2,\cdots,N) \tag{2-22}$$

式中：$\boldsymbol{F}_i$、$\boldsymbol{F}_{Ni}$ 分别为作用第 i 个质点的主动力和约束力；$\boldsymbol{F}_i^* = -m_i\ddot{\boldsymbol{r}}_i$ 为该质点的惯性力。

将式(2-22)点乘虚位移 $\delta\boldsymbol{r}_i$ 并求和，由于是理想约束则所有约束力元功之和 $\sum_{i=1}^{N}\boldsymbol{F}_{Ni}\cdot\delta\boldsymbol{r}_i=0$，便得式(2-21)。

若质点系中每个质点的加速度 $\ddot{\boldsymbol{r}}_i$ 都为零，则式(2-21)成为

$$\sum_{i=1}^{N}\boldsymbol{F}_i\cdot\delta\boldsymbol{r}_i = 0 \tag{2-23}$$

这就是静力学中的虚功方程也就是虚位移原理，是静力学的普遍方程。

动力学普遍方程是虚位移原理和达朗贝尔原理相结合的动力学普遍原理，也可称为动力学虚功原理。主动力在任意虚位移上的元功之和可表示为 $\delta W=\sum_{i=1}^{N}\boldsymbol{F}_i\cdot\delta\boldsymbol{r}_i$。

在应用动力学普遍方程时，如系统存在非理想的约束力，如库仑摩擦力(该力在物体运动时做负功)，则应将其归结到主动力之中去考虑。

应用动力学普遍方程时只需计算主动力和惯性力在虚位移上的元功之和，是标量求和的计算。根据质点系的具体情况，如正确判断自由度、选择方便的广义坐标等都会给计算带来方便。

例 2.4 位于光滑水平面上的物块 A 一端以弹簧与固定面相连，绕有细绳的圆柱体 B 通过滑轮以绳的一端与物块 A 相连，如图 2-4 所示。绳和滑轮质量均不计，设物块 A 质量为 m_1，圆柱体 B 半径为 R，质量为 m_2，弹簧刚度系数为 k。试求物块 A 和圆柱体质心 C 点的加速度。

解：(1) 这一力学系统有两个自由度，可取物块 A 相对弹簧原长位置的位移 x 和圆柱体

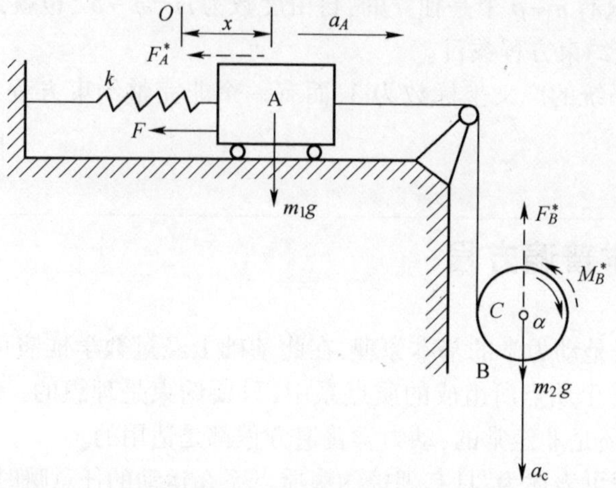

图 2-4　物块滑轮系统

的转角 φ 为广义坐标。

主动力有重力 m_1g、m_2g 和弹簧力 $F = kx$，以上都是主动力值的大小。

为确定惯性力，必须作加速度分析，设 $\boldsymbol{a}_A$、$\boldsymbol{a}_C$ 和 $\boldsymbol{\alpha}$ 分别为物块 A、圆柱体质心 C 的加速度以及圆柱体角加速度。根据所做的加速度分析，表示出惯性力的方向，它们总是和加速度方向相反。

物块 A 的惯性力 $F_i^* = m_1a_1$，方向与 $\boldsymbol{a}_A$ 相反，向左。圆柱体 B 做平面运动，将惯性力系向质心 C 点简化得惯性力系主矢量 $\boldsymbol{F}_B^*$，方向与 $\boldsymbol{a}_C$ 相反，通过质心 C，其大小为 $F_B^* = m_2a_c$，惯性力偶矩 $M_B^* = \dfrac{1}{2}m_2R^2\alpha$，转向与角加速度 $\boldsymbol{\alpha}$ 相反。

(2) 计算主动力和惯性力在虚位移上的元功和。考虑系统的虚位移，这是两个自由度系统，广义坐标的虚位移 δx 和 $\delta\varphi$ 是彼此独立的，可先给物块 A 一个虚位移 $\delta x \neq 0$，而令 $\delta\varphi = 0$，这时圆柱体 B 具有向下的平动虚位移 δx，由动力学普遍方程计算质点系元功之和，得

$$(-F - F_A^* - F_B^* + m_2g)\delta x = 0 \tag{2-24}$$

再令 $\delta x = 0$，$\delta\varphi \neq 0$，计算其元功之和，得

$$(m_2g - F_B^*)R\delta\varphi - M_B^*\delta\varphi = 0 \tag{2-25}$$

由于 δx，$\delta\varphi$ 都是独立的，由式(2-24)、式(2-25)得

$$\begin{cases} -F - F_A^* - F_B^* + m_2g = 0 \\ (m_2g - F_B^*)R - M_B^* = 0 \end{cases} \tag{2-26}$$

以 $F = kx$，$F_A^* = m_1a_1$，$F_B^* = m_2a_C$，$M_B^* = \dfrac{1}{2}m_2R^2\alpha$，将其代入式(2-26)可得

$$\begin{cases} -kx - m_1a_1 - m_2a_C + m_2g = 0 \\ (m_2g - m_2a_C)R - \dfrac{1}{2}m_2R^2\alpha = 0 \end{cases} \tag{2-27}$$

式(2-27)的未知量有 a_1、a_C 和 α，由运动学关系知 $a_C = a_1 + R\alpha$，由此得

$$\alpha = \frac{a_C - a_1}{R} \tag{2-28}$$

将式(2-28)代入式(2-27),得

$$a_1 = \frac{m_2 g - 3kx}{3m_1 + m_2}, a_C = \frac{(2m_1 + m_2)g - kx}{3m_1 + m_2}$$

2.3 拉格朗日方程

2.3.1 拉格朗日方程的导出

设有 N 个质点组成的质点系受一些完整和非完整约束,根据前面关于广义坐标的定义,可用 n 个独立参数 $q_1, q_2, \cdots, q_n$ 表示系统的位形,这 n 个独立参数称为广义坐标。各质点的矢径 $\boldsymbol{r}_i (i = 1,2,\cdots,N)$ 由广义坐标确定,可表示为

$$\boldsymbol{r}_i = \boldsymbol{r}_i(q_1, q_2, \cdots, q_n, t) \tag{2-29}$$

各质点的虚位移则为

$$\delta \boldsymbol{r}_i = \sum_{s=1}^{n} \frac{\partial \boldsymbol{r}_i}{\partial q_s} \delta q_s \quad (i = 1,2,\cdots,N)$$

将上式代入动力学普遍方程式(2-21),得

$$\sum_{i=1}^{N} (\boldsymbol{F}_i - m_i \ddot{\boldsymbol{r}}_i) \cdot \delta \boldsymbol{r}_i = \sum_{i=1}^{N} \sum_{s=1}^{n} \left(\boldsymbol{F}_i \cdot \frac{\partial \boldsymbol{r}_i}{\partial q_s} - m_i \ddot{\boldsymbol{r}}_i \cdot \frac{\partial \boldsymbol{r}_i}{\partial q_s} \right) \delta q_s = 0 \tag{2-30}$$

$$\sum_{s=1}^{n} \left(\sum_{i=1}^{N} \boldsymbol{F}_i \cdot \frac{\partial \boldsymbol{r}_i}{\partial q_s} - \sum_{i=1}^{N} m_i \ddot{\boldsymbol{r}}_i \cdot \frac{\partial \boldsymbol{r}_i}{\partial q_s} \right) \delta q_s = 0 \tag{2-31}$$

设

$$Q_s = \sum_{i=1}^{N} \boldsymbol{F}_i \cdot \frac{\partial \boldsymbol{r}_i}{\partial q_s} \quad (s = 1,2,\cdots,n) \tag{2-32}$$

定义为对应广义坐标 q_s 的广义力。

式(2-31)中等号左边第二项可写成

$$- \sum_{i=1}^{N} m_i \ddot{\boldsymbol{r}}_i \cdot \frac{\partial \boldsymbol{r}_i}{\partial q_s} = - \sum_{i=1}^{N} m_i \left[\frac{\mathrm{d}}{\mathrm{d}t} \left(\dot{\boldsymbol{r}}_i \cdot \frac{\partial \boldsymbol{r}_i}{\partial q_s} \right) - \dot{\boldsymbol{r}}_i \cdot \frac{\mathrm{d}}{\mathrm{d}t} \left(\frac{\partial \boldsymbol{r}_i}{\partial q_s} \right) \right] \tag{2-33}$$

对式(2-33)作进一步化简,先将式(2-29)对时间求导,得

$$\dot{\boldsymbol{r}}_i = \sum_{s=1}^{n} \frac{\partial \boldsymbol{r}_i}{\partial \boldsymbol{q}_s} \dot{q}_s + \frac{\partial \boldsymbol{r}_i}{\partial t} \quad (i = 1,2,\cdots,N) \tag{2-34}$$

将式(2-34)对某个广义速度 $\dot{q}_s$ 求偏导数,得

$$\frac{\partial \dot{\boldsymbol{r}}_i}{\partial \dot{q}_s} = \frac{\partial \boldsymbol{r}_i}{\partial q_s} \quad (s = 1,2,\cdots,n) \tag{2-35}$$

将 $\dot{\boldsymbol{r}}_i$ 对某个广义坐标 q_k 求偏导数,由式(2-34),得

$$\frac{\partial \dot{\boldsymbol{r}}_i}{\partial q_k} = \sum_{s=1}^{n} \frac{\partial^2 \boldsymbol{r}_i}{\partial q_k \partial q_s}\dot{q}_s + \frac{\partial^2 \boldsymbol{r}_i}{\partial q_k \partial t} \tag{2-36}$$

另外还有

$$\frac{\mathrm{d}}{\mathrm{d}t}\left(\frac{\partial \boldsymbol{r}_i}{\partial q_k}\right) = \sum_{s=1}^{n} \frac{\partial^2 \boldsymbol{r}_i}{\partial q_k \partial q_s}\dot{q}_s + \frac{\partial^2 \boldsymbol{r}_i}{\partial q_k \partial t} \tag{2-37}$$

由式(2-36)、式(2-37),可得

$$\frac{\partial \dot{\boldsymbol{r}}_i}{\partial q_k} = \frac{\mathrm{d}}{\mathrm{d}t}\left(\frac{\partial \boldsymbol{r}_i}{\partial q_k}\right) \quad (k = 1,2,\cdots,n) \tag{2-38}$$

也可写成

$$\frac{\partial \dot{\boldsymbol{r}}_i}{\partial q_s} = \frac{\mathrm{d}}{\mathrm{d}t}\left(\frac{\partial \boldsymbol{r}_i}{\partial q_s}\right) \quad (s = 1,2,\cdots,n)$$

将式(2-35)、式(2-38)代入式(2-33),得

$$\begin{aligned} -\sum_{i=1}^{N} m_i \ddot{\boldsymbol{r}}_i \cdot \frac{\partial \boldsymbol{r}_i}{\partial q_s} &= -\sum_{i=1}^{N} m_i \left[\frac{\mathrm{d}}{\mathrm{d}t}\left(\dot{\boldsymbol{r}}_i \cdot \frac{\partial \dot{\boldsymbol{r}}_i}{\partial \dot{q}_s}\right) - \dot{\boldsymbol{r}}_i \cdot \frac{\partial \dot{\boldsymbol{r}}_i}{\partial q_s}\right] \\ &= -\frac{\mathrm{d}}{\mathrm{d}t}\frac{\partial}{\partial \dot{q}_s}\sum_{i=1}^{N}\frac{1}{2}m(\dot{\boldsymbol{r}}_i \cdot \dot{\boldsymbol{r}}_i) + \frac{\partial}{\partial q_s}\sum_{i=1}^{N}\frac{1}{2}m_i(\dot{\boldsymbol{r}}_i \cdot \dot{\boldsymbol{r}}_i) \\ &= -\frac{\mathrm{d}}{\mathrm{d}t}\left(\frac{\partial T}{\partial \dot{q}_s}\right) + \frac{\partial T}{\partial q_s} \end{aligned} \tag{2-39}$$

式中 T 为质点系的动能, $T = \sum_{i=1}^{N} \frac{1}{2}m_i \dot{\boldsymbol{r}}_i \cdot \dot{\boldsymbol{r}}_i = \sum_{i=1}^{N} \frac{1}{2}m_i v_i^2$。

将式(2-39)代入式(2-31),可得

$$\sum_{s=1}^{n}\left[Q_s - \frac{\mathrm{d}}{\mathrm{d}t}\left(\frac{\partial T}{\partial \dot{q}_s}\right) + \frac{\partial T}{\partial q_s}\right]\delta q_s = 0 \tag{2-40}$$

式(2-40)就是广义坐标表示的动力学普遍方程,而描述系统的动力学函数为动能。该方程是从动力学普遍方程出发,引入广义坐标而得到的,因此对于完整、非完整系统都是适用的。

对于完整系统,由于 n 个广义坐标的虚位移 $\delta q_s (s = 1,2,\cdots,n)$ 都是独立的,因此式(2-40)成立的充分必要条件是每个 δq 前的系数等于零,得

$$\frac{\mathrm{d}}{\mathrm{d}t}\left(\frac{\partial T}{\partial \dot{q}_s}\right) - \frac{\partial T}{\partial q_s} = Q_s \quad (s = 1,2,\cdots,n) \tag{2-41}$$

这 n 个用广义坐标表示的独立方程称为拉格朗日方程,也称为第二类拉格朗日方程。对于完整系统它们可确定系统的运动规律,对于非完整系统,由于各 δq_s 不是完全独立的,不能直接写成式(2-41)的分离形式,因此第二类拉格朗日方程只适用于完整系统,对于非完整系统的动力学方程将在后面给出。

采用广义坐标,系统动能可表示为

$$T = \sum_{i=1}^{N} \frac{1}{2}m_i \dot{r}_i^2 = \frac{1}{2}\sum_{i=1}^{N} m_i \dot{\boldsymbol{r}}_i \cdot \dot{\boldsymbol{r}}_i = \frac{1}{2}\sum_{i=1}^{N} m_i \left(\sum_{s=1}^{n}\frac{\partial \boldsymbol{r}_i}{\partial q_s}\dot{q}_s + \frac{\partial \boldsymbol{r}_i}{\partial t}\right) \cdot \left(\sum_{k=1}^{n}\frac{\partial \boldsymbol{r}_i}{\partial q_k}\dot{q}_k + \frac{\partial \boldsymbol{r}_i}{\partial t}\right)$$

$$= \frac{1}{2}\left[\sum_{s=1}^{n}\sum_{k=1}^{n}\dot{q}_s\dot{q}_k\left(\sum_{i=1}^{N} m_i \frac{\partial \boldsymbol{r}_i}{\partial q_s}\cdot\frac{\partial \boldsymbol{r}_i}{\partial q_k}\right) + 2\sum_{s=1}^{n}\dot{q}_s\left(\sum_{i=1}^{N} m_i \frac{\partial \boldsymbol{r}_i}{\partial q_s}\cdot\frac{\partial \boldsymbol{r}_i}{\partial t}\right) + \sum_{i=1}^{N} m_i\left(\frac{\partial \boldsymbol{r}_i}{\partial t}\right)^2\right]$$

也可记为

$$T = \frac{1}{2}\sum_{s=1}^{n}\sum_{k=1}^{n} a_{sk}\dot{q}_s\dot{q}_k + \sum_{s=1}^{n} a_s\dot{q}_s + \frac{1}{2}a_0 \tag{2-42}$$

式中

$$a_{sk} = \sum_{i=1}^{N} m_i \frac{\partial \boldsymbol{r}_i}{\partial q_s}\cdot\frac{\partial \boldsymbol{r}_i}{\partial q_k}, a_s = \sum_{i=1}^{N} m_i \frac{\partial \boldsymbol{r}_i}{\partial q_s}\cdot\frac{\partial \boldsymbol{r}_i}{\partial t}, a_0 = \sum_{i=1}^{N} m_i\left(\frac{\partial \boldsymbol{r}_i}{\partial t}\right)^2$$

式中：a_{sk}、a_s、a_0 均为广义坐标 q 和时间 t 的函数。

式(2-42)等号右边的三项可分别简记为 T_2、T_1 和 T_0，则有

$$T = T_2 + T_1 + T_0 \tag{2-43}$$

其中，

$$T_2 = \frac{1}{2}\sum_{s=1}^{n}\sum_{k=1}^{n} a_{sk}\dot{q}_s\dot{q}_k, \quad T_1 = \sum_{s=1}^{n} a_s\dot{q}_s, T_0 = \frac{1}{2}a_0$$

这表明在一般情况下质点系动能由 T_2、T_1 和 T_0 这三个部分组成，T_2、T_1、T_0 分别是广义速度 $\dot{q}$ 的二次、一次和零次齐次函数。

当质点系只具有定常约束时，式(2-42)中不显含时间 t，有 $\frac{\partial \boldsymbol{r}_i}{\partial t} = 0$，这时 $a_s = 0, a_0 = 0$，则系统的动能为

$$T = T_2 = \frac{1}{2}\sum_{s=1}^{n}\sum_{k=1}^{n} a_{sk}\dot{q}_s\dot{q}_k \tag{2-44}$$

因此，定常系统质点系动能是广义速度的二次齐次函数。

应用拉格朗日方程时必须先计算质点系的动能，对于由质点和刚体组成的质点系，质点动能是容易计算的，刚体的动能可根据柯尼希定理计算，也就是刚体的动能等于刚体随质心平动动能与刚体相对质心转动动能之和。把质点的动能和刚体动能加起来就是质点系的全部动能。

应用拉格朗日方程时，还必须计算对应广义坐标的广义力，下面分几种情况介绍广义力的具体求法。

(1) 设质点系由 N 个质点所组成，各质点的位置笛卡儿坐标依次为 x_i $(i = 1,2,\cdots,N)$，各质点所受的力矢量在坐标轴上投影依次为 $F_i(i = 1,2,\cdots,N)$，则由式(2-32)所定义的广义力为

$$Q_s = \sum_{i=1}^{N} \boldsymbol{F}_i \cdot \frac{\partial \boldsymbol{r}_i}{\partial q_s} = \sum_{i=1}^{3N} F_i \frac{\partial x_i}{\partial q_s} \quad (s = 1,2,\cdots,n) \tag{2-45}$$

在各质点的坐标很容易表示为广义坐标的函数时，用式(2-45)计算广义力是很方便的。

(2) 将主动力在虚位移上的元功和(总虚功)，用广义力总虚功表示：

$$\delta W = \sum_{s=1}^{n} Q_s \delta q_s \tag{2-46}$$

对式中给任意一个广义坐标 q_s 和一个虚位移 δq_s，而其余广义坐标均不变，则质点系中所有主动力在该虚位移上所做的元功之和为 δW_s，由式(2-46)可知

$$\delta W_s = Q_s \delta q_s, Q_s = \frac{\delta W_s}{\delta q_s} \quad (s = 1,2,\cdots,n) \tag{2-47}$$

用这个方法可依次求得各个广义力。

(3) 设力系中的所有主动力均为有势力,此时对应的势能函数为 $V = V(q_1, q_2, \cdots, q_n)$,则

$$F_i = -\frac{\partial V}{\partial x_i} \quad (i = 1,2,\cdots,N)$$

将上式代入式(2-45)中,得

$$Q_s = \sum_{i=1}^{3N} -\frac{\partial V}{\partial x_i}\frac{\partial x_i}{\partial q_s} = -\frac{\partial V}{\partial q_s} \quad (s = 1,2,\cdots,n) \tag{2-48}$$

对应广义坐标的广义力等于质点系势能函数对该广义坐标偏导数的负值。

2.3.2 有势力的拉格朗日方程

设作用质点系的全部主动力都是有势力,则存在势能函数 $V = V(q_1, q_2, \cdots, q_n)$,将

$$Q_s = -\frac{\partial V}{\partial q_s} \quad (s = 1,2,\cdots,n)$$

代入拉格朗日方程式(2-41)中,得

$$\frac{\mathrm{d}}{\mathrm{d}t}\left(\frac{\partial T}{\partial \dot{q}_s}\right) - \frac{\partial}{\partial q_s}(T - V) = 0$$

因 V 与 $\dot{q}_s$ 无关,$\frac{\partial T}{\partial \dot{q}_s} = \frac{\partial}{\partial \dot{q}_s}(T - V)$,则有

$$\frac{\mathrm{d}}{\mathrm{d}t}\left(\frac{\partial L}{\partial \dot{q}_s}\right) - \frac{\partial L}{\partial q_s} = 0 \quad (s = 1,2,\cdots,n) \tag{2-49}$$

其中

$$L = T - V$$

动能与势能之差定义为拉格朗日函数,式(2-49)就是有势力作用下的拉格朗日方程。

若质点系除了有势力还有其他非有势力作用,则式(2-41)可写成

$$\frac{\mathrm{d}}{\mathrm{d}t}\left(\frac{\partial L}{\partial \dot{q}_s}\right) - \frac{\partial L}{\partial q_s} = Q'_s \quad (s = 1,2,\cdots,n) \tag{2-50}$$

式中:Q'_s 为对应广义坐标 q_s 的非有势广义力。

例 2.5 图 2-5 所示的滑块 A 铰接一单摆 B,摆长 l,物块和摆的质量分别为 m_1 及 m_2,滑块用一弹簧与固定面相连,设弹簧刚度系数为 k。试建立该系统的运动微分方程。

解:这是一个二自由度的完整系统,取弹簧未变形的位置为确定滑块 A 坐标 x 的原点,摆杆对铅垂线的偏角 θ,确定摆的角位移,系统广义坐标即为 x 和 θ,滑块 A 和单摆 B 的速度可由 x、θ 完全确定,系统动能和势能和对应广义坐标的广义力分别为

$$T = \frac{1}{2}m_1\dot{x}^2 + \frac{1}{2}m_2(l^2\dot{\theta}^2 + \dot{x}^2 + 2l\dot{x}\dot{\theta}\cos\theta)$$

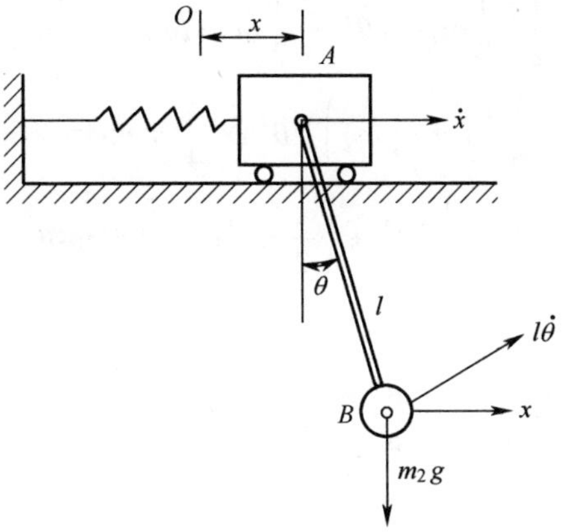

图 2-5　滑块与单摆二自由度系统

$$= \frac{1}{2}(m_1 + m_2)\dot{x}^2 + \frac{1}{2}m_2(l^2\dot{\theta}^2 + 2l\dot{x}\dot{\theta}\cos\theta) \tag{2-51}$$

$$V = \frac{1}{2}kx^2 - m_2gl\cos\theta \tag{2-52}$$

$$Q_x = -\frac{\partial V}{\partial x} = -kx, Q_\theta = -\frac{\partial V}{\partial \theta} = -m_2gl\sin\theta$$

将式(2-51)和式(2-52)代入拉格朗日方程式(2-41),得运动微分方程为

$$\begin{cases}(m_1 + m_2)\ddot{x} + kx + m_2l(\ddot{\theta}\cos\theta - \dot{\theta}^2\sin\theta) = 0 \\ l\ddot{\theta} + \ddot{x}\cos\theta + g\sin\theta = 0\end{cases} \tag{2-53}$$

例 2.6　如图 2-6 所示,均质杆 OA 长为 l,可绕水平轴 O 在铅垂面内转动,其下端有一个与固定铰座相连的螺线弹簧,刚度系数为 k,当 $\theta = 0°$ 时弹簧无变形,在 OA 杆 A 端装有可自由转动的均质圆盘,盘面上作用有力矩为 M 的常力偶,设杆的质量为 m_1,盘的质量为 m_2,试写出系统的运动微分方程。

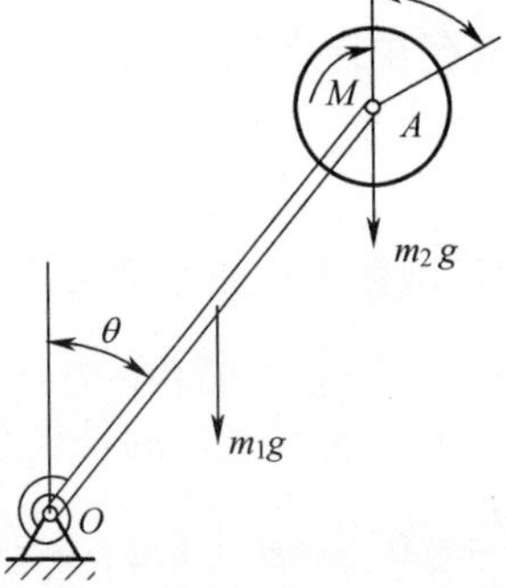

图 2-6　均质杆 OA 绕水平轴转动

解:以杆和圆盘相对铅垂线转过的角度 θ 和 φ 为广义坐标,写出系统动能和势能分别为

$$T=\frac{1}{2}\left(\frac{1}{3}m_1l^2\right)\dot{\theta}^2+\frac{1}{2}m_2\,(l\dot{\theta})^2+\frac{1}{4}m_2r^2\dot{\varphi}^2$$

$$=\left(\frac{1}{6}m_1+\frac{1}{2}m_2\right)l^2\dot{\theta}^2+\frac{1}{4}m_2r^2\dot{\varphi}^2 \tag{2-54}$$

$$V=\frac{1}{2}k\theta^2+\left(\frac{1}{2}m_1+m_2\right)gl\cos\theta \tag{2-55}$$

拉格朗日函数为

$$L=T-V=\left(\frac{1}{6}m_1+\frac{1}{2}m_2\right)l^2\dot{\theta}^2+\frac{1}{4}m_2r^2\dot{\phi}^2-\frac{1}{2}k\theta^2-\left(\frac{1}{2}m_1+m_2\right)gl\cos\theta \tag{2-56}$$

非有势力的虚功，由

$$\delta W_\varphi=M\delta\varphi=Q_\varphi\delta\varphi$$

即

$$Q_\varphi=M$$

得系统非有势广义力为

$$\begin{cases}Q_\varphi=M\\Q_\theta=0\end{cases} \tag{2-57}$$

将式(2-56)、式(2-57)代入拉格朗日方程式(2-50)中，得

$$\begin{cases}\left(\frac{1}{3}m_1+m_2\right)l^2\ddot{\theta}+k\theta-\left(\frac{1}{2}m_1+m_2\right)gl\sin\theta=0\\ \frac{1}{2}m_2r^2\ddot{\varphi}=M\end{cases} \tag{2-58}$$

式(2-58)是两个彼此独立的运动微分方程，若以相对杆的角位移作为确定盘位置的广义坐标，则运动方程是耦联的。

2.3.3 拉格朗日方程的首次积分

在某些情况下拉格朗日方程组存在首次积分也称初积分，循环积分和能量积分是两种重要的首次积分。

1. 循环积分

主动力为有势力时，在拉格朗日函数 L 中不显含 k 个广义坐标

$$L=L(q_{k+1},q_{k+2},\cdots,q_n;\dot{q}_1,\dot{q}_2,\cdots,\dot{q}_n;t) \tag{2-59}$$

则 $q_1,q_2,\cdots,q_k$ 为系统的循环坐标。L 对循环坐标的偏导数应等于零，即

$$\frac{\partial L}{\partial q_\beta}=0\quad(\beta=1,2,\cdots,k)$$

拉格朗日方程组式(2-49)的前 k 个方程变为

$$\frac{\mathrm{d}}{\mathrm{d}t}\left(\frac{\partial L}{\partial\dot{q}_\beta}\right)=0\quad(\beta=1,2,\cdots,k)$$

可求得首次积分为

$$\frac{\partial L}{\partial \dot{q}_\beta} = C_\beta \quad (\beta = 1,2,\cdots,k) \tag{2-60}$$

式中：C_β 为积分常数。式(2-60)为循环积分，有多少个循环坐标就有数目相同的循环积分，也称为广义动量积分。这是因为 $\frac{\partial L}{\partial \dot{q}_\beta}$ 具有动量或动量矩的量纲，它表示与循环坐标对应的广义动量守恒。

出现循环坐标的情况下，就有相应的循环积分存在，它包括了一般意义下的动量或动量矩守恒，但不能把循环积分完全等同于动量或动量矩守恒。式(2-60)也可写成

$$\frac{\partial L}{\partial \dot{q}_\beta} = \frac{\partial T}{\partial \dot{q}_\beta} = C_\beta \tag{2-61}$$

例 2.7 在例 2.5 中去掉弹簧的约束如图 2-7 所示，试求系统首次积分。

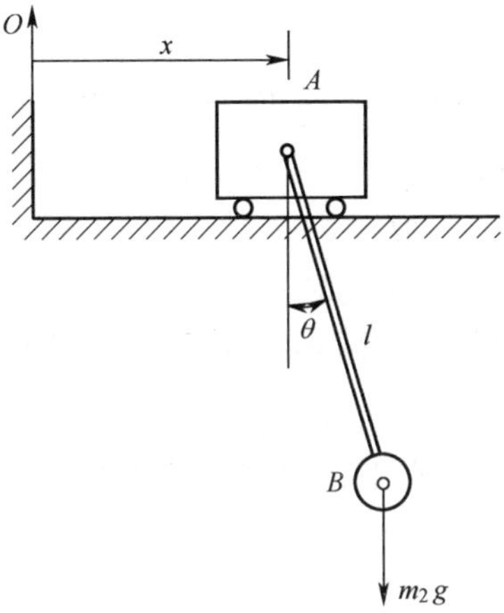

图 2-7 无弹簧物块与学摆系统

解：物块 A 质量为 m_1，物块 B 质量为 m_2，摆长为 l，取 x、θ 为系统位形广义坐标，拉格朗日函数为

$$L = T - V = \frac{1}{2}(m_1 + m_2)\dot{x}^2 + m_2 l\dot{x}\dot{\theta}\cos\theta + \frac{1}{2}m_2 l^2\dot{\theta}^2 + m_2 gl\cos\theta \tag{2-62}$$

拉格朗日函数 L 中不含 x，所以存在循环积分：

$$\frac{\partial L}{\partial \dot{x}} = (m_1 + m_2)\dot{x} + m_2 l\dot{\theta}\cos\theta = C_x \tag{2-63}$$

这个积分就是质点系在 x 方向动量守恒，故在 x 方向外力的投影之和为零。

例如刚体绕定轴转动，设 z 轴与重力平行，刚体上无非有势力，它的动能为 $T = \frac{1}{2}J_z\dot{\varphi}^2$，而 $\frac{\partial L}{\partial \dot{\varphi}} = \frac{\partial T}{\partial \dot{\varphi}} = J_z\dot{\varphi}$，因为 T 中不显含 φ，所以 $\frac{\partial L}{\partial \varphi} = 0, \frac{\mathrm{d}}{\mathrm{d}t}\left(\frac{\partial L}{\partial \dot{\varphi}}\right) = 0$，则 $J_z\dot{\varphi} = C_\varphi$。这就是一般意义下的动量矩守恒。但是以上的例子都是式(2-60)的特例。下面举一个循环积分存在例子，但不是一般情况下的动量守恒。

例 2.8 如图 2-8 所示，一个均质圆盘在铅垂面内沿水平直线做纯滚动，试求广义动量积分式。

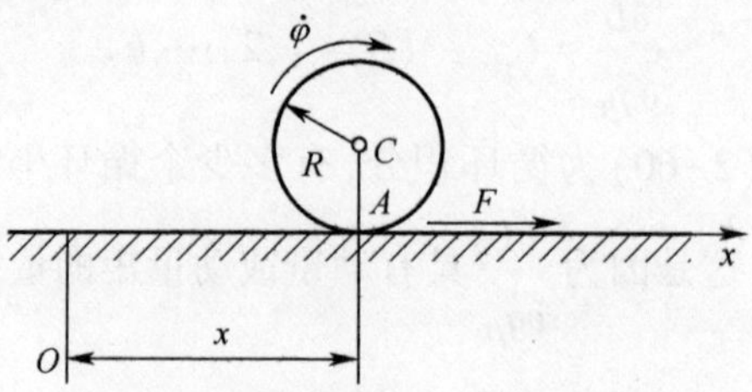

图 2-8　均质圆盘在铅垂面内滚动

解:设圆盘质量为 m ,半径为 R ,由于做纯滚动有运动学关系

$$\dot{x} = R\dot{\varphi} \tag{2-64}$$

即 $x = R\varphi + C$,C 为积分常数,这是一个完整的约束条件。系统有一个自由度,取质心坐标 x 为广义坐标,系统动能为

$$T = \frac{1}{2}m\dot{x}^2 + \frac{1}{2}J_c\dot{\varphi}^2 = \frac{1}{2}m\dot{x}^2 + \frac{1}{4}mR^2\left(\frac{\dot{x}}{R}\right)^2 = \frac{3}{4}m\dot{x}^2 \tag{2-65}$$

势能 $V=0$,$L=T$, L 中不含 x ,则

$$\frac{\partial L}{\partial \dot{x}} = \frac{\partial T}{\partial \dot{x}} = \frac{3}{2}m\dot{x} = C_x \tag{2-66}$$

式(2-66)就是对应广义坐标 x 的循环积分,即广义动量积分。在图 2-8 中,圆轮与接触点 A 的水平摩擦力 F 不为零时,显然有 $m\ddot{x} = F \neq 0$。 当然在 x 方向并不存在系统在水平方向的动量守恒,只有 $F = 0$,才是水平方向的动量守恒。不论 F 是否为零,广义动量积分式(2-66)确是存在的。

2. 能量积分

设拉格朗日函数 L 中不显含时间 t ,即

$$L = T - V = L(q,\dot{q}) \tag{2-67}$$

拉格朗日函数 L 只是广义坐标和广义速度的函数,但这并不要求系统必须是定常的。

将式(2-67)对时间求导数,得

$$\frac{\mathrm{d}L}{\mathrm{d}t} = \sum_{s=1}^{n}\left(\frac{\partial L}{\partial q_s}\dot{q}_s + \frac{\partial L}{\partial \dot{q}_s}\ddot{q}_s\right) + \frac{\partial L}{\partial t}$$

由于 $\frac{\partial L}{\partial t} = 0$,则

$$\frac{\mathrm{d}L}{\mathrm{d}t} = \sum_{s=1}^{n}\left(\frac{\partial L}{\partial q_s}\dot{q}_s + \frac{\partial L}{\partial \dot{q}_s}\ddot{q}_s\right) \tag{2-68}$$

将有势力作用下的拉格朗日方程式(2-49)中的每个方程乘以对应的 $\dot{q}_s$ 后,再相加得到

$$\sum_{s=1}^{n}\left[\dot{q}_s\frac{\mathrm{d}}{\mathrm{d}t}\left(\frac{\partial L}{\partial \dot{q}_s}\right) - \dot{q}_s\frac{\partial L}{\partial q_s}\right] = 0$$

即

$$\sum_{s=1}^{n}\left[\frac{\mathrm{d}}{\mathrm{d}t}\left(\dot{q}_s\frac{\partial L}{\partial \dot{q}_s}\right) - \ddot{q}_s\frac{\partial L}{\partial \dot{q}_s} - \dot{q}_s\frac{\partial L}{\partial q_s}\right] = 0$$

$$\sum_{s=1}^{n}\frac{\mathrm{d}}{\mathrm{d}t}\left(\dot{q}_s\frac{\partial L}{\partial \dot{q}_s}\right)-\sum_{s=1}^{n}\left(\ddot{q}_s\frac{\partial L}{\partial \dot{q}_s}+\dot{q}_s\frac{\partial L}{\partial q_s}\right)=0 \tag{2-69}$$

将式(2-68)代入式(2-69)的后一项,得

$$\sum_{s=1}^{n}\frac{\mathrm{d}}{\mathrm{d}t}\left(\dot{q}_s\frac{\partial L}{\partial \dot{q}_s}\right)-\frac{\mathrm{d}L}{\mathrm{d}t}=0$$

即

$$\frac{\mathrm{d}}{\mathrm{d}t}\left(\sum_{s=1}^{n}\dot{q}_s\frac{\partial L}{\partial \dot{q}_s}-L\right)=0 \tag{2-70}$$

上式初积分为

$$\sum_{s=1}^{n}\dot{q}_s\frac{\partial L}{\partial \dot{q}_s}-L=h \tag{2-71}$$

式中:h 为积分常数。

式(2-71)称为广义能量积分,或称为雅可比积分。

下面对广义能量积分的物理意义作些说明。

由式(2-43),得

$$L=T-V=(T_2+T_1+T_0)-V$$

将上式代入式(2-71),得到

$$\sum_{s=1}^{n}\dot{q}_s\frac{\partial}{\partial \dot{q}_s}(T_2+T_1+T_0-V)-(T_2+T_1+T_0-V)=h$$

因为 T_0 和 V 中均不含广义速度,所以 $\frac{\partial T_0}{\partial \dot{q}_s}=0,\frac{\partial V}{\partial \dot{q}_s}=0$,则

$$\sum_{s=1}^{n}\left(\dot{q}_s\frac{\partial T_2}{\partial \dot{q}_s}+\dot{q}_s\frac{\partial T_1}{\partial \dot{q}_s}\right)-(T_2+T_1+T_0-V)=h$$

由于 T_2 和 T_1 分别为广义速度的二次、一次齐次函数,由欧拉齐次函数定理,有

$$\sum_{s=1}^{n}\dot{q}_s\frac{\partial T_2}{\partial \dot{q}_s}=2T_2,\sum_{s=1}^{n}\dot{q}_s\frac{\partial T_1}{\partial \dot{q}_s}=T_1$$

则初积分式(2-71)成为

$$T_2-T_0+V=h \tag{2-72}$$

此式(2-72)与式(2-71)是等价的。T_2-T_0+V 称系统的广义能量,而把式(2-71)与式(2-72)称为广义能量积分,以区别于通常所说的能量积分(机械能守恒)。而当系统是定常系统时,有 $T_0=0$ 和 $T=T_2$,广义能量积分成为

$$T_2+V=E \tag{2-73}$$

式(2-73)称为系统的能量积分,就是保守系统的机械能守恒,这类具有能量积分的系统称保守系统。因此,广义能量积分并不是一般意义下的能量积分。

如果把 $V-T_0$ 看作是一种修正势能,即主动力势能 V 与系统非定常性有关的一部分动能 T_0 之差,那么广义能量积分在形式上就与能量积分有相似之处。

如果把 T_2 看作等角速度转动坐标系下质点系的相对运动动能,它只是由广义速度引起的动能而不包括坐标系等角速转动(系统的非定常性)的动能,也可以认为质点系相对运动

动能与修正势能之和保持不变。

T_0 实际上就是在动参考系以等角速转动的非定常系统中,由质点系牵连运动离心惯性力所形成的离心势能。

例 2.9 如图 2-9 所示,一质量不计,半径为 a 的光滑圆环 O_1 以匀角速度 ω 绕 O 轴在水平内转动,环上套一质量为 m 的质点,试写出该系统的动能和运动微分方程的首次积分。

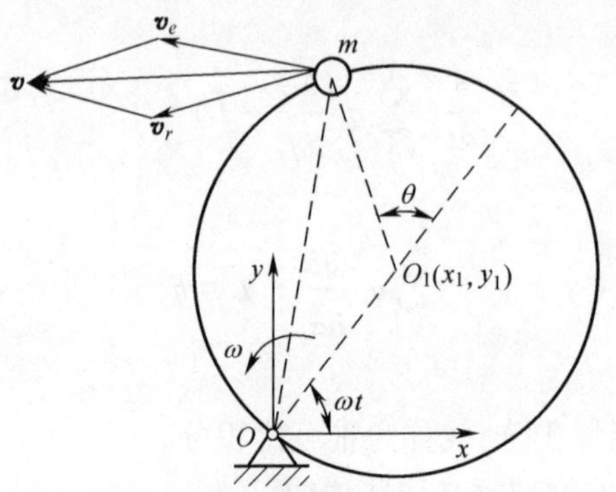

图 2-9 光滑圆环绕水平轴转动

解:质点 m 受完整约束,约束方程为

$$(x - x_1)^2 + (y - y_1)^2 = a^2 \tag{2-74}$$

式中:$x_1 = a\cos \omega t, y_1 = a\sin \omega t$。

所以约束方程表达式中显含时间 t,则

$$(x - a\cos \omega t)^2 + (y - a\sin \omega t)^2 = a^2 \tag{2-75}$$

系统为非定常系统。

取 θ 为广义坐标,质点的速度 $\boldsymbol{v}$ 由相对速度 $\boldsymbol{v}_r$ 和牵连速度 $\boldsymbol{v}_e$ 合成,即

$$\boldsymbol{v} = \boldsymbol{v}_r + \boldsymbol{v}_e \tag{2-76}$$

其中

$$\begin{cases} v_r = a\dot{\theta} \\ v_e = \left(2a\cos \dfrac{\theta}{2}\right)\omega \end{cases} \tag{2-77}$$

质点的动能为

$$T = \frac{1}{2}mv^2 = \frac{1}{2}m\left(a^2\dot{\theta}^2 + 4a^2\omega^2 \cos^2 \frac{\theta}{2} + 4a^2\omega\dot{\theta} \cos^2 \frac{\theta}{2}\right) \tag{2-78}$$

式中:动能是广义速度的二次、一次和零次齐函数,即

$$\begin{cases} T_2 = \dfrac{1}{2}ma^2\dot{\theta}^2 \\ T_1 = 2ma^2\omega\dot{\theta}\cos \dfrac{\theta}{2} \\ T_0 = 2ma^2\omega^2\cos^2 \dfrac{\theta}{2} \end{cases} \tag{2-79}$$

由于 $V=0$,则拉格朗日函数 $L=T$,即

$$L = T_2 + T_1 + T_0$$
$$= \frac{1}{2}m\left(a^2\dot{\theta}^2 + 4a^2\omega^2\cos^2\frac{\theta}{2} + 4a^2\omega\dot{\theta}\cos^2\frac{\theta}{2}\right) \tag{2-80}$$

因为函数 L 中不显含时间 t, 所以有广义能量积分存在。

设 $T_2 - T_0 = h$, 即

$$\frac{1}{2}ma^2\dot{\theta}^2 - 2ma^2\omega^2\cos^2\frac{\theta}{2} = h \tag{2-81}$$

将式(2-81)对时间求导,得

$$\ddot{\theta} + \omega^2\sin\theta = 0 \tag{2-82}$$

这就是质点 m 相对圆环的相对运动微分方程。

例 2.10 如图 2-10 所示,在等角速度 ω 旋转的铅垂轴上用光滑铰链连接一单摆 B,摆长为 l,质量为 m,试求系统的首次积分。

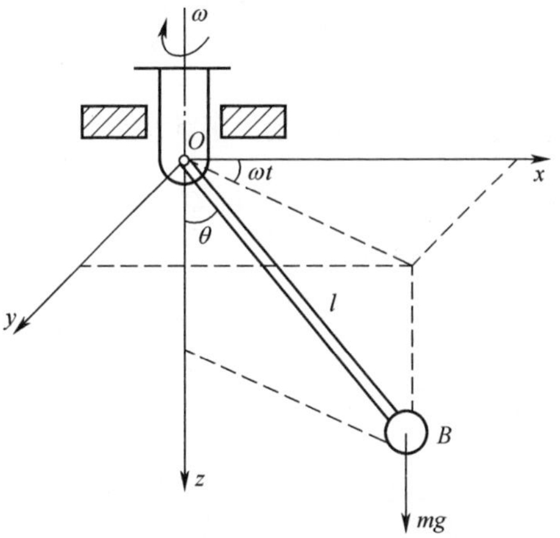

图 2-10 单摆以等角速度转动

解:过 Oz 轴及 OB 作一个铅垂面,该面以角速度 ω 绕 Oz 轴旋转,单摆在该面内摆动,以单摆与 Z 轴夹角 θ 为广义坐标确定系统位形,系统只有一个自由度,系统动能、势能和拉格朗日函数分别为

$$T = \frac{1}{2}ml^2\dot{\theta}^2 + \frac{1}{2}ml^2\omega^2\sin^2\theta \tag{2-83}$$

$$V = -mgl\cos\theta \tag{2-84}$$

$$L = T - V = \frac{1}{2}ml^2\dot{\theta}^2 + \frac{1}{2}m\omega^2l^2\sin^2\theta + mgl\cos\theta \tag{2-85}$$

拉格朗日函数 L 中出现 T_0 项:

$$T_0 = \frac{1}{2}ml^2\omega^2\sin^2\theta \tag{2-86}$$

$$T_2 = \frac{1}{2}ml^2\dot{\theta}^2 \tag{2-87}$$

因为 L 中不显含时间 t ,所以有广义能量积分存在。

设 $T_2 + (V - T_0) = h$, 即

$$\frac{1}{2}ml^2\dot{\theta}^2 - mgl\cos\theta - \frac{1}{2}ml^2\omega^2\sin^2\theta = h \tag{2-88}$$

由(2-88)可求得单摆的相对平衡位置,将该式对时间求导数,得

$$ml^2\dot{\theta}\ddot{\theta} + mgl\sin\theta\dot{\theta} - ml^2\omega^2\sin\theta\cos\theta\dot{\theta} = 0$$

即

$$\ddot{\theta} + \frac{g}{l}\sin\theta - \omega^2\sin\theta\cos\theta = 0 \tag{2-89}$$

单摆相对旋转轴相对平衡时 θ 应为常量,由式(2-89)可得

$$\sin\theta\left(\frac{g}{l} - \omega^2\cos\theta\right) = 0 \tag{2-90}$$

解出相对平衡位置为 $\theta_1 = 0, \theta_2 = \pi, \theta_3 = \arccos\left(\frac{g}{l\omega^2}\right)$。

因为 $\cos\theta \leqslant 1$,所以 θ_3 只在 $\omega \geqslant \sqrt{\frac{g}{l}}$ 条件下才成立。

如果不限定 ω 为常量,以任意角速度转动,则系统有两个自由度。设绕铅垂轴转角为 φ ,以 φ,θ 为广义坐标,拉格朗日函数为

$$L = \frac{1}{2}m(l\dot{\theta}^2 + l^2\sin^2\theta\dot{\varphi}^2) + mgl\cos\theta \tag{2-91}$$

因为 L 中不显含 φ ,所以有循环积分存在:

设 $\frac{\partial L}{\partial\dot{\varphi}} = C_\varphi$,即

$$ml^2\sin^2\theta\dot{\varphi} = C_\varphi \tag{2-92}$$

表明系统对 Oz 轴动量矩守恒。

因为 L 中又不含 T_1 及 T_0 项,主动力为有势力,所以又有能量积分

$$T + V = T_2 + V = E$$

即

$$\frac{1}{2}m(l^2\dot{\theta}^2 + l^2\sin^2\theta\dot{\varphi}^2) - mgl\cos\theta = E \tag{2-93}$$

式(2-93)表明系统机械能守恒。

例 2.11 质量为 m 的圆盘与弹性轴固联,轴通过圆盘质心 C 点并与圆盘面相垂直,圆截面轴的质量不计,长度为 l ,弯曲度为 EI ,圆盘以等角速度 Ω 绕 Ox 轴旋转,圆盘中心距轴的两端距离分别为 a 和 b 如图 2-11(a)所示,试建立系统的运动微分方程。

解:建立固定坐标系 $Oxyz$,其中 Ox 轴沿转动轴 OA 方向,弹性轴可简化为一个简支梁,在小变形的情况下梁的轴向变形可不计,圆盘质心 C 点的位置由 y,z 确定,而圆盘的方位角可由圆盘主轴系 $Cx_1y_1z_1$ 各轴相对于坐标系 $Cxyz$ 各轴的角位移确定。

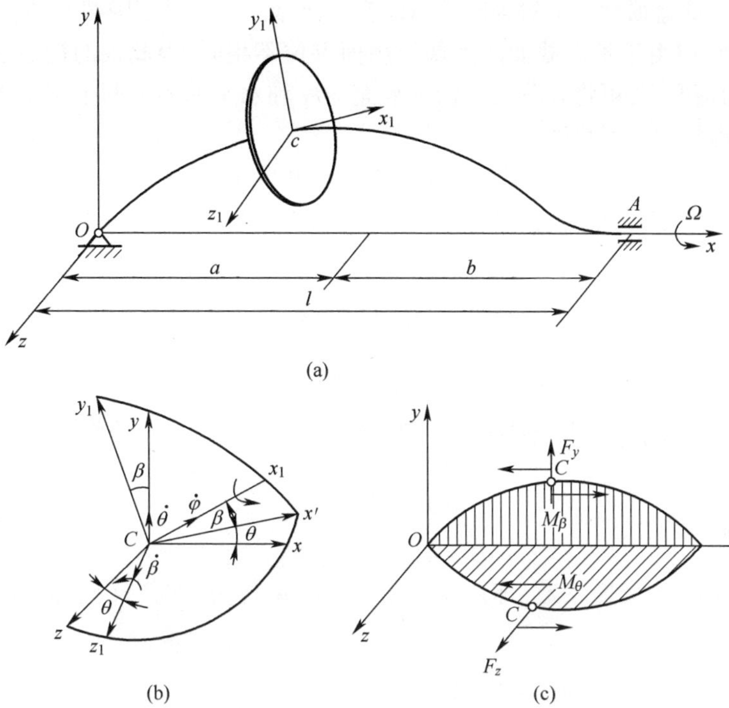

图 2-11　Jeffcott 转子

设固联于圆盘的主轴系 $Cx_1y_1z_1$ 开始位置各轴分别与固定坐标系 $Cxyz$ 各轴相平行，即圆盘主轴坐标系 $Cx_1y_1z_1$ 在空间的任意位置可这样确定：先绕 Cy 轴转 θ 角，主轴 Cz 到达 Cz_1 位置，主轴 Cx 到达 Cx' 位置，再绕 Cz_1 转 β 角，Cx' 到达 Cx_1 的位置，Cy 到达 Cy_1 的位置，最后再绕 Cx_1 轴转 φ 角就是圆盘主轴坐标系 $Cx_1y_1z_1$ 相对坐标系 $Cxyz$ 的位置，从而由转角 θ，β，φ 就可确定圆盘在空间的方位，如图 2-11(b)所示，不过在绕 Cx_1 轴转动时 Cz_1，Cy_1 不随自转轴 Cx_1 转动，因为圆盘是旋转对称的，所以 Cz_1，Cy_1 仍是圆盘的主轴。设圆盘对 Cx_1，Cy_1，Cz_1 三个中心主轴的转动惯量分别为 I_{x_1}，I_{y_1} 及 I_{z_1}，其中 $I_{z_1}=I_{y_1}$，令其为 I_1，令 $I_{x_1}=I_3$。

确定圆盘位形的广义坐标为 y_1、z_1、θ、β 和 φ 系统有 5 个自由度，圆盘角速度在主轴坐标系 $Cx_1y_1z_1$ 各坐标轴上的投影为

$$\begin{cases}\omega_{x_1}=\dot{\varphi}+\dot{\theta}\sin\beta\\ \omega_{y_1}=\dot{\theta}\cos\beta\\ \omega_{z_1}=\dot{\beta}\end{cases}\tag{2-94}$$

质心 C 点的速度分量为

$$\boldsymbol{v}_{Cy}=\dot{y}\text{ , }\boldsymbol{v}_{Cz}=\dot{z}$$

质点系的动能为

$$T=\frac{1}{2}m(\dot{y}^2+\dot{z}^2)+\frac{1}{2}I_1(\dot{\theta}^2\cos^2\beta+\dot{\beta}^2)+\frac{1}{2}I_3(\dot{\varphi}+\dot{\theta}\sin\beta)^2\tag{2-95}$$

圆盘的惯性力系使弹性轴产生弯曲变形，系统势能为弹性轴相对其静平衡位置的弯曲变形能，也就等于圆盘惯性力系对轴产生弯曲变形所做的功。对于圆截面轴，在截面力偶作用面内产生弯曲，但由于不同截面的力偶作用面方位不相同，因此轴的挠曲线仍是空间曲线。在小变形的情况下，可将其分成在铅垂平面 xOy 和水平面 Ozx 两个正交平面内的弯曲变形，来计算弹性轴的变形势能。

将圆盘在 C 点作用于轴上的惯性力系主矢量分解为 F_y 及 F_z，将主矩矢量分解成力偶矩 M_θ 和 M_β。其中，力偶矩 M_θ 作用面在 Ozx 面内，M_β 作用面在 xOy 面内，如图 2-1(c) 所示，系统势能可表示为

$$V = \frac{1}{2}F_y y + \frac{1}{2}M_\beta\beta + \frac{1}{2}F_z z + \frac{1}{2}M_\theta\theta \tag{2-96}$$

式中：F_y, F_z、M_β、M_θ 均未知，应将其表示为广义坐标的函数。

先计算 xOy 面内弹性轴的弯曲变形势能，由材料力学可知，弹性轴 C 点处的位移和转角可表示成

$$\begin{cases} y = \delta_{11}F_y + \delta_{12}M_\beta \\ \beta = \delta_{21}F_y + \delta_{22}M_\beta \end{cases} \tag{2-97}$$

式中：$\delta_{ij}(i,j=1,2)$ 为柔度系数，即广义坐标 j 处的单位力，在广义坐标 i 处引起的广义位移。

计算得 $\delta_{11} = \dfrac{a^2b^2}{3EIl}, \delta_{12} = \delta_{21} = \dfrac{ab(a-b)}{3EIl}, \delta_{22} = \dfrac{a^2+b^2-ab}{3EIl}$。

式(2-97)可写成

$$\begin{Bmatrix} y \\ \beta \end{Bmatrix} = \begin{bmatrix} \delta_{11} & \delta_{12} \\ \delta_{21} & \delta_{22} \end{bmatrix} \begin{Bmatrix} F_y \\ M_\beta \end{Bmatrix} \tag{2-98}$$

式中：$\begin{bmatrix} \delta_{11} & \delta_{12} \\ \delta_{21} & \delta_{22} \end{bmatrix}$ 为柔度矩阵。

由式(2-98)得

$$\begin{Bmatrix} F_y \\ M_\beta \end{Bmatrix} = \begin{bmatrix} k_{11} & k_{12} \\ k_{21} & k_{22} \end{bmatrix} \begin{Bmatrix} y \\ \beta \end{Bmatrix} \tag{2-99}$$

式中：$\begin{bmatrix} k_{11} & k_{12} \\ k_{21} & k_{22} \end{bmatrix} = \begin{bmatrix} \delta_{11} & \delta_{12} \\ \delta_{21} & \delta_{22} \end{bmatrix}^{-1}$ 为柔度矩阵的逆矩阵，即刚度矩阵。刚度矩阵中的各元素为 $k_{11} = \dfrac{\delta_{22}}{\delta_{11}\delta_{22} - \delta_{12}^2}, k_{12} = k_{21} = \dfrac{-\delta_{12}}{\delta_{11}\delta_{22} - \delta_{12}^2}, k_{22} = \dfrac{\delta_{11}}{\delta_{11}\delta_{22} - \delta_{12}^2}$。

对于 Ozx 面内的弯曲变形，由于轴是圆截面，C 点的位移和转角与式(2-99)有相同形式的表示式，即

$$\begin{Bmatrix} F_z \\ M_\theta \end{Bmatrix} = \begin{bmatrix} k_{11} & k_{12} \\ k_{21} & k_{22} \end{bmatrix} \begin{Bmatrix} z \\ \theta \end{Bmatrix} \tag{2-100}$$

将式(2-99)和式(2-100)代入式(2-101)得系统势能表达式为

$$V = \frac{1}{2}k_{11}(y^2 + z^2) + \frac{1}{2}k_{22}(\theta^2 + \beta^2) + k_{12}(y\beta + z\theta) \tag{2-101}$$

将式(2-95)和式(2-101)代入拉格朗日方程式(2-49)中得到系统的运动微分方程为

$$m\ddot{y} + k_{11}y + k_{12}\beta = 0 \tag{2-102}$$

$$m\ddot{z} + k_{11}z + k_{12}\theta = 0 \tag{2-103}$$

$$\frac{\mathrm{d}}{\mathrm{d}t}(I_1\dot{\theta}\cos^2\beta) + \frac{\mathrm{d}}{\mathrm{d}t}[I_3(\dot{\varphi} + \dot{\theta}\sin\beta)]\sin\beta + I_3(\dot{\varphi} + \dot{\theta}\sin\beta)\dot{\beta}\cos\beta + k_{22}\theta + k_{12}z = 0 \tag{2-104}$$

$$I_1\ddot{\beta} + I_1\dot{\theta}^2\cos\beta\sin\beta - I_3(\dot{\varphi} + \dot{\theta}\sin\beta)\dot{\theta}\cos\beta + k_{22}\beta + k_{12}y = 0 \tag{2-105}$$

$$I_3(\dot{\varphi} + \dot{\theta}\sin\beta) = C_\varphi \tag{2-106}$$

因为拉格朗日函数 $L = T - V$ 中不含广义坐标 φ ,所以有循环积分 $\dfrac{\partial L}{\partial \dot{\varphi}} = C_\varphi$。其中,$C_\varphi$ 为积分常数,这就是式(2-106)。

式(2-106)的积分常数 C_φ 表示系统对 Cx_1 轴方向的动量矩分量为常量。由图 2-11(b)可得轴的转动角速度 Ω 在圆盘自转轴 Cx_1 上的投影为

$$\Omega_{x_1} = \Omega\cos\theta\cos\beta$$

因为 θ、β 均为微量,可取 $\Omega_{x_1} \approx \Omega$,轴无扭转变形,所以圆盘在主轴 Ox_1 上的角速度分量 $\dot{\omega}_{x_1} = \Omega$,这样便可有 $\omega_{x_1} = \dot{\varphi} + \dot{\theta}\sin\beta \approx \Omega$,运动方程式(2-104)和式(2-105)可写成

$$I_1\ddot{\theta}\cos^2\beta - 2I_1\dot{\theta}\dot{\beta}\cos\beta\sin\beta + k_{22}\theta + k_{12}z = -I_3\Omega\dot{\beta}\cos\beta \tag{2-107}$$

$$I_1\ddot{\beta} + I_1\dot{\theta}^2\cos\beta\sin\beta + k_{22}\beta + k_{12}y = I_3\Omega\dot{\theta}\cos\beta \tag{2-108}$$

令 $g_\theta = -I_3\Omega\dot{\beta}\cos\beta, g_\beta = I_3\Omega\dot{\theta}\cos\beta$,则将式(2-107)、式(2-108)写成矩阵形式为

$$\begin{Bmatrix} g_\theta \\ g_\beta \end{Bmatrix} = \begin{bmatrix} 0 & -I_3\Omega\cos\beta \\ I_3\Omega\cos\beta & 0 \end{bmatrix} \begin{Bmatrix} \dot{\theta} \\ \dot{\beta} \end{Bmatrix} \tag{2-109}$$

式(2-109)关于广义速度 $\dot{\theta}$、$\dot{\beta}$ 的方程组矩阵,是反对称矩阵,矩阵中的元素分别是广义速度 $\dot{\beta}$、$\dot{\theta}$ 前的系数。

如果将 g_θ 和 g_β 分别视为对应广义坐标 θ 和 β 的广义力,它们是 Ω 与 $\dot{\beta}$、Ω 与 $\dot{\theta}$ 共同作用的结果,并且具有力矩的量纲,称为回转力或回转力矩,也称陀螺力。这种广义力在系统运动中所做功的总功率为零,也就是回转力不影响系统的总能量。但是,对广义坐标的变化起作用,在该系统中若以 N 表示回转力的总功率则

$$N = g_\theta\dot{\theta} + g_\beta\dot{\beta} = -I_3\Omega\cos\beta\dot{\beta}\dot{\theta} + I_3\Omega\cos\beta\dot{\theta}\dot{\beta} = 0$$

由于 $N = 0$ 回转力不会引起系统能量的变化,因而在系统动能表达式中与广义速度的一次式相关的 T_1,不出现在能量积分的式(2-73)中。

运动方程中出现回转力会对轴的振动、轴承的动反力产生影响,在本例中由于圆盘平面的法线方向与轴的转动角速度方向不一致,所产生的回转力矩,在轴的转速很高的情况下,轴承处会产生相当大的动反力。

2.3.4 线性阻尼力和瑞利耗散函数

实际工程中总要遇到各种阻碍运动的力，在介质中运动的物体如速度不大，通常可用速度的线性关系表示这种阻力，方向与物体运动速度方向相反，称线性阻尼力或黏性阻尼力。

设质点系由 N 个质点组成，任一个质点 i 的速度为 $\boldsymbol{v}_i$，它所受到的阻尼力可表示为

$$\boldsymbol{f}_i = -\beta_i \dot{\boldsymbol{r}}_i \tag{2-110}$$

式中：β_i 为与介质和质点系中物体形状等有关的阻力系数。

该力在质点虚位移上所做的虚功为

$$\delta W_i = \boldsymbol{f}_i \cdot \delta \boldsymbol{r}_i = -\beta_i \dot{\boldsymbol{r}}_i \cdot \delta \boldsymbol{r}_i$$

整个质点系在线性阻尼力作用下的总虚功为

$$\delta W = \sum_{i=1}^{N} \delta W_i = -\sum_{i=1}^{N} \beta_i \dot{\boldsymbol{r}}_i \cdot \delta \boldsymbol{r}_i \tag{2-111a}$$

也可用笛卡儿坐标将其表示成

$$\delta W = -\sum_{i=1}^{3N} \beta_i \dot{x}_i \delta x_i \tag{2-111b}$$

设系统为完整定常的，用 n 个广义坐标 q 确定其位形，将 δx_i 用广义坐标虚位移表示为

$$\delta x_i = \sum_{s=1}^{n} \frac{\partial x_i}{\partial q_s} \delta q_s \quad (i = 1, 2, \cdots, 3N)$$

将上式代入式(2-111a)，得

$$\begin{aligned} \delta W &= -\sum_{i=1}^{3N} \left(\sum_{s=1}^{n} \beta_i \dot{x}_i \frac{\partial x_i}{\partial q_s} \right) \delta q_s = -\sum_{s=1}^{n} \left(\sum_{i=1}^{3N} \beta_i \dot{x}_i \frac{\partial \dot{x}_i}{\partial \dot{q}_s} \right) \delta q_s \\ &= -\sum_{s=1}^{n} \frac{\partial}{\partial \dot{q}_s} \left(\sum_{i=1}^{3N} \frac{1}{2} \beta_i \dot{x}_i^2 \right) \delta q_s = -\sum_{s=1}^{n} \frac{\partial R}{\partial \dot{q}_s} \delta q_s \end{aligned} \tag{2-112}$$

其中

$$R = \sum_{i=1}^{3N} \frac{1}{2} \beta_i \dot{x}_i^2 \tag{2-113a}$$

称为瑞利耗散函数。

其广义速度表示式为

$$\begin{aligned} R &= \sum_{i=1}^{3N} \frac{1}{2} \beta_i \left(\sum_{s=1}^{n} \frac{\partial x_i}{\partial q_s} \dot{q}_s \right) \left(\sum_{k=1}^{n} \frac{\partial x_i}{\partial q_k} \dot{q}_k \right) = \sum_{s=1}^{n} \sum_{k=1}^{n} \frac{1}{2} \left(\sum_{i=1}^{3N} \beta_i \frac{\partial x_i}{\partial q_s} \frac{\partial x_i}{\partial q_k} \right) \dot{q}_s \dot{q}_k \\ &= \frac{1}{2} \sum_{s=1}^{n} \sum_{k=1}^{n} C_{sk} \dot{q}_s \dot{q}_k \end{aligned} \tag{2-113b}$$

其中

$$C_{sk} = \sum_{i=1}^{3N} \beta_i \frac{\partial x_i}{\partial q_s} \frac{\partial x_i}{\partial q_k}$$

是对应广义坐标 q_s, q_k $(s, k = 1, 2, \cdots, n)$ 的阻尼力系数，且 $C_{sk} = C_{ks}$。

从式(2-113b)可知瑞利耗散函数是广义速度的二次齐次函数。

由式(2-112)

$$\delta W=-\sum_{s=1}^{n}\frac{\partial R}{\partial \dot{q}_s}\delta q_s=\sum_{s=1}^{n}Q'_s\delta q_s$$

可知

$$Q'_s=-\frac{\partial R}{\partial \dot{q}_s} \tag{2-114}$$

式中:Q_s 为对应广义坐标 $q_s(s=1,2,\cdots,n)$ 的广义耗散力,它等于瑞利耗散函数对该广义速度偏导数的负值。

系统在线性阻尼作用下机械能 E 会不断减少,其耗散量应等于阻尼所做的负功,E 的耗散率为瑞利耗散的 2 倍,即

$$\frac{\mathrm{d}E}{\mathrm{d}t}=\sum_{s=1}^{n}Q'_s\dot{q}_s=-\sum_{s=1}^{n}\frac{\partial R}{\partial \dot{q}_s}\dot{q}_s=-2R \tag{2-115}$$

如果有势系统仅存在线性阻尼的非有势力作用,则拉格朗日方程式可写成

$$\frac{\mathrm{d}}{\mathrm{d}t}\left(\frac{\partial L}{\partial \dot{q}_s}\right)-\frac{\partial L}{\partial q_s}=-\frac{\partial R}{\partial \dot{q}_s}\quad(s=1,2,\cdots,n) \tag{2-116}$$

例 2.12 如图 2-12 所示,两物块质量分别为 m_1 及 m_2,用弹簧和阻尼器相连接,弹簧刚度系数分别为 k_1 及 k_2,阻尼器的阻尼系数分别为 c_1 及 c_2,阻尼力与阻尼器两端相对速度成正比,试列写该系统的运动微分方程。

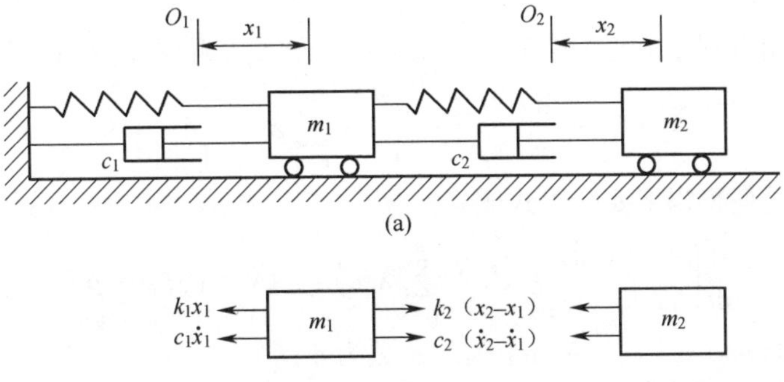

图 2-12 二自由度弹簧质量系统

解:以 x_1、x_2 为广义坐标,以弹簧无变形位置为坐标原点 O_1 及 O_2,如图 2-12 所示,质点系动能和势能为

$$T=\frac{1}{2}m_1\dot{x}_1^2+\frac{1}{2}m_2\dot{x}_2^2 \tag{2-117}$$

$$\begin{aligned}V&=\frac{1}{2}k_1x_1^2+\frac{1}{2}k_2(x_2-x_1)^2\\&=\frac{1}{2}(k_1+k_2)x_1^2+\frac{1}{2}k_2x_2^2-k_2x_1x_2\end{aligned} \tag{2-118}$$

瑞利耗散函数为

$$R = \frac{1}{2}c_1\dot{x}_1^2 + \frac{1}{2}c_2(\dot{x}_2 - \dot{x}_1)^2 = \frac{1}{2}(c_1 + c_2)\dot{x}_1^2 + \frac{1}{2}c_2\dot{x}_2^2 - c_2\dot{x}_1\dot{x}_2 \tag{2-219}$$

将式(2-119)代入拉格朗日方程式(2-116),得到系统的运动微分方程为

$$\begin{cases} m_1\ddot{x}_1 + (c_1 + c_2)\dot{x}_1 - c_2\dot{x}_2 + (k_1 + k_2)x_1 - k_2x_2 = 0 \\ m_2\ddot{x}_2 - c_2\dot{x}_1 + c_2\dot{x}_2 - k_2x_1 + k_2x_2 = 0 \end{cases} \tag{2-120}$$

2.3.5 拉格朗日乘子方程

由动力学普遍方程所导出的拉格朗日方程在完整系统情况下由于各广义坐标都是独立的,因此式(2-40)能分离为与广义坐标数目相同的独立方程。这就是第二类拉格朗日方程。它只适用于完整系统,如果系统还存在线性非完整约束,则有

$$\sum_{s=1}^{n} a_{rs}\dot{q}_s + a_{r0} = 0 \quad (r = 1,2,\cdots,\rho)$$

则虚位移的限制方程为

$$\sum_{s=1}^{n} a_{rs}\delta q_s = 0 \quad (r = 1,2,\cdots,\rho)$$

由上式可知式(2-40)中的 n 个 $\delta q_s(s = 1,2,\cdots,n)$ 只有 $n - \rho$ 个是独立的,利用上式线性无关,可以消去其中 ρ 个不独立的 δq ,通常可用拉格朗日不定乘子法使不独立的 ρ 个 δq 前的系数为零。

将虚位移限制方程中的每一个等式乘以不定乘子 λ_r ,再与式(2-40)相加,得

$$\sum_{s=1}^{n}\left[Q_s - \frac{\mathrm{d}}{\mathrm{d}t}\left(\frac{\partial T}{\partial \dot{q}_s}\right) + \frac{\partial T}{\partial q_s} + \sum_{r=1}^{\rho}\lambda_r a_{rs}\right]\delta q_s = 0 \tag{2-121}$$

选择 ρ 个不定乘子使得以下 ρ 个等式成立:

$$\frac{\mathrm{d}}{\mathrm{d}t}\left(\frac{\partial T}{\partial \dot{q}_s}\right) - \frac{\partial T}{\partial q_s} = Q_s + \sum_{r=1}^{\rho}\lambda_r a_{rs} \quad (s = 1,2,\cdots,\rho) \tag{2-122}$$

也就是使不独立的 $\delta q_s(s = 1,2,\cdots,\rho)$ 前的系数为零。

这样,式(2-121)可表示为

$$\sum_{s=\rho+1}^{n}\left[Q_s - \frac{\mathrm{d}}{\mathrm{d}t}\left(\frac{\partial T}{\partial \dot{q}_s}\right) + \frac{\partial T}{\partial q_s} + \sum_{r=1}^{\rho}\lambda_r a_{rs}\right]\delta q_s = 0 \tag{2-123}$$

由于 $n - \rho$ 个 $\delta q_{\rho+1},\delta q_{\rho+2},\cdots,\delta q_n$ 是互相独立的,式(2-123)能成立的条件是这些独立的 δq 前的系数应等于零,则

$$\frac{\mathrm{d}}{\mathrm{d}t}\left(\frac{\partial T}{\partial \dot{q}_s}\right) - \frac{\partial T}{\partial q_s} = Q_s + \sum_{r=1}^{\rho}\lambda_r a_{rs} \quad (s = \rho + 1,\rho + 2,\cdots,n) \tag{2-124}$$

把式(2-122)与式(2-124)结合在一起,可得

$$\frac{\mathrm{d}}{\mathrm{d}t}\left(\frac{\partial T}{\partial \dot{q}_s}\right) - \frac{\partial T}{\partial q_s} = Q_s + \sum_{r=1}^{\rho}\lambda_r a_{rs} \quad (s = 1,2,\cdots,n) \tag{2-125}$$

式(2-125)是拉格朗日乘子方程也称劳斯方程。式(2-125)共有 n 个方程,有 $n + \rho$ 个未知变量 $q_1,q_2,\cdots,q_n$ 和 $\lambda_1,\lambda_2,\cdots,\lambda_\rho$ 。要和前述 ρ 个虚位移限制方程联立,共有 $n + \rho$ 个

方程，可解出 n 个广义坐标 q 和 ρ 个不定乘子 λ 。式(2-125)中的乘子项可理解为解除所有的非完整约束，用非完整约束力代替。

例 2.13 在倾角为 α 的平面上的一个刚体做平面运动，AB 连线在其质量对称面内，质心在 C 点，在刚体下面沿 AB 方向距质心为 a 的 D 点处，安装一个冰刀，如图 2-13 所示在任意瞬时 D 点速度恒沿 AB 线的方向，设刚体质量为 m ，对质心 C 的惯性矩为 I_c ，试列出系统的运动微分方程。

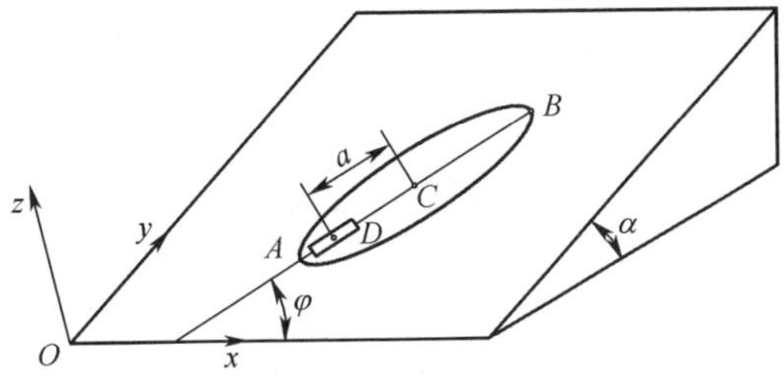

图 2-13 冰刀运动分析力学模型

解：在斜面上选取固定坐标系 $Oxyz$，Oz 轴垂直斜面，Oy 沿斜面，Ox 轴水平，取 D 点坐标 x、y 及刚体轴线 AB 相对 x 轴的夹角 φ 为广义坐标。约束限制 D 点的速度方向恒与 AB 方向一致，必须满足

$$\dot{y} = \dot{x}\tan\varphi \tag{2-126}$$

这是非完整约束方程，约束加在虚位移上的条件

$$\delta y - \tan\varphi\delta x = 0 \tag{2-127}$$

系统有两个自由度。

1)计算刚体动能。质心坐标和速度分别为

$$\begin{cases} x_c = x + a\cos\varphi, \ \dot{x}_c = \dot{x} - a\dot{\varphi}\sin\varphi, \\ y_c = y + a\sin\varphi, \ \dot{y}_c = \dot{y} + a\dot{\varphi}\cos\varphi \end{cases}$$

刚体动能可表示为

$$T = \frac{1}{2}(I_c + ma^2)\dot{\varphi}^2 + \frac{1}{2}m[\dot{x}^2 + \dot{y}^2 + 2a\dot{\varphi}(\dot{y}\cos\varphi - \dot{x}\sin\varphi)] \tag{2-128}$$

2)质点系势能为

$$V = mg\,(y + a\sin\varphi)\sin\alpha \tag{2-129}$$

有势广义力

$$\begin{cases} Q_y = -\dfrac{\partial V}{\partial y} = -mg\sin\alpha \\ Q_\varphi = -\dfrac{\partial V}{\partial \varphi} = -mga\sin\alpha\cos\varphi \end{cases} \tag{2-130}$$

将式(2-127)乘以不定乘子 λ ，得

$$\lambda\delta y - \lambda\tan\varphi\delta x = 0 \tag{2-131}$$

将式(2-128)、式(2-130)、式(2-131)代入式(2-125)，得

$$\begin{cases} m\ddot{x} - ma(\sin\varphi\ddot{\varphi} + \cos\varphi\dot{\varphi}^2) = -\lambda\tan\varphi \\ m\ddot{y} + ma(\cos\varphi\ddot{\varphi} - \sin\varphi\dot{\varphi}^2) = \lambda - mg\sin\alpha \\ (I_c + ma^2)\ddot{\varphi} - ma(\sin\varphi\ddot{x} - \cos\varphi\ddot{y}) = -mga\sin\alpha\cos\varphi \end{cases} \tag{2-132}$$

式(2-132)就是系统的运动微分方程,前两个方程右端含 λ 项就是非完整约束力在 x,y 轴上的投影。

由式(2-126)和式(2-132)可确定 x、y、φ、λ 。

如果 $a=0$,即冰刀装在质心处,约束条件不变,则式(2-132)成为

$$\begin{cases} m\ddot{x} = -\lambda\tan\varphi \\ m\ddot{y} = \lambda - mg\sin\alpha \\ I_c\ddot{\varphi} = 0 \end{cases} \tag{2-133}$$

2.4 阿贝尔方程

阿贝尔方程不像拉格朗日方程那样选用系统的动能函数,而是利用加速度能量函数作为系统的动力学函数,并且还以准速度作为系统的独立变量,对于完整、非完整系统都适用。由阿贝尔方程得到的系统动力学方程个数和系统自由度个数相同。

2.4.1 准速度和准坐标

设质点系由 N 个质点所组成,并用 n 个广义坐标 q 确定其位形。设系统还受有限制速度的非完整约束方程:

$$\sum_{S=1}^{n} a_{rs}\dot{q}_s + a_{ro} = 0 \quad (r = 1,2,\cdots,\rho)$$

式中:系数 a_{rs}、a_{ro} 均为广义坐标 q 和时间 t 的函数。n 个广义速度中只有 $m=n-\rho$ 个是独立的(系统有 m 个自由度),另外 ρ 个是不独立的。m 个独立的广义速度 $\dot{q}$ 可在 n 个广义速度中选取,更一般的选取 m 个独立的变量 $u_j(j=1,2,\cdots,m)$ 作为确定非完整系统运动的独立变量。它们是广义速度的线性组合,数目和系统自由度数相等,即

$$u_j = \sum_{s=1}^{n} f_{js}\dot{q}_s + f_{jo} \quad (j = 1,2,\cdots,m) \tag{2-134}$$

式中:系数 f_{js} f_{jo} 都是 q 和 t 的函数。

如式(2-134)可积分,则存在与 u_j 相对应的坐标 $\pi_j = \pi_j(q,t)$,这时 π_j 就是一种广义坐标,u_j 也就是一种广义速度。但是一般情况下式(2-134)不能积分,也就不存在与 u_j 相对应的广义坐标 π_j 。在形式上仍可把 u_j 写成 $\dot{\pi}_j$,即

$$u_j = \dot{\pi}_j \quad (j = 1,2,\cdots,m) \tag{2-135}$$

但是这时 π_j 只具有符号的运算形式,而无物理意义。通常情况下把变量 u_j 称为准速度,而把 π_j 称为准坐标。

准速度是根据需要选取的独立变量。选取准速度时要使式(2-134)和限制速度的ρ个非完整约束方程组成$\rho + m = n$个关于$\dot{q}$的线性无关方程组,这样就可以解出n个$\dot{q}$为m个u的表达式:

$$\dot{q}_s = \sum_{j=1}^{m} h_{sj} u_j + h_{s0} = \sum_{j=1}^{m} h_{sj} \dot{\pi}_j + h_{s0} \tag{2-136}$$

式中:h_{sj}与h_{so}为广义坐标和时间的函数。由式(2-136)可得

$$\delta q_s = \sum_{j=1}^{m} h_{sj} \delta \pi_j \quad (s = 1,2,\cdots,n) \tag{2-137}$$

和

$$\begin{aligned} \ddot{q}_s &= \sum_{j=1}^{m} h_{sj} \dot{u}_j + (\text{与 } \dot{u}_j \text{ 的无关项}) \\ &= \sum\nolimits_{j=1}^{m} h_{sj} \ddot{\pi}_j + (\text{与 } \ddot{\pi}_j \text{ 的无关项}) \end{aligned} \tag{2-138a}$$

由式(2-138a)得

$$\frac{\partial \ddot{q}_s}{\partial \ddot{\pi}_j} = h_{sj} \quad (s = 1,2,\cdots,n; j = 1,2,\cdots,m) \tag{2-138b}$$

2.4.2 阿贝尔方程的导出

设系统由n个广义坐标确定其位形,各质点的矢径$\boldsymbol{r}_i$、速度v_i和加速度a_i可表示为

$$\boldsymbol{r}_i = \boldsymbol{r}_i(q_1, q_2, \cdots, q_n, t) \tag{2-139a}$$

$$\boldsymbol{v}_i = \dot{\boldsymbol{r}}_i = \sum_{s=1}^{n} \frac{\partial \boldsymbol{r}_i}{\partial q_s} \dot{q}_s + \frac{\partial \boldsymbol{r}_i}{\partial t} \tag{2-139b}$$

$$\boldsymbol{a}_i = \ddot{\boldsymbol{r}}_i = \sum_{s=1}^{n} \frac{\partial \boldsymbol{r}_i}{\partial q_s} \ddot{q}_s + (\text{与 } \ddot{q}_s \text{ 无关项}) \tag{2-139c}$$

式中:$i = 1,2,\cdots,N$。

由式(2-139c)可得

$$\frac{\partial \ddot{\boldsymbol{r}}_i}{\partial \ddot{\boldsymbol{q}}_s} = \frac{\partial \boldsymbol{r}_i}{\partial q_s} \tag{2-140}$$

考虑到式(2-140),式(2-31)可写成

$$\sum_{s=1}^{n} \left(Q_s - \sum_{i=1}^{N} m_i \ddot{\boldsymbol{r}}_i \cdot \frac{\partial \ddot{\boldsymbol{r}}_i}{\partial \ddot{q}_s} \right) \delta q_s = 0 \tag{2-141a}$$

其中

$$Q_s = \sum_{i=1}^{N} \boldsymbol{F}_i \cdot \frac{\partial \boldsymbol{r}_i}{\partial q_s}$$

为对应广义坐标q_s的广义力。而式(2-141a)括号内的第二项可写为

$$-\sum_{i=1}^{N} m_i \ddot{\boldsymbol{r}}_i \cdot \frac{\partial \ddot{\boldsymbol{r}}_i}{\partial \ddot{q}_s} = -\frac{\partial}{\partial \ddot{q}_s} \left(\frac{1}{2} \sum_{i=1}^{N} m_i \ddot{\boldsymbol{r}}_i \cdot \ddot{\boldsymbol{r}}_i \right) = -\frac{\partial G}{\partial \ddot{q}_s} \tag{2-141b}$$

其中

$$G = \frac{1}{2}\sum_{i=1}^{N} m_i \ddot{\boldsymbol{r}}_i \ddot{\boldsymbol{r}}_i = \frac{1}{2}\sum_{i=1}^{N} m_i \boldsymbol{a}_i \cdot \boldsymbol{a}_i = \frac{1}{2}\sum_{i=1}^{N} m_i a_i^2 \tag{2-142}$$

G 是一个标量函数,称为系统的加速度能量函数。

实际上 G 并不具有能量含义,只是用加速度代替了动能中的速度,于是式(2-141a)可写成

$$\sum_{s=1}^{n}\left(Q_s - \frac{\partial G}{\partial \ddot{q}_s}\right)\delta q_s = 0 \tag{2-143}$$

考虑到式(2-137),式(2-143)可写成

$$\sum_{s=1}^{n}\left(Q_s - \frac{\partial G}{\partial \ddot{q}_s}\right)\sum_{j=1}^{m} h_{sj}\delta \pi_j = \sum_{j=1}^{m}\sum_{s=1}^{n}\left(Q_s - \frac{\partial G}{\partial \ddot{q}_s}\right) h_{sj}\delta \pi_j = 0$$

$$\sum_{j=1}^{m}\left(\widetilde{Q}_j - \sum_{s=1}^{n}\frac{\partial G}{\partial \ddot{q}_s}h_{sj}\right)\delta \pi_j = 0 \tag{2-144a}$$

其中

$$\widetilde{Q}_j = \sum_{s=1}^{n} Q_s h_{sj} \tag{2-144b}$$

式中 $\widetilde{Q}_j$ 称为对应准坐标 π_j 的广义力。由式(2-138b),式(2-144a)括号内的第二项又可写成

$$-\sum_{s=1}^{n}\frac{\partial G}{\partial \ddot{q}_s}h_{sj} = -\sum_{s=1}^{n}\frac{\partial G}{\partial \ddot{q}_s}\frac{\partial \ddot{q}_s}{\partial \ddot{\pi}_j} = -\frac{\partial G}{\partial \ddot{\pi}_j} \tag{2-144c}$$

将式(2-144c)代入式(2-144a),得

$$\sum_{j=1}^{m}\left(\widetilde{Q}_j - \frac{\partial G}{\partial \ddot{\pi}_j}\right)\delta \pi_j = 0$$

m 个 $\delta\pi$ 是互相独立的,则有

$$\frac{\partial G}{\partial \ddot{\pi}_j} = \frac{\partial G}{\partial \dot{u}_j} = \widetilde{Q}_j \quad (j = 1,2,\cdots,m) \tag{2-145}$$

式(2-145)称为阿贝尔方程。它们是 m 个动力学方程,还必须考虑运动学式(2-136)才可确定 m 个 u 和 n 个 q。

阿贝尔方程同样也适用于完整系统。这时的准速度 u 和广义坐标 q 的数目相同。为方便如选取广义速度 $\dot{q}_s = u_s(s = 1,2,\cdots,n)$,则由式(2-136)可知 $h_{sj} = 1\ (s = j)$ 或 $h_{sj} = 0\ (s \neq j)$ $(s,j = 1,2,\cdots,n)$,由式(2-144b)得 $\widetilde{Q}_j = Q_j\ (j = 1,2,\cdots,n)$。$\widetilde{Q}_j$ 就是广义坐标 q_j 对应的广义力,在这种情况下式(2-145)变为

$$\frac{\partial G}{\partial \ddot{q}_j} = Q_j \quad (j = 1,2,\cdots,n) \tag{2-146}$$

在应用阿贝尔方程时需要建立加速度能量函数 G,其中与 $\dot{u}_j = \ddot{\pi}_j(j = 1,2,\cdots,m)$ 的无关项可以不计入而不影响动力学方程的建立,但必须要作加速度分析。

设质点系由 N 个质点组成,为计算质点系的加速度能量函数,建立以质心 C 为坐标原点,随质心平动坐标系 $Cx'y'z'$,质点系中任意一质点 P_i 其质量为 $m_i(i=1,2,\cdots,N)$, P_i 对固定参考点 O 的矢径为 $\boldsymbol{r}_i$,相对质心的矢径为 $\boldsymbol{r}_i'$,质心对 O 点矢径为 $\boldsymbol{r}_c$,如图 2-14(a)所示,质点系的加速度能量函数 G 可表示为

$$G=\frac{1}{2}\sum_{i=1}^{N}m_i\ddot{\boldsymbol{r}}_i^2=\frac{1}{2}\sum_{i=1}^{N}m_i\,(\ddot{\boldsymbol{r}}_c+\ddot{\boldsymbol{r}}_i')^2=\frac{1}{2}\sum_{i=1}^{N}m_i(\ddot{\boldsymbol{r}}_c^2+\ddot{\boldsymbol{r}}_i'^2+2\ddot{\boldsymbol{r}}_c\cdot\ddot{\boldsymbol{r}}_i')$$

$$=\frac{1}{2}\sum_{i=1}^{N}m_i\ddot{\boldsymbol{r}}_c^2+\frac{1}{2}\sum_{i=1}^{N}m_i\ddot{\boldsymbol{r}}_i'^2+\ddot{\boldsymbol{r}}_c\cdot\sum_{i=1}^{N}m_i\ddot{\boldsymbol{r}}_i'$$

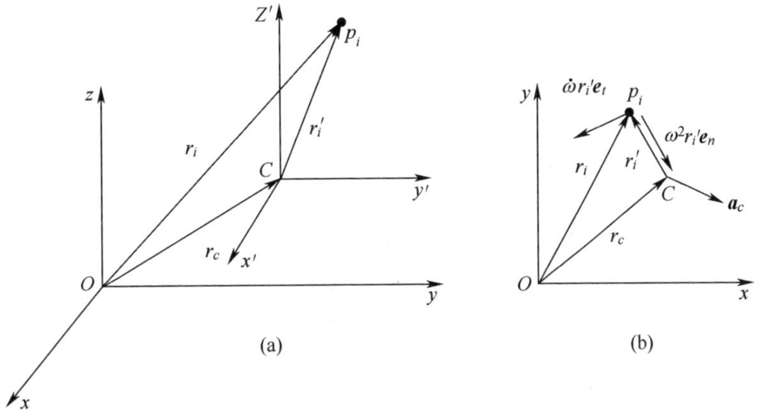

图 2-14　计算质点系加速度能量的参考系

由质心定义, $\sum_{i=1}^{N}m_i\ddot{\boldsymbol{r}}_i'=0$, $\ddot{r}_i'$ 是质点 P_i 对平动系的相对加速度,即 $\ddot{\boldsymbol{r}}_i'=a_{ri}$。令 $\ddot{\boldsymbol{r}}_c=\boldsymbol{a}_c$,则上式可写成

$$G=\frac{1}{2}m\boldsymbol{a}_c^2+\frac{1}{2}\sum_{i=1}^{N}m_i\boldsymbol{a}_{ri}^2 \tag{2-147a}$$

式中: $m=\sum_{i=1}^{N}m_i$ 。质点系的加速度能量函数等于质点系随质心平动的加速度能量加上质点系在随质心平动坐标系中的相对加速度能量。

如果质点系是刚体,则刚体加速度能量等于随质心平动与绕质心转动的加速度能量之和,与计算刚体动能的柯尼希定理相似。

对于做平面运动的刚体,刚体的角速度和角加速度矢量都垂直运动平面,刚体内各质点的加速度均在运动平面内。如图 2-14(b)所示,第 P_i 个质点的加速度为

$$\ddot{\boldsymbol{r}}_i=\ddot{\boldsymbol{r}}_c+\ddot{\boldsymbol{r}}_i \tag{2-147b}$$

相对加速度 $\ddot{\boldsymbol{r}}_i'$ 可在运动平面内分解为相对质心 C 的切向和法向矢量,即

$$\ddot{\boldsymbol{r}}_c=\boldsymbol{a}_c\ ,\ \ddot{\boldsymbol{r}}_i'=\dot{\omega}r_i'\boldsymbol{e}_t+\omega^2r_i\boldsymbol{e}_n \tag{2-147c}$$

式中: $\boldsymbol{e}_t$ 和 $\boldsymbol{e}_n$ 为质点 P_i 相对质心 C 的切向和法向单位矢量。

由式(2-147a)和式(2-147b),得

$$G=\frac{1}{2}m_ia_c^2+\frac{1}{2}\sum_i m_i\,(r_i'\dot{\omega}\boldsymbol{e}_t+\omega^2r_i'\boldsymbol{e}_n)^2$$

$$= \frac{1}{2}m_i a_c^2 + \frac{1}{2}\dot{\omega}^2 \sum_i m_i r_i'^2 + \frac{1}{2}\omega^4 \sum_i m_i r_i^2 + \sum_i m_i r_i'^2 \dot{\omega}\omega^2 \boldsymbol{e}_t \cdot \boldsymbol{e}_n$$

式中:等号右边第 4 项因 $\boldsymbol{e}_t$ 和 $\boldsymbol{e}_n$ 正交为零,则得

$$G = \frac{1}{2}ma_c^2 + \frac{1}{2}J_c\dot{\omega}^2 + \frac{1}{2}J_c\omega^4 = \frac{1}{2}ma_c^2 + \frac{1}{2}J_c\dot{\omega}^2 + \cdots(\text{与加速度无关项}) \tag{2-148}$$

式中:$J_c = \sum_i m_i r_i'^2$ 为刚体相对质心 C 的转动惯量。

例 2.14 试用阿尔贝方程重解例 2.5。

解:这是一个完整系统,仍取 x 和 θ 为广义坐标,选取速度 $u_1 = \dot{x}, u_2 = \dot{\theta}$,加速度如图 2-15 所示。

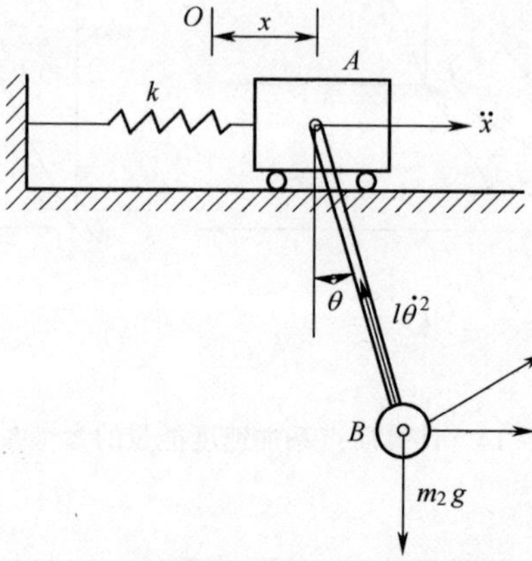

图 2-15 滑块与单摆组成的二自由度系统

滑块 A 加速度为 $\ddot{x}$,单摆 B 加速度由牵连加速度 $\ddot{x}$、相对加速度 $l\ddot{\theta}$ 和 $l\dot{\theta}^2$ 构成,方向如图 2-16 所示。

将 B 点加速度在 x 和 y 轴方向投影,有

$$a_{Bx} = \ddot{x} + l\ddot{\theta}\cos\theta - l\dot{\theta}^2\sin\theta$$

$$a_{By} = l\ddot{\theta}\sin\theta + l\dot{\theta}^2\cos\theta$$

系统的加速度能量为

$$G = \frac{1}{2}m_1\ddot{x}^2 + \frac{1}{2}m_2(a_{Bx}^2 + a_{By}^2)$$

$$= \frac{1}{2}m_1\ddot{x}^2 + \frac{1}{2}m_2[(\ddot{x} + l\ddot{\theta}\cos\theta - l\ddot{x}\theta^2\sin\theta)^2 + (l\ddot{\theta}\sin\theta + l\dot{\theta}^2\cos\theta)^2]$$

$$= \frac{1}{2}(m_1 + m_2)\ddot{x}^2 + \frac{1}{2}m_2(l^2\ddot{\theta}^2 + 2\ddot{x}\theta\cos\theta - 2\ddot{x}\theta^2 l\sin\theta) + (\text{与加速度无关项}) \tag{2-149}$$

准速度取为广义速度的特殊情形下,准速度对应的广义力与广义坐标对应的广义力相同。因此,在本例中有

$$
\begin{cases}
\widetilde{Q}_x = Q_x = -kx \\
\widetilde{Q}_\theta = Q_\theta = -m_2 gl\sin\theta
\end{cases}
\tag{2-150}
$$

将式(2-149)、式(2-150)代入式(2-146)中，得

$$
\begin{cases}
(m_1 + m_2)\ddot{x} + kx + m_2 l(\ddot{\theta}\cos\theta - \dot{\theta}^2\sin\theta) = 0 \\
l\ddot{\theta} + \ddot{x}\cos\theta + g\sin\theta = 0
\end{cases}
\tag{2-151}
$$

与例 2.5 结果完全相同。

例 2.15 在例 2.13 中冰刀装在质心处即 $a=0$，其限制速度方向的约束条件不变，试用阿贝尔方程建立系统的运动微分方程。

解：选质心坐标为 x、y 和刚体转角 φ 为广义坐标，非完整约束条件为

$$
\dot{y} = \dot{x}\tan\varphi \tag{2-152}
$$

约束加在虚位移上条件为

$$
\delta y = \tan\varphi\delta x \tag{2-153}
$$

系统有两个自由度。

质心速度 v 可表示为

$$
v = \dot{x}\cos\varphi + \dot{y}\sin\varphi
$$

v 是广义速度的线性组合，可取作一个准速度 $\dot{\pi}_1 = u_1$，另一个准速度 $\dot{\pi}_2 = u_2$ 取作 $\dot{\varphi}$ 即

$$
u_1 = \dot{x}\cos\varphi + \dot{y}\sin\varphi \tag{2-154}
$$

$$
u_2 = \dot{\varphi} \tag{2-155}
$$

联立式(2-152)、式(2-154)、式(2-155)，得广义速度用准速度表达的方程组，即

$$
\begin{cases}
\dot{x}\sin\varphi - \dot{y}\cos\varphi = 0 \\
\dot{x}\cos\varphi + \dot{y}\sin\varphi = u_1 \\
\dot{\varphi} = u_2
\end{cases}
\tag{2-156}
$$

由式(2-156)得

$$
\begin{cases}
\dot{x} = u_1\cos\varphi \\
\dot{y} = u_1\sin\varphi \\
\dot{\varphi} = u_2
\end{cases}
\tag{2-157}
$$

由式(2-136)得 $h_{x1} = \cos\varphi, h_{x2} = 0, h_{y1} = \sin\varphi, h_{y2} = 0, h_{\varphi 1} = 0, h_{\varphi 2} = 1$。

对应广义坐标的广义力分别为

$$
Q_x = 0, Q_y = -mg\sin\alpha, Q_\varphi = 0 \tag{2-158}
$$

由式(2-144b)与准坐标对应的广义力为

$$
\widetilde{Q}_1 = Q_y h_{y1} = -mg\sin\alpha\sin\varphi \qquad \widetilde{Q}_2 = 0 \tag{2-159}
$$

式(2-157)对时间求导得质心加速度分量和角加速度表达式为

$$
\begin{cases}
\ddot{x} = \dot{u}_1\cos\varphi - u_1\dot{\varphi}\sin\varphi = \dot{u}_1\cos\varphi - u_1u_2\sin\varphi \\
\ddot{y} = \dot{u}_1\sin\varphi + u_1\dot{\varphi}\cos\varphi = \dot{u}_1\sin\varphi + u_1u_2\cos\varphi \\
\ddot{\varphi} = \dot{u}_2
\end{cases}
\tag{2-160}
$$

计算系统的加速度能量函数：

$$
G = \frac{1}{2}m(\ddot{x}^2 + \ddot{y}^2) + I_c\ddot{\varphi}^2 + (\text{与加速度无关项})
$$

$$
= \frac{1}{2}m[(\dot{u}_1\cos\varphi - u_1u_2\sin\varphi)^2 + (\dot{u}_1\sin\varphi + u_1u_2\cos\varphi)^2] + \frac{1}{2}I_c\dot{u}_2 + (\text{与加速度无关项})
$$

$$
G = \frac{1}{2}m\dot{u}_1^2 + \frac{1}{2}I_c\dot{u}_2^2 + (\text{与 } \dot{u}_1, \dot{u}_2 \text{ 无关项})
\tag{2-161}
$$

将式(2-161)代入式(2-145)得标准坐标下的动力学方程即阿贝尔方程：

$$
\begin{cases}
\dot{u}_1 = - g\sin\alpha\sin\varphi \\
\dot{u}_2 = 0
\end{cases}
\tag{2-162}
$$

式(2-162)必须同式(2-157)联立，才能使方程组封闭求解，即求解以下的方程组

$$
\begin{cases}
\dot{u}_1 + g\sin\alpha\sin\varphi = 0 \\
\dot{u}_2 = 0 \\
\dot{x} - u_1\cos\varphi = 0 \\
\dot{y} - u_1\sin\varphi = 0
\end{cases}
\tag{2-163}
$$

由式(2-163)可知 $u_2 = \dot{\varphi}$，为常量。

2.5 哈密顿原理

2.5.1 哈密顿原理简述

哈密顿原理是在 19 世纪提出的积分型的变分原理。变分原理提出将系统的真实运动与在相同条件下的可能运动(为约束所允许的运动)相区分开来的准则。

变分原理通常可分为微分原理和积分原理两大类。微分原理提出任意瞬时区分真实运动和可能运动准则，如动力学普遍方程就是一个动力学的微分原理。哈密顿原理属于积分形式的变分原理，提出在任意的有限时间间隔内，在规定的条件下系统真实运动和可能运动相比较，真实运动所应满足的条件。

具有完整约束的力学系统的运动一定使积分形式的作用量

$$
H = \int_{t_1}^{t_2}(T + W)\,\mathrm{d}t
\tag{2-164}
$$

取驻值，即

$$
\delta H = \delta\int_{t_1}^{t_2}(T + W)\,\mathrm{d}t = 0
\tag{2-165}
$$

式中：H 为哈密顿作用量；T 为系统动能；W 为全部主动力所做的功。

式(2-165)是普遍意义下的哈密顿原理，也可表示成

$$\delta H = \int_{t_1}^{t_2} (\delta T + \delta W) \mathrm{d}t = 0 \tag{2-166}$$

哈密顿原理也可表述为：对于真实运动，系统的动能变分 δT 与所有主动的虚功之和 δW 在任一时间间隔内对时间的积分等于零。这就是具有完整约束力学系统的哈密顿原理。如果系统的所有主动力均为有势力，$\delta W = -\delta V$，式(2-166)成为

$$\delta H = \int_{t_1}^{t_2} \delta L \mathrm{d}t = 0 \tag{2-167}$$

式中：L 为拉格朗日函数，$L = T - V$，式(2-167)为主动力有势的完整系统哈密顿原理。

哈密顿原理可理解为：完整力学系统从状态 A 到状态 B 的所有可能运动中，只有真实运动才能使哈密顿作用量取驻值。对此做些说明，设在过程的开始与终了，真实运动与可能运动有相同的位形。对于 n 个自由度系统，其位形由 n 个广义坐标 $q_s(s = 1,2,\cdots,n)$ 确定。在主动力作用下，由 t_1 瞬时到 t_2 瞬时，系统位形从 A 到 B，系统真实运动路径用实线表示（在 q 和 t 表示的 $n+1$ 维空间中），如图 2-16 所示，虚线表示可能运动的路径，对完整系统也可称虚路径。

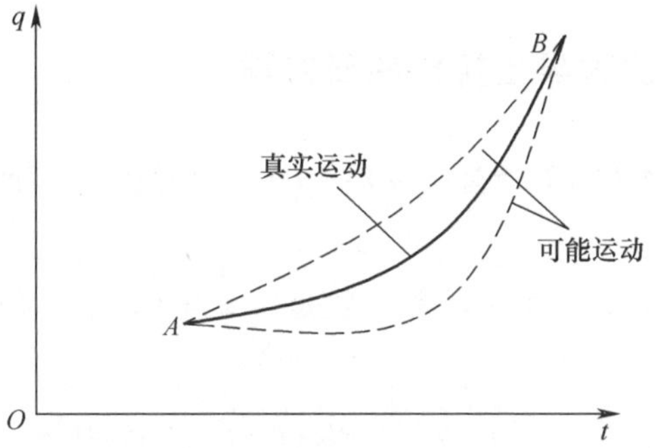

图 2-16 真实路径和可能路径

在 t_1 和 t_2 所对应的 A、B 两点 $\delta q_s = 0(s = 1,2,\cdots,n)$ 。对可微函数变分运算和微分或积分的次序可交换。

从动力学普遍方程出发也可导出哈密顿原理。系统的真实运动必须满足动力学普遍方程式：

$$\sum_{i=1}^{N} (\boldsymbol{F}_i - m_i \ddot{\boldsymbol{r}}_i) \cdot \delta \boldsymbol{r}_i = 0$$

式中：$\sum_{i=1}^{N} \boldsymbol{F}_i \cdot \delta \boldsymbol{r}_i = \delta W$ 为主动力的虚功之和。

上式中的后一项为

$$\begin{aligned} -\sum_{i=1}^{N} m_i \ddot{\boldsymbol{r}}_i \cdot \delta \boldsymbol{r}_i &= -\sum_{i=1}^{N} \left[\frac{\mathrm{d}}{\mathrm{d}t}(m_i \dot{\boldsymbol{r}}_i \cdot \delta \boldsymbol{r}_i) - m_i \dot{\boldsymbol{r}}_i \cdot \frac{\mathrm{d}}{\mathrm{d}t} \delta \boldsymbol{r}_i \right] \\ &= -\sum_{i=1}^{N} \frac{\mathrm{d}}{\mathrm{d}t}(m_i \dot{\boldsymbol{r}}_i \cdot \delta \boldsymbol{r}_i) + \sum_{i=1}^{N} m_i \frac{\delta(\dot{\boldsymbol{r}}_i \cdot \dot{\boldsymbol{r}}_i)}{2} \end{aligned}$$

$$= -\frac{\mathrm{d}}{dt}\Big(\sum_{i=1}^{N} m_i \dot{\boldsymbol{r}}_i \cdot \delta \boldsymbol{r}_i\Big) + \delta \sum_{i=1}^{N} \frac{1}{2} m_i \dot{\boldsymbol{r}}_i^2$$

$$= -\frac{\mathrm{d}}{\mathrm{d}t}\Big(\sum_{i=1}^{N} m_i \dot{\boldsymbol{r}}_i \cdot \delta \boldsymbol{r}_i\Big) + \delta T$$

式中：$T = \sum_{i=1}^{N} \frac{1}{2} m_i \dot{\boldsymbol{r}}_i^2$，为系统的动能。

动力学普遍方程可写成

$$\delta W + \delta T = \frac{\mathrm{d}}{\mathrm{d}t}\Big(\sum_{i=1}^{N} m_i \dot{\boldsymbol{r}}_i \cdot \delta \boldsymbol{r}_i\Big)$$

将上式在 t_1 到 t_2 间隔内对时间 t 积分，得

$$\int_{t_1}^{t_2} (\delta W + \delta T)\,\mathrm{d}t = \int_{t_1}^{t_2} \frac{\mathrm{d}}{\mathrm{d}t}\Big(\sum_{i=1}^{N} m_i \dot{\boldsymbol{r}}_i \cdot \delta \boldsymbol{r}_i\Big)\,\mathrm{d}t = \Big(\sum_{i=1}^{N} m_i \dot{\boldsymbol{r}}_i \cdot \delta \boldsymbol{r}_i\Big)\Big|_{t_1}^{t_2} = 0$$

因在 t_1 和 t_2 瞬时 $\delta \boldsymbol{r}_i = 0\,(i = 1, 2, \cdots, N)$，则上式成为

$$\int_{t_1}^{t_2} (\delta W + \delta T)\,\mathrm{d}t = \delta \int_{t_1}^{t_2} (W + T)\,\mathrm{d}t = 0 \tag{2-168}$$

这就是式(2-165)。

2.5.2 由哈密顿原理导出拉格朗日方程

对于完整系统我们曾从动力学普遍方程式(2-21)导出第二类拉格朗日方程，由哈密顿原理也可导出此方程。

设完整系统有 n 个自由度，系统动能一般是广义坐标 q、广义速度 $\dot{q}$ 和时间的函数，可表示为

$$T = T(q_1, q_2, \cdots, q_n; \dot{q}_1, \dot{q}_2, \cdots, \dot{q}_n; t)$$

动能的变分为

$$\delta T = \sum_{s=1}^{n} \left(\frac{\partial T}{\partial q_s} \delta q_s + \frac{\partial T}{\partial \dot{q}_s} \delta \dot{q} \right) \tag{2-169}$$

主动力的虚功之和为

$$\delta W = \sum_{s=1}^{n} Q_s \delta q_s \tag{2-170}$$

将式(2-169)、式(2-170)代入式(2-165)中，可得

$$\begin{aligned}
\delta \int_{t_1}^{t_2} (W + T)\,\mathrm{d}t &= \int_{t_1}^{t_2} (\delta W + \delta T)\,\mathrm{d}t \\
&= \int_{t_1}^{t_2} \sum_{s=1}^{n} (Q_s \delta q_s)\,\mathrm{d}t + \int_{t_1}^{t_2} \sum_{s=1}^{n} \left(\frac{\partial T}{\partial q_s} \delta q_s + \frac{\partial T}{\partial \dot{q}_s} \delta \dot{q} \right) \mathrm{d}t \\
&= \int_{t_1}^{t_2} \sum_{s=1}^{n} (Q_s \delta q_s)\,\mathrm{d}t + \int_{t_1}^{t_2} \sum_{s=1}^{n} \left[\frac{\partial T}{\partial q_s} \delta q_s + \frac{\mathrm{d}}{\mathrm{d}t}\left(\frac{\partial T}{\partial \dot{q}_s} \delta q_s \right) - \frac{\mathrm{d}}{\mathrm{d}t}\left(\frac{\partial T}{\partial \dot{q}_s} \right) \delta q_s \right] \mathrm{d}t \\
&= \int_{t_1}^{t_2} \sum_{s=1}^{n} (Q_s \delta q_s)\,\mathrm{d}t + \sum_{s=1}^{n} \left(\frac{\partial T}{\partial \dot{q}_s} \delta q_s \right) \Bigg|_{4_1}^{t_2} - \int_{t_1}^{t_2} \sum_{s=1}^{n} \left[\frac{\mathrm{d}}{\mathrm{d}t}\left(\frac{\partial T}{\partial \dot{q}_s} \right) - \frac{\partial T}{\partial q_s} \right] \delta q_s \mathrm{d}t
\end{aligned}$$

$$= \int_{t_1}^{t_2} \sum_{s=1}^{n} \left(Q_s - \frac{\mathrm{d}}{\mathrm{d}t}\left(\frac{\partial T}{\partial \dot{q}_s}\right) + \frac{\partial T}{\partial q_s} \right) \delta q_s \mathrm{d}t = 0 \tag{2-171}$$

在 $t = t_1, t_2$ 时，$\delta q_s = 0(s = 1,2,\cdots,n)$，因此 $\sum_{s=1}^{n} \left(\frac{\partial T}{\partial \dot{q}_s}\delta q_s\right)\Bigg|_{t_1}^{t_2} = 0$。

在式(2-171)中，时间间隔是任选的，所以被积函数等于零才能成立。又因 $\delta q_s(s = 1, 2,\cdots,n)$ 是独立的变分，式(2-171)成立的充分必要条件为

$$\frac{\mathrm{d}}{\mathrm{d}t}\left(\frac{\partial T}{\partial \dot{q}_s}\right) - \frac{\partial T}{\partial q_s} = Q_s \quad (s = 1,2,\cdots,n) \tag{2-172}$$

即第二类拉格朗日方程式。

例 2.16 试用哈密顿定理建立例 2.12 系统的运动微分方程。

解：该系统是二自由度完整系统，质点系的动能和势能分别为

$$T = \frac{1}{2}m_1\dot{x}_1^2 + \frac{1}{2}m_2\dot{x}_2^2 \tag{2-173}$$

$$V = \frac{1}{2}(k_1 + k_2)x_1^2 + \frac{1}{2}k_2x_2^2 - k_2x_1x_2 \tag{2-174}$$

瑞利耗函数为

$$R = \frac{1}{2}(c_1 + c_2)\dot{x}_1^2 + \frac{1}{2}c_2\dot{x}_2^2 - c_2\dot{x}_1\dot{x}_2 \tag{2-175}$$

系统主动力为有势力和耗散力。用 Q'、Q'' 分别表示有势力和耗散力的广义力：

$$\begin{cases} Q'_{x_1} = -\dfrac{\partial V}{\partial x_1} = -(k_1 + k_2)x_1 + k_2x_2 \\ Q'_{x_2} = -\dfrac{\partial V}{\partial x_2} = -k_2x_2 + k_2x_1 \end{cases} \tag{2-176a}$$

$$\begin{cases} Q''_{x_1} = -\dfrac{\partial R}{\partial \dot{x}_1} = -(c_1 + c_2)\dot{x}_1 + c_2\dot{x}_2 \\ Q''_{x_2} = -\dfrac{\partial R}{\partial \dot{x}_2} = -c_2\dot{x}_2 + c_2\dot{x}_1 \end{cases} \tag{2-176b}$$

由式(2-176b)得对应广义坐标 x_1 和 x_2 的广义力分别为

$$Q_{x_1} = Q'_{x_1} + Q''_{x_1} = -(k_1 + k_2)x_1 + k_2x_2 - (c_1 + c_2)\dot{x}_1 + c_2\dot{x}_2 \tag{2-177}$$

$$Q_{x_2} = Q'_{x_2} + Q''_{x_2} = k_2(x_1 - x_2) + c_2(\dot{x}_1 - \dot{x}_2) \tag{2-178}$$

主动力的虚功之和为

$$\begin{aligned} \delta W = \sum_{s=1}^{n} Q_s\delta q_s &= Q_{x_1}\delta x_1 + Q_{x_2}\delta x_2 \\ &= [-(k_1 + k_2)x_1 + k_2x_2 - (c_1 + c_2)\dot{x}_1 + c_2\dot{x}_2]\delta x_1 \\ &\quad + [k_2(x_1 - x_2) + c_2(\dot{x}_1 - \dot{x}_2)]\delta x_2 \end{aligned} \tag{2-179}$$

系统动能的变分为

$$\delta T = m_1\dot{x}_1\delta\ddot{x}_1 + m_2\dot{x}_2\delta\ddot{x}_2 \tag{2-180}$$

将式(2-179)、式(2-180)代入式(2-166),得

$$
\begin{aligned}
\delta H &= \int_{t_1}^{t_2}(\delta W + \delta T)\mathrm{d}t \\
&= \int_{t_1}^{t_2}[-(k_1+k_2)x_1 + k_2x_2 - (c_1+c_2)\dot{x}_1 + c_2\dot{x}_2]\delta x_1\mathrm{d}t + \\
&\quad \int_{t_1}^{t_2}[k_2(x_1-x_2) + c_2(\dot{x}_1-\dot{x}_2)]\delta x_2\mathrm{d}t + \int_{t_1}^{t_2}m_1\dot{x}_1\delta\dot{x}_1\mathrm{d}t + \int_{t_1}^{t_2}m_2\dot{x}_2\delta\dot{x}_2\mathrm{d}t \\
&= 0
\end{aligned}
\tag{2-181}
$$

其中

$$
\int_{t_1}^{t_2}m_1\dot{x}_1\delta\dot{x}_1\mathrm{d}t = \int_{t_1}^{t_2}m_1\left[\frac{\mathrm{d}}{\mathrm{d}t}(\dot{x}_1\delta x_1) - \frac{\mathrm{d}}{\mathrm{d}t}(\dot{x}_1)\delta x_1\right]\mathrm{d}t = m_1\dot{x}_1\delta x_1\Big|_{t_1}^{t_2} - \int_{t_1}^{t_2}m_1\ddot{x}_1\delta x_1\mathrm{d}t
$$

$$
\int_{t_1}^{t_2}m_2\dot{x}_2\delta\dot{x}_2\mathrm{d}t = m_2\dot{x}_2\delta x_2\Big|_{t_1}^{t_2} - \int_{t_1}^{t_2}m_2\ddot{x}_2\delta x_2\mathrm{d}t
$$

在 $t = t_1, t_2$ 时, $\delta x_1 = \delta x_2 = 0$,所以式(2-181)成为

$$
\begin{aligned}
\delta H &= \int_{t_1}^{t_2}(\delta W + \delta T)\mathrm{d}t \\
&= \int_{t_1}^{t_2}[-(k_1+k_2)x_1 + k_2x_2 - (c_1+c_2)\dot{x}_1 + c_2\dot{x}_2 - m_1\ddot{x}_1]\delta x_1\mathrm{d}t \\
&\quad + \int_{t_1}^{t_2}[k_2(x_1-x_2) + c_2(\dot{x}_1-\dot{x}_2) - m_2\ddot{x}_2]\delta x_2\mathrm{d}t \\
&= 0
\end{aligned}
$$

积分区间是任意选取的,上式的被积函数必为零,又因为 δx_1、δx_2 是独立的,所以有

$$
\begin{cases}
m_1\ddot{x}_1 + (k_1+k_2)x_1 + (c_1+c_2)\dot{x}_1 - k_2x_2 - c_2\dot{x}_2 = 0 \\
m_2\ddot{x}_2 + k_2(x_2-x_1) + c_2(\dot{x}_2-\dot{x}_1) = 0
\end{cases}
\tag{2-182}
$$

与例 2.12 结果相同。

2.6 刚体动能和加速度动能量函数计算

在应用拉格朗日方程和阿贝尔方程时,要计算刚体动能和加速度能这类动力学函数,本节对此作简要介绍。

2.6.1 动量矩和惯性矩阵

设刚体以角速度 $\boldsymbol{\omega}$ 绕固定点运动,刚体上任意质量微元 $\mathrm{d}m$ 对固定点 O 的矢径为 $\boldsymbol{r}$,则刚体对固定点的动量矩矢为

$$
\boldsymbol{H}_O = \int \boldsymbol{r} \times (\boldsymbol{\omega} \times \boldsymbol{r})\mathrm{d}m \tag{2-183}
$$

式中:积分号表示遍及全部刚体质量求和应理解为定积分。

式(2-183)可展开表示为

$$
\begin{aligned}
\boldsymbol{H}_O &= \int[(\boldsymbol{r}\cdot\boldsymbol{r})\boldsymbol{\omega} - \boldsymbol{r}(\boldsymbol{r}\cdot\boldsymbol{\omega})]\mathrm{d}m \\
&= \int[\boldsymbol{r}^2\boldsymbol{E} - \boldsymbol{rr}]\cdot\boldsymbol{\omega}\mathrm{d}m \\
&= \left(\int[\boldsymbol{r}^2\boldsymbol{E} - \boldsymbol{rr}]\mathrm{d}m\right)\cdot\boldsymbol{\omega} \\
&= \boldsymbol{J}_O\cdot\boldsymbol{\omega}
\end{aligned} \tag{2-184}
$$

式中：$\boldsymbol{E}$ 为单位并矢；$\boldsymbol{rr}$ 为并矢；$\boldsymbol{J}_O$ 为刚体关于 O 点的惯性张量，惯性张量与刚体运动无关，可表示式为

$$
\boldsymbol{J}_O = \int[\boldsymbol{r}\cdot\boldsymbol{r}\boldsymbol{E} - \boldsymbol{rr}]\mathrm{d}m \tag{2-185a}
$$

$\boldsymbol{J}_O$ 在某一坐标系 $O-xyz$ 中的矩阵表达式为

$$
\boldsymbol{J}_O = \int[\boldsymbol{r}^{\mathrm{T}}\boldsymbol{r}\boldsymbol{E} - \boldsymbol{r}\boldsymbol{r}^{\mathrm{T}}]\mathrm{d}m \tag{2-185b}
$$

式中：$\boldsymbol{r} = [x \quad y \quad z]^{\mathrm{T}}$ 为矢径 $\boldsymbol{r}$ 在坐标系 $O-xyz$ 上的坐标列阵；$\boldsymbol{E}$ 为三阶单位矩阵，$\boldsymbol{J}_O$ 称刚体关于 O 点的惯性矩阵或惯量矩阵，由式(2-185b)可得

$$
\boldsymbol{J}_O = \begin{bmatrix} J_x & -J_{xy} & -J_{zx} \\ -J_{xy} & J_y & -J_{yz} \\ -J_{zx} & -J_{yz} & J_z \end{bmatrix} \tag{2-186}
$$

其中

$$
J_x = \int(y^2+z^2)\mathrm{d}m,\quad J_y = \int(z^2+x^2)\mathrm{d}m,\quad J_z = \int(x^2+y^2)\mathrm{d}m
$$

$$
J_{xy} = J_{yx} = \int xy\mathrm{d}m,\quad J_{yz} = J_{zy} = \int yz\mathrm{d}m,\quad J_{zx} = J_{xz} = \int zx\mathrm{d}m
$$

惯性矩阵 $\boldsymbol{J}_O$ 是对称矩阵，其中对角线元素 J_x,J_y,J_z 分别为刚体关于轴的转动惯量或称作惯性矩。J_{xy},J_{yz},J_{zx} 分别为刚体关于 x、y，y、z 和 z、x 轴的惯性积。惯性张量表示了刚体质量对于 O 点的分布情况，同一刚体对不同的点其惯性张量是不同的。刚体对于其质心 C 的惯性张量称为中心惯性张量，用 $\boldsymbol{J}_C$ 表示。设微元质量 $\mathrm{d}m$ 对于质心 C 的矢径为 $\boldsymbol{\rho}$，则 $\boldsymbol{J}_C$ 表示为

$$
\boldsymbol{J}_C = \int(\boldsymbol{\rho}\cdot\boldsymbol{\rho}\boldsymbol{E} - \boldsymbol{\rho\rho})\mathrm{d}m \tag{2-187}
$$

$\boldsymbol{J}_C$ 在质心坐标系 $C-xyz$ 上的中心惯性矩阵为

$$
\boldsymbol{J}_C = \int(\rho\cdot\rho E - \rho\rho)\mathrm{d}m \tag{2-188}
$$

式中：$\boldsymbol{\rho} = [\rho_x \quad \rho_y \quad \rho_z]^{\mathrm{T}}$，为矢径 $\boldsymbol{\rho}$ 在质心坐标系 $C-xyz$ 上的坐标列阵。$\boldsymbol{J}_C$ 的表示式与式(2-186)相同。不过矩阵中的每一个元素都是相对质心坐标系 $C-xyz$ 写出的。

2.6.2 惯性矩阵的变换

刚体对不同参考点的惯性张量或不同参考坐标系的惯性矩阵之间存在变换关系，参考系一般取为连体坐标系。即坐标系或坐标基与刚体固联，因为对连体基，刚体的惯性矩阵不

因刚体的运动而有所改变。

设 O 为任意点，C 为刚体质心，如图 2-17 所示。首先分析刚体关于两不同参考点 O,C 惯性张量之间的关系。由式(2-185)和式(2-188)知，惯性张量 $\boldsymbol{J}_O$ 和 $\boldsymbol{J}_C$ 分别为

$$\begin{cases}\boldsymbol{J}_O=\int[\boldsymbol{r}\cdot\boldsymbol{r}\boldsymbol{E}-\boldsymbol{r}\boldsymbol{r}]\mathrm{d}m\\ \boldsymbol{J}_C=\int(\boldsymbol{\rho}\cdot\boldsymbol{\rho}\boldsymbol{E}-\boldsymbol{\rho}\boldsymbol{\rho})\mathrm{d}m\end{cases}\tag{2-189}$$

因 $\boldsymbol{r}=\boldsymbol{r}_C+\boldsymbol{\rho}$，$\boldsymbol{r}_C$ 为质心 C 相对 O 点的矢径，代入式(2-190)，得

$$\boldsymbol{J}_O=\int[(\boldsymbol{r}_C+\boldsymbol{\rho})\cdot(\boldsymbol{r}_C+\boldsymbol{\rho})\boldsymbol{E}-(\boldsymbol{r}_C+\boldsymbol{\rho})(\boldsymbol{r}_C+\boldsymbol{\rho})]\mathrm{d}m$$

由 $\int\boldsymbol{\rho}\mathrm{d}m=0$，有

$$\begin{aligned}\boldsymbol{J}_O&=\int[(\boldsymbol{r}_C^2+\boldsymbol{\rho}^2)\boldsymbol{E}-(\boldsymbol{r}_C\boldsymbol{r}_C+\boldsymbol{\rho}\boldsymbol{\rho})]\mathrm{d}m\\&=\int[\boldsymbol{r}_C\cdot\boldsymbol{r}_C\boldsymbol{E}+\boldsymbol{\rho}\cdot\boldsymbol{\rho}\boldsymbol{E}-(\boldsymbol{r}_C\boldsymbol{r}_C+\boldsymbol{\rho}\boldsymbol{\rho})]\mathrm{d}m\\&=\int[\boldsymbol{r}_C\cdot\boldsymbol{r}_C\boldsymbol{E}-\boldsymbol{r}_C\boldsymbol{r}_C]\mathrm{d}m+\int[\boldsymbol{\rho}\cdot\boldsymbol{\rho}\boldsymbol{E}-\boldsymbol{\rho}\boldsymbol{\rho}]\mathrm{d}m\end{aligned}$$

$$\boldsymbol{J}_O=m(\boldsymbol{r}_C\cdot\boldsymbol{r}_C\boldsymbol{E}-\boldsymbol{r}_C\boldsymbol{r}_C)+\boldsymbol{J}_c\tag{2-190}$$

式中：$m=\int\mathrm{d}m$ 为刚体的质量。

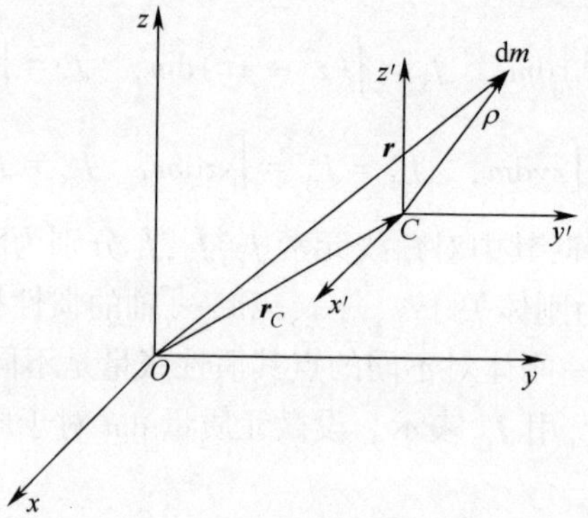

图 2-17　计算惯量矩阵的平行参考系

式(2-190)是刚体关于两不同点 O 和 C 的惯性张量之间的关系。

刚体对任意点 O 的惯性张量等于刚体的中心惯性张量加上刚体质量集中在质心时对 O 点的惯性张量。

下面分析过 O、C 两点分别作互相平行的连体坐标系 $Oxyz$ 和 $Cx'y'z'$，如图 2-17 所示。将式(2-190)表示成在这两组坐标系中的矩阵形式，则有

$$\boldsymbol{J}_O=\boldsymbol{J}_C+m(\boldsymbol{r}_C^{\mathrm{T}}\boldsymbol{r}_C\boldsymbol{E}-\boldsymbol{r}_C\boldsymbol{r}_C^{\mathrm{T}})\tag{2-191}$$

式中：$\boldsymbol{r}_C=(x_c\quad y_c\quad z_c)^{\mathrm{T}}$，为刚体质心在坐标系 $Oxyz$ 上的坐标列阵；$\boldsymbol{J}_C$ 为刚体对质心的惯性张量(中心惯性张量)在坐标系 $Cx'y'z'$ 中的惯性矩阵。式(2-191)称为惯性矩阵平行轴定理。式(2-191)等号右边的第二部分可展开表示为

$$m(\boldsymbol{r}_C^{\mathrm{T}}\boldsymbol{r}_C\boldsymbol{E}-\boldsymbol{r}_C\boldsymbol{r}_C^{\mathrm{T}})=m\begin{bmatrix} y_C^2+z_C^2 & -x_Cy_C & -x_Cz_C \\ -y_Cx_C & z_C^2+x_C^2 & -y_Cz_C \\ -z_Cx_C & -z_Cy_C & x_C^2+y_C^2 \end{bmatrix} \tag{2-192}$$

式(2-192)相当于刚体质量 m 集中于质心时，质量 m 在坐标系 $O-xyz$ 中的惯性矩阵。

这样，刚体惯量矩阵的平行轴定理可表述为：刚体对与质心坐标系相平行的坐标系的惯量矩阵等于刚体对质心坐标系的惯量矩阵（中心惯量矩阵）加上刚体质量集中于质心时，对于该平行坐标系的惯量矩阵。

刚体对同一点的不同坐标系的惯量矩阵之间，也存在着一定的变换关系，这就是转动变换。

设对于同一点 O 的两个不同坐标系 $O-x_1y_1z_1$、$O-x_2y_2z_2$ 为刚体的连体坐标系（图 2-18），两个坐标系各轴上的单位基矢量分别为 $\boldsymbol{e}_1^1,\boldsymbol{e}_2^1,\boldsymbol{e}_3^1$；$\boldsymbol{e}_1^2,\boldsymbol{e}_2^2,\boldsymbol{e}_3^2$，其中基矢量的上标表示坐标系的序号。将基矢量列阵分别记为

$$\boldsymbol{e}^1=(\boldsymbol{e}_1^1\quad \boldsymbol{e}_2^1\quad \boldsymbol{e}_3^1)^{\mathrm{T}}\ 和\ \boldsymbol{e}^2=(\boldsymbol{e}_1^2\quad \boldsymbol{e}_2^2\quad \boldsymbol{e}_3^2)^{\mathrm{T}}$$

两个坐标系间的方向余弦矩阵就是两组基矢量间的方向余弦矩阵。

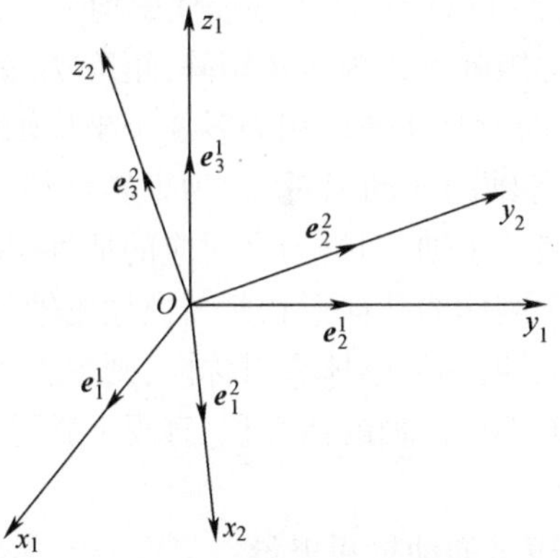

图 2-18　过同一点 O 的不同连体坐标系

设两组基矢量间的方向余弦矩阵为 $\boldsymbol{A}^{21}$，则

$$\boldsymbol{e}^2=\boldsymbol{A}^{21}\boldsymbol{e}^1 \tag{2-193}$$

其中

$$\boldsymbol{A}^{21}=\begin{bmatrix} a_{11} & a_{12} & a_{13} \\ a_{21} & a_{22} & a_{23} \\ a_{31} & a_{32} & a_{33} \end{bmatrix}$$

为基矢量 $\boldsymbol{e}^2$ 对于基矢量 $\boldsymbol{e}^1$ 的方向余弦矩阵，也就是坐标系 $Ox_2y_2z_2$ 相对于 $Ox_1y_1z_1$ 的坐标变换矩阵。

矩阵 $\boldsymbol{A}^{21}$ 中的各元素定义为 $a_{ij}=\boldsymbol{e}_i^2\cdot\boldsymbol{e}_j^1\ (i,j=1,2,3)$ 是不同基两个坐标轴间夹角的方向余弦。

设刚体关于 O 点的惯性张量 $\boldsymbol{J}_O$ 在上述两个坐标系上的惯性矩阵分别为 $\boldsymbol{J}_{O1}$ 和 $\boldsymbol{J}_{O2}$，在坐标变换时，表示惯性张量分量的惯性矩阵，也要按张量分量的变换规律进行变换，即

$$J_{o2} = A^{21} J_{o1} (A^{21})^{T} = A^{21} J_{o1} A^{12} \tag{2-194}$$

式(2-194)就是惯性矩阵的转动变换。

若已知 J_{o1} 和方向余弦矩阵 A^{21}，便可求出 J_{o2}。

如果已知刚体对某连体坐标系 $O-xyz$ 惯性矩阵，便可求出对过 O 点的任意轴的转动惯量。设刚体对 O 点的惯量矩阵为

$$J_O = \begin{bmatrix} J_x & -J_{xy} & -J_{xz} \\ -J_{xy} & J_y & -J_{yz} \\ -J_{yz} & -J_{xz} & J_z \end{bmatrix}$$

过 O 点轴为 OL，且 OL 轴相对 $O-xyz$ 坐标系各轴的方向余弦 $a_{11}=\alpha$，$a_{12}=\beta$，$a_{13}=\gamma$，则可得刚体对 OL 轴的转动惯量为

$$J_{OL} = [\alpha \quad \beta \quad \gamma] \begin{bmatrix} J_x & -J_{xy} & -J_{xz} \\ -J_{yx} & J_y & -J_{yz} \\ -J_{zx} & -J_{zy} & J_z \end{bmatrix} \begin{bmatrix} \alpha \\ \beta \\ \gamma \end{bmatrix}$$

$$= J_x\alpha^2 + J_y\beta^2 + J_z\gamma^2 - 2J_{xy}\alpha\beta - J_{yz}\beta\gamma - 2J_{zx}\gamma\alpha \tag{2-195}$$

在刚体惯量矩阵表达式(2-186)中，如果各惯性积均为零，则惯量矩阵 J_O 成为对角阵。在线性代数中可以证明实对称矩阵可化为对角矩阵，矩阵 J_O 的 3 个特征值就是对角阵的 3 个元素，而 3 个特征矢量的方向就是使惯性积为零 3 个坐标轴的方向，把这样的坐标系称为主轴系，3 个特征值就是对应各轴的转动惯量，称为主转动惯量或主惯量矩。其中，对质心的惯性主轴称为刚体的中心惯性主轴，而把与之对应的惯性矩称为中心主惯性矩。

一般在应用时可根据均质刚体的几何形状判断惯性主轴的位置。例如，刚体有对称轴，则该轴是轴上任一点的惯性主轴；如果刚体有对称面，则垂直于该面的任意直线是此直线与平面交点的惯性主轴。因为关于这样轴的惯性积，直观上就可以判断为零。采用主轴系时，惯量矩阵为对角阵，应用简便。

例如，对于式(2-184)所表示的动量矩矢量：

$$H_O = J_O \cdot \omega$$

写成坐标矩阵的形式则为

$$H_O = J_O \omega \tag{2-196}$$

式中：$H_O = (H_x \quad H_y \quad H_z)^{T}$，为矢量 H_O 在连体坐标系 $O-xyz$ 上的列阵；J_O 为刚体对 O 点的惯性矩阵；$\omega = (\omega_x \quad \omega_y \quad \omega_z)^{T}$，为刚体角速度矢量 ω 在坐标系 $O-xyz$ 上的坐标列阵。将 J_O 的表达式(2-186)代入式(2-196)中，得

$$H_O = \begin{Bmatrix} J_x\omega_x - J_{xy}\omega_y - J_{xz}\omega_z \\ -J_{yx}\omega_x + J_y\omega_y - J_{yz}\omega_z \\ -J_{zx}\omega_x - J_{zy}\omega_y + J_z\omega_z \end{Bmatrix} \tag{2-197}$$

如果坐标系 $O-xyz$ 是主轴坐标系，$J_{xy}=J_{yz}=J_{zx}=0$，则式(2-197)可写为

$$H_O = \begin{Bmatrix} J_x\omega_x \\ J_y\omega_y \\ J_z\omega_z \end{Bmatrix} \tag{2-198}$$

可见采用主轴系动量矩的各分量表示式简单得多。其中式(2-198)中的 $\boldsymbol{H}_O = (H_{Ox}\ H_{Oy}\ H_{Oz})^{\mathrm{T}}$。

2.6.3 刚体的动能

设刚体以角速度 $\boldsymbol{\omega}$ 绕定点 O 运动,刚体内任意质量微元 $\mathrm{d}m$ 对 O 点的矢径为 $\boldsymbol{r}$,则该微元的速度为 $\boldsymbol{v} = \boldsymbol{\omega} \times \boldsymbol{r}$,因而刚体的动能为

$$
\begin{aligned}
T &= \frac{1}{2}\int(\boldsymbol{\omega} \times \boldsymbol{r})^2 \mathrm{d}m = \frac{1}{2}\int[(\boldsymbol{\omega} \times \boldsymbol{r}) \cdot (\boldsymbol{\omega} \times \boldsymbol{r})]\mathrm{d}m \\
&= \frac{1}{2}\int\boldsymbol{\omega} \cdot [\boldsymbol{r} \times (\boldsymbol{\omega} \times \boldsymbol{r})]\mathrm{d}m \\
&= \frac{1}{2}\boldsymbol{\omega} \cdot \left[\int(\boldsymbol{r} \times \boldsymbol{v})\mathrm{d}m\right] = \frac{1}{2}\boldsymbol{\omega} \cdot \left[\int\boldsymbol{r} \times \boldsymbol{v}\mathrm{d}m\right]
\end{aligned}
$$

而 $\int\boldsymbol{r} \times \boldsymbol{v}\mathrm{d}m = \boldsymbol{H}_O$,为刚体对 O 点的动量矩矢量,则

$$
T = \frac{1}{2}\boldsymbol{\omega} \cdot \boldsymbol{H}_O \tag{2-199}
$$

式(2-199)等号右边写成坐标矩阵的形式为

$$
T = \frac{1}{2}\boldsymbol{\omega}^{\mathrm{T}}\boldsymbol{J}_O\boldsymbol{\omega} \tag{2-200}
$$

式中:$\boldsymbol{\omega} = (\omega_x \quad \omega_y \quad \omega_z)^{\mathrm{T}}$ 为角速度矢量 $\boldsymbol{\omega}$ 在坐标系 $O-xyz$ 上的坐标列阵;$\boldsymbol{J}_O$ 为刚体对 O 点的惯性矩阵。

在式(2-199)中,将 $\boldsymbol{H}_O$ 表示为

$$
\boldsymbol{H}_O = \boldsymbol{H}_C + \boldsymbol{r}_C \times M\boldsymbol{v}_C \tag{2-201}
$$

式中:$\boldsymbol{H}_C$ 为刚体相对质心平动系的动量矩矢量;$\boldsymbol{r}_C$ 为质心 C 相对 O 点的矢径;M 为刚体质量;$\boldsymbol{v}_C$ 为质心的速度。

将式(2-201)代入式(2-199),得

$$
T = \frac{1}{2}\boldsymbol{\omega} \cdot \boldsymbol{H}_C + \frac{1}{2}\boldsymbol{\omega} \cdot (\boldsymbol{r}_C \times M\boldsymbol{v}_C) = \frac{1}{2}\boldsymbol{\omega} \cdot \boldsymbol{H}_C + \frac{1}{2}M\boldsymbol{v}_C \cdot (\boldsymbol{\omega} \times \boldsymbol{r}_C) = \frac{1}{2}\boldsymbol{\omega} \cdot \boldsymbol{H}_C + \frac{1}{2}M\boldsymbol{v}_C^2 \tag{2-202}
$$

写成坐标矩阵形式为

$$
T = \frac{1}{2}M\boldsymbol{v}_C^2 + \frac{1}{2}\boldsymbol{\omega}^{\mathrm{T}}\boldsymbol{J}_C\boldsymbol{\omega} \tag{2-203}
$$

式中:$\boldsymbol{\omega} = (\omega_{Cx} \quad \omega_{Cy} \quad \omega_{Cz})^{\mathrm{T}}$,为刚体角速度矢量 $\boldsymbol{\omega}$ 在坐标系 $C-xyz$ 上的坐标列阵。在不致混淆的情况下,省去角坐标字母 C 也记为 $\boldsymbol{\omega} = (\omega_x \quad \omega_y \quad \omega_z)^{\mathrm{T}}$,$\boldsymbol{J}_C$ 为刚体对 C 点的惯性矩阵。

$\boldsymbol{J}_C$ 在坐标系 $C-xyz$ 上的坐标矩阵为

$$
\boldsymbol{J}_C = \begin{bmatrix} J_x & -J_{xy} & -J_{xz} \\ -J_{yx} & J_y & -J_{yz} \\ -J_{zx} & -J_{zy} & J_z \end{bmatrix} \tag{2-204}
$$

将式(2-204)代入式(2-203)中,得

$$T=\frac{1}{2}M\boldsymbol{v}_C^2+\frac{1}{2}(J_x\omega_x^2+J_y\omega_y^2+J_z\omega_z^2-2J_{xy}\omega_x\omega_y-2J_{yz}\omega_y\omega_z-2J_{zx}\omega_z\omega_x) \tag{2-205}$$

当连体坐标系 $C-xyz$ 是中心惯性主轴坐标系时,式(2-205)成为

$$T=\frac{1}{2}Mv_C^2+\frac{1}{2}(J_x\omega_x^2+J_y\omega_y^2+J_z\omega_z^2) \tag{2-206}$$

从式(2-198)和式(2-206)可以看到选取连体主轴坐标系会给相关的动力学函数计算带来很大的方便。

2.6.4 刚体的加速度能量函数

在式(2-147a)中曾给出质点系加速度能量函数的计算公式,对刚体而言,就是其加速度能量函数等于刚体随质心平动的加速度能量加上刚体在质心平动坐标系中的相对加速度能量之和。

刚体的任意运动可分解为随质心平动和相对质心的转动(图 2-14(a))。

以 O 为原点建立固定坐标系 $O-xyz$,在质心 C 上建立与 $O-xyz$ 各坐标轴相平行的平动坐标系 $C-x'y'z'$。质心 C 相对于固定点 O 的矢径为 $\boldsymbol{r}_C$,质心 C 的加速度 $\boldsymbol{a}_C=\ddot{\boldsymbol{r}}_C$,刚体内任意一点 p_i 其质量微元为 $\mathrm{d}m$,相对平动系中的矢径为 $\boldsymbol{r}'$,该质量微元相对平动坐标系的相对速度 $\boldsymbol{v}'=\boldsymbol{\omega}\times\boldsymbol{r}'$,其中 $\boldsymbol{\omega}$ 为刚体的角速度矢量,则该质量微元的相对加速度为 $\boldsymbol{a}'=\dot{\boldsymbol{\omega}}\times\boldsymbol{r}'+\boldsymbol{\omega}\times\dot{\boldsymbol{r}}'=\boldsymbol{a}\times\boldsymbol{r}'+\boldsymbol{\omega}\times\boldsymbol{v}'$。

其中,$\boldsymbol{\alpha}=\dot{\boldsymbol{\omega}}$,为刚体角加速度;$\boldsymbol{v}'=\dot{\boldsymbol{r}}'=\boldsymbol{\omega}\times\boldsymbol{r}'$,为质量微元 $\mathrm{d}m$ 的相对运动速度。质量微元 $\mathrm{d}m$ 的加速度为

$$\boldsymbol{a}=\boldsymbol{a}_C+\boldsymbol{a}'=\boldsymbol{a}_C+(\boldsymbol{\alpha}\times\boldsymbol{r}'+\boldsymbol{\omega}\times\boldsymbol{v}) \tag{2-207}$$

刚体的加速度能量函数可表示为

$$\begin{aligned}G&=\frac{1}{2}\int\boldsymbol{a}\cdot\boldsymbol{a}\mathrm{d}m=\frac{1}{2}\int[\boldsymbol{a}_C+(\boldsymbol{\alpha}\times\boldsymbol{r}'+\boldsymbol{\omega}\times\boldsymbol{v}')]^2\mathrm{d}m\\&=\frac{1}{2}\int\boldsymbol{a}_C^2\mathrm{d}m+\frac{1}{2}\int(\boldsymbol{\alpha}\times\boldsymbol{r}')\cdot(\boldsymbol{\alpha}\times\boldsymbol{r}')\mathrm{d}m+\frac{1}{2}\int(\boldsymbol{\omega}\times\boldsymbol{v}')\cdot(\boldsymbol{\omega}\times\boldsymbol{v}')\mathrm{d}m+\\&\quad\boldsymbol{a}_C\cdot[\boldsymbol{\alpha}\times\int\boldsymbol{r}'\mathrm{d}m+\boldsymbol{\omega}\times\int\boldsymbol{v}'\mathrm{d}m]+\int(\boldsymbol{\alpha}\times\boldsymbol{r}')\cdot(\boldsymbol{\omega}\times\boldsymbol{v}')\mathrm{d}m\end{aligned}$$

因为 C 点是质心,$\int\boldsymbol{r}'\mathrm{d}m=M\boldsymbol{r}'_C=0$,$\int\boldsymbol{v}'\mathrm{d}m=M\boldsymbol{v}'_C=0$;而 $\frac{1}{2}\int(\boldsymbol{\omega}\times\boldsymbol{v}')\cdot(\boldsymbol{\omega}\times\boldsymbol{v}')\mathrm{d}m$ 为与加速度无关项,可略去。这样,刚体的加速度能量函数可表示为

$$G=\frac{1}{2}M\boldsymbol{a}_C^2+\frac{1}{2}\int(\boldsymbol{\alpha}\times\boldsymbol{r}')\cdot(\boldsymbol{\alpha}\times\boldsymbol{r}')\mathrm{d}m+\int(\boldsymbol{\alpha}\times\boldsymbol{r}')\cdot(\boldsymbol{\omega}\times\boldsymbol{v}')\mathrm{d}m+(\text{与加速度无关项}) \tag{2-208}$$

式中:$M=\int\mathrm{d}m$,为刚体的质量。

式(2-208)中等号右边第二项可写为

$$\frac{1}{2}\int(\boldsymbol{\alpha}\times\boldsymbol{r}')\cdot(\boldsymbol{\alpha}\times\boldsymbol{r}')\mathrm{d}m=\frac{1}{2}\int\boldsymbol{\alpha}\cdot[\boldsymbol{r}'\times(\boldsymbol{\alpha}\times\boldsymbol{r}')]\mathrm{d}m=\frac{1}{2}\boldsymbol{\alpha}\cdot(\int[\boldsymbol{r}'\times(\boldsymbol{\alpha}\times\boldsymbol{r}')]\mathrm{d}m)$$

$$=\frac{1}{2}\boldsymbol{\alpha}\cdot(\int[(\boldsymbol{r}'\cdot\boldsymbol{r}')\boldsymbol{\alpha}-\boldsymbol{r}'(\boldsymbol{r}'\cdot\boldsymbol{\alpha})]\mathrm{d}m)=\frac{1}{2}\boldsymbol{\alpha}\cdot(\int[\boldsymbol{r}'^2\boldsymbol{E}-$$

$$\boldsymbol{r}'\boldsymbol{r}']\mathrm{d}m)\cdot\boldsymbol{\alpha}=\frac{1}{2}\boldsymbol{\alpha}\cdot(\boldsymbol{J}_C\cdot\boldsymbol{\alpha}) \tag{2-209}$$

式中：$\boldsymbol{J}_C=\int[\boldsymbol{r}'^2\boldsymbol{E}-\boldsymbol{r}'\boldsymbol{r}']\mathrm{d}m$，为刚体对质心 C 的惯性张量，$\boldsymbol{E}$ 为单位并矢，$\boldsymbol{r}'\boldsymbol{r}'$ 为并矢。若选过质心 C 的连体中心惯性主轴坐标系 $C-x_1x_2x_3$，则 $\boldsymbol{J}_C$ 在中心惯性主轴坐标系上的坐标阵为对角阵 $\boldsymbol{J}_C=\mathrm{diag}[J_1,J_2,J_3]$，$J_1,J_2,J_3$ 分别为刚体对 Cx_1、Cx_2、Cx_3 轴的转动惯量。式(2-209)可表示为

$$\frac{1}{2}\boldsymbol{\alpha}\cdot(\boldsymbol{J}_C\cdot\boldsymbol{\alpha})=\frac{1}{2}\boldsymbol{\alpha}^{\mathrm{T}}\boldsymbol{J}_C\boldsymbol{\alpha} \tag{2-210}$$

式中：$\boldsymbol{\alpha}=[\alpha_1\quad\alpha_2\quad\alpha_3]^{\mathrm{T}}$，为刚体角加速度矢量在中心惯性主轴坐标系上的角加速度列阵。式(2-208)等号右边的第三项可表示为

$$\int[(\boldsymbol{\alpha}\times\boldsymbol{r}')\cdot(\boldsymbol{\omega}\times\boldsymbol{v}')]\mathrm{d}m=\boldsymbol{\alpha}\cdot\int[\boldsymbol{r}'\times(\boldsymbol{\omega}\times\boldsymbol{v}')]\mathrm{d}m$$

由雅可比恒等式，有

$$\boldsymbol{r}'\times(\boldsymbol{\omega}\times\boldsymbol{v}')+\boldsymbol{\omega}\times(\boldsymbol{v}'\times\boldsymbol{r}')+\boldsymbol{v}'\times(\boldsymbol{r}'\times\boldsymbol{\omega})=0$$

由于 $\boldsymbol{v}'\times(\boldsymbol{r}'\times\boldsymbol{\omega})=0$，可有 $\boldsymbol{r}'\times(\boldsymbol{\omega}\times\boldsymbol{v}')=-\boldsymbol{\omega}\times(\boldsymbol{v}'\times\boldsymbol{r}')=\boldsymbol{\omega}\times(\boldsymbol{r}'\times\boldsymbol{v}')$，因此 $\int[(\boldsymbol{\alpha}\times\boldsymbol{r}')\cdot(\boldsymbol{\omega}\times\boldsymbol{v}')]\mathrm{d}m=\boldsymbol{\alpha}\cdot\int[\boldsymbol{r}'\times(\boldsymbol{\omega}\times\boldsymbol{v}')]\mathrm{d}m=\boldsymbol{\alpha}\cdot\int[\omega\times(\boldsymbol{r}'\times\boldsymbol{v}')]\mathrm{d}m$

$$=\boldsymbol{\alpha}\cdot[\boldsymbol{\omega}\times\int(\boldsymbol{r}'\times\boldsymbol{v}')\mathrm{d}m] \tag{2-211}$$

而 $\int(\boldsymbol{r}'\times\boldsymbol{v}')\mathrm{d}m=\boldsymbol{H}'_C$，为刚体相对质心平动系的相对动量矩矢量，对于随质心的平动系，$\boldsymbol{H}'_C=\boldsymbol{H}_C$，其中 $\boldsymbol{H}_C=\int(\boldsymbol{r}'\times\boldsymbol{v})\mathrm{d}m$，$\boldsymbol{v}$ 为质量微元 $\mathrm{d}m$ 的绝对速度。$\boldsymbol{H}_C$ 为刚体对质心的绝对动量矩矢量。

式(2-211)可写成

$$\int[(\boldsymbol{\alpha}\times\boldsymbol{r}')\cdot(\boldsymbol{\omega}\times\boldsymbol{v}')]\mathrm{d}m=\boldsymbol{\alpha}\cdot[\boldsymbol{\omega}\times\boldsymbol{H}_C]$$

刚体的加速度能量函数 G 式(2-208)为

$$G=\frac{1}{2}Ma_C^2+\frac{1}{2}\boldsymbol{\alpha}\cdot(\boldsymbol{J}_C\cdot\boldsymbol{\alpha})+\boldsymbol{\alpha}\cdot[\boldsymbol{\omega}\times\boldsymbol{H}_C]+(\text{与加速度无关项}) \tag{2-212}$$

将上式右端的后两项写成在连体中心惯性主轴坐标系 $C-x_1x_2x_3$ 上的坐标矩阵形式，式(2-212)可表示为

$$G=\frac{1}{2}Ma_C^2+\frac{1}{2}\boldsymbol{\alpha}^{\mathrm{T}}J_C\boldsymbol{\alpha}+\boldsymbol{\alpha}^{\mathrm{T}}\widetilde{\omega}H_C \tag{2-213}$$

式中：$\boldsymbol{\alpha}=[\alpha_1\quad\alpha_2\quad\alpha_3]^{\mathrm{T}}$，为刚体角加速度矢量 $\boldsymbol{\alpha}$ 在坐标系 $C-x_1x_2x_3$ 上的坐标列阵。

$$\widetilde{\boldsymbol{\omega}} = \begin{bmatrix} 0 & -\omega_3 & \omega_2 \\ \omega_3 & 0 & -\omega_1 \\ -\omega_2 & \omega_1 & 0 \end{bmatrix}$$,为刚体角速度矢量 $\boldsymbol{\omega}$ 在坐标系 $C-x_1x_2x_3$ 上的坐标方阵,也称矢量 $\boldsymbol{\omega}$ 的叉乘矩阵,其中 ω_1、ω_2、ω_3 分别为刚体角速度矢量在坐标轴 Cx_1、Cx_2、Cx_3 上的投影。

$\boldsymbol{H}_C = [H_{x_1} \quad H_{x_2} \quad H_{x_3}]^{\mathrm{T}}$,为刚体对质心 C 点的动量距矢量 $\boldsymbol{H}_C$ 在 $Cx_1x_2x_3$ 上的坐标列阵。对于中心惯量主轴坐标系,刚体的加速度能量函数 G 的表达式(2-213)为

$$\begin{aligned} G = & \frac{1}{2}M\boldsymbol{a}_C^2 + \frac{1}{2}(J_1\alpha_1^2 + J_2\alpha_2^2 + J_3\alpha_3^2) + \alpha_1\omega_2\omega_3(J_3 - J_2) + \\ & \alpha_2\omega_1\omega_3(J_1 - J_3) + \alpha_3\omega_1\omega_2(J_2 - J_1) + (\text{与加速度无关项}) \end{aligned} \tag{2-214}$$

如 $\boldsymbol{a}_C = 0$,式(2-214)为刚体绕定点质心 C 转动的加速度能量函数。

若取准速度 $u_1 = \omega_1$, $u_2 = \omega_2$, $u_3 = \omega_3$ 则有 $\dot{u}_1 = \alpha_1$, $\dot{u}_2 = \alpha_2$, $\dot{u}_3 = \alpha_3$,并且有 $\widetilde{Q}_j = Q_j = M_{x_j}(j = 1,2,3)$,其中 M_{x_j} 为作用在刚体上各主动力对 x_j 轴之矩。

将式(2-214)代入阿贝尔方程式(2-145),得

$$\begin{cases} J_1\alpha_1 + \omega_2\omega_3(J_3 - J_2) = M_{x_1} \\ J_2\alpha_2 + \omega_1\omega_3(J_1 - J_3) = M_{x_2} \\ J_3\alpha_3 + \omega_1\omega_2(J_2 - J_1) = M_{x_3} \end{cases} \tag{2-215}$$

这就是刚体定点运动的欧拉动力学方程。

2.7 第一类拉格朗日方程

前面讨论过完整系统的第二类拉格朗日方程以及一阶线性非完整系统的拉格朗日乘子方程,它们都是采用广义坐标表示的系统运动微分方程。

如果采用笛卡儿坐标描述系统的位形,便可得到第一类拉格朗日方程,它即适用于完整系统,也适用于非完整系统。

1. 第一类拉格朗日方程的导出

设由 N 个质点组成的质点系,用 $3N$ 个笛卡儿坐标确定其位形。

设系统有 l 个完整约束和 ρ 个非完整约束,约束方程分别为式(2-3)和式(2-6)所示,即

$$f_k(x_1, x_2, \cdots, x_{3N}, t) = 0 \quad (k = 1,2,\cdots,l)$$

$$\sum_{i=1}^{3N} A_{r_i}\dot{x}_i + A_{r0} = 0 \quad (r = 1,2,\cdots,\rho)$$

约束加在系统虚位移上的条件分别为

$$\sum_{i=1}^{3N} \frac{\partial f_k}{\partial x_i}\delta x_i = 0 \quad (k = 1,2,\cdots,l) \tag{2-216}$$

$$\sum_{i=1}^{3N} A_{ri}\delta x_i = 0 \quad (r = 1,2,\cdots,\rho) \tag{2-217}$$

将动力学普遍方程式(2-21)写成标量形式为

$$\sum_{I=1}^{3N}(F_i - m_i\ddot{x}_i)\delta x_i = 0 \tag{2-218}$$

式中:$F_i(i=1,2,\cdots,3N)$为主动力矢量$\boldsymbol{F}_i(i=1,2,\cdots,N)$依次在笛卡儿坐标系中的分量。

用不定乘子$\lambda_k(k=1,2,\cdots,l)$和$\mu_r(r=1,2,\cdots,\rho)$分别与式(2-216)、式(2-217)中的各式相乘,求和之后,再与式(2-218)相加,得

$$\sum_{i=1}^{3N}[F_i - m_i\ddot{x}_i + \sum_{k=1}^{l}\lambda_k\frac{\partial f_k}{\partial x_i} + \sum_{r=1}^{\rho}\mu_r A_{r_i}]\delta x_i = 0 \tag{2-219}$$

在3N个坐标变分$\delta x_i\ (i=1,2,\cdots,3N)$中,独立变量只有$m=3N-l-\rho$个,对于不独立的$l+\rho$个变量$\delta x_i(i=1,2,\cdots,l+\rho)$前的系数,通过适当的选择$\lambda_k(k=1,2,\cdots,l)$和$\mu_r(r=1,2,\cdots,\rho)$,使其等于零,这是完全能做到的。令$l+\rho$个不独立的$\delta x_i(i=1,2,\cdots,l+\rho)$前的系数为零,得到关于$\lambda_k(k=1,2,\cdots,l)$和$\mu_r(r=1,2,\cdots,\rho)$的$l+\rho$个非齐次的线性方程组。由于$l+\rho<3N$,约束方程都是独立的,这个线性方程组的系数矩阵行列式不为零,则一定能求到l个$\lambda_k(k=1,2,\cdots,l)$和$\rho$个$\mu_r(r=1,2,\cdots,\rho)$使得不独立的变量$\delta x_i(i=1,2,\cdots,l+\rho)$前的系数为零,这时式(2-219)变为

$$\sum_{i=l+\rho+1}^{3N}[F_i - m_i\ddot{x}_i + \sum_{k=1}^{l}\lambda_k\frac{\partial f_k}{\partial x_i} + \sum_{r=1}^{\rho}\mu_r A_{ri}]\delta x_i = 0 \tag{2-220}$$

由于各$\delta x_i(i=\rho+l+1,\rho+l+2,\cdots,3N)$都是独立变量,则式(2-220)成立的充分必要条件是各δx_i前的系数等于零。考虑前面已得到的$l+\rho$个方程,共得到3N个方程,即

$$F_i - m_i\ddot{x}_i + \sum_{k=1}^{l}\lambda_k\frac{\partial f_k}{\partial x_i} + \sum_{r=1}^{\rho}\mu_r A_{rs} = 0 \quad (i=1,2,\cdots,3N) \tag{2-221}$$

式(2-221)称为第一拉格朗日方程,含有3N个坐标变量和$l+\rho$个未定乘子共有未知变量为$3N+l+\rho$个,还须结合系统约束方程式(2-3)、式(2-6),才能使方程组封闭,求解出3N个$x_i\ (i=1,2,\cdots,3N)$,l个$\lambda_k\ (k=1,2,\cdots,l)$和$\rho$个$\mu_r\ (r=1,2,\cdots,\rho)$。

2. 不定乘子的含义

用不定式乘子法列出系统的运动微分方程式(2-221),相当于解除系统的约束而代之以相应的未知约束力所建立的微分方程组。因此,不定乘子λ和μ可以用来确定与之相关的约束力。

假设系统只受到一个完整约束式(2-3)的作用,那么式(2-221)成为

$$F_i - m_i\ddot{x}_i + \sum_{k=1}^{l}\lambda_k\frac{\partial f_k}{\partial x_i} = 0 \quad (i=1,2,\cdots,3N) \tag{2-222}$$

设由式(2-3)这个约束引起的约束力在x_i方向的投影为F_{Ni},由质点动力学可写出运动方程为

$$m_i\ddot{x}_i = F_i + F_{Ni}$$

或写为

$$F_i - m_i\ddot{x}_i + F_{Ni} = 0 \quad (i=1,2,\cdots,3N) \tag{2-223}$$

比较式(2-222)与式(2-223),可得

$$F_{Ni} = \lambda_k\frac{\partial f_k}{\partial x_i} \quad (i=1,2,\cdots,3N)$$

所以乘子 λ_k 是与式(2-3)所表示的完整约束的约束力有关。

同样可以得出对于一阶非完整约束式(2-6)所表示的约束,其约束力为

$$F'_{Ni} = \mu_r A_{ri} \quad (i = 1, 2, \cdots, 3N)$$

作为用第一类拉格朗日方程建立系统运动微分方程的例子,来看一个具有完整与非完整约束问题的简单情形。

例 2.17 如图 2-19 所示,一个由长度为 l,质量可忽略不计的刚性杆 AB 两端分别连接两个质量为 m_1 和 m_2 的质点,设该质点系只在铅垂面内运动,并且受到一种限制使杆的中点速度必须沿杆 AB 的方向,试建立该质点系运动的第一类拉格朗日方程。

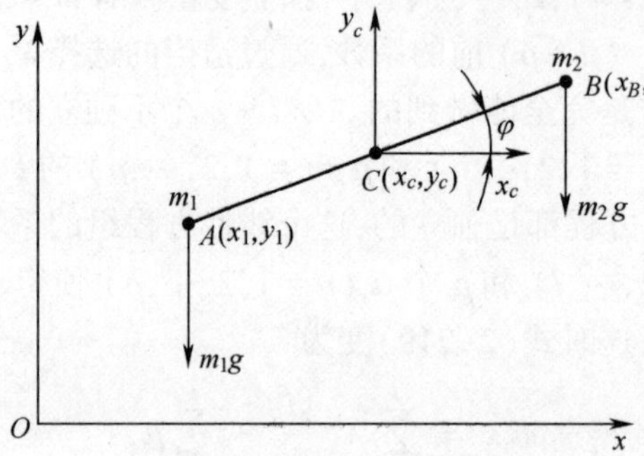

图 2-19 刚性杆在铅垂面内运动

解:令质点系 A、B 两点的坐标分别为 $(x_1, \ y_1)$ 和 (x_2, y_2),则

$$(x_2 - x_1)^2 + (y_2 - y_1)^2 - l^2 = 0$$

这是一个完整的约束方程,可写成

$$f_1 = (x_2 - x_1)^2 + (y_2 - y_1)^2 - l^2 = 0 \tag{2-224}$$

由于杆中点 C 的速度方向被限制在只能沿杆 AB 的方向,因此 C 点速度在垂直杆方向的投影为零,即

$$\dot{x}_C \sin\varphi - \dot{y}_C \cos\varphi = 0 \tag{2-225}$$

式中:$\dot{x}_C$、$\dot{y}_C$ 为杆中点速度分量;φ 为杆 AB 与 Ox 轴夹角。并有 $x_C = \dfrac{1}{2}(x_1 + x_2)$,$y_C = \dfrac{1}{2}(y_1 + y_2)$,将其对时间求导后代入式(2-225),得到

$$(\dot{x}_1 + \dot{x}_2)\tan\varphi = \dot{y}_1 + \dot{y}_2 \tag{2-226}$$

将 $\tan\varphi$ 用坐标函数表示为 $\tan\varphi = \dfrac{y_2 - y_1}{x_2 - x_1}$,式(2-226)变为

$$(\dot{x}_1 + \dot{x}_2)(y_2 - y_1) - (\dot{y}_1 + \dot{y}_2)(x_2 - x_1) = 0 \tag{2-227}$$

式(2-227)为杆 AB 中点 C 的速度约束方程,设

$$f_2 = (\dot{x}_1 + \dot{x}_2)(y_2 - y_1) - (\dot{y}_1 + \dot{y}_2)(x_2 - x_1) = 0 \tag{2-228}$$

式(2-228)是一个不可积分的微分约束,该系统为非完整系统。约束加在系统虚位移上的条件由式(2-224)和式(2-225),可得

$$\frac{\partial f_1}{\partial x_1}\delta x_1 + \frac{\partial f_1}{\partial y_1}\delta y_1 + \frac{\partial f_1}{\partial x_2}\delta x_2 + \frac{\partial f_1}{\partial y_2}\delta y_2 = 0$$

即

$$-(x_2-x_1)\delta x_1-(y_2-y_1)\delta y_1+(x_2-x_1)\delta x_2+(y_2-y_1)\delta y_2=0 \quad (2-229)$$

和

$$(y_2-y_1)\delta x_1+(y_2-y_1)\delta x_2-(x_2-x_1)\delta y_1-(x_2-x_1)\delta y_2=0 \quad (2-230)$$

将式(2-229)和式(2-230)分别引入不定乘子 λ 和 μ ,有

$$\begin{cases}\lambda(x_2-x_1)\delta x_1+\lambda(y_2-y_1)\delta y_1-\lambda(x_2-x_1)\delta x_2-\lambda(y_2-y_1)\delta y_2=0\\ \mu(y_2-y_1)\delta x_1-\mu(x_2-x_1)\delta y_1+\mu(y_2-y_1)\delta x_2-\mu(x_2-x_1)\delta y_2=0\end{cases} \quad (2-231)$$

将式(2-231)代入式(2-221),得

$$\begin{cases}-m_1\ddot{x}_1+\lambda(x_2-x_1)+\mu(y_2-y_1)=0\\ -m_1g-m_1\ddot{y}_1+\lambda(y_2-y_1)-\mu(x_2-x_1)=0\\ -m_2\ddot{x}_2-\lambda(x_2-x_1)+\mu(y_2-y_1)=0\\ -m_2g-m_2\ddot{y}_2-\lambda(y_2-y_1)-\mu(x_2-x_1)=0\end{cases} \quad (2-232)$$

式(2-232)就是所建立的系统第一类拉格朗日方程,共有 4 个坐标变量和两个不定乘子,共 6 个未知变量还必须结合约束方程式(2-224)和式(2-228)即 $f_1=0, f_2=0$ 才能确定系统的运动规律。

习　题

2-1　如题 2-1 图所示,平面双摆,摆长分别为 l_1 及 l_2,摆的质量分别为 m_1, m_2,试写出该系统的约束方程。系统是否完整定常,说明自由度数。

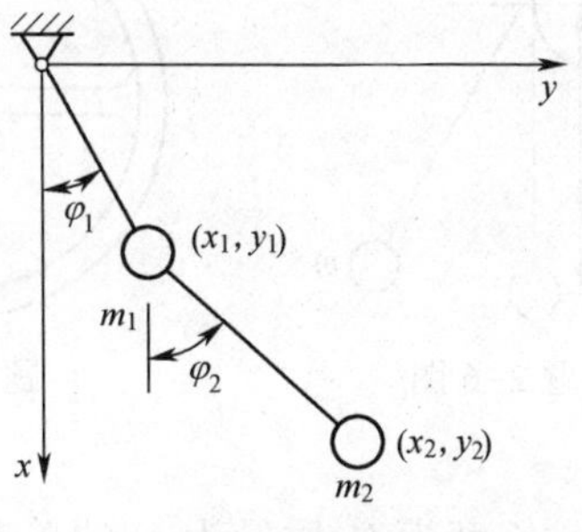

题 2-1 图

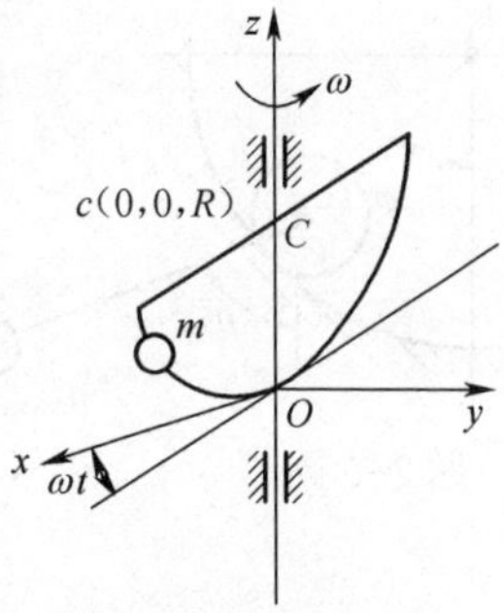

题 2-2 图

2-2　半径为 R 的半圆环,绕 Oz 轴以等角速度 ω 转动,一质点 M 沿圆环运动,设初始位置圆环平面与 xOz 平面重合(题 2-2 图)。试写出质点在笛卡儿坐标系 $O-xyz$ 中的约束方程。

2-3　长为 l 的杆两端连接有两个质量各为 m 的质点 M_1 和 M_2,可在水平面上运动,设系统受到的约束使两质点的速度方向只能与杆垂直(题 2-3 图),试以杆的中点 C 的坐标 x、y 和杆相对 x 轴的倾角 θ 为广义坐标写出系统的约束方程。

2-4 两均质圆轴，半径和质量均相同，设半径为 R，质量为 m，轮 Ⅰ 绕轴转动，轮 Ⅱ 绕有细绳，跨于轮Ⅰ上，如题 2-4 图所示，设绳的质量不计，试用动力学普遍方程求轮Ⅱ中心 C 点的加速度。

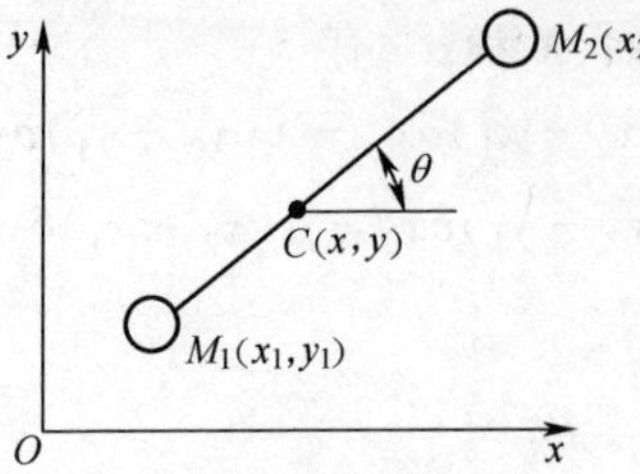

题 2-3 图

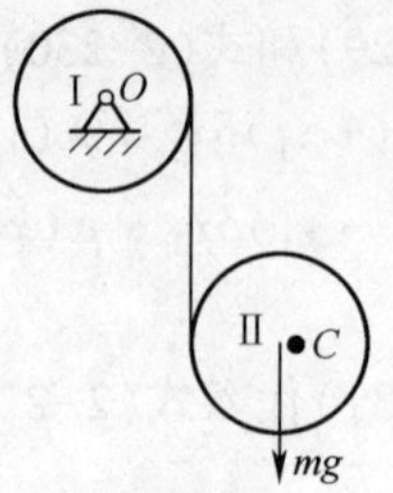

题 2-4 图

2-5 质量为 m_1，半径为 r 的均质圆柱体，可在半径为 R 的固定半圆筒内无滑动的滚动，在圆柱体中心上铰接一单摆，摆的质量为 m_2，摆长为 l 的系统在题 2-5 图所示的垂直面内运动，试建立该系统的运动微分方程。

2-6 质量为 m 的质点系在不计质量的线上，线的一端绕在半径为 R 的固定圆柱体上，如题 2-6 图所示，设在平衡位置时，系统在铅垂面内线的下垂部分长度为 l，试建立此系统的运动微分方程。

2-7 飞轮在水平面内绕铅直轴 O 转动，轮辐上套一滑块 A 并用弹簧与轴心相连，设飞轮的转动惯量 J_0，滑块的质量为 m，弹簧的刚度系数为 k，弹簧原长为 l_0，以飞轮转角 θ 和弹簧的伸长 x 为广义坐标（题 2-7 图），试写出系统运动微分方程和首次积分。

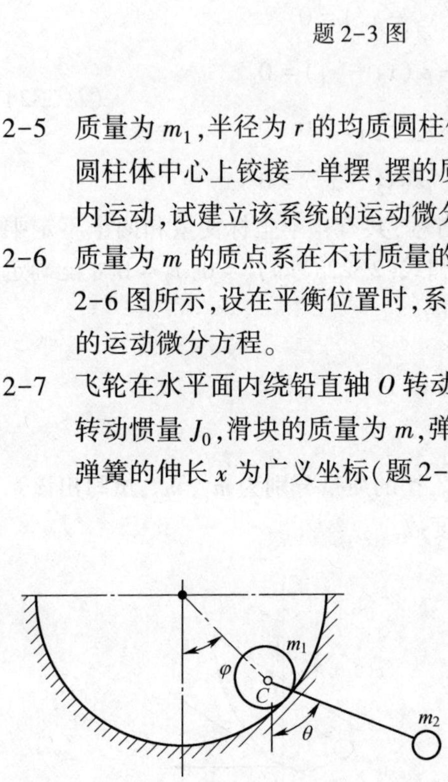

题 2-5 图

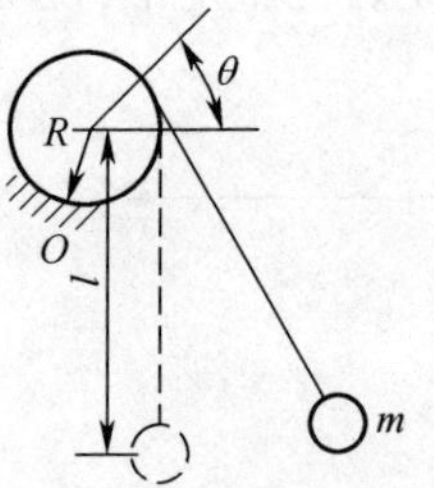

题 2-6 图

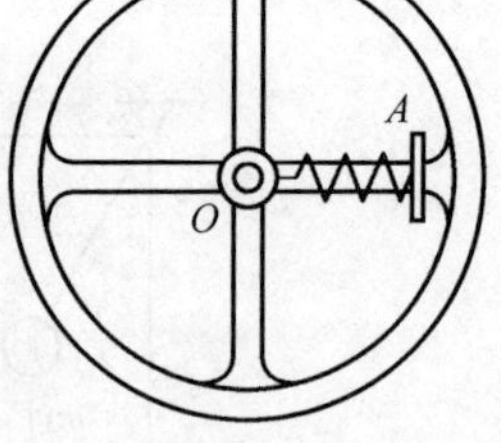

题 2-7 图

2-8 质量为 m，半径为 R 的圆环，在圆心上铰接一长度为 l，质量为 m 的单摆如题 2-8 图所示，圆环在水平面上做纯滚动，试写出拉格朗日方程的首次积分。

2-9 均质薄圆 A 质量为 m_A，半径为 R，置于光滑水平面上，均质圆盘 B 质量为 m_B，半径为 r，可沿圆筒的内表面做纯滚动，系统在题 2-9 图所示的铅垂面内运动，设 $R=3r$，$m_A = m_B = m$，试写出该系统的拉格朗日函数和首次积分。

2-10 半径为 R，质量为 m 的均质圆盘中心穿过无重的光滑杆上，杆与圆盘平面垂直，圆盘可沿杆做相对移动但无相对转动。圆盘中心用刚度为 k 的弹簧与杆的球铰链点 O 连接，如题 2-10 图所示，设弹簧原长为 l_0，试建立系统的运动微分方程。

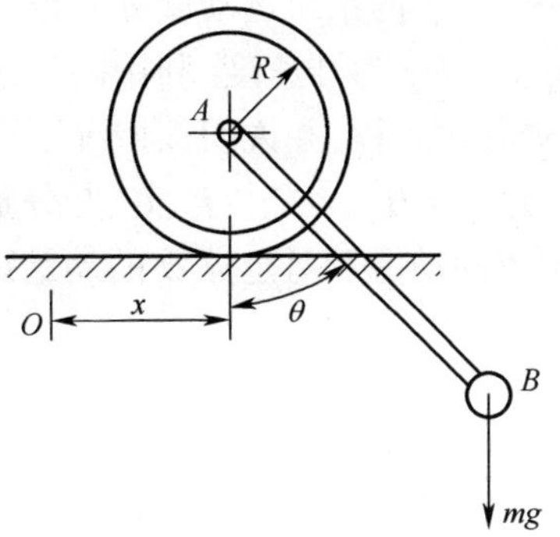

题 2-8 图

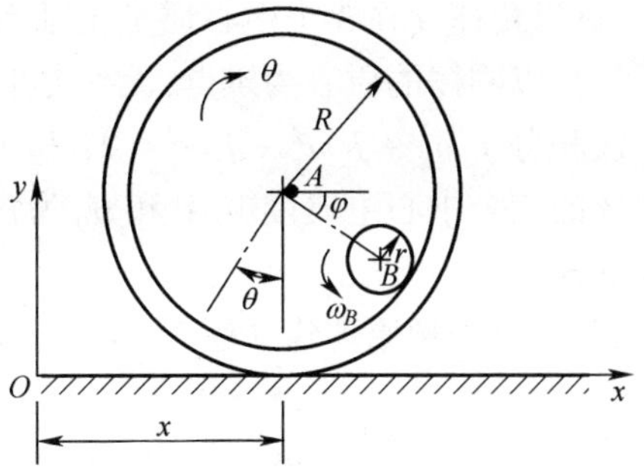

题 2-9 图

2-11 滑块 A 及铰接的单摆 B 组成的系统,滑块与弹簧和阻尼器相连接,如题 2-11 图所示,设滑块 A 质量为 m_1,单摆 B 质量为 m_2,摆长为 l,弹簧刚度系数为 k,黏性阻尼系数为 C,试用拉格朗日方程建立系统的运动微分方程。

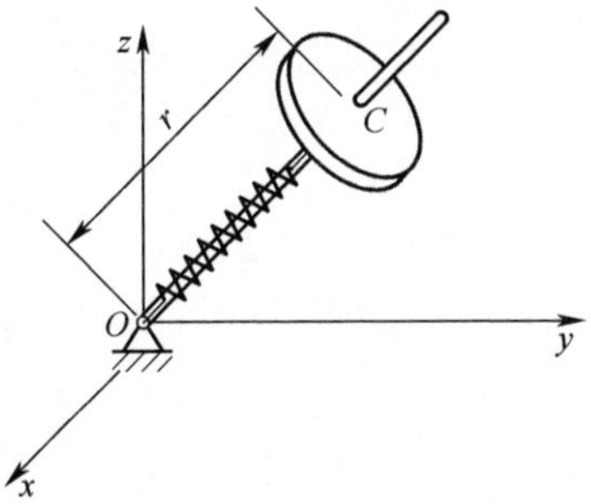

题 2-10 图

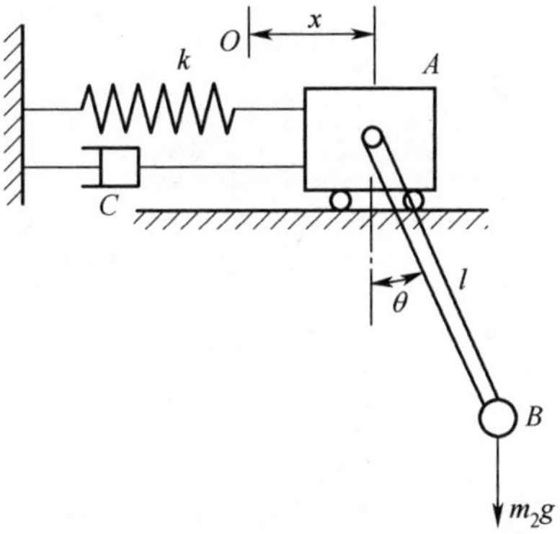

题 2-11 图

2-12 一质量为 m,半径为 a 的均质圆盘,可在粗糙的平面上滚动而无滑动(题 2-12 图),试写出该系统的非完整约束方程,并建立该系统的运动微分方程。

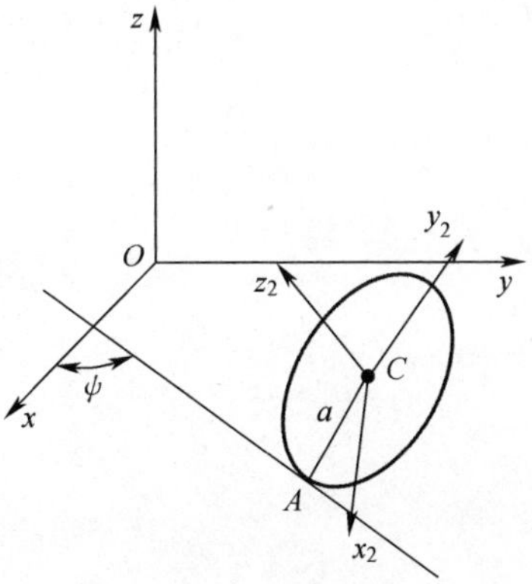

题 2-12 图

2-13　试以准速度 $u_1 = \dot{x}$，$u_2 = \dot{v}$，用阿贝尔方程建立题 2-11 的系统运动微分方程。

2-14　试以角速度在 3 个中心惯量主轴系上的投影 ω_x、ω_y、ω_z 为准速度，利用阿贝尔方程导出以刚体的质心为定点，无外力矩作用的欧拉动力学方程，并说明该情况下存在首次积分 $J_x\omega_x^2 + J_y\omega_y^2 + J_z\omega_z^2 = 2T$ 和 $J_x\omega_x^2 + J_y\omega_y^2 + J_z\omega_z^2 = H_0^2$。式中 J_x、J_y、J_z 分别为刚体的三个中心主惯量矩，T 和 H_0 为常量，分别为刚体的动能和对定点 O 的动量矩矢量的模值。

2-15　利用哈密顿原理建立题 2-11 的运动微分方程。

第3章
单自由度系统的振动

3.1 单自由度系统概述

实际工程中遇到的问题,大多是复杂的系统。如果其主要运动性态表现为用一个独立参数就可以确定其位形的系统,就是单自由度系统。对振动运动来说,通过对实际问题的简化处理,用一个弹簧-质量的模型就可以描述单自由度系统振动运动的普遍规律。通过弹簧-质量系统建立的运动微分方程具有描述单自由度系统振动运动的普遍适用性,也可以从中找到单自由度系统振动运动的规律。采用这个理想化抽象的力学模型,不仅可以了解振动规律和系统参数、激励参数的关系,并且可以得到满意的结果。单自由度系统振动的分析理论是振动力学中不可缺少的基础部分,对多自由度乃至连续体的振动,在模态坐标系中也显示出与单自由度相类似特征。

3.2 无阻尼自由振动

3.2.1 自由振动方程

由质量为 m 的物块 B 和一刚度系数为 k 的弹簧所组成的系统(图 3-1)就构成最简单的单自由度系统。

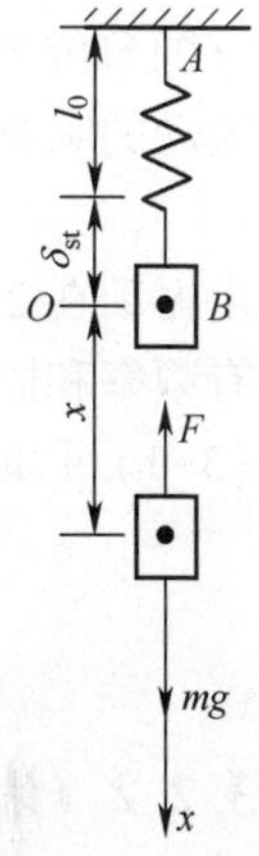

图 3-1 弹簧-质量系统

设弹簧自然长度为 l_0,弹簧刚度系数为 k ,单位为 N/m,质量不计。在重力作用下静变形为 δ_{st} ,取物块静平衡位置为坐标原点 O, x 轴向下为正,当物块离开平衡位置的距离为 x 时,根据牛顿定律列出该质量块 B (可视为质点)的运动微分方程为

$$m\ddot{x} = -k(x + \delta_{st}) + mg$$

由于

$$k\delta_{st} = mg \tag{3-1}$$

因而以静平衡位置为坐标原点,则

$$m\ddot{x} + kx = 0 \tag{3-2}$$

或写成标准形式

$$\ddot{x} + p^2 x = 0 \tag{3-3}$$

其中

$$p = \sqrt{\frac{k}{m}} \tag{3-4}$$

式(3-3)为无阻尼自由振动微分方程,是二阶常系数线性齐次方程,通解为

$$x = C_1 \cos pt + C_2 \sin pt \tag{3-5}$$

式中:C_1 和 C_2 为待定常数,由物块运动的初始条件确定。

设 $t=0$ 时,$x(0)=x_0$, $\dot{x}(0)=\dot{x}_0$,将其代入式(3-5)可得

$$C_1 = x_0\ ,\ C_2 = \frac{\dot{x}_0}{p}$$

式(3-3)满足初始条件的解为

$$x = x_0 \cos pt + \frac{\dot{x}_0}{p} \sin pt \tag{3-6}$$

也可以写为

$$x = A\sin(pt + \alpha) \tag{3-7}$$

式中:A 和 α 分别为振动的振幅和初相角,取决于初始条件

$$A = \sqrt{x_0^2 + \left(\frac{\dot{x}_0}{p}\right)^2},\ \alpha = \arctan\left(\frac{p x_0}{\dot{x}_0}\right)$$

式(3-7)表明振动是以平衡位置为中心的简谐振动,p 为系统的固有圆频率(rad/s),是系统的固有参数。

系统振动的周期为

$$T = \frac{2\pi}{p} = 2\pi\sqrt{\frac{m}{k}} \tag{3-8}$$

系统的振动频率为

$$f = \frac{1}{T} = \frac{p}{2\pi} = \frac{1}{2\pi}\sqrt{\frac{k}{m}} \tag{3-9a}$$

其中,f 的单位为 Hz;T 的单位为 s。

振动的圆频率为

$$p = 2\pi f \tag{3-9b}$$

是自由振动在 2πs 内振动的次数。而 f 和 p 只与系统的参数有关与初始条件无关,通常称为固有频率和固有圆频率。圆频率通常也称为频率,是系统振动的一个非常重要的参数。由式(3-1)可知圆频率也可以用弹簧的静变形 δ_{st} 表示为

$$p = \sqrt{\frac{g}{\delta_{st}}} \tag{3-9c}$$

3.2.2 计算固有频率的能量法

无阻尼系统是保守的系统,单自由度自由振动系统中主动力是保守力,系统机械能守

恒。动能 T 与势能 V 之和保持不变,即 $T+V=$ 常数,T 与 V 二者之一取零值时另一个取最大值,则

$$T_{\max} = V_{\max} \tag{3-10}$$

无阻尼自由振动的规律为 $x = A\sin(pt + \alpha)$, $\dot{x} = Ap\cos(pt + \alpha)$,可求得 $T_{\max} = \frac{1}{2}mA^2p^2$, $V_{\max} = \frac{1}{2}kA^2$,由式(3-10)可得 $p = \sqrt{\frac{k}{m}}$ 。利用能量法可对具有分布质量系统的固有频率作近似计算。有些情况在忽略了弹性部件的质量时,计算出的固有频率偏高,产生与实际过大的误差。考虑弹性部件(如弹簧等)的分布质量,按单自由度系统求固有频率的近似方法:首先要对具有分布质量的部件假设一种振动位形;然后按无阻尼振动的简谐运动规律计算弹性部件动能;计入系统总动能;最后按式(3-10)计算固有频率。这种近似计算方法称为瑞利法。

例 3.1 如图 3-2 所示,设弹簧长为 l ,刚度系数为 k,单位长度质量为 ρ ,物块质量为 m,试求系统的固有频率。

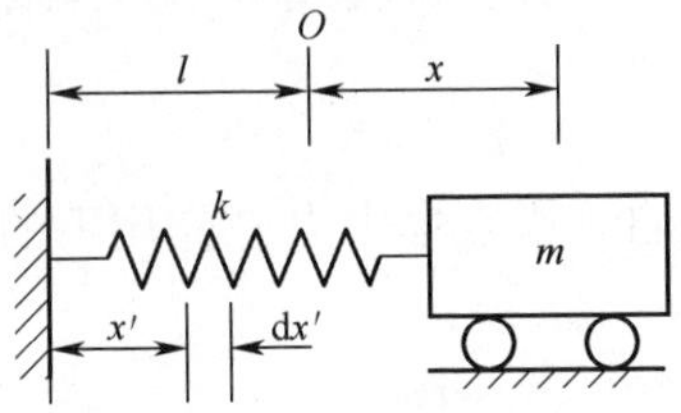

图 3-2 考虑弹簧-质量的振动系统

解:设弹簧的变形与固定点的距离 x' 成正比。弹簧右端的位移为 x,也是质量 m 的位移。弹簧距离固定点为 x' 截面的位移为 $\frac{x'}{l}x$,微元 dx'弹簧的动能为

$$dT' = \frac{1}{2}\rho dx'\left(\frac{x'}{l}\dot{x}\right)^2$$

弹簧的动能为

$$T' = \frac{1}{2}\rho\frac{\dot{x}^2}{l^2}\int_0^l (x')^2 dx' = \frac{1}{2}\left(\frac{1}{3}\rho l\dot{x}^2\right) = \frac{1}{2}\left(\frac{1}{3}m'\dot{x}^2\right)$$

式中: $m' = \rho l$ 为弹簧的质量。

计入弹簧-质量的系统总动能为

$$T = \frac{1}{2}\left(m + \frac{m'}{3}\right)\dot{x}^2 \tag{3-11}$$

弹簧的势能为

$$V = \frac{1}{2}kx^2 \tag{3-12}$$

系统的运动规律为

$$x = A\sin(pt + \alpha)$$

按式(3-10)得到系统的固有频率为

$$p = \sqrt{\frac{k}{m + \dfrac{m'}{3}}} \tag{3-13}$$

应用瑞利法考虑弹簧质量影响时，只要将弹簧质量的 1/3 加入振体质量 m 中，仍按式(3-4)计算单自由度系统的固有频率。弹簧的 $\dfrac{1}{3}m'$ 又称为弹簧的等效质量。

例 3.2 试计算图 3-3 所示的均质等截面悬臂梁自由端固有集中质量 m 的固有频率，设梁长为 l，抗弯刚度为 EI，单位长度质量为 ρ。

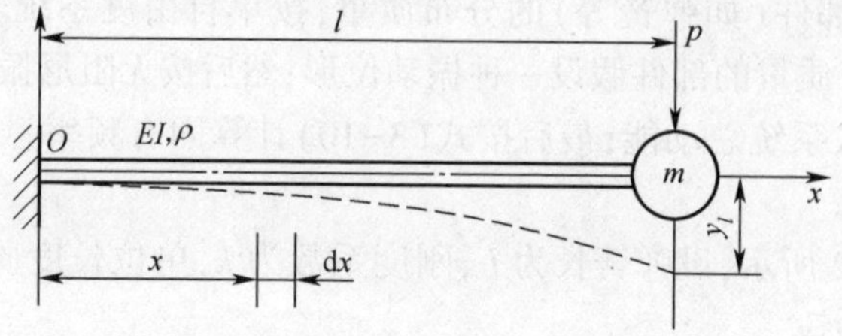

图 3-3 自由端固联集中质量的悬臂梁

解：设梁在振动中的振型与自由端在集中力 P 作用下的静挠曲线相同。在任意截面 x 处的挠度为

$$y = \frac{Px^2}{6EI}(3l - x) \tag{3-14}$$

在自由端的挠度为

$$y_l = \frac{Pl^3}{3EI} \tag{3-15}$$

由式(3-14)和式(3-15)可得

$$y = \frac{3lx^2 - x^3}{2l^3}y_l \tag{3-16}$$

在振动时，y 与 y_l 均为时间的函数，即

$$\dot{y} = \frac{3lx^2 - x^3}{2l^3}\dot{y}_l \tag{3-17}$$

梁的动能为

$$T_b = \frac{1}{2}\int_0^l \rho \mathrm{d}x\dot{y}^2 = \frac{1}{2}\rho\left(\frac{\dot{y}_l}{2l^3}\right)^2\int_0^l (3lx^2 - x^3)^2\mathrm{d}x$$

$$T_b = \frac{1}{2}\left(\frac{33}{140}\rho l\right)\dot{y}_l^2 = \frac{1}{2}\left(\frac{33}{140}m_b\right)\dot{y}_l^2 \tag{3-18}$$

式中：$m_b = \rho l$ 为梁的质量；梁的等效质量为 $\dfrac{33}{140}m_b$。

系统总动能为

$$T = \frac{1}{2}m\dot{y}_l^2 + \frac{1}{2}\left(\frac{33}{140}m_b\right)\dot{y}_l^2 = \frac{1}{2}\left(m + \frac{33}{140}m_b\right)\dot{y}_l^2 \tag{3-19}$$

梁的等效弹性系数为

$$k = \frac{P}{y_l} = \frac{3EI}{l^3} \tag{3-20}$$

按瑞利法可计算出系统的固有频率为

$$p = \sqrt{\frac{3EI}{\left(m + \frac{33}{140}m_b\right) l^3}} \tag{3-21}$$

3.3 阻尼系统的自由振动

无阻尼自由振动是一种理想状况,实际振动系统中阻尼一定是存在的,振体除受有恢复力作用外还受到阻尼力的作用。产生阻尼的因素也很多,总之,它们会对运动产生不同的阻力,统称为阻尼,这种振动系统就是阻尼系统。

3.3.1 黏性阻尼系统的自由振动

物体在介质中运动时,会受到阻力作用。在速度不是很大时,阻力与物体运动速度成正比。这种阻尼称黏性阻尼或线性阻尼。阻尼力的方向和物体的运动速度方向相反,可表示为

$$\boldsymbol{F}_R = -c\,\boldsymbol{v} \tag{3-22}$$

式中:c 为黏性(线性)阻尼系数(N · s/m),与物体外形、尺寸及介质性质有关;$\boldsymbol{v}$ 为物体运动速度矢量。

图 3-4 表示一个有阻尼的弹簧-质量系统的模型,用于描述单自由度线性阻尼系统的力学模型。

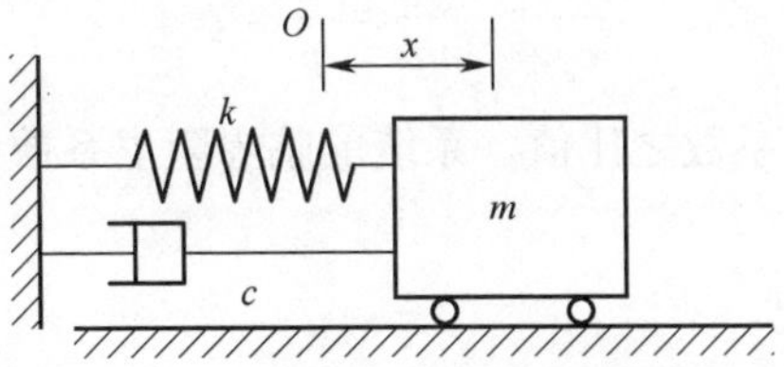

图 3-4 线性阻尼弹簧-质量系统

以静平衡位置 O 为坐标原点取 x 轴向右为正,可写出物块质量 m 的运动微分方程:

$$m\ddot{x} + c\dot{x} + kx = 0 \tag{3-23}$$

式(3-23)两端各项除以 m,令 $p^2 = \frac{k}{m}$,$2n = \frac{c}{m}$。n 称为衰减系数(s^{-1})。则式(3-23)可写为

$$\ddot{x} + 2n\dot{x} + p^2x = 0 \tag{3-24}$$

令 $x = e^{st}$ 为方程特解,将其代入式(3-24)得到系统的特征值方程:

$$s^2 + 2ns + p^2 = 0 \tag{3-25}$$

特征方程的两个根为

$$s_{1,2} = - n \pm \sqrt{n^2 - p^2} \tag{3-26}$$

由式(3-26)可见 n 与 p 的值不同 $s_{1,2}$ 也不同,运动的性质也就不同。为讨论方便我们引入一个无量纲参数阻尼比,可表示为

$$\zeta = \frac{n}{p} \tag{3-27}$$

则两个特征根的表达式(3-26)可写为

$$s_{1,2} = - \zeta p \pm p\sqrt{\zeta^2 - 1} \tag{3-28}$$

下面分 $\zeta > 1$, $\zeta = 1$, $\zeta < 1$ 三种情况来讨论。

(1) $\zeta > 1$,过阻尼的情况。

式(3-24)的解为

$$x = e^{-\zeta pt}(C_1 e^{pt\sqrt{\zeta^2-1}} + C_2 e^{-pt\sqrt{\zeta^2-1}}) \tag{3-29}$$

式中:C_1, C_2 为积分常数,由初始方程条件决定。这是指数衰减运动,不会有振动发生。

(2) $\zeta = 1$,临界阻尼情况。

这对应着特征根式(3-28)有二重根,即

$$s_1 = s_2 = - \zeta p$$

式(3-24)的解为

$$x = e^{-\zeta pt}(C_1 + C_2 t) \tag{3-30}$$

运动同样具有无振动性质,但它是有无谐振动发生的临界状态,可见阻尼比 ζ 对运动性质起决定性作用,在 $\zeta = 1$ 时,$n=p$,则 $p = \frac{c}{2m}$。令 $c_c = 2mp = 2\sqrt{mk}$ 为临界状态下的阻尼系数,则有

$$\frac{c}{c_c} = \frac{2mn}{2mp} = \frac{n}{p} = \zeta \tag{3-31}$$

即 ζ 是阻尼系数与临界阻尼系数之比值。系统的临界阻尼系数 $c_c = 2mp = 2\sqrt{mk}$ 是由系统参数决定的。

(3) $\zeta < 1$,小阻尼的情况。

这时特征方程有一对共轭复根,即

$$s_{1,2} = - \zeta p \pm jp\sqrt{1 - \zeta^2} = - \zeta p \pm jq \tag{3-32}$$

式中:$j = \sqrt{-1}$ 是单位虚数,$q = \sqrt{1 - \zeta^2}\,p$。

式(3-24)的解为

$$x = e^{-\zeta pt}(C_1 \cos qt + C_2 \sin qt) \tag{3-33}$$

式中:C_1,C_2 由初始条件确定。设 $t=0$ 时,$x(0) = x_0$,$\dot{x}(0) = \dot{x}_0$,则有

$$C_1 = x_0 ,\ C_2 = \frac{\zeta p x_0 + \dot{x}_0}{q}$$

式(3-33)可表示为

$$x = Ae^{-\zeta pt}\sin(qt + \alpha) \tag{3-34}$$

其中

$$\begin{cases} A = \sqrt{\dot{x}_0^2 + \left(\dfrac{\dot{x}_0 + \zeta p x_0}{q}\right)^2} \\ \tan\alpha = \dfrac{q x_0}{\dot{x}_0 + \zeta p x_0} \end{cases} \tag{3-35}$$

式中:A、α 分别为初始幅值和相位角。

物块在平衡位置附近做往复运动,有振动的特性。但是,振幅却与无阻尼自由振动情形不同,不是常数,随时间增长而衰减,称为衰减振动。

振动周期为

$$T_1 = \frac{2\pi}{\sqrt{1 - \zeta^2}p} = \frac{T}{\sqrt{1 - \zeta^2}} \tag{3-36}$$

式中:$T = \dfrac{2\pi}{p}$ 为无阻尼自由振动的周期。

由于阻尼存在使衰减振动周期 T_1 比无阻尼振动周期大。通常在 ζ 很小时,阻尼对周期影响不大。

振动幅值按指数规律随时间衰减,谐函数以 $Ae^{-\zeta pt}$ 和 $-Ae^{-\zeta pt}$ 为渐近线,其最大值与渐近线相切,如图 3-5 所示。经过一个周期 T_1,任意两个相邻振幅值之比为常数,称为减缩系数,即

$$\eta = \frac{A_i}{A_{i+1}} = \frac{Ae^{-\zeta pt}}{Ae^{-\zeta p(t+T_1)}} = e^{\zeta p T_1} \tag{3-37}$$

以自然对数表示,称为对数减缩,即

$$\delta = \ln\eta = \zeta p T_1 = \frac{2\pi\zeta}{\sqrt{1 - \zeta^2}} \tag{3-38}$$

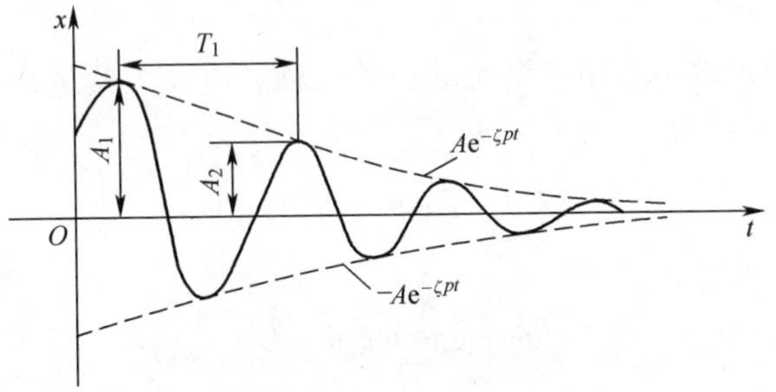

图 3-5　小阻尼衰减振动

例 3.3　一个弹簧-质量系统,其质量为 m,弹簧刚度系数为 k,系统受有黏性阻尼作用,已测得振动周期 T_1,试求黏性阻尼系数 c。

解:由式(3-36)式,得

$$T_1 = \frac{T}{\sqrt{1 - \zeta^2}}$$

其中，

$$T = \frac{2\pi}{\sqrt{\dfrac{k}{m}}}$$

解出

$$\zeta = \left(\frac{T_1^2 - T^2}{T_1^2}\right)^{\frac{1}{2}} = \left(1 - \frac{T^2}{T_1^2}\right)^{\frac{1}{2}} \tag{3-39}$$

由式(3-38)，得

$$c = \zeta c_c = \zeta(2\sqrt{mk}) \tag{3-40}$$

将式(3-39)代入式(3-40)得该系统的黏性阻尼系数，即

$$c = 2\sqrt{mk}\left(1 - \frac{T^2}{T_1^2}\right)^{\frac{1}{2}} = 2\sqrt{mk}\left(1 - \frac{4\pi^2}{T_1^2}\frac{m}{k}\right)^{\frac{1}{2}}$$

例 3.4 一个无重刚性杆长为 l，一端以铰链与固定点 O 连接，另一端固定一个质量为 m 的物块，并以刚度系数为 k 的弹簧支承。在距 O 点为 a 处，有一个阻尼系数为 c 的线性阻尼器装于杆上，如图 3-6 所示。系统静平衡时，杆处于水平状态。试列出该系统的微振动运动微分方程。欲使系统受到扰动后，不发生振动，试确定阻尼器的黏性阻尼系数。

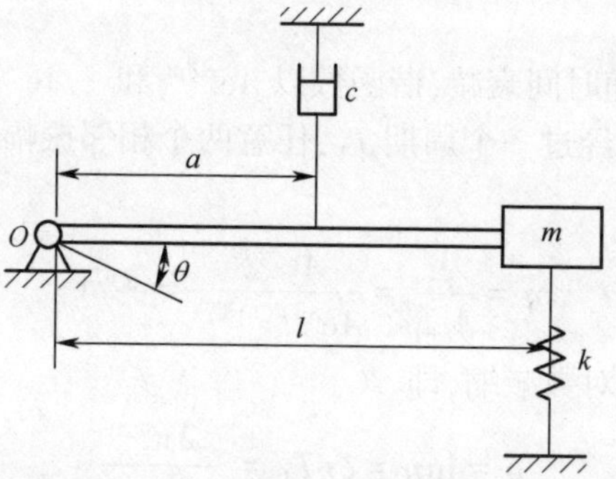

图 3-6 水平无重刚性杆自由端固联集中质量

解：这是一个有阻尼的单自由度系统的振动问题。以 θ 为变量，利用动量矩定理，以 O 为矩心的微振动运动方程为

$$ml^2\ddot{\theta} + ca^2\dot{\theta} + kl^2\theta = 0 \tag{3-41}$$

或

$$\ddot{\theta} + c_e\dot{\theta} + k_e\theta = 0 \tag{3-42}$$

式中：$c_e = \dfrac{ca^2}{ml^2}$，$k_e = \dfrac{k}{m}$。

欲使在平衡位置受到扰动后不发生振动，式(3-41)的变量系数应满足

$$(ca^2)^2 - 4mkl^4 \geqslant 0$$

$$c \geqslant 2\left(\frac{l}{a}\right)^2\sqrt{mk}$$

$c = 2\left(\frac{l}{a}\right)^2 \sqrt{mk}$ 是临界情形,此时 $c = c_c$。当 $c < 2\left(\frac{l}{a}\right)^2 \sqrt{mk}$ 时,才有阻尼衰减振动发生。

3.3.2 库仑阻尼系统的自由振动

物体在没有润滑的表面上滑动时会受到摩擦阻力的作用,这种阻力称为库仑阻尼也称干摩擦阻尼。这种阻尼力的大小与法向反力成正比,与相对运动速度方向相反,如图 3-7(b)所示。这种力的大小与物体的位移和速度无关,阻尼力是常数,可表示为

$$F_d = -fF_N \frac{\dot{x}}{|\dot{x}|} \tag{3-43}$$

式中:f 为摩擦系数;F_N 为运动物体受到的法向反力。

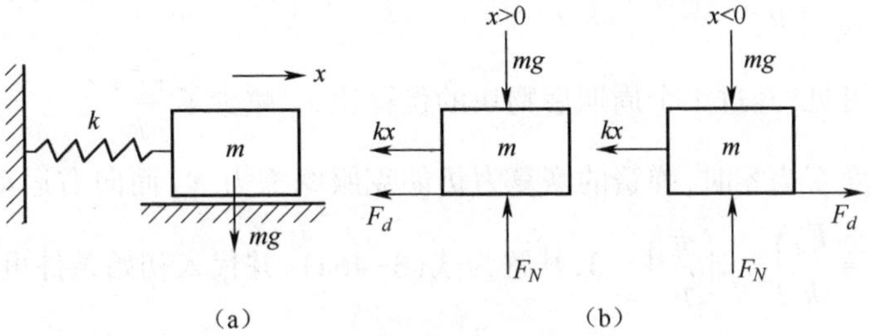

图 3-7 库仑阻尼的弹簧-质量系统

运动微分方程

$$m\ddot{x} + F_d \frac{\dot{x}}{|\dot{x}|} + kx = 0 \tag{3-44}$$

是一个非线性方程。但根据 F_d 的特点可分成两个线性方程,一个对应 $\dot{x} > 0$,另一个对应 $\dot{x} < 0$,则

$$\begin{cases} m\ddot{x} + kx = -F_d & (\dot{x} > 0) \\ m\ddot{x} + kx = F_d & (\dot{x} < 0) \end{cases} \tag{3-45}$$

式(3-45)的解可表示为

$$x = -\frac{F_d}{k} + A_1\sin(pt + \alpha_1) \quad (\dot{x} > 0) \tag{3-46a}$$

$$x = \frac{F_d}{k} + A_2\sin(pt + \alpha_2) \quad (\dot{x} < 0) \tag{3-46b}$$

式中:$p = \sqrt{\frac{k}{m}}$,A_1、α_1 和 A_2、α_2 分别决定于式(3-45)描述运动的初始条件。

设系统受到初始条件为 $x(0) = x_0$ 和 $\dot{x}(0) = 0$,系统向左边运动,这时 $\dot{x} < 0$,描述运动的微分方程为式(3-45)的第二式,其解为式(3-46b),并代入初始条件,可得

$$\alpha_2 = \frac{\pi}{2}, A_2 = x_0 - \frac{F_d}{k} \tag{3-47}$$

位移表达式为

$$x = \left(x_0 - \frac{F_d}{k}\right)\cos pt + \frac{F_d}{k} \tag{3-48}$$

此解在 $\dot{x} < 0$,运动速度方向改变前适用。物块到最左边时,速度变为零。物块运动将改变方向向右运动。库仑摩擦力也改变方向,描述运动的微分方程要用式(3-45)的第一式。

在物块的速度 $\dot{x}(t) = -p\left(x_0 - \frac{F_d}{k}\right)\sin pt = 0$ 时,求出时间为

$$t = \frac{\pi}{p} = \frac{T}{2}$$

物块的位移为 $x\left(\frac{\pi}{p}\right) = \left(x_0 - \frac{F_d}{k}\right)(-1) + \frac{F_d}{k} = -\left(x_0 - \frac{2F_d}{k}\right)$,这就是物块向左运动的最大位移。由此可见,经过半个周期后物块的位移比 x_0 减少了 $\frac{2F_d}{k}$。

假设物块速度变为零时,弹簧的恢复力仍能克服摩擦力 F_d 而向右运动,这时初始条件为 $x\left(\frac{\pi}{p}\right) = -\left(x_0 - \frac{F_d}{k}\right)$,$\dot{x}\left(\frac{\pi}{p}\right) = 0$,其解为式(3-46a),并代入初始条件可得

$$\alpha_1 = -\frac{\pi}{2}, A_1 = x_0 - \frac{3F_d}{k} \tag{3-49}$$

式(3-46a)得

$$x = -\frac{F_d}{k} + \left(x_0 - \frac{3F_d}{k}\right)\cos pt \tag{3-50}$$

此解在物块向右运动速度变为零前均适用。

令 $\dot{x} = -\left(x_0 - \frac{3F_d}{k}\right)p\sin pt = 0$,则得 $t = \frac{2\pi}{p} = T$。因为向右运动初始时,$t = \frac{T}{2}$,所以到达最右端时是一个周期,将 $t = \frac{2\pi}{p}$ 代入式(3-50),得向右的最大位移为

$$x\left(\frac{2\pi}{p}\right) = x_0 - \frac{4F_d}{k}$$

由此可见,经过一个周期后质量 m 的位移减少 $\frac{4F_d}{k}$。如果弹性恢复力与质量 m 的惯性力仍可克服库仑摩擦力,上述运动可以重复下去,求解过程也相同。

最后系统不一定停留在原来的静止位置而是停留在 $x = \pm\frac{F_d}{k}$ 之间的某一点,当幅值为 x,恢复力 $kx < F_d$ 时系统运动就逐渐停止。

运动的周期和振动频率不受阻尼的影响。每经过一个周期时间间隔 $\frac{2\pi}{p}$,位移减少

$\frac{4F_d}{k}$,所以振动曲线的包络线是直线,如图 3-8 所示。

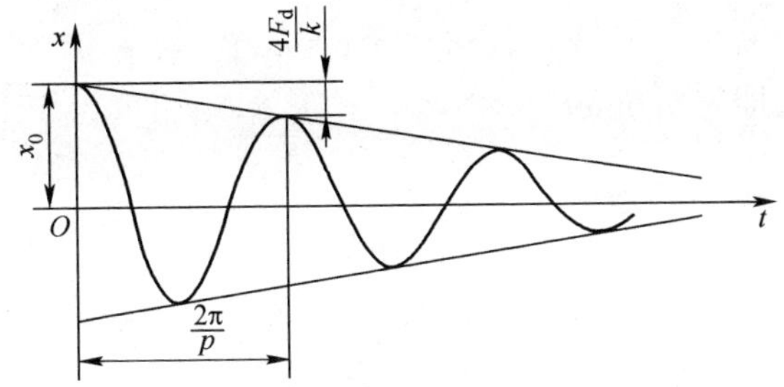

图 3-8　库仑阻尼衰减振动

3.4　受迫振动

自由振动仅是系统对初始条件的响应。由于阻尼的存在,系统运动将会逐渐衰减,直到运动完全停止。系统在外激励作用下的振动称为受迫振动或强迫振动。

3.4.1　简谐力激励下的受迫振动

设弹簧-质量和黏性阻尼组成的系统上,作用以幅值为 H 的简谐变化的激励力 $F(t)=H\sin\omega t$,如图 3-9 所示。

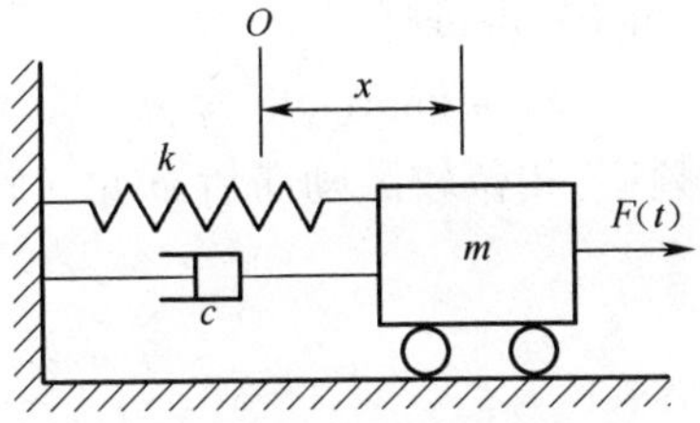

图 3-9　单自由度受迫振动系统

以系统平衡位置 O 为坐标原点,质量为 m 的运动方程为

$$m\ddot{x}+c\dot{x}+kx=H\sin\omega t$$

或写成

$$\ddot{x}+2\zeta p\dot{x}+p^2x=h\sin\omega t \tag{3-51}$$

式中:$2\zeta p=\frac{c}{m}$, $p^2=\frac{k}{m}$, $h=\frac{H}{m}$。

式(3-51)就是线性阻尼单自由度系统的受迫振动微分方程。其解由两部分组成 $x=x_1+x_2$,其中,x_1 是齐次微分方程 $\ddot{x}+2\zeta p\dot{x}+p^2x=0$ 的通解。对于小阻尼 $\zeta<1$,该齐次方程的通解的形式为

$$x_1=Ae^{-\zeta pt}\sin(qt+\alpha)$$

x_2 为式(3-51)非齐次方程的特解。它也一定是频率为 ω 的谐函数才能满足式(3-51),我们用复指数法来求该特解。用 $he^{j\omega t}$ 代换 $h\sin\omega t$,则式(3-51)可写作

$$\ddot{x} + 2\zeta p\dot{x} + p^2 x = he^{j\omega t} \tag{3-52}$$

理解为取 $he^{j\omega t}$ 的虚部,即为 $h\sin\omega t$ 。

设方程特解为

$$x_2 = \bar{B}e^{j\omega t} \tag{3-53}$$

式中: $\bar{B}$ 为复数振幅。

将式(3-53)代入式(3-52),有

$$(-\omega^2 + j2\zeta p\omega + p^2)\bar{B}e^{j\omega t} = he^{j\omega t}$$

从而得

$$\bar{B} = \frac{h}{(p^2 - \omega^2) + j2\zeta p\omega} = Be^{-j\varphi} \tag{3-54}$$

式中: B 为复振幅 $\bar{B}$ 的模; φ 为相角,也就是复振幅 $\bar{B}$ 的幅角:

$$B = |\bar{B}| = \frac{h}{\sqrt{(p^2 - \omega^2)^2 + 4\zeta^2 p^2 \omega^2}} \tag{3-55}$$

$$\tan\varphi = \frac{2\zeta p\omega}{p^2 - \omega^2} \tag{3-56}$$

因此式(3-51)的特解为

$$x_2 = Be^{j(\omega t - \varphi)} \tag{3-57}$$

激励力为 $H\sin\omega t$,取式(3-57)虚部,得特解

$$x_2 = B\sin(\omega t - \varphi) \tag{3-58}$$

特解 x_2 的幅值为 B,与激励同频率,相位较激励滞后 φ 角。特解 x_2 也称为稳态解,或稳态响应。

式(3-51)的通解为

$$x = x_1 + x_2 = Ae^{-\zeta pt}\sin(qt + \alpha) + \frac{h}{\sqrt{(p^2 - \omega^2)^2 + 4\zeta^2 p^2 \omega^2}}\sin(\omega t - \varphi) \tag{3-59}$$

由于阻尼的存在经过一定时间 $x_1 \to 0$,系统的持续振动只剩与外激励有关的响应,系统的稳态响应的表达式为

$$x = \frac{h}{\sqrt{(p^2 - \omega^2)^2 + 4\zeta^2 p^2 \omega^2}}\sin(\omega t - \varphi) \tag{3-60}$$

稳态响应只与系统的参数和外激励条件有关。下面对稳态响应的幅值、相位与激励频率的关系分别进行讨论。

1. 幅频特性

由式(3-55),得

$$B = \frac{h}{\sqrt{(p^2 - \omega^2)^2 + 4\zeta^2 p^2 \omega^2}} = \frac{h/p^2}{\sqrt{(1 - \lambda^2)^2 + 4\zeta^2 \lambda^2}}$$

$$= \frac{H/k}{\sqrt{(1-\lambda^2)^2 + 4\zeta^2\lambda^2}} = \frac{B_0}{\sqrt{(1-\lambda^2)^2 + 4\zeta^2\lambda^2}} \tag{3-61}$$

式中：$\lambda = \dfrac{\omega}{p}$，称频率比，即激励力的频率与系统固有频率之比；$B_0 = \dfrac{H}{k}$，在激励力幅值作用下弹簧的静变形，所以也称为静偏移。

令 $\beta = \dfrac{B}{B_0}$，称振幅放大系数，由式(3-61)，得

$$\beta = \frac{1}{\sqrt{(1-\lambda^2)^2 + 4\zeta^2\lambda^2}} \tag{3-62}$$

$\lambda-\beta$ 曲线，即幅频特性曲线，如图 3-10 所示。

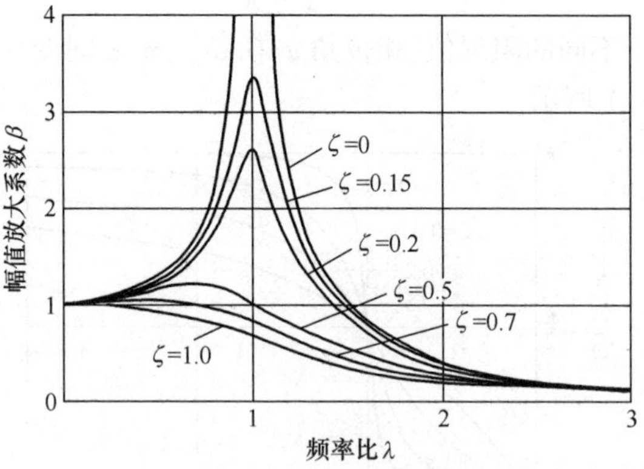

图 3-10　幅频特性曲线

对于不同的阻尼比 ζ，β 随 λ 的变化曲线的特征可归纳如下。

(1) $\lambda \to 0$，$\beta \to 1$，与阻尼无关，振幅接近于静位移。

(2) $\lambda \to \infty$，$\beta \to 0$，激励力的频率很高时振幅趋于零。

(3) $\lambda = 1$，如 $\zeta = 0$，$\beta \to \infty$，即 $\zeta = 0$，在激励力的频率与系统固有频率相等时，受迫振动的幅值无限增大，这种现象称为共振。对于有阻尼系统($\zeta \neq 0$)，在 $\lambda \approx 1$ 时，振幅也急剧增加，因此在 $\lambda \approx 1$ 附近，阻尼比 ζ 对振幅的影响显著，随着阻尼增加振幅变化趋缓，把激励频率接近固有频率的这一段频率区域称共振区。由式(3-62)可求出放大系数取最大值时的频率和最大值，令 $\dfrac{d\beta}{d\lambda} = 0$，得到 $\lambda = \lambda_m = \sqrt{1-2\zeta^2}$ 时，β 达最大值 β_m，即

$$\beta_m = \frac{1}{2\zeta\sqrt{1-\zeta^2}} \tag{3-63}$$

也就是当激励力的频率 $\omega = \lambda_m p = p\sqrt{1-2\zeta^2}$ 时，振幅的最大值为

$$B_m = \beta_m B_0 = \frac{H}{k}\frac{1}{2\zeta\sqrt{1-\zeta^2}} \tag{3-64}$$

在很多实际问题中由于 ζ 值很小，$\zeta^2 \ll 1$，也可认为 $\lambda = 1$ 时 β 达到最大值，即 $\beta_m \approx \dfrac{1}{2\zeta}$，所以把 $\lambda = 1$ 时的激励力频率称共振频率。

式(3-63)表示了放大系数的最大值与阻尼比的关系,当$\zeta \geqslant \frac{\sqrt{2}}{2} \approx 0.707$时,放大系数$\beta$从1开始单调下降,随频率比增加而趋于零。也就是,当$\zeta > 0.707$时,系统无共振现象发生。由以上讨论可见,在共振区内幅值变化显著,阻尼的作用也十分明显。

2. 相频特性

由式(3-56),得

$$\tan\varphi = \frac{2\zeta p\omega}{p^2 - \omega^2}$$

或写成

$$\tan\varphi = \frac{2\zeta\lambda}{1 - \lambda^2} \tag{3-65}$$

式(3-65)表示对于不同的阻尼值,相位角φ在$0 \sim \pi$之间变化。φ随λ的变化曲线称相频特性曲线,如图3-11所示。

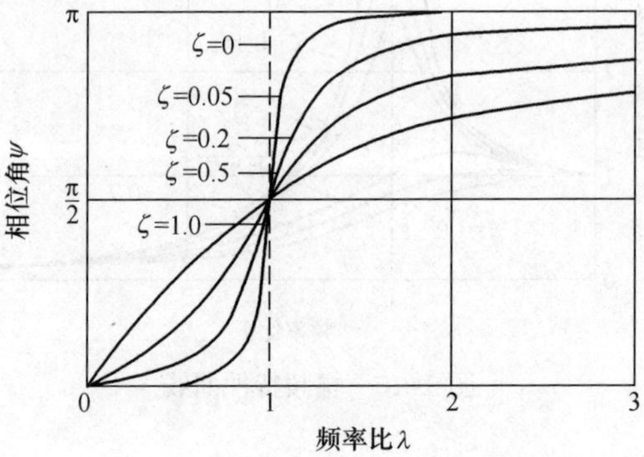

图3-11　相频特性曲线

(1) 当$\zeta = 0$, $\lambda < 1$时, $\varphi = 0$; $\lambda > 1$时, $\varphi = \pi$; $\lambda = 1$时, φ从0跳到π。

(2) 当$\zeta > 0$, $\lambda \ll 1$时, $\varphi \approx 0$; 振动与激励相位接近; $\lambda \gg 1$时, $\varphi \approx \pi$,表明振动与激励相位相反; $\lambda = 1$时, $\varphi = \frac{\pi}{2}$与ζ无关,即共振时相位角为$\frac{\pi}{2}$,与阻尼比无关。

根据简谐受迫振动的规律,通过隔离器可消除或减少振动的影响,这就是隔振。隔振通常可分为主动隔振与被动隔振两类:前者是将产生振源的机器设备与基础隔离,以减少振动对基础的影响;后者为将基础振动与机器设备隔离避免将振动传给设备。所用的隔离器一般简化为弹簧和阻尼器。下面通过简例来对两种隔离加以说明。

例3.5　偏心转子引起的受迫振动。图3-12所示为一台安装在两个弹簧和一个阻尼器上的机器,总的弹簧刚度系数为k,阻尼系数为c,机器总质量为M。旋转部件不平衡质量为m,旋转中心为O,偏心距离为e,角速度为ω,只考虑铅直方向的运动。试求稳态响应情况对基础作用的动反力。

解:以静平衡时旋转中心O为坐标原点,x轴向上为正,在任意瞬时,系统质量的$M-m$部分的坐标为x,偏心质量m的坐标为$x + e\sin\omega t$。

该单自由度系统的运动微分方程为

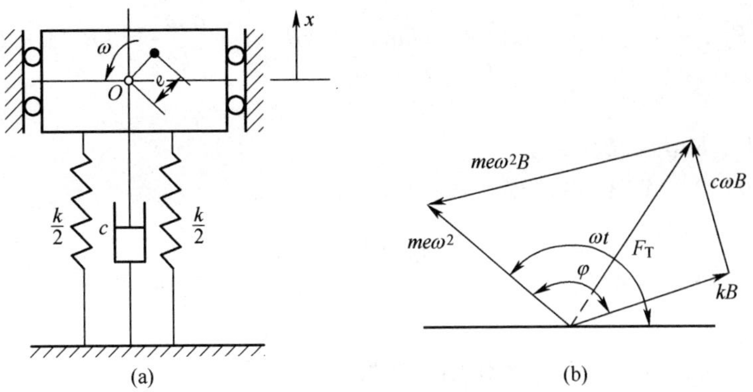

图 3-12　偏心转子

$$(M-m)\ddot{x}+m(\ddot{x}-\omega^2 e\sin\omega t)+c\dot{x}+kx=0$$

整理后得

$$M\ddot{x}+c\dot{x}+kx=me\omega^2\sin\omega t \tag{3-66}$$

或表示为

$$\ddot{x}+2\zeta p\dot{x}+p^2x=\frac{m}{M}e\omega^2\sin\omega t \tag{3-67}$$

式(3-67)与式(3-52)在形式上相同。式中 $\zeta=\frac{c}{2M}$，$p^2=\frac{k}{M}$。

由式(3-60)得其稳态解为

$$x=B\sin(\omega t-\varphi) \tag{3-68}$$

其中

$$B=\frac{me\omega^2/M}{\sqrt{(p^2-\omega^2)^2+4\zeta^2p^2\omega^2}}=\frac{me\lambda/M}{\sqrt{(1-\lambda^2)^2+4\zeta^2\lambda^2}} \tag{3-69}$$

式中：λ 为频率比 $\lambda=\frac{\omega}{p}$。

$$\tan\varphi=\frac{2\zeta p\omega}{p^2-\omega^2}=\frac{2\zeta\lambda}{1-\lambda^2} \tag{3-70}$$

幅频特性曲线与相频特性曲线均可按前面的常幅值简谐激励力的方法讨论。幅频特性曲线与常幅值简谐力作用的不同之处在于激励力的幅值 $me\omega^2$ 与激励频率 ω^2 成正比，而不再为常量，至于相频特性，二者是相同的。系统稳态响应的惯性力系的主矢量，通过弹簧和阻尼器作用于地基。

通过弹簧作用于地基的力为

$$F_k=kx=kB\sin(\omega t-\varphi) \tag{3-71}$$

通过阻尼器作用于地基的力为

$$F_c=c\dot{x}=cB\omega\cos(\omega t-\varphi) \tag{3-72}$$

F_k 和 F_c 在方向上互相直交(图 3-12(b))。它们合成的最大值则为

$$F_T = \sqrt{F_{KM}^2 + F_{CM}^2} = \sqrt{(kB)^2 + (cB\omega)^2} = kB\sqrt{1 + \frac{c^2\omega^2}{k^2}} = kB\sqrt{1 + (2\xi\lambda)^2} \tag{3-73}$$

式中：$F_{KM} = kB$，$F_{CM} = cB\omega$。

将式(3-69)代入式(3-73)，得

$$F_T = \frac{me\lambda^2/M}{\sqrt{(1-\lambda^2)^2 + 4\zeta^2\lambda^2}} \cdot k\sqrt{1 + 4\zeta^2\lambda^2} = \frac{me\lambda^2 p^2}{\sqrt{(1-\lambda^2)^2 + 4\zeta^2\lambda^2}} \cdot \sqrt{1 + 4\zeta^2\lambda^2} \tag{3-74}$$

式(3-74)就是系统惯性力系对地基作用力的最大值。

在无弹簧和阻尼器时，系统稳态响应作用于地基上力的最大值就是离心惯性力的最大值，即

$$F = me\omega^2 \tag{3-75}$$

式(3-74)与式(3-75)之比定义为隔振系数或传递率，即

$$\eta = \frac{F_T}{F} = \frac{\sqrt{1 + 4\zeta^2\lambda^2}}{\sqrt{(1-\lambda^2)^2 + 4\zeta^2\lambda^2}} \tag{3-76}$$

隔振系数反映隔振效果的好坏。从消除振动的角度衡量，η 越小隔振效果越好。此例就是隔力，是主动隔振。

由式(3-76)可以看到，隔振系数 η 依赖于 λ 和 ζ。但是在 $\lambda = \sqrt{2}$ 时，无论阻尼比 ζ 为何值，传递率 η 总等于1。对于 $\lambda < \sqrt{2}$ 时，随 ζ 增加，在共振区由于阻尼的抑制作用，η 减小，但对于 $\lambda > \sqrt{2}$ 时，随 ζ 增加，η 也会增加。因此，对于 $\lambda < \sqrt{2}$，增加阻尼可改善振动隔离状况；而对于 $\lambda > \sqrt{2}$ 时，增加阻尼对振动隔离起相反作用。

以阻尼比 ζ 为参数的 η 与 λ 的关系曲线如图3-13所示。

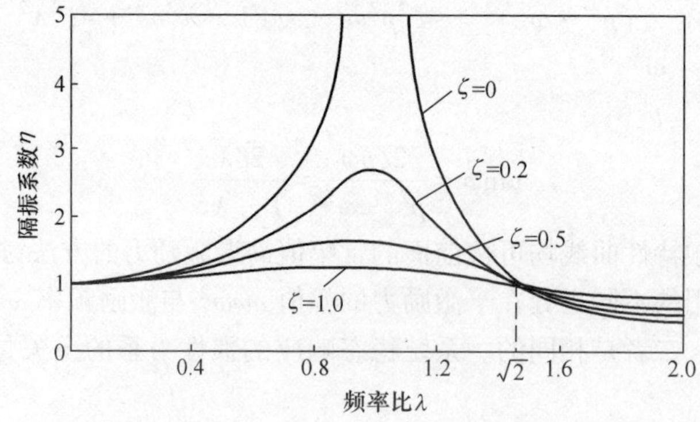

图3-13　隔振系数 η-λ 关系曲线

从图3-13中 $\eta - \lambda$ 的关系曲线中可以看出，隔振系数 η 在 $\lambda > \sqrt{2}$ 时，比 $\lambda < \sqrt{2}$ 时低。设备在 $\omega > \sqrt{2}p$ 频率段运转时隔振效果比低频段好许多，只有 $\lambda > \sqrt{2}$ 时，才有 $\eta < 1$。

在 $\lambda > \sqrt{2}$，即 $\omega > \sqrt{2}p$ 时，虽然阻尼越小隔振效果越好，但考虑到机器设备在运转起动和停运过程中都会经过共振频段区，为避免共振发生适当的阻尼还是必需的。

例 3.6 基础简谐运动引起的受迫振动,其简化模型如图 3-14 所示。物块的质量为 m,弹簧总的刚度系数为 k,黏性阻尼系数为 c,设系统只能沿直方向运动。基础的运动规律已知, $y = a\sin \omega t$ 。试讨论系统的稳态响应。

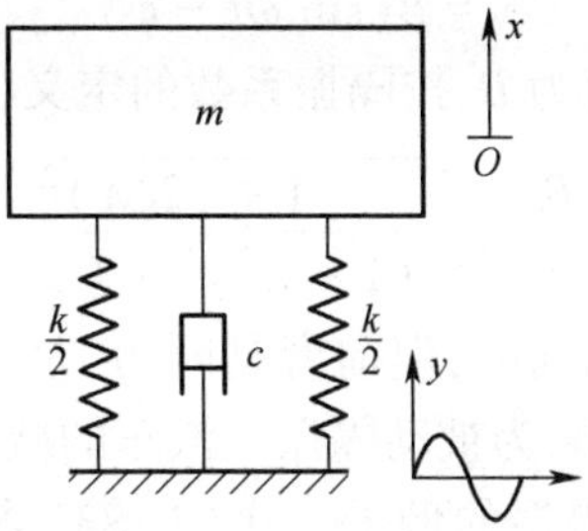

图 3-14 基础简谐运动引起的受迫振动模型

解:以 $y=0$ 时物体的静平衡位置为坐标原点 O,x 轴向上为正。弹簧的恢复力和阻尼力分别与物体相对于基础的相对位移和相对速度成正比。系统的运动微分方程为

$$m\ddot{x} + c(\dot{x} - \dot{y}) + k(x - y) = 0$$

整理后,得

$$m\ddot{x} + c\dot{x} + kx = c\dot{y} + ky = ac\omega\cos \omega t + ka\sin \omega t \tag{3-77}$$

基础的运动使振体受到两个作用力,一个由弹簧传到质量 m,一个由阻尼器传给质量 m,在相位上后者超前 $\dfrac{\pi}{2}$ 。按复指数法以 $e^{j\omega t}$ 代替 $\sin \omega t$,以 $je^{j\omega t}$ 代替 $\cos \omega t$。

设方程的稳态解为

$$x = \bar{B}e^{j\omega t} \tag{3-78}$$

将式(3-78)代入式(3-77),得

$$\bar{B} = \frac{k + jc\omega}{k - \omega^2 m + jc\omega}a = Be^{-j\varphi} \tag{3-79}$$

式中: $B = |\bar{B}|$ 为振幅; $\varphi = \arg \bar{B}$,为响应与基础激励之间的相位差。

显然,振幅为

$$B = a\sqrt{\frac{k^2 + c^2\omega^2}{(k - \omega^2 m)^2 + c^2\omega^2}} = a\sqrt{\frac{1 + (2\zeta\lambda)^2}{(1 - \lambda^2)^2 + (2\zeta\lambda)^2}} \tag{3-80}$$

由式(3-79)得

$$\begin{aligned}\frac{\bar{B}}{a} &= \frac{k + jc\omega}{(k - \omega^2 m) + jc\omega} = \frac{p^2 + j2\zeta p\omega}{(p^2 - \omega^2) + j2\zeta p\omega} \\ &= \frac{1 + j2\zeta\lambda}{(1 - \lambda^2) + j2\zeta\lambda} = \frac{(1 + j2\zeta\lambda)[(1 - \lambda^2) - j2\zeta\lambda]}{(1 - \lambda^2)^2 + (2\zeta\lambda)^2} \\ &= \frac{(1 - \lambda^2) + (2\zeta\lambda)^2}{(1 - \lambda^2)^2 + (2\zeta\lambda)^2} - j\frac{2\zeta\lambda^3}{(1 - \lambda^2)^2 + (2\zeta\lambda)^2}\end{aligned}$$

所以有

$$\tan\varphi = \frac{2\zeta\lambda^3}{(1-\lambda^2)+(2\zeta\lambda)^2} \tag{3-81}$$

式(3-77)的稳态解为

$$x = B(\sin\omega t - \varphi) \tag{3-82}$$

基础的振幅为 a,隔振后振体幅值为 B,按隔振系数的定义,有

$$\eta = \frac{B}{a} = \sqrt{\frac{1+(2\zeta\lambda)^2}{(1-\lambda^2)^2+(2\zeta\lambda)^2}} \tag{3-83}$$

与例3.5中的式(3-76)是相同的,但前者是隔力,是主动隔振,而式(3-83)则表示对基础运动的幅值隔离效果,是隔幅,为被动隔振。汽车的减振装置是以防因路面的起伏通过轮胎引起车体的振动,属于被动隔振的例子。式(3-83)表明隔振效果依赖于频率比和阻尼,主动隔振效果的结论对被动隔振也完全适用。

以阻尼比 ζ 为参数的 η 与 λ 关系曲线与主动隔振的如图3-13所示。欲达到 $\eta<1$ 的隔振效果,必须使 $\omega > \sqrt{2}p$ 才可。

3.4.2 一般周期激励力作用下的受迫振动

对于一般非简谐的周期激励作用力,可将周期作用力展成傅里叶级数即将它分解为一系列不同频率的简谐激励。首先求出系统对各阶激励的响应;然后根据线性叠加原理将每个响应分别叠加,就得到系统对该周期激励力的响应。

设线性小阻尼的运动方程为

$$m\ddot{x} + c\dot{x} + kx = F(t) \tag{3-84}$$

式中:$F(t)=F(t+T)$,T 为周期,由傅里叶级数可得

$$F(t) = \frac{a_0}{2} + \sum_{n=1}^{\infty}(a_n\cos n\omega t + b_n\sin n\omega t) \tag{3-85}$$

式中:$\omega = \frac{2\pi}{T}$ 为基频,傅里叶系数为

$$a_0 = \frac{2}{T}\int_{-\frac{T}{2}}^{\frac{T}{2}} F(t)\,\mathrm{d}t,\ a_n = \frac{2}{T}\int_{-\frac{T}{2}}^{\frac{T}{2}} F(t)\cos n\omega t\mathrm{d}t,\ b_n = \frac{2}{T}\int_{-\frac{T}{2}}^{\frac{T}{2}} F(t)\sin n\omega t\mathrm{d}t$$

式(3-85)也可以表示为

$$F(t) = \frac{a_0}{2} + \sum_{n=1}^{\infty} H_n\sin(n\omega t + \alpha_n) \tag{3-86}$$

式中:$H_n = \sqrt{a_n^2 + b_n^2}$。

在 $F(t)$ 作用下,系统运动方程式(3-84)为

$$\ddot{x} + 2\zeta p\dot{x} + p^2x = h_0 + \sum h_n\sin(n\omega t + \alpha_n) \tag{3-87}$$

其中

$$h_0 = \frac{a_0}{2m},\ h_n = \frac{H_n}{m}$$

系统的稳态响应为

$$x=\frac{h_0}{p^2}+\sum_{n=1}^{\infty}B_n\sin[(n\omega t+\alpha_n)-\varphi_n] \tag{3-88}$$

其中

$$B_n=\frac{h_n}{\sqrt{(p^2-n^2\omega^2)^2+(2\zeta pn\omega)^2}}=\frac{H_n}{k\sqrt{(1-\lambda_n^2)^2+(2\zeta\lambda_n)^2}}$$

$$\tan\varphi_n=\frac{2\zeta\lambda_n}{1-\lambda_n^2}$$

式中：$\lambda_n=\frac{n\omega}{p},p^2=\frac{k}{m},\zeta=\frac{c}{2mp}=\frac{c}{2\sqrt{mk}}$。

由振幅 B_n 的表达式可知，任何一阶谐波分量和系统固有频率相同或接近时，都会使振幅值增大，从而出现共振现象。

例 3.7 设一线性小阻尼弹簧-质量系统受周期性矩形波激励，如图 3-15 所示。试求系统的稳态响应。

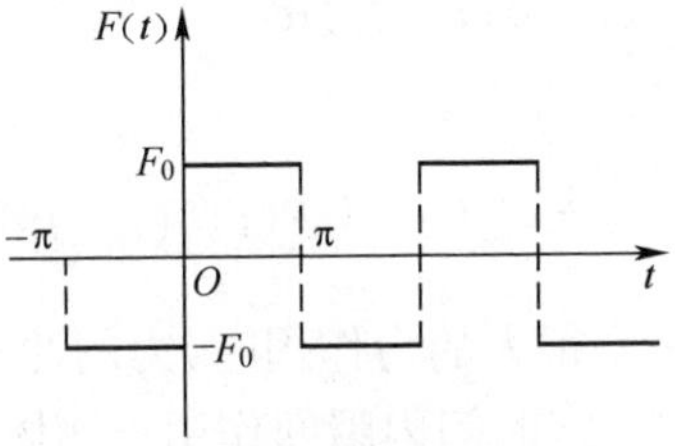

图 3-15 矩形波激励力

解：矩形波激励力 $F(t)$ 在一个周期内可表示为

$$F(t)=\begin{cases}F_0,0<t<\pi\\-F_0,-\pi<t<0\end{cases}$$

式中：周期 $T=2\pi s$，基频 $\omega={}^1\!/_s$。

因为 $F(t)$ 波形对称 t 轴，且为奇函数，所以展成傅里叶级数后傅里叶系数 $a_0=0,a_n=0,b_n$ 可表示为

$$\begin{aligned}b_n&=\frac{2}{T}\int_{-\frac{T}{2}}^{\frac{T}{2}}F(t)\sin n\omega t\mathrm{d}t=\frac{1}{\pi}\left[\int_{-\pi}^{0}-F_0\sin n\omega t\mathrm{d}t+\int_0^{\pi}F_0\sin n\omega t\mathrm{d}t\right]\\&=\frac{1}{\pi}\left[\frac{F_0}{n}(1-\cos n\pi)-\frac{F_0}{n}(\cos n\pi-1)\right]=\frac{2F_0}{n\pi}(1-\cos n\pi)\\&=\frac{4F_0}{n\pi}\quad(n=1,3,5,\cdots)\end{aligned}$$

于是 $F(t)$ 的傅里叶级数为

$$F(t)=\frac{4F_0}{\pi}\sum_{n=1,3,5,\cdots}\frac{1}{n}\sin n\omega t$$

所以系统响应为

$$x=\sum_{n=1,3,5,\cdots}B_n\sin(n\omega t-\varphi_n)$$

其中

$$B_n = \frac{4F_0}{kn\pi\sqrt{(1-\lambda_n^2)^2+(2\zeta\lambda_n)^2}}, \tan\varphi_n = \frac{2\zeta\lambda_n}{1-\lambda_n^2}, \lambda_n = \frac{n\omega}{p}$$

3.4.3 任意激励作用下系统的响应

在周期力激励下系统有与激励同频率的稳态响应。而在非周期的任意激励作用下,系统不会产生稳态响应,只有瞬态响应,在激励停止作用后,系统将按固有特性做自由振动。

1. 单位脉冲函数 $\delta(t)$ 的性质

单位脉冲函数 $\delta(t)$ 可表示为

$$\delta(t) = \begin{cases} 0 & (t \neq 0) \\ \infty & (t = 0) \end{cases}$$

$$\delta(t-t_1) = \begin{cases} 0 & (t \neq t_1) \\ \infty & (t = t_1) \end{cases}$$

$$\begin{cases} \int_{-\infty}^{\infty} \delta(t)\,\mathrm{d}t = 1, \int_{-\infty}^{\infty} \delta(t-t_1)\,\mathrm{d}t = 1 \\ \int_{-\infty}^{\infty} F(t)\delta(t)\,\mathrm{d}t = F(0), \int_{-\infty}^{\infty} F(t)\delta(t-t_1)\,\mathrm{d}t = F(t_1) \end{cases}$$

当物体在极短时间内受到一个很大的力作用时,力的冲量是有限值,这就相当于冲击函数的激励。设力的大小为 F,只在 Δt 时间内瞬间作用于物体,冲量可表示为

$$\hat{F} = \int_0^{\Delta t} F(t)\,\mathrm{d}t = \int_0^{\Delta t} F\mathrm{d}t = \lim_{\Delta t \to 0} F\Delta t = F\mathrm{d}t$$

当 $\Delta t \to 0$, $F\mathrm{d}t$ 为有限值。对冲击力 $F \to \infty$,这种特性可借助 $\delta(t)$ 函数表示为 $F = \hat{F}\delta(t)$ 或 $F = \hat{F}\delta(t-t_1)$,分别表示 $t = 0, t = t_1$ 时刻作用的冲击力,如图 3-16 所示。这时 $\delta(t)$ 的单位为 s^{-1}。

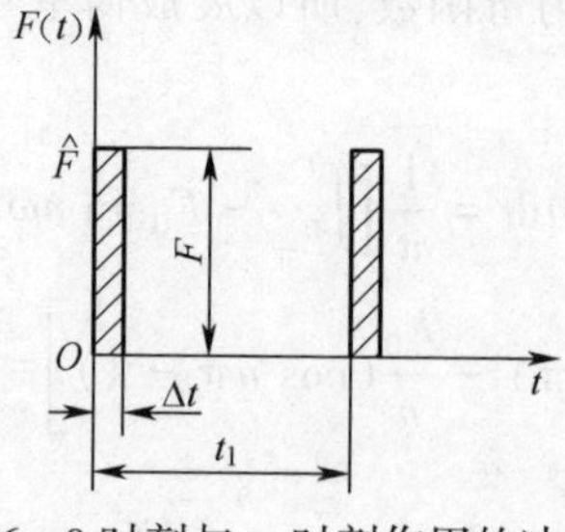

图 3-16 0 时刻与 t_1 时刻作用的冲量函数

2. 系统对冲量的响应

从上面的分析可知,对一个仅在极短时间内急剧变化的作用力,只能用它在作用时间内的冲量来描述。如图 3-1 所示的弹簧-质量系统,处于静平衡状态,物块受到瞬时冲击,其冲量大小为 $\hat{F}$。在极短时间内物体位移无变化,但其速度却有明显变化。受冲量 $\hat{F}$ 作用

后，物块获得的速度增量为 $v = \frac{\hat{F}}{m}$，速度方向与冲量方向相同。

在 $t=0$ 冲量作用瞬时，$x_0 = 0, \dot{x}_0 = \frac{\hat{F}}{m}$，由式(3-7)，可得单自由度无阻尼系统对冲量的响应为

$$x = \frac{\hat{F}}{mp}\sin pt \quad (t > 0) \tag{3-89}$$

如果冲量 $\hat{F}$ 作用在 τ 时刻，则系统的响应为

$$x = \frac{\hat{F}}{mp}\sin p(t - \tau) \quad (t > \tau) \tag{3-90}$$

同样，在 $t=0$ 时刻与 $t = \tau$ 时刻分别作用在线性小阻尼单自由度系统时，则由式(3-33)，可得响应分别为

$$x = \frac{\hat{F}}{mq}e^{-\zeta pt}\sin qt \quad (t > 0) \tag{3-91}$$

和

$$x = \frac{\hat{F}}{mq}e^{-\zeta p(t-\tau)}\sin q(t - \tau) \quad (t > \tau) \tag{3-92}$$

由此可见，受瞬时冲量作用时系统的响应就是对冲量作用结束时所获得速度增量的响应，即对初始速度的响应。式(3-89)~式(3-92)均是系统原处于静止即零初始条件下，受瞬时冲量作用的情形。

当冲量 $\hat{F} = 1$ 时，就是系统对单位脉冲 $\delta(t)$ 的响应，则式(3-89)~式(3-92)可分别表示为

$$\begin{cases} h(t) = \dfrac{1}{mp}\sin pt \quad (t > 0) \\ h(t - \tau) = \dfrac{1}{mp}\sin p(t - \tau) \quad (t > \tau) \\ h(t) = \dfrac{1}{mq}e^{-\zeta pt}\sin qt \quad (t > 0) \\ h(t - \tau) = \dfrac{1}{mq}e^{-\zeta pt}\sin q(t - \tau) \quad (t > \tau) \end{cases} \tag{3-93}$$

式中：$h(t)$，$h(t - \tau)$ 称为单位脉冲响应函数。

3. 系统对任意激励力的响应

设作用于系统上的力 $F(t)$ 为时间的任意函数(图 3-17)，可将激励力 $F(t)$ 作用视为一系列元冲量作用的叠加。对于 $t = \tau$ 时刻，力的元冲量为 $\hat{F} = F(\tau)\mathrm{d}\tau$，在无阻尼条件下系统的响应即位移增量为

$$dx=\frac{\hat{F}}{mp}\sin p(t-\tau)=\frac{1}{mp}F(\tau)\,d\tau\sin p(t-\tau)$$

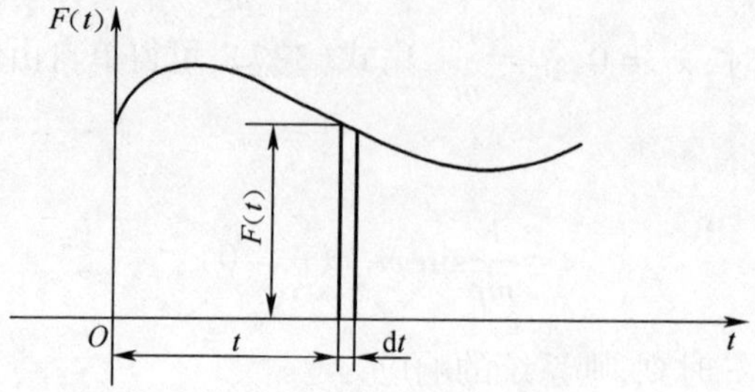

图 3-17　任意激励力

系统在 $0\leqslant\tau\leqslant t$ 时间区间内，振体的总位移为

$$x=\frac{1}{mp}\int_0^t F(\tau)\sin p(t-\tau)\,d\tau \tag{3-94}$$

对线性小阻尼系统，系统响应则为

$$x=\frac{1}{mq}\int_0^t e^{-\zeta p(t-\tau)}F(\tau)\sin q(t-\tau)\,d\tau=\frac{1}{mq}e^{-\zeta pt}\int_0^t e^{\zeta p\tau}F(\tau)\sin q(t-\tau)\,d\tau \tag{3-95}$$

如果考虑单位脉冲的响应函数式(3-93)，则式(3-94)和式(3-95)可统一写成

$$x=\int_0^t F(\tau)h(t-\tau)\,d\tau \tag{3-96}$$

线性系统对任意激励力的响应等于脉冲响应与激励的卷积。对于单自由度无阻尼或线性小阻尼系统对任意激励力的响应均可分别由式(3-94)、式(3-95)或式(3-96)计算。它们的积分形式称为卷积或杜哈梅积分。

例 3.8　如图 3-18 所示，无阻尼弹簧-质量系统，在静平衡位置处于静止，突然受到阶跃力 F_0 作用。试确定系统的响应。

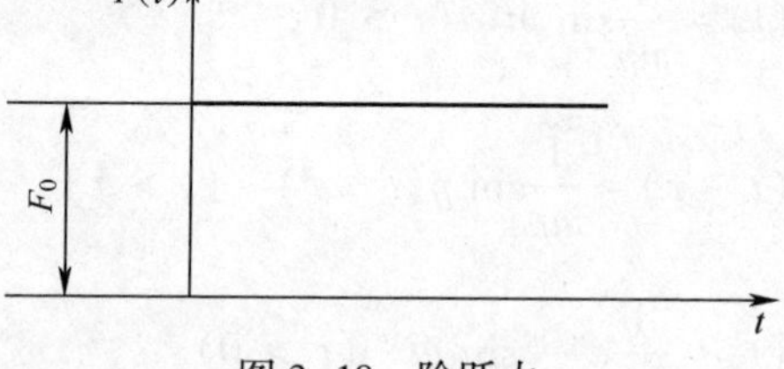

图 3-18　阶跃力

解：激励力为阶跃函数，可表示为

$$F(t)=\begin{cases}0 & (t<0)\\ F_0 & (t\geqslant 0)\end{cases}$$

由式(3-94)可得该系统响应为

$$x=\frac{1}{mp}\int_0^t F_0\sin p(t-\tau)\,d\tau=\frac{F_0}{mp^2}(1-\cos pt)=\frac{F_0}{k}(1-\cos pt)\quad(t>0) \tag{3-97a}$$

式中：$k=mp^2$。

如果阶跃力从 $t=t_1$ 开始作用，响应为

$$\begin{cases} x=\dfrac{F_0}{k}[1-\cos p(t-t_1)] & (t \geqslant t_1) \\ x=0 & (t<t_1) \end{cases} \tag{3-97b}$$

从例3.8可看到，在突加常力作用下物块仍做简谐运动，最大位移为弹簧静变形 $x_s\left(x_s=\dfrac{F_0}{k}\right)$ 的2倍。

例3.9 试求图3-19所示的无阻尼弹簧-质量系统在矩形脉冲力作用下的响应。

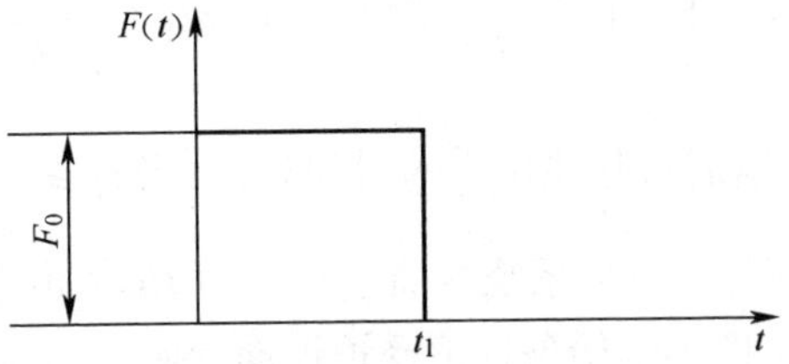

图3-19 矩形脉冲力

解：激励力 $F(t)$ 可以表示为

$$F(t)=\begin{cases} F_0 & (0 \leqslant t \leqslant t_1) \\ 0 & (t>t_1) \end{cases}$$

在 $0 \leqslant t \leqslant t_1$ 时间域内，系统的响应与阶跃 F_0 作用相同，即

$$x=\frac{F_0}{k}(1-\cos pt) \tag{3-98a}$$

当 $t>t_1$ 时，$F(t)=0$，则

$$\begin{aligned} x &= \frac{1}{mp}\left[\int_0^{t_1} F(\tau)\sin p(t-\tau)\,\mathrm{d}\tau + \int_{t_1}^{t} F(\tau)\sin p(t-\tau)\,\mathrm{d}\tau\right] \\ &= \frac{F_0}{k}[\cos p(t-t_1)-\cos pt] \end{aligned} \tag{3-98b}$$

由式(3-98a)、式(3-98b)得系统的响应为

$$x=\begin{cases} \dfrac{F_0}{k}(1-\cos pt) & (0 \leqslant t \leqslant t_1) \\ \dfrac{F_0}{k}[\cos p(t-t_1)-\cos pt] & (t>t_1) \end{cases}$$

在 $t>t_1$ 时的响应也可直接利用线性叠加原理，矩形脉冲等于 $t=0$ 时刻作用一阶跃力 F_0 和 $t=t_1$ 时刻作用一个负阶跃力 $-F_0$ 叠加得到。响应则是两个阶跃力响应的叠加，便得 $t>t_1$ 时响应为 $\dfrac{F_0}{k}[\cos p(t-t_1)-\cos pt]$。

在 $t>t_1$ 时系统不受激励力作用，以 $t=t_1$ 时的位移 $x(t_1)$ 和速度 $\dot{x}(t_1)$ 为初始条件做自由振动，则

$$\begin{cases} x_1 = x(t_1) = \dfrac{F_0}{k}(1 - \cos pt_1) \\ \dot{x}_1 = \dot{x}(t_1) = \dfrac{F_0}{k} p\sin pt_1 \end{cases} \tag{3-99}$$

将式(3-99)代入式(3-6)中,有

$$x = x_1 \cos p(t - t_1) + \frac{\dot{x}_1}{p}\sin p(t - t_1) = \frac{F_0}{k}[\cos p(t - t_1) - \cos pt] \quad (t > t_1)$$

系统做自由振动的幅值则为

$$A = \sqrt{x_1^2 + \left(\frac{\dot{x}_1}{p}\right)^2} = \frac{F_0}{k}\sqrt{2(1 - \cos pt_1)} = \frac{2F_0}{k}\sin\frac{pt_1}{2}$$

由此可见,自由振动的幅值与脉冲作用的时间有关,当 $t_1 \geqslant \frac{\pi}{p} = \frac{T}{2}$ 时,$A = \frac{2F_0}{k}$。

例 3.10 试求无阻尼弹簧-质量系统在简谐激励力 $H\sin \omega t$ 作用下的响应。

解:设系统原处于静止,即零初始条件下受迫振动,则

$$\begin{aligned} x &= \frac{H}{mp}\int_0^t \sin(\omega\tau)\sin p(t - \tau)\mathrm{d}\tau \\ &= \frac{H}{2mp}\left\{\int_0^t \cos[(\omega + p)\tau - pt]\mathrm{d}\tau - \cos[(\omega - p)\tau + pt]\mathrm{d}\tau\right\} \\ &= \frac{H}{2mp}\left[\frac{1}{\omega + p}(\sin \omega t + \sin pt) - \frac{1}{\omega - p}(\sin \omega\tau - \sin pt)\right] \\ &= \frac{H}{mp}\frac{1}{p^2 - \omega^2}(p\sin \omega t - \omega\sin pt) \\ &= \frac{H}{k}\frac{1}{1 - \lambda^2}(\sin \omega t - \lambda\sin pt) \end{aligned} \tag{3-100}$$

式中:$k = mp^2, \lambda = \frac{\omega}{p}$。

式(3-100)第一项是稳态响应,第二项为与受迫振动伴随的自由振动,其频率为系统的固有频率,对于存在阻尼的实际情况,它将衰减消失,属瞬态响应。

在 $\omega = p$ 时,$\lambda = 1$ 这就是共振情况。响应的表达式为 $\frac{0}{0}$ 型,可利用洛必达法则计算共振时的响应,令 $\sin \omega t = \sin\lambda pt$ 。将式(3-100)的分子和分母对 λ 取导数后,以 $\lambda = 1$ 代入式(3-100)得

$$x = \frac{H}{2k}(\sin pt - pt\cos pt) = \frac{H}{2k}\sqrt{1 + (pt)^2}\sin(pt - \varphi) \tag{3-101}$$

式中:$\tan\varphi = pt$。

从响应的表达式可见在无阻尼的情况下振动的幅值随时间无限增大。共振时 $\varphi = \frac{\pi}{2}$ 响应可表示为

$$x = \frac{H}{2k} pt\sin\left(pt - \frac{\pi}{2}\right) = -\frac{H}{2k} pt\cos pt \tag{3-102}$$

共振时振体位置在相位上比激励力滞后 $\frac{\pi}{2}$，而幅值则与时间成正比地增大。如令 $B_0 = \frac{H}{k}$，即前面幅频特性中所定义的静偏移，则式(3-102)可表示为

$$x(t) = -\frac{1}{2} B_0 pt\cos pt$$

按 $\frac{x(t)}{B_0}$ 随时间变化的共振响应历程如图 3-20(a)所示。每经过时间间隔为 $2\pi/p$ 时，$\frac{x}{B_0}$ 增加 π 值。

例 3.10 为单自由度系统，如存在小阻尼，运动微分方程为

$$m\ddot{x} + c\dot{x} + kx = H\sin \omega t$$

在前面已就其稳态解即式(3-51)的特解作了讨论。对于式(3-51)在零初始条件下的解由杜哈梅积分式(3-96)，得

$$x = \int_0^t F(\tau) h(t - \tau)\mathrm{d}\tau = H\int_0^t h(t - \tau)\sin \omega\tau\mathrm{d}\tau \tag{3-103}$$

其中

$$h(t - \tau) = \frac{1}{mq}\mathrm{e}^{-\zeta p(t-\tau)}\sin q(t - \tau),\ p = \sqrt{\frac{k}{m}},\ \zeta = \frac{c}{2mp},\ q = \sqrt{1 - \zeta^2}\,p。$$

式(3-103)的积分较烦琐，我们仍按 3.4 节中的经典方法来求式(3-51)的解。

式(3-51)的解可表示为

$$x(t) = x_1(t) + x_2(t) \tag{3-104}$$

式中：$x_1(t)$ 为齐次方程式(3-51)的通解；$x_2(t)$ 为非齐次方程特解，可分别表示为

$$x_1(t) = \mathrm{e}^{-\zeta pt}(a\cos qt + b\sin qt) \quad (a、b \text{ 为待定常数}) \tag{3-105}$$

$$x_2(t) = B\sin(\omega t - \varphi) \tag{3-106}$$

该特解已在前面求出

$$B = \frac{H/m}{\sqrt{(p^2 - \omega^2)^2 + 4\zeta^2 p^2 \omega^2}} = \frac{H/k}{\sqrt{(1 - \lambda^2)^2 + 4\zeta^2 \lambda^2}} \tag{3-107}$$

$$\tan\varphi = \frac{2\zeta p\omega}{p^2 - \omega^2} = \frac{2\zeta\lambda}{1 - \lambda^2} \tag{3-108}$$

将式(3-105)和式(3-106)代入式(3-104)，得式(3-51)的解为

$$x(t) = \mathrm{e}^{-\zeta pt}(a\cos qt + b\sin qt) + B\sin(\omega t - \varphi) \tag{3-109}$$

在零初始条件下，$x(0) = 0, \dot{x}(0) = 0$，代入式(3-109)，得

$$a = B\sin\varphi$$

$$b = \frac{\zeta p\sin\varphi - \omega\cos\varphi}{q} B$$

将其代入式(3-109)中，得

$$x(t)=Be^{-\zeta pt}\left[\sin\varphi\cos qt+\frac{p}{q}\left(\zeta\sin\varphi-\frac{\omega}{p}\cos\varphi\right)\sin qt\right]+B\sin(\omega t-\varphi) \quad (3\text{-}110)$$

如果积分式(3-103),会得同样结果。由式(3-110)可见,即使在零初始条件下,仍含有自由振动,是瞬态响应,随时间增长,它们会消失,只剩下稳态响应,就是前面 3.4 节中的结果。在共振时的响应,可由式(3-110)来讨论,对于小阻尼,虽然稳态响应的幅值最大值出现在频率比 $\lambda=\sqrt{1-\zeta^2}$ 处,这个值略小于1,仍取 $\lambda=1$ 作为共振条件,对运动性态不会有什么大的影响,也便于同无阻尼情况作比较。当 $\lambda=1$, 即 $\omega=p$ 时, $B=\frac{1}{2\zeta}\frac{H}{k}$,$\varphi=\frac{\pi}{2}$,式(3-110)可改写

$$\begin{aligned}x(t)&=\frac{1}{2\zeta}\frac{H}{k}\left[e^{-\zeta pt}\left(\cos qt+\frac{p\zeta}{q}\sin qt\right)-\cos pt\right]\\&=\frac{B_0}{2\zeta}\left[e^{-\zeta pt}\left(\cos qt+\frac{\zeta}{\sqrt{1-\zeta^2}}\sin qt\right)-\cos pt\right]\end{aligned} \quad (3\text{-}111)$$

式中:$B_0=\frac{H}{k}$,对于小阻尼,$\sqrt{1-\zeta^2}\approx 1$, $p=q$,式(3-111)可写成

$$x(t)=\frac{B_0}{2\zeta}\left[(e^{-\zeta pt}-1)\cos pt+e^{-\zeta pt}\zeta\sin pt\right] \quad (3\text{-}112)$$

式中的正弦项影响不大,也可不计。式(3-112)可近似写成

$$x(t)=\frac{B_0}{2\zeta}(e^{-\zeta pt}-1)\cos pt$$

这就是小阻尼情况下系统的共振响应。

$\frac{x}{B_0}$ 随时间的变化曲线如图 3-20(b)所示。

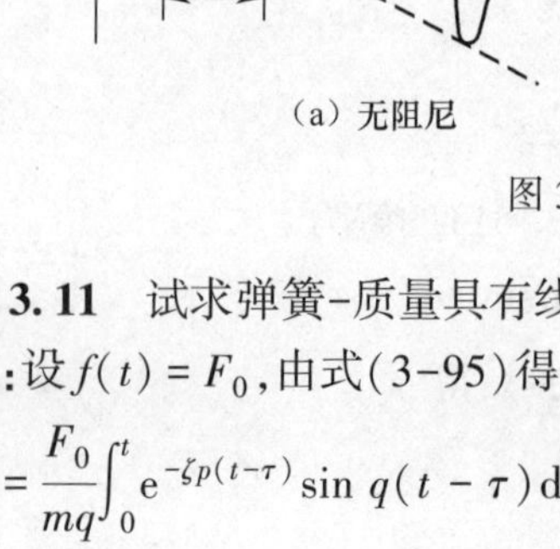

(a) 无阻尼

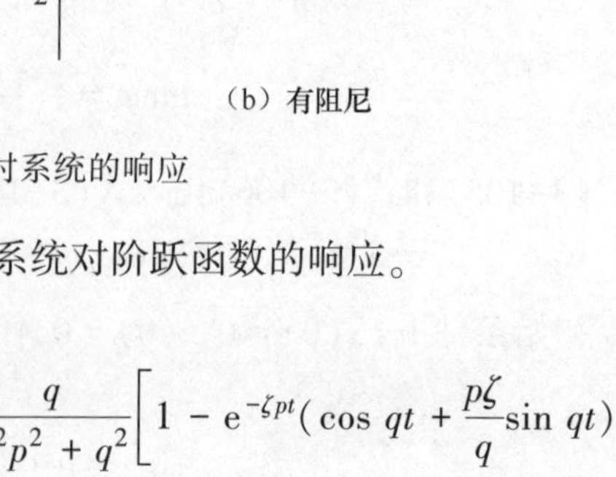

(b) 有阻尼

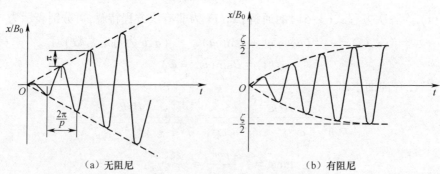

图 3-20 共振时系统的响应

例 3.11 试求弹簧-质量具有线性小阻尼系统对阶跃函数的响应。

解:设 $f(t)=F_0$,由式(3-95)得

$$\begin{aligned}x&=\frac{F_0}{mq}\int_0^t e^{-\zeta p(t-\tau)}\sin q(t-\tau)\,d\tau=\frac{F_0}{mq}\cdot\frac{q}{\zeta^2p^2+q^2}\left[1-e^{-\zeta pt}\left(\cos qt+\frac{p\zeta}{q}\sin qt\right)\right]\\&=\frac{F_0}{m(\zeta^2p^2+q^2)}\left[1-e^{-\zeta pt}\left(\cos qt+\frac{p\zeta}{q}\sin qt\right)\right]=\frac{F_0}{mp^2}\left[1-e^{-\zeta pt}\left(\cos qt+\frac{p\zeta}{q}\sin qt\right)\right]\end{aligned}$$

$$= \frac{F_0}{k}\left[1 - e^{-\zeta pt}\left(\cos qt + \frac{p\zeta}{q}\sin qt\right)\right] \tag{3-113}$$

式中：$k = mp^2, p^2 = p^2\zeta^2 + q^2$。

式(3-113)也可以写成

$$x = \frac{F_0}{k}\left[1 - \frac{e^{\zeta pt}}{\sqrt{1-\zeta^2}}\sin(qt + \varphi)\right] \tag{3-114}$$

式中：$\tan\varphi = \frac{q}{\zeta p} = \frac{\sqrt{1-\zeta^2}}{\zeta}$。

4. 响应谱

系统对激励的响应因激励的性质以及系统本身的特征而有所不同。在给定的激励下系统最大的响应与系统或激励的某一参数间的关系图线称为响应谱，响应的最大值可以是最大位移，最大加速度或出现这种最大值的时刻等；参数可选系统的固有频率、激励的幅值、激励停止作用的时刻等。响应谱中的响应量和参量都化为量纲为 1 的参量表示。图 3-5 的幅频特性和图 3-6 的相频特性就分别是一种响应谱。

例 3.12 试做出例 3.8 无阻尼系统对矩形脉冲激励力的响应谱。

解：由例 3.8 式(3-97a)和式(3-97b)知系统对矩形脉冲激励力作用的响应为

$$x = \frac{F_0}{k}(1 - \cos pt) \quad (0 \leqslant t \leqslant t_1) \tag{3-115}$$

$$x = \frac{F_0}{k}[\cos p(t - t_1) - \cos pt] \quad (t \geqslant t_1) \tag{3-116}$$

对于 $t \leqslant t_1$ 的情形，对式(3-115)求极值：

$$\dot{x} = \frac{F_0}{k}p\sin pt \tag{3-117}$$

令 $\dot{x} = 0$ 得 $pt_m = \pi, t_m = \frac{\pi}{p} = \frac{T}{2}$，响应的最大值 $x_m = \frac{2F_0}{k} = 2x_{st}$，其中 $x_{st} = \frac{F_0}{k}$，为弹簧在静力 F_0 作用下的静变形。

由此可见，当 $t_1 \geqslant \frac{T}{2}$ 时，振体恒有最大位移 $x_m = 2x_{st}$。在 $0 < t_1 < \frac{T}{2}$ 时，由式(3-117)知 $\dot{x} > 0$，在此阶段式(3-115)为单调增加，且其值小于 $2x_{st}$。因此 x_m 不会出现在 $t < t_1$ 的阶段，而只能出现在 $t > t_1$，这就是激励在 $0 \leqslant pt_1 \leqslant \frac{T}{2}$ 作用停止后的自由振动阶段。必须从式(3-116)求响应的最大值 x_m，由式(3-116)，得

$$\dot{x} = \frac{F_0}{k}p[\sin pt - \sin p(t - t_1)]$$

令 $\dot{x} = 0$，得 t_m 的表达式为

$$\sin pt_m = \sin p(t_m - t_1)$$

即 $\sin(\pi - pt_m) = \sin p(t_m - t_1)$

$$pt_m = \frac{\pi}{2} + \frac{pt_1}{2} \tag{3-118}$$

将式(3-118)代入式(3-116)得响应的最大位移为

$$x_m = \frac{2F_0}{k}\sin\frac{pt_1}{2} = \frac{2F_0}{k}\sin\frac{t_1\pi}{T} \tag{3-119}$$

这样,系统对矩形脉冲激励的响应谱为

$$\begin{cases} \dfrac{x_m}{x_{st}} = 2\sin\dfrac{t_1\pi}{T} & \left(0 \leqslant \dfrac{t_1}{T} \leqslant \dfrac{1}{2}\right) \\ \dfrac{x_m}{x_{st}} = 2 & \left(\dfrac{t_1}{T} \geqslant \dfrac{1}{2}\right) \end{cases} \tag{3-120}$$

该例的响应谱曲线如图 3-21 所示。

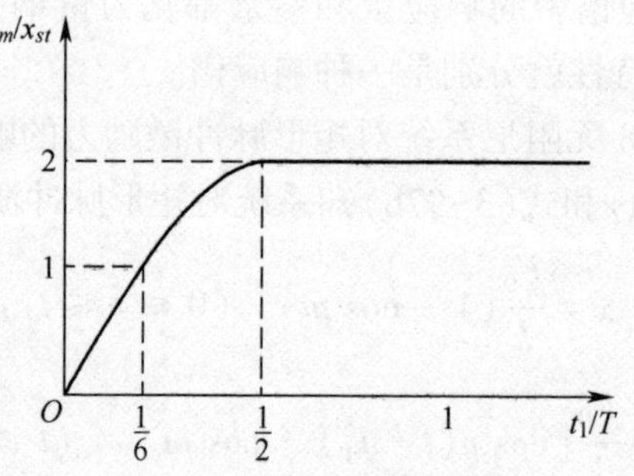

图 3-21　响应谱

5. 脉冲响应函数与频率响应函数的关系

脉冲响应函数 $h(t)$ 是系统对单位脉冲 $\delta(t)$ 的响应,是系统动特性在时域的表现形式。系统的动特性也同样可以在频域中描述。

设有阻尼的弹簧-质量系统,受简谐激励力作用时,运动方程可表示为

$$m\ddot{x} + c\dot{x} + kx = F\mathrm{e}^{\mathrm{j}\omega t} \tag{3-121}$$

设系统的稳态响应为

$$x = X\mathrm{e}^{\mathrm{j}\omega t}$$

式中:X 为复幅值,代入式(3-121),得

$$(k - m\omega^2 + \mathrm{j}c\omega)X = F$$

得到稳态响应的复幅值为

$$X = \frac{F}{k - m\omega^2 + \mathrm{j}c\omega} \tag{3-122}$$

显然 X 是 ω 的函数。

令

$$H(\omega) = \frac{X}{F} = \frac{1}{k - m\omega^2 + \mathrm{j}c\omega}$$

在更一般的情况下,F 也是 ω 的函数。上式可写成:

$$H(\omega)=\frac{X(\omega)}{F(\omega)}=\frac{1}{k-m\omega^2+\mathrm{j}c\omega} \tag{3-123}$$

上式称为复频率响应函数,或称为频响函数。由系统的固有参数所确定,是系统的动特性在频域中的体现。

由式(3-123)可得

$$X(\omega)=H(\omega)F(\omega) \tag{3-124}$$

如把 $X(\omega)$ 视为响应 $x(t)$ 的傅里叶变换, $F(\omega)$ 为激励 $F(t)$ 的傅里叶变换,则 $x(t)$ 与 $H(\omega)F(\omega)$ 组成傅里叶变换对,那么系统的稳态响应就是式(3-124)的逆变换,即

$$x(t)=\frac{1}{2\pi}\int_{-\infty}^{\infty}H(\omega)F(\omega)\mathrm{e}^{\mathrm{j}\omega t}\mathrm{d}\omega \tag{3-125}$$

如果激励为单位脉冲函数 $F(t)=1\cdot\delta(t)$,因 $\delta(t)$ 的傅里叶变换 $F[\delta(t)]=1$,则

$$X(\omega)=H(\omega) \tag{3-126}$$

此时系统对单位脉冲的响应为 $h(t)$,由式(3-125),得

$$x(t)=h(t)=\frac{1}{2\pi}\int_{-\infty}^{\infty}X(\omega)\mathrm{e}^{\mathrm{j}\omega t}\mathrm{d}\omega$$

$$h(t)=\frac{1}{2\pi}\int_{-\infty}^{\infty}H(\omega)\mathrm{e}^{\mathrm{j}\omega t}\mathrm{d}\omega \tag{3-127}$$

而频响函数 $H(\omega)$ 显然就是脉冲响应函数 $h(t)$ 的傅里叶变换,即

$$H(\omega)=\int_{-\infty}^{\infty}h(t)\mathrm{e}^{-\mathrm{j}\omega t}\mathrm{d}t \tag{3-128}$$

式(3-127)和式(3-128)表明 $h(t)$ 与 $H(\omega)$ 组成傅里叶变换对。它们都决定于系统的固有参数,前者是系统特性在时域中的表现,而后者则是系统特性在频域中的表现。

习　题

3-1　如题 3-1 图所示系统,滑轮是质量为 m_1,半径为 R 的均质圆盘,物块的质量为 m_2,由不计质量的绳跨过滑轮,绳的一端与刚度为 k 的弹簧连接,设绳与滑轮间无相对滑动。试求系统的固有频率。

3-2　质量为 m 的物块 A,自高度为 h 的光滑斜面上滑下并与弹性系数为 k 的弹簧相接,设碰撞后与弹簧一起运动,斜面倾角为 α,试求物块振动周期和振幅。

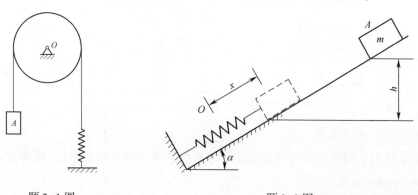

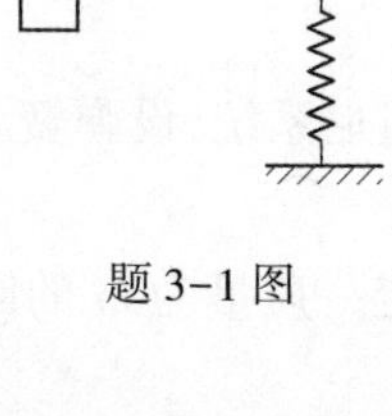

题 3-1 图

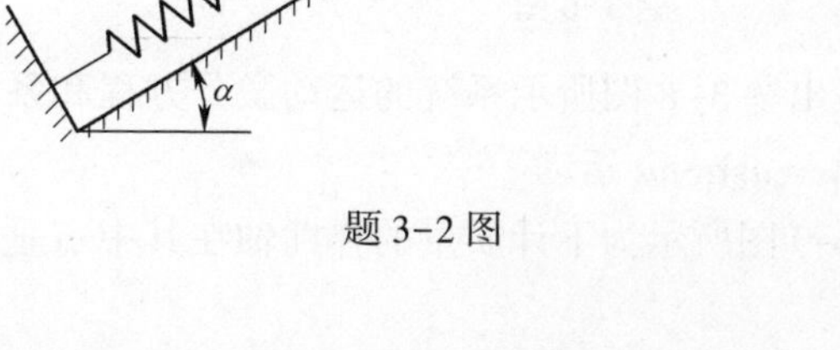

题 3-2 图

3-3 试求题 3-3 图所示的系统的固有频率:(a)刚度分别为 k_1, k_2 的两根接起来的弹簧与质量为 m 的质量块组成的弹簧-质量系统;(b)转动惯量为 J 的圆盘由三段抗扭转刚度分别为 k_1, k_2, k_3,组成的扭转振动系统。

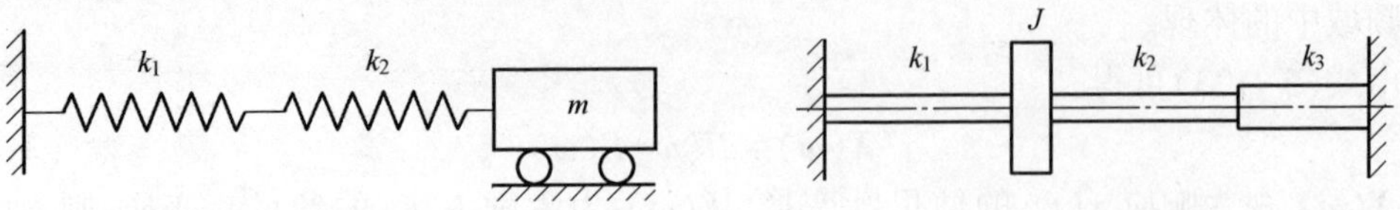

(a) (b)

题 3-3 图

3-4 设物块 A 质量为 m,弹簧刚度系数为 k,阻尼系数为 c,杆的质量不计(题 3-4 图),试求临界阻尼系数 c 及衰减振动的固有频率。

3-5 由两根弹簧和质量块组成的弹簧-质量系统中,设两弹簧的刚度系数分别为 k_1、k_2,物块 A,质量为 m,在两弹簧的连接处,作用简谐激励 $F(t) = F_0 \sin \omega t$,试求质量块稳态响应的幅值。

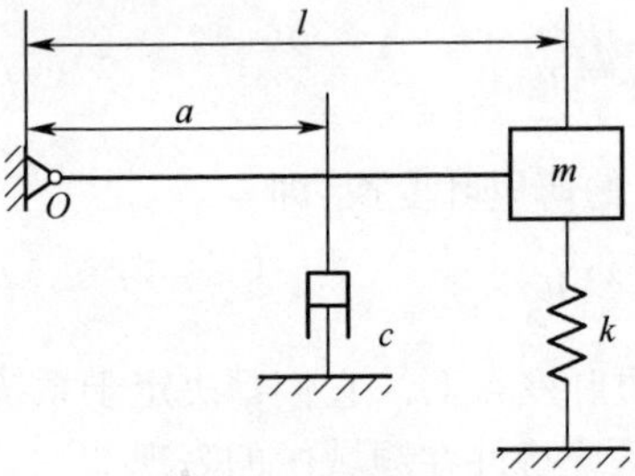

题 3-4 图

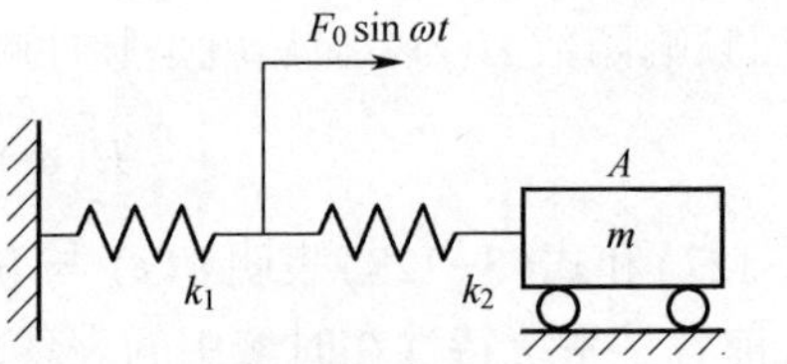

题 3-5 图

3-6 弹簧-质量系统(题 3-6 图)的弹簧刚度系数分别 k_1, k_2,质量为 m,若弹簧 k_1 的一端 A 按 $x_s = a\sin \omega t$ 规律沿直线运动,试求质量 m 的稳态响应。

3-7 题 3-7 图所示系统质量块下面固连弹簧的端部受一凸轮机构的激励而产生位移为 $x_1(t)$ 的锯齿形波,试求系统的稳态响应(其中 $T = 1\text{s}$)。

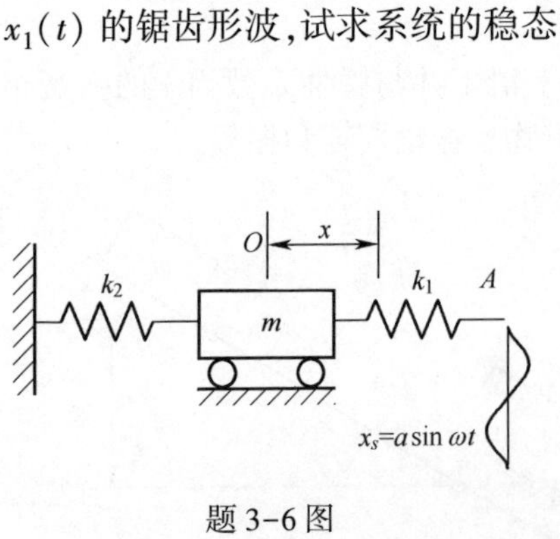

题 3-6 图

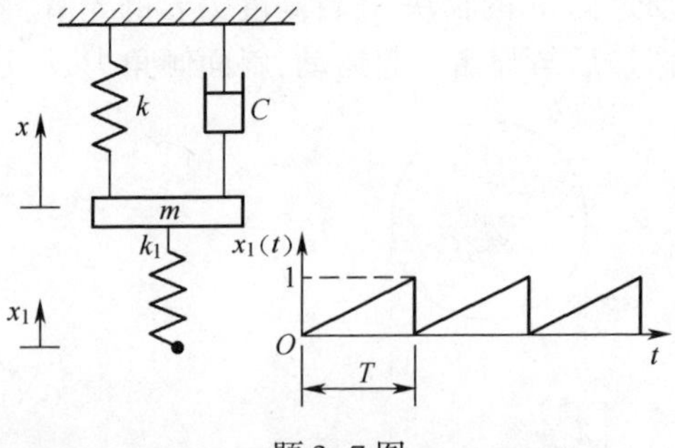

题 3-7 图

3-8 试写出题 3-8 图所示系统的运动微分方程和系统的临界阻尼系统,设弹簧 k_1 的末端按 $x_1 = a\sin \omega t$ 运动。

3-9 题 3-9 图所示为不计质量的弹性轴在其中点垂直盘面固定一质量为 m 的圆盘,轴中

点弹性系数为 k_1，轴以常角速度 ω 转动，设阻尼力与圆盘中心速度成正比，黏性阻尼系数为 c，设圆盘的中心为 O_1，偏心距为 e，由于轴的弯曲变形使圆盘中心 O_1 偏离轴承连线与盘面交点 O（如题 3-9 图所示），取 $Oxyz$ 为固定坐标系，圆盘中心 O_1 点的坐标变量为 $O_1(x,y)$，质心 C 的坐标为 $C_x=x+e\cos\omega t, C_y=y+e\sin\omega t$，试写出该系统的运动微分方程和转轴中点挠度 $O\,O_1$ 的表达式。

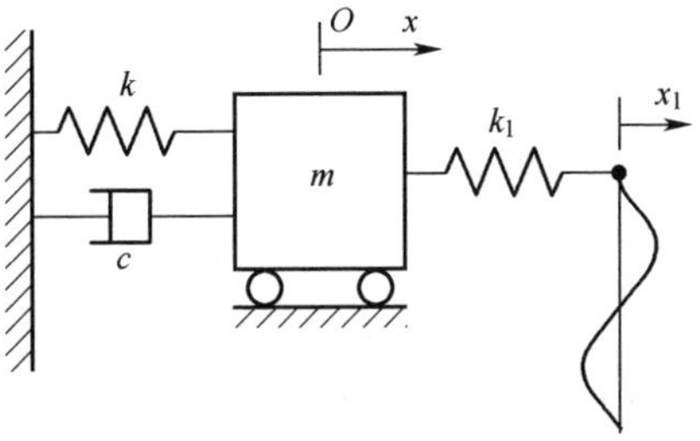

题 3-8 图

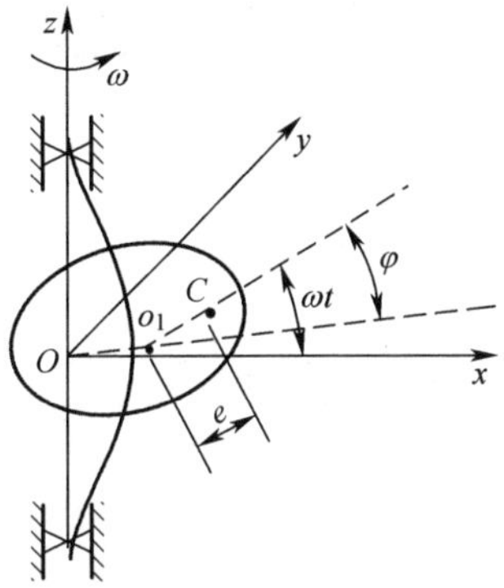

题 3-9 图

3-10 试求题 3-10 图所示的弹簧刚度为 k，质量为 m 的弹簧-质量系统在零初始条件下对下列激励力的响应。

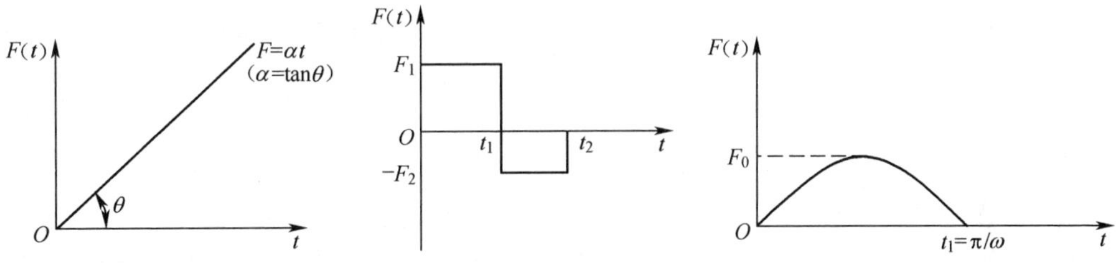

（a）斜波激励力　（b）矩形脉冲　（c）半正弦波$F=F_0\sin\omega t\left(\omega=\frac{\pi}{t_1}\neq p\right)$

题 3-10 图

3-11 试求题 3-11 图所示的质量为 m 弹簧刚度系数为 k 的无阻尼弹簧-质量系统，在零初始条件下对支承运动加速度的响应。

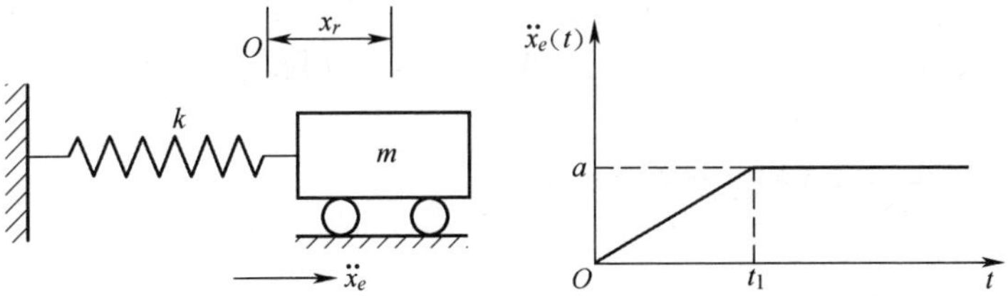

（a）　（b）

题 3-11 图

第4章 多自由度系统的振动

4.1 多自由度系统概述

在第3章中,我们讨论了单自由度系统的振动特性。用一个集中弹簧-质量系统所建立的振动微分方程便可描述系统的主要振动运动的特点。许多工程实际问题的主要运动形态必须简化成两个或两个以上的自由度系统,才可分析其主要的运动特性,这就是多自由度系统,或有限自由度系统,通常也把它们称为集中参数系统。这也是从实际问题中经过简化得来的。对于具有分布参数的连续弹性体有无限多自由度,根据实际情况和所研究的问题内容有时也可离散成集中参数系统。如果必须考虑弹性体内各处质量点的运动那就不能缩聚成集中质量系统。因此有限自由度系统的模型也是根据实际情况而建立的,但这个模型对描述系统的主要运动形态具有普遍意义。

一般说来,一个 n 自由度的系统可用 n 个独立参数来描述系统的位形,系统的振动运动规律通常由 n 个二阶常微分方程来确定。与单自由度系统的振动特性也有所差别,如多自由度系统有多个固有频率、主振型,受激励作用发生共振时有多个共振频率等。对于分布参数的连续弹性体的振动本章只讨论简单的弹性体的振动,描述其振动运动的微分方程是偏微分方程。

4.2 二自由度系统的振动

二自由度系统是多自由度系统的最简单情形。讨论二自由度系统的振动对了解多自由度系统的振动运动很有益。就其振动特性来说二者的基本概念、理论分析方法等并无本质上的不同,同时二自由度振动系统的理论分析本身也有实际的工程应用。

4.2.1 二自由度系统的自由振动

1. 无阻尼振动微分方程

设质量为 m_1、m_2 的两物体用不计质量的两个弹簧相连接,弹簧的刚度系数分别为 k_1、k_2,系统在光滑水平面上做直线运动,如图4-1所示。下面建立该系统的运动微分方程。

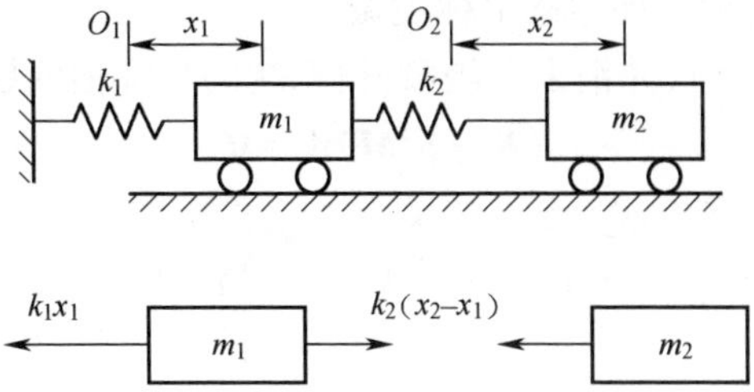

图 4-1　二自由度弹簧-质量系统

取两物体各自平衡位置 O_1、O_2 为 x_1、x_2 的坐标原点，x_1、x_2 分别表示物体离开平衡位置的位移。由牛顿定律得

$$\begin{cases} m_1\ddot{x}_1 + (k_1 + k_2)x_1 - k_2x_2 = 0 \\ m_2\ddot{x}_2 - k_2x_1 + k_2x_2 = 0 \end{cases} \tag{4-1}$$

上式就是二自由度系统无阻尼自由振动微分方程。式(4-1)写成矩阵形式为

$$\begin{bmatrix} m_1 & 0 \\ 0 & m_2 \end{bmatrix}\begin{Bmatrix} \ddot{x}_1 \\ \ddot{x}_2 \end{Bmatrix} + \begin{bmatrix} k_1 + k_2 & -k_2 \\ -k_2 & k_2 \end{bmatrix}\begin{Bmatrix} x_1 \\ x_2 \end{Bmatrix} = \begin{Bmatrix} 0 \\ 0 \end{Bmatrix} \tag{4-2}$$

二自由度系统自由振动微分方程的一般形式为

$$\begin{bmatrix} m_{11} & m_{12} \\ m_{21} & m_{22} \end{bmatrix}\begin{Bmatrix} \ddot{x}_1 \\ \ddot{x}_2 \end{Bmatrix} + \begin{bmatrix} k_{11} & k_{12} \\ k_{21} & k_{22} \end{bmatrix}\begin{Bmatrix} x_1 \\ x_2 \end{Bmatrix} = \begin{Bmatrix} 0 \\ 0 \end{Bmatrix} \tag{4-3}$$

可简记为

$$\boldsymbol{M}\ddot{x} + \boldsymbol{K}x = 0 \tag{4-4}$$

其中

$$\boldsymbol{M} = \begin{bmatrix} m_{11} & m_{12} \\ m_{21} & m_{22} \end{bmatrix},\quad \boldsymbol{K} = \begin{bmatrix} k_{11} & k_{12} \\ k_{21} & k_{22} \end{bmatrix}$$

分别称为系统的质量矩阵和刚度矩阵。

其中 m_{ij}、$k_{ij}(i,j = 1,2)$ 分别称为质量影响系数和刚度影响系数，它们的力学含义将在后面多自由度系统振动的微分方程中加以说明。这些系数都是对称的，即 $m_{ij} = m_{ji}$，$k_{ij} = k_{ji}(i,j = 1,2)$。对于刚度影响系数一般还存在 $k_{11}k_{22} > k_{21}k_{12} = k_{12}^2$，特殊情况下可有 $k_{11}k_{22} = k_{12}^2$。

2. 固有频率和主振型

不失一般性，设系统的质量矩阵为对角阵，式(4-3)成为

$$\begin{bmatrix} m_{11} & 0 \\ 0 & m_{22} \end{bmatrix}\begin{Bmatrix} \ddot{x}_1 \\ \ddot{x}_2 \end{Bmatrix} + \begin{bmatrix} k_{11} & k_{12} \\ k_{21} & k_{22} \end{bmatrix}\begin{Bmatrix} x_1 \\ x_2 \end{Bmatrix} = \begin{Bmatrix} 0 \\ 0 \end{Bmatrix} \tag{4-5}$$

式(4-5)显然有以下形式的特解：

$$\begin{Bmatrix} x_1 \\ x_2 \end{Bmatrix} = \begin{Bmatrix} A_1 \\ A_2 \end{Bmatrix}\sin(pt + \alpha) \tag{4-6}$$

按此特解，在运动过程中，两个振体位移将同时达到最大值，并同时经过平衡位置，即坐

标 x_1、x_2 做同步谐振动,这种振动型态也称主振动。

将式(4-6)代入式(4-5),并消去谐函数,得系统的特征值问题方程

$$(\boldsymbol{K}-p^2\boldsymbol{M})\boldsymbol{A}=\boldsymbol{0} \tag{4-7}$$

即

$$\begin{bmatrix} k_{11}-p^2m_{11} & k_{12} \\ k_{21} & k_{22}-p^2m_{22} \end{bmatrix}\begin{Bmatrix} A_1 \\ A_2 \end{Bmatrix}=\begin{Bmatrix} 0 \\ 0 \end{Bmatrix} \tag{4-8}$$

式中:A_1、A_2 有非零解的充分必要条件(零解是系统的静平衡情况是不需要的)是关于 A_1、A_2 的系数行列式等于 0,即

$$\Delta(p^2)=\begin{vmatrix} k_{11}-p^2m_{11} & k_{12} \\ k_{21} & k_{22}-p^2m_{22} \end{vmatrix}=0 \tag{4-9}$$

展开得

$$(k_{11}-p^2m_{11})(k_{22}-p^2m_{22})-k_{12}^2=0$$

或

$$m_{11}m_{22}p^4-(m_{11}k_{22}+m_{22}k_{11})p^2+(k_{11}k_{22}-k_{12}^2)=0 \tag{4-10}$$

这是关于 p^2 的二次方程,称为系统的特征方程或频率方程,该方程的两个根称为系统的特征值。按由小到大的顺序以 p_1^2、p_2^2 表示:

$$\begin{aligned} p_i^2 &= \frac{m_{11}k_{22}+m_{22}k_{11}}{2m_{11}m_{22}} \mp \frac{\sqrt{(m_{11}k_{22}+m_{22}k_{11})^2-4m_{11}m_{22}(k_{11}k_{22}-k_{12}^2)}}{2m_{11}m_{22}} \\ &= \frac{m_{11}k_{22}+m_{22}k_{11}}{2m_{11}m_{22}} \mp \frac{\sqrt{(m_{11}k_{22}-m_{22}k_{11})^2+4m_{11}m_{22}k_{12}^2}}{2m_{11}m_{22}} \quad (i=1,2) \end{aligned}$$

式中:根号内的部分一定为正值,并且在一般情况下,$k_{11}k_{22}-k_{12}^2>0$,则有

$$(m_{11}k_{22}-m_{22}k_{11})^2+4m_{11}m_{22}k_{11}k_{22}>(m_{11}k_{22}-m_{22}k_{11})^2+4m_{11}m_{22}k_{12}^2$$

即

$$m_{11}k_{22}+m_{22}k_{11}>\sqrt{(m_{11}k_{22}-m_{22}k_{11})^2+4m_{11}m_{22}k_{12}^2}$$

所以 p_1^2、p_2^2 均为大于零的实数。只有在 $k_{11}k_{22}-k_{12}^2=0$ 的情况下,特征值才可能为零,可见特征值为非负值的实数。特征值的平方根 p_1 和 p_2 就是系统的两个固有频率,较小的一个 p_1 称第一阶固有频率或称基频,p_2 称为第二阶固有频率,它们完全由系统的参数所确定。

将 p_1^2、p_2^2 分别代入式(4-8),由于方程是齐次的,只能求得对应于特征值的振动幅值比,也就是振体的位移之比,即

$$\begin{cases} r_1=\dfrac{A_2^{(1)}}{A_1^{(1)}}=\dfrac{x_2^{(1)}}{x_1^{(1)}}=-\dfrac{k_{11}-p_1^2m_{11}}{k_{12}}=-\dfrac{k_{12}}{k_{22}-p_1^2m_{22}} \\ r_2=\dfrac{A_2^{(2)}}{A_1^{(2)}}=\dfrac{x_2^{(2)}}{x_1^{(2)}}=-\dfrac{k_{11}-p_2^2m_{11}}{k_{12}}=-\dfrac{k_{12}}{k_{22}-p_2^2m_{22}} \end{cases} \tag{4-11}$$

式中:$A_1^{(i)}$、$A_2^{(i)}$ $(i=1,2)$ 的上标 (i) 分别为对应 p_1 和 p_2 的振幅;r_1 和 r_2 分别为系统做主振动时系统振动的型态或模态。故将 r_1 和 r_2 分别称第一阶和第二阶主振型或第一、二阶模态。它们也完全由系统的固有参数确定。

式(4-5)的两个主振动,由特解式(4-6)可得

$$\begin{cases} x_1^{(1)} = A_1^{(1)}\sin(p_1 t + \alpha_1) \\ x_2^{(1)} = A_2^{(1)}\sin(p_1 t + \alpha_1) = r_1 A_1^{(1)}\sin(p_1 t + \alpha_1) \\ x_1^{(2)} = A_1^{(2)}\sin(p_2 t + \alpha_2) \\ x_2^{(2)} = A_2^{(2)}\sin(p_2 t + \alpha_2) = r_2 A_1^{(2)}\sin(p_2 t + \alpha_2) \end{cases} \tag{4-12}$$

式(4-5)的通解为两个主振动的线性组合,即

$$\begin{cases} x_1 = A_1^{(1)}\sin(p_1 t + \alpha_1) + A_1^{(2)}\sin(p_2 t + \alpha_2) \\ x_2 = A_2^{(1)}\sin(p_1 t + \alpha_1) + A_2^{(2)}\sin(p_2 t + \alpha_2) \\ \quad = r_1 A_1^{(1)}\sin(p_1 t + \alpha_1) + r_2 A_1^{(2)}\sin(p_2 t + \alpha_2) \end{cases} \tag{4-13}$$

或写成

$$\begin{Bmatrix} x_1 \\ x_2 \end{Bmatrix} = \begin{Bmatrix} A_1^{(1)} \\ A_2^{(1)} \end{Bmatrix}\sin(p_1 t + \alpha_1) + \begin{Bmatrix} A_1^{(2)} \\ A_2^{(2)} \end{Bmatrix}\sin(p_2 t + \alpha_2)$$

$$= A_1^{(1)}\begin{Bmatrix} 1 \\ r_1 \end{Bmatrix}\sin(p_1 t + \alpha_1) + A_1^{(2)}\begin{Bmatrix} 1 \\ r_2 \end{Bmatrix}\sin(p_2 t + \alpha_2) \tag{4-14}$$

式(4-14)表明振体的运动是两个主振动的叠加。

其中,常数 $A_1^{(1)}$、$A_1^{(2)}$ 和 α_1、α_2 由运动的初始条件确定。在一般情况下,式(4-14)表示的并不一定是周期性的运动。只有当初始条件与某一个主振型相符合时,系统才做某阶主振动,运动才是谐振动。

式(4-14)中的 $\begin{Bmatrix} A_1^{(1)} \\ A_2^{(1)} \end{Bmatrix}$ 和 $\begin{Bmatrix} A_1^{(2)} \\ A_2^{(2)} \end{Bmatrix}$ 称为系统对应于 p_1 和 p_2 的振型矢量。以阵型矢量为列,所组成的矩阵 $\boldsymbol{Q}$ 称为振型矩阵,即

$$\boldsymbol{Q} = \begin{bmatrix} A_1^{(1)} & A_1^{(2)} \\ A_2^{(1)} & A_2^{(2)} \end{bmatrix} \tag{4-15}$$

式(4-14)的解也可用振型矩阵表示为

$$\begin{Bmatrix} x_1 \\ x_2 \end{Bmatrix} = \begin{bmatrix} A_1^{(1)} & A_1^{(2)} \\ A_2^{(1)} & A_2^{(2)} \end{bmatrix}\begin{Bmatrix} \sin(p_1 + \alpha_1) \\ \sin(p_2 + \alpha_2) \end{Bmatrix} \tag{4-16}$$

例 4.1 试求图 4-2 所示系统的固有频率和主振型。其中 $m_1 = m$,$m_2 = 2m$,$k_1 = k_2 = k$,$k_3 = 2k$ 。

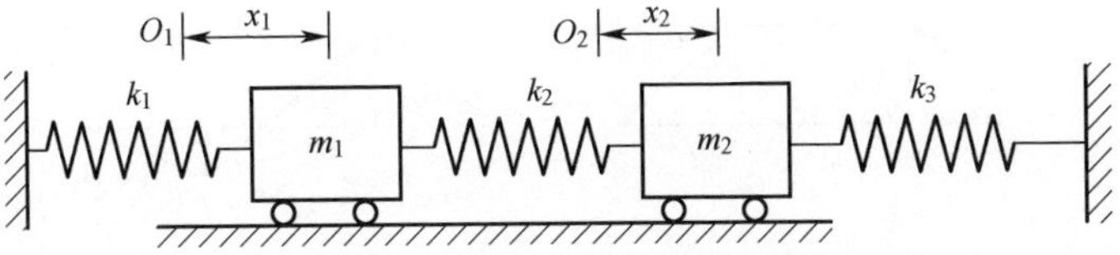

图 4-2 固有频率和主振模型

解:取两物块静平衡位置 O_1、O_2 为坐标轴 x_1、x_2 的原点,则质量块 m_1 和 m_2 任意时刻的位形由坐标 x_1、x_2 完全确定,由牛顿定律确定系统的运动微分方程为

$$\begin{cases} m_1\ddot{x}_1 + (k_1 + k_2)x_1 - k_2x_2 = 0 \\ m_2\ddot{x}_2 + (k_2 + k_3)x_2 - k_2x_1 = 0 \end{cases} \tag{4-17}$$

则

$$\begin{cases} m\ddot{x}_1 + 2kx_1 - kx_2 = 0 \\ 2m\ddot{x}_2 - kx_1 + 3kx_2 = 0 \end{cases} \tag{4-18}$$

写成矩阵形式为

$$\begin{bmatrix} m & 0 \\ 0 & 2m \end{bmatrix} \begin{Bmatrix} \ddot{x}_1 \\ \ddot{x}_2 \end{Bmatrix} + \begin{bmatrix} 2k & -k \\ -k & 3k \end{bmatrix} \begin{Bmatrix} x_1 \\ x_2 \end{Bmatrix} = \begin{Bmatrix} 0 \\ 0 \end{Bmatrix} \tag{4-19}$$

设方程特解即主振动为

$$\begin{Bmatrix} x_1 \\ x_2 \end{Bmatrix} = \begin{Bmatrix} A_1 \\ A_2 \end{Bmatrix} \sin(pt + \alpha) \tag{4-20a}$$

将式(4-20a)代入式(4-19)得

$$\begin{bmatrix} 2k - mp^2 & -k \\ -k & 3k - 2mp^2 \end{bmatrix} \begin{Bmatrix} A_1 \\ A_2 \end{Bmatrix} = \begin{Bmatrix} 0 \\ 0 \end{Bmatrix} \tag{4-20b}$$

按式(4-9),系统的频率方程为

$$\begin{cases} (2k - mp^2)(3k - 2mp^2) - k^2 = 0 \\ 2m^2p^4 - 7mkp^2 + 5k^2 = 0 \end{cases} \tag{4-21}$$

由式(4-21)解得特征值:

$$p_1^2 = \frac{k}{m}, p_2^2 = \frac{5}{2}\frac{k}{m}$$

因此系统的两个固有频率为

$$p_1 = \sqrt{\frac{k}{m}}, p_2 = \sqrt{\frac{5k}{2m}}$$

将特征值 p_1^2、p_2^2 分别代入式(4-20b)得

$$r_1 = \frac{A_2^{(1)}}{A_1^{(1)}} = \frac{2k - mp_1^2}{k} = 1, r_2 = \frac{2k - mp_2^2}{k} = -0.5$$

两个主振型如图 4-3 所示,第一阶主振型图 4-3(a)表示两个振体的振动运动是相同的。图 4-3(b)表示第二阶主振型,示出二者的振动运动是相反的,并且弹簧上的 A 点是不动的,这个点称为节点。

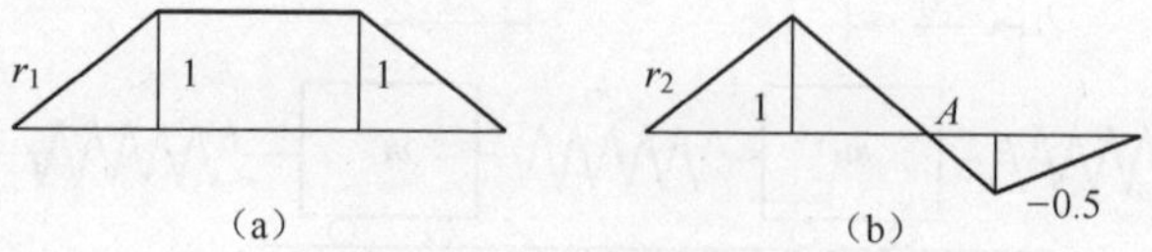

图 4-3　主振型示图

该系统的自由振动方程解为两个主振动的叠加，即

$$\begin{Bmatrix} x_1 \\ x_2 \end{Bmatrix} = A_1^{(1)}\begin{Bmatrix} 1 \\ r_1 \end{Bmatrix}\sin(p_1 t+\alpha_1)+A_1^{(2)}\begin{Bmatrix} 1 \\ r_2 \end{Bmatrix}\sin(p_2 t+\alpha_2) \tag{4-22}$$

式中：$A_1^{(1)}$、$A_1^{(2)}$ 和 α_1、α_2 由初始条件确定。

如令 $x_1(0)=x_2(0)=x_0$，$\dot{x}_1(0)=\dot{x}_2(0)=0$，这时初始条件与第一阶主振型相同。将此初始条件代入式(4-22)中便有

$$\begin{cases} x_0 = A_1^{(1)}\sin\alpha_1 + A_1^{(2)}\sin\alpha_2 & (4\text{-}23\text{a}) \\ x_0 = A_1^{(1)}\sin\alpha_1 - 0.5A_1^{(2)}\sin\alpha_2 & (4\text{-}23\text{b}) \\ 0 = A_1^{(1)}p_1\cos\alpha_1 + A_1^{(2)}p_2\cos\alpha_2 & (4\text{-}23\text{c}) \\ 0 = A_1^{(1)}p_1\cos\alpha_1 - 0.5A_1^{(2)}p_2\cos\alpha_2 & (4\text{-}23\text{d}) \end{cases}$$

由式(4-23c)、式(4-23d)解得 $\alpha_1=\dfrac{\pi}{2}$，$\alpha_2=\dfrac{\pi}{2}$，(4-23a)和式(4-23b)

$$\begin{cases} x_0 = A_1^{(1)} + A_1^{(2)} \\ x_0 = A_1^{(1)} - 0.5A_1^{(2)} \end{cases} \tag{4-24}$$

解出 $A_1^{(2)}=0$，$A_1^{(1)}=x_0$，因而此时运动方程

$$\begin{cases} x_1 = x_0\sin\left(p_1 t+\dfrac{\pi}{2}\right) = x_0\cos p_1 t \\ x_2 = x_0\sin\left(p_1 t+\dfrac{\pi}{2}\right) = x_0\cos p_1 t \end{cases} \tag{4-25}$$

即系统按第一阶固有频率 p_1 做主振动。同样，如果系统的初始条件为 $x_1(0)=x_0$，$x_2(0)=-0.5x_0$，$\dot{x}_1(0)=\dot{x}_2(0)=0$，这时初始位移之比与第二阶主振型相同，系统将按第二阶固有频率 p_2 做主振动。当初始条件不与任何一阶这振型相同时，解的一般形式就是式(4-22)。

例 4.2 长为 l、质量为 m 的两个相同的单摆，用刚度系数为 k 的弹簧相连，在铅垂平面内构成一个悬吊系统的自由振动(图 4-4)。设弹簧原长等于两悬点 A、B 之间的距离，连接点距 AB 连线之距离为 a。试求系统的固有频率和主振型。

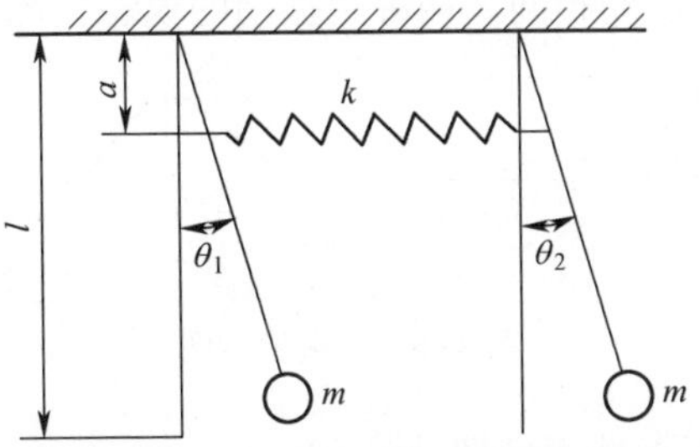

图 4-4 两相同单摆构成的振动系统

解：该二自由度系统，在铅垂位置两个单摆都处于静平衡。发生振动运动，系统的位形由 θ_1、θ_2 完全确定。将两个单摆从系统分离出来，分别对 A 点和 B 点为矩心用动量矩定理列出系统在平衡位置附近做微振动的自由振动微分方程：

$$
\begin{cases} ml^2\ddot{\theta}_1 = -mgl\theta_1 + ka^2(\theta_2 - \theta_1) \\ ml^2\ddot{\theta}_2 = -mgl\theta_2 - ka^2(\theta_2 - \theta_1) \end{cases} \tag{4-26}
$$

写成矩阵形式：

$$
\begin{bmatrix} ml^2 & 0 \\ 0 & ml^2 \end{bmatrix} \begin{Bmatrix} \ddot{\theta}_1 \\ \ddot{\theta}_2 \end{Bmatrix} + \begin{bmatrix} (mgl + ka^2) & -ka^2 \\ -ka^2 & (mgl + ka^2) \end{bmatrix} \begin{Bmatrix} \theta_1 \\ \theta_2 \end{Bmatrix} = \begin{Bmatrix} 0 \\ 0 \end{Bmatrix} \tag{4-27}
$$

设系统的主振动形式为

$$
\begin{Bmatrix} \theta_1 \\ \theta_2 \end{Bmatrix} = \begin{Bmatrix} A_1 \\ A_2 \end{Bmatrix} \sin(pt + \alpha)
$$

将上式代入式(4-27)得

$$
\begin{bmatrix} (mgl + ka^2 - ml^2p^2) & -ka^2 \\ -ka^2 & (mgl + ka^2 - ml^2p^2) \end{bmatrix} \begin{Bmatrix} A_1 \\ A_2 \end{Bmatrix} = \begin{Bmatrix} 0 \\ 0 \end{Bmatrix} \tag{4-28}
$$

特征方程为

$$
\Delta(p^2) = (mgl + ka^2 - ml^2p^2)^2 - (ka^2)^2 = 0
$$

有此解得两个特征值为

$$
p_1^2 = \frac{g}{l}, p_2^2 = \frac{g}{l} + \frac{2ka^2}{ml^2} \tag{4-29}
$$

将 p_1^2、p_2^2 分别代入式(4-28)中可得两个主振型 r_1 和 r_2：

$$
r_1 = \frac{A_2^{(1)}}{A_1^{(1)}} = \frac{(mgl + ka^2 - mgl)}{ka^2} = 1
$$

$$
r_2 = \frac{A_2^{(2)}}{A_1^{(2)}} = \frac{ka^2 - 2ka^2}{ka^2} = -1
$$

由此可见，在第一阶主振动中两单摆以相同的幅值向相同的方向摆动。这种情况振体间无相对位移，因而弹簧也不会有变形，在第二阶主振动中两单摆以相同的幅值朝相反的方向运动。在这种情况下无论弹簧是受拉伸还是被压缩，中间点将是不动的，这就是节点，与把弹簧中点固定时所发生的运动相同。两种主振动的模态如图 4-5 所示。

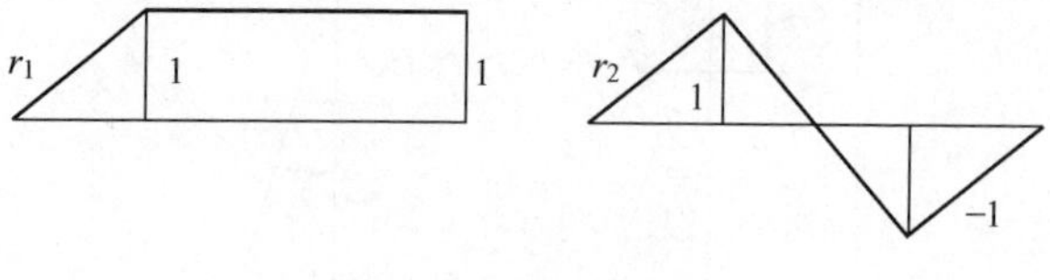

图 4-5 主振型示图

式(4-27)的解为两个主振动的叠加，即

$$
\begin{Bmatrix} \theta_1 \\ \theta_2 \end{Bmatrix} = A_1^{(1)} \begin{Bmatrix} 1 \\ 1 \end{Bmatrix} \sin(p_1 t + \alpha_1) + A_1^{(2)} \begin{Bmatrix} 1 \\ -1 \end{Bmatrix} \sin(p_2 t + \alpha_2) \tag{4-30}
$$

式中：$A_1^{(1)}$、$A_1^{(2)}$ 和 α_1、α_2 由初始位移和初始速度决定。

设初始条件为 $\theta_1(0) = \theta_0, \theta_2(0) = 0, \dot{\theta}_1(0) = \dot{\theta}_2(0) = 0$，代入式(4-30)得

$$\theta_0 = A_1^{(1)}\sin\alpha_1 + A_1^{(2)}\sin\alpha_2 \tag{4-31}$$

$$0 = A_1^{(1)}\sin\alpha_1 - A_1^{(2)}\sin\alpha_2 \tag{4-32}$$

$$\begin{cases} 0 = A_1^{(1)}p_1\cos\alpha_1 + A_1^{(2)}p_2\cos\alpha_2 & \text{(4-33a)} \\ 0 = A_1^{(1)}p_1\cos\alpha_1 - A_1^{(2)}p_2\cos\alpha_2 & \text{(4-33b)} \end{cases}$$

由式(4-33a)、式(4-33b)得 $\alpha_1 = \alpha_2 = \dfrac{\pi}{2}$，代入式(4-31)、式(4-32)中得 $A_1^{(1)} = A_1^{(2)} = \dfrac{\theta_0}{2}$，所以式(4-29)为

$$\begin{Bmatrix}\theta_1\\ \theta_2\end{Bmatrix} = \frac{\theta_0}{2}\begin{Bmatrix}1\\ 1\end{Bmatrix}\cos p_1 t + \frac{\theta_0}{2}\begin{Bmatrix}1\\ -1\end{Bmatrix}\cos p_2 t \tag{4-34}$$

此时初始条件不与任意一阶主振型相符合。系统不会做任意一阶主振动，而是两个主振动的叠加。不是谐振动，一般情况下也不是周期性运动。

下面讨论运动方程解式(4-34)在 $p_1 \approx p_2$ 的情形(图 4-6)。

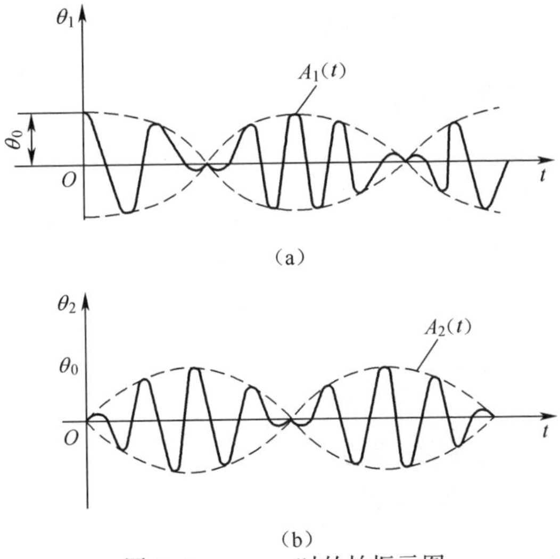

图 4-6　$p_1 \approx p_2$ 时的拍振示图

设连接两个单摆的弹簧刚度系数 k 很小，由式(4-29)可知 p_1 与 p_2 很接近。将式(4-34)化成

$$\begin{cases} \theta_1 = \dfrac{\theta_0}{2}(\cos p_1 t + \cos p_2 t) = \theta_0\cos\dfrac{p_2 - p_1}{2}t\cos\dfrac{p_2 + p_1}{2}t \\ \theta_2 = \dfrac{\theta_0}{2}(\cos p_1 t - \cos p_2 t) = -\theta_0\sin\dfrac{p_1 + p_2}{2}t\sin\dfrac{p_1 - p_2}{2}t \\ \quad = \theta_0\sin\dfrac{p_2 - p_1}{2}t\sin\dfrac{p_2 + p_1}{2}t \end{cases} \tag{4-35}$$

系统的运动可视为频率为 $\dfrac{p_1 + p_2}{2}$ 的振动，而幅值按 $A_1 = \theta_0\cos\dfrac{p_2 - p_1}{2}t$ 和 $A_2 = \theta_0\sin\dfrac{p_2 - p_1}{2}t$ 规律变化，不是常值。因为 $p_1 \approx p_2$，所以 A_1 和 A_2 是缓慢变化的谐函数，式(4-35)写成

$$\begin{cases}\theta_1 = A_1\cos\dfrac{p_2+p_1}{2}t \\ \theta_2 = A_2\sin\dfrac{p_2+p_1}{2}t\end{cases} \tag{4-36}$$

因为幅值 A_1、A_2 均为时间的函数，所以 θ_1、θ_2 是频率为 $\dfrac{p_1+p_2}{2}$ 的变幅运动，振动幅值 A_1、A_2 在零与 θ_0 之间缓慢地周期性变化，幅值完成一个循环，振体却完成了几个循环。θ_1、θ_2 随时间的变化关系如图 4-6 所示。

在 $t=0$ 时，第一个摆幅值为 θ_0，而第二个摆静止不动，此后第一个摆幅值逐渐减少而第二个摆幅值逐渐增大，直到 $\dfrac{p_2-p_1}{2}t=\dfrac{\pi}{2}$ 时，第一个摆静止不动，而第二个摆幅值等于 θ_0，之后第二个摆幅值逐渐减少，第一个摆幅值逐渐增加，当 $\dfrac{p_2-p_1}{2}t=\pi$ 时，两个摆又回到 $t=0$ 时的状态。两振体的能量互相传递，在每个时间间隔 $\dfrac{2\pi}{p_2-p_1}$ 内重复一次。这种振动幅值有规律周而复始增加或减小的现象称为拍。

拍的周期为 $T_b=\dfrac{2\pi}{p_2-p_1}$，$p_2-p_1$ 为拍的频率。

拍现象产生的原因，由式(4-34)可知，是因为 $p_1\approx p_2$，也就是频率很接近的两个简谐运动相叠加而产生的。

4.2.2 耦合与主坐标的概念

二自由度系统自由振动方程的一般形式为

$$\begin{cases}m_{11}\ddot{x}_1+m_{12}\ddot{x}_2+k_{11}x_1+k_{12}x_2=0 \\ m_{12}\ddot{x}_1+m_{22}\ddot{x}_2+k_{21}x_1+k_{22}x_2=0\end{cases} \tag{4-37}$$

确定第一个振体位形的坐标为 x_1，而在描述第一个振体的运动微分方程中却含有确定第二个振体位形的坐标 x_2 及其二阶导数项。描述第二个振体的运动微分方程式(4-37)的第二式也有类似的情况。

这种使得运动微分方程成为联立的项，称为耦合项。如果仅在方程中含有位移的耦合项，如第一个方程中的 $k_{12}x_2$ 和第二个方程中的 $k_{21}x_1$ 称为弹性耦合或静力耦合。如果仅在方程中含有加速度的耦合项，如第一个方程的 $m_{12}\ddot{x}_2$ 和第二个方程的 $m_{21}\ddot{x}_1$，则称为质量耦合(或惯性耦合、动力耦合)。耦合使得两个振体的运动不是互相独立的而是互相影响的。

如果系统运动方程只有弹性耦合而无质量耦合，则质量矩阵为对角阵，而刚度矩阵则为非对角阵，如式(4-19)。如果运动方程中仅有质量耦合而无刚度耦合，则刚度矩阵为对角阵，而质量矩阵为非对角阵。运动微分方程中是否存在某种耦合是与描述系统位形的坐标有关，而并非系统所固有的。

例如，例 4.2 系统的运动微分方程为

$$\begin{cases} ml^2\ddot{\theta}_1 + mgl\theta_1 - ka^2(\theta_2 - \theta_1) = 0 \\ ml^2\ddot{\theta}_2 + ka^2(\theta_2 - \theta_1) + mgl\theta_2 = 0 \end{cases} \tag{4-38}$$

显然系统有弹性耦合而无质量耦合，该方程以 θ_1、θ_2 为确定系统位形的坐标。

如果将式(4-38)的两个式相加，得

$$ml^2(\ddot{\theta}_1 + \ddot{\theta}_2) + mgl(\theta_1 + \theta_2) = 0$$

而将式(4-38)的两式相减，得

$$ml^2(\ddot{\theta}_1 - \ddot{\theta}_2) + (mgl + 2ka^2)(\theta_1 - \theta_2) = 0$$

令 $\varphi_1 = \theta_1 + \theta_2, \varphi_2 = \theta_1 - \theta_2$，则

$$\begin{cases} ml^2\ddot{\varphi}_1 + mgl\varphi_1 = 0 \\ ml^2\ddot{\varphi}_2 + (mgl + 2ka^2)\varphi_2 = 0 \end{cases} \tag{4-39}$$

选 φ_1、φ_2 为描述系统位形的坐标，则得两个无耦合的运动微分方程，是分别独立的两个单自由度系统的振动方程，其频率分别为 $p_1 = \sqrt{\dfrac{g}{l}}, p_2 = \sqrt{\dfrac{g}{l} + \dfrac{2ka^2}{ml^2}}$。我们把能使运动微分方程解除耦合项的特定坐标称主坐标，采用主坐标建立的系统运动微分方程其质量矩阵和刚度矩阵均为对角阵。

例 4.3 汽车在铅垂面内的微振动可用一个平板支承在两个弹簧上的简化模型来描述。以刚体 AB 代替车体，支承于 A、B 两点的弹簧上(图 4-7)。设刚体 AB 的质量为 m，质心 C 距 A，B 两点的距离分别为 a 和 b，绕质心的转到惯量为 I_C，弹簧的刚体系数分别为 k_1、k_2。试建立系统在铅直面内微振动的运动微分方程。

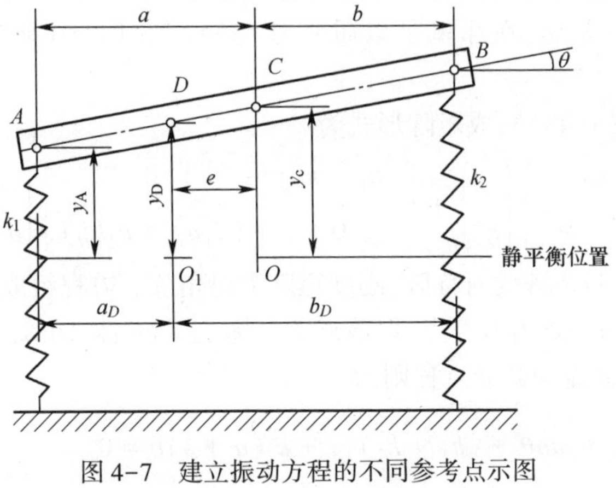

图 4-7 建立振动方程的不同参考点示图

解：刚体 AB 在铅直面内的微振动运动可用质心的铅直位移 y_C 和绕质心的转角 θ 来描述。以平衡位置 O 为坐标原点，y 轴通过质心。由刚体平面运动的微分方程得

$$\begin{cases} m\ddot{y}_C = -k_1(y_C - a\theta) - k_2(y_C + b\theta) \\ I_C\ddot{\theta} = ak_1(y_C - a\theta) - bk_2(y_C + b\theta) \end{cases}$$

整理后得

$$\begin{cases} m\ddot{y}_C + (k_1 + k_2)y_C - (k_1 a - k_2 b)\theta = 0 \\ I_C\ddot{\theta} - (k_1 a - k_2 b)y_C + (k_1 a^2 + k_2 b^2)\theta = 0 \end{cases} \tag{4-40}$$

写成矩阵形式为

$$\begin{bmatrix} m & 0 \\ 0 & I_C \end{bmatrix}\begin{Bmatrix} \ddot{y}_C \\ \ddot{\theta} \end{Bmatrix} + \begin{bmatrix} (k_1 + k_2) & -(k_1 a - k_2 b) \\ -(k_1 a - k_2 b) & k_1 a^2 + k_2 b^2 \end{bmatrix}\begin{Bmatrix} y_C \\ \theta \end{Bmatrix} = \begin{Bmatrix} 0 \\ 0 \end{Bmatrix} \tag{4-41}$$

由此可见,取上述坐标系质量阵为对角阵,刚度矩阵为对称阵,方程为弹性耦合。若在 AB 上的另一点 D 的坐标为 y_D,以 y_D 及 θ 同样可确定系统的位形。设 D 点位置满足条件 $a_D k_1 = b_D k_2$ 如图 4-7 所示,假设 $DC = e$,仍以静平衡位置的 O_1 为坐标原点,y 轴通过 D 点,质心的运动方程和相对点 D 的转动方程为

$$\begin{aligned} m(\ddot{y}_D + e\ddot{\theta}) &= -k_1(y_D - a_D\theta) - k_2(y_D + b_D\theta) \\ &= -(k_1 + k_2)y_D + (k_1 a_D - k_2 b_D)\theta \\ &= -(k_1 + k_2)y_D \end{aligned}$$

即

$$m\ddot{y}_D + me\ddot{\theta} + (k_1 + k_2)y_D = 0 \tag{4-42}$$

$$\begin{aligned} (I_C + me^2)\ddot{\theta} + me\ddot{y}_D &= k_1(y_D - a_D\theta)a_D - k_2(y_D + b_D\theta)b_D \\ &= (k_1 a_D - k_2 b_D)y_D - (k_1 a_D^2 + k_2 b_D^2)\theta \end{aligned}$$

即

$$(I_C + me^2)\ddot{\theta} + me\ddot{y}_D + (k_1 a_D^2 + k_2 b_D^2)\theta = 0 \tag{4-43}$$

式(4-43)是应用以一般动点为矩心的动量矩定理而得到的相对点 D 的转动方程。形式上与式(4-40)有所差异,在那里是以质心 C 为矩心,即 $e = 0$ 所建立的绕质心的转动方程。

将式(4-42)、式(4-43)写成矩阵形式为

$$\begin{bmatrix} m & me \\ me & I_C + me^2 \end{bmatrix}\begin{Bmatrix} \ddot{y}_D \\ \ddot{\theta} \end{Bmatrix} + \begin{bmatrix} (k_1 + k_2) & 0 \\ 0 & (k_1 a_D^2 + k_2 b_D^2) \end{bmatrix}\begin{Bmatrix} y_D \\ \theta \end{Bmatrix} = \begin{Bmatrix} 0 \\ 0 \end{Bmatrix} \tag{4-44}$$

式(4-44)表明质量矩阵为对称阵,刚度矩阵为对角阵。方程组成为质量耦合。

如果以刚体 AB 的 A 点为参考点,以该点的坐标 y_A 和刚体 AB 绕 A 点的转角 θ,列出该系统在铅直平面内的微振动微分方程则为

$$\begin{cases} m\ddot{y}_A + ma\ddot{\theta} + (k_1 + k_2)y_A + k_2(a + b)\theta = 0 \\ ma\ddot{y}_A + (I_C + ma^2)\ddot{\theta} + k_2(a + b)y_A + k_2(a + b)^2\theta = 0 \end{cases} \tag{4-45}$$

写成矩阵形式为

$$\begin{bmatrix} m & ma \\ ma & (I_C + ma^2) \end{bmatrix}\begin{Bmatrix} \ddot{y}_A \\ \ddot{\theta} \end{Bmatrix} + \begin{bmatrix} k_1 + k_2 & k_2(a + b) \\ k_2(a + b) & k_2(a + b)^2 \end{bmatrix}\begin{Bmatrix} y_A \\ \theta \end{Bmatrix} = \begin{Bmatrix} 0 \\ 0 \end{Bmatrix} \tag{4-46}$$

由此可见,质量矩阵和刚度矩阵均为对称阵,方程组即存在质量耦合,又有弹性耦合。式(4-41)、式(4-44)、式(4-46)均是描述刚体 AB 在铅垂平面内的微振动运动的微分方

程。对运动性质的描述是等同的，方程在形式上的差异是因为参考点的选取采用不同的方案而形成的。因此这种差异并非系统所固有的，通过采用特定的主坐标来描述系统的运动，这些形式上的差异就不存在了。关于如何用主坐标（模态坐标）表示系统运动微分方程的方法将在多自由度系统的振动中讨论。

4.2.3 无阻尼二自由度系统的受迫振动

在图 4-8 所示的二自由度系统的力学模型中两物体受到激振力 $F_1(t)$，$F_2(t)$ 作用。

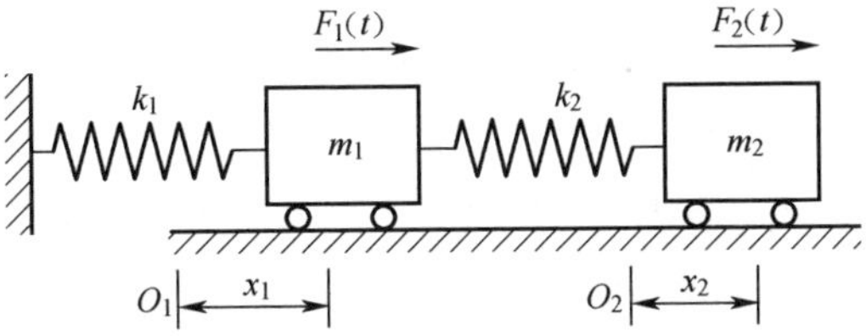

图 4-8　二自由度受迫振动

我们可以列出该无阻尼系统的受迫振动微分方程的矩阵形式：

$$\begin{bmatrix} m_1 & 0 \\ 0 & m_2 \end{bmatrix} \begin{Bmatrix} \ddot{x}_1 \\ \ddot{x}_2 \end{Bmatrix} + \begin{bmatrix} k_1 + k_2 & -k_2 \\ -k_2 & k_2 \end{bmatrix} \begin{Bmatrix} x_1 \\ x_2 \end{Bmatrix} = \begin{Bmatrix} F_1(t) \\ F_2(t) \end{Bmatrix} \tag{4-47}$$

二自由度系统，无阻尼受迫振动运动微分方程的一般形式可表示为

$$\begin{bmatrix} m_{11} & m_{12} \\ m_{21} & m_{22} \end{bmatrix} \begin{Bmatrix} \ddot{x}_1 \\ \ddot{x}_2 \end{Bmatrix} + \begin{bmatrix} k_{11} & k_{12} \\ k_{21} & k_{22} \end{bmatrix} \begin{Bmatrix} x_1 \\ x_2 \end{Bmatrix} = \begin{Bmatrix} F_1(t) \\ F_2(t) \end{Bmatrix} \tag{4-48}$$

假设激励力 $F_1(t)$ 和 $F_2(t)$ 均为简谐力。$F_1(t)$ 和 $F_2(t)$ 可以是同频率的谐函数也可以是不同频率的函数。对于后者可首先按线性叠加原理分别求系统对 $F_1(t)$ 和 $F_2(t)$ 单独作用的响应；然后将其叠加，就是 $F_1(t)$、$F_2(t)$ 同时作用时系统的响应。

设图 4-8 所示的二自由度系统受简谐激励力的作用，$F_1(t) = H_1 \sin \omega t, F_2(t) = H_2 \sin \omega t$。讨论确定系统的响应。

系统的运动方程为

$$\begin{bmatrix} m_{11} & 0 \\ 0 & m_{22} \end{bmatrix} \begin{Bmatrix} \ddot{x}_1 \\ \ddot{x}_2 \end{Bmatrix} + \begin{bmatrix} k_{11} & k_{12} \\ k_{21} & k_{22} \end{bmatrix} \begin{Bmatrix} x_1 \\ x_2 \end{Bmatrix} = \begin{Bmatrix} H_1 \\ H_2 \end{Bmatrix} \sin \omega t \tag{4-49}$$

式中：$m_{11} = m_1, m_{22} = m_2, k_{11} = k_1 + k_2, k_{12} = k_{21} = -k_2, k_{22} = k_2$。

式(4-49)的解应由齐次方程组的通解和非齐次方程组的特解组成。前者为系统的自由振动，实际系统不可避免地存在阻尼，自由振动将随时间增长而衰减掉，非齐次方程组特解则不随时间衰减，显然系统的振动频率应与激励力频率相同，在自由振动消失后，系统的响应即方程组的特解就是系统的稳态响应。这正是我们所关心的，设式(4-49)的特解为

$$\begin{Bmatrix} x_1 \\ x_2 \end{Bmatrix} = \begin{Bmatrix} B_1 \\ B_2 \end{Bmatrix} \sin \omega t \tag{4-50}$$

将此特解的形式代入式(4-49)中得到关于幅值 B_1, B_2 的非齐次代数方程组为

$$\begin{bmatrix} k_{11}-\omega^2 m_{11} & k_{12} \\ k_{21} & k_{22}-\omega^2 m_{22} \end{bmatrix} \begin{Bmatrix} B_1 \\ B_2 \end{Bmatrix} = \begin{Bmatrix} H_1 \\ H_2 \end{Bmatrix} \tag{4-51}$$

设式(4-51)中的系数行列式不为零,即

$$\Delta(\omega^2) = (k_{11}-\omega^2 m_{11})(k_{22}-\omega^2 m_{22}) - k_{12}^2 \neq 0$$

求得稳态响应的幅值分别为

$$\begin{cases} B_1 = \dfrac{(k_{22}-\omega^2 m_{22})H_1 - k_{12}H_2}{\Delta(\omega^2)} \\ B_2 = \dfrac{(k_{11}-\omega^2 m_{11})H_2 - k_{12}H_1}{\Delta(\omega^2)} \end{cases} \tag{4-52}$$

将式(4-52)中 $\Delta(\omega^2)$ 展开得

$$\begin{aligned} \Delta(\omega^2) &= m_{11}m_{22}\omega^4 - (k_{11}m_{22}+k_{22}m_{11})\omega^2 + k_{11}k_{22} - k_{12}^2 \\ &= m_{11}m_{22}(\omega^2-\omega_1^2)(\omega^2-\omega_2^2) \end{aligned} \tag{4-53}$$

式中:ω_1^2 和 ω_2^2 分别为 $\Delta(\omega^2)=0$ 的两个根,将 $\Delta(\omega^2)=0$ 与式(4-10)比较可知 ω_1^2,ω_2^2 分别等于该系统的两个特征值 p_1^2、p_2^2,即是 $\Delta(p^2)=0$ 的两个特征根,$p_1^2=\omega_1^2, p_2^2=\omega_2^2$。因此,当激励力的频率 ω 等于系统固有频率 p_1、p_2 中的任何一个值时,式(4-52)的分母均为零,系统都将发生共振,B_1,B_2 将无限地增大。特解也将不再是式(4-50)的形式。

二自由度系统一般有两个固有频率,因此可能发生两次共振,这是与单自由度系统不同的。稳态响应的幅值表达式(4-52)表明振幅不仅与激励力的幅值有关,也与激励频率有关。

令式(4-52)中的 $\omega=p_1$ 和 $\omega=p_2$,系统将发生共振,无法确定 B_1 和 B_2,但可以得到共振时的幅值比,由式(4-52),得

$$\begin{aligned} \frac{B_2}{B_1} &= \frac{(k_{11}-p_i^2 m_{11})H_2 - k_{12}H_1}{(k_{22}-p_i^2 m_{22})H_1 - k_{12}H_2} = \frac{-\dfrac{k_{11}-p_i^2 m_{11}}{k_{12}}H_2 + H_1}{-\dfrac{k_{22}-p_i^2 m_{22}}{k_{12}}H_1 + H_2} \\ &= \frac{r_i H_2 + H_1}{\dfrac{1}{r_i}H_1 + H_2} = r_i \quad (i=1,2) \end{aligned} \tag{4-54}$$

式中:r_i 为第 i 阶主振型,则 $\dfrac{B_2^{(i)}}{B_1^{(i)}} = r_i \quad (i=1,2)$。

式(4-53)和式(4-54)表明当系统发生共振时两振体的位移将按系统的主振型规律分别趋向无限大。

为得到二自由度系统受迫振动的稳态响应幅值与激励力幅值及频率的关系曲线图,应对系统参数作具体设定,才便讨论。下面我们用例题加以说明。

例 4.4 对图 4-9 所示的二自由度系统,设 $m_1=m, m_2=2m, k_1=k_2=k, k_3=2k$。在 m_1 上作用简谐激励力 $F(t)=H\sin\omega t$。试求系统的稳态响应,并讨论稳态响应幅值随激励力频率变化的形态。

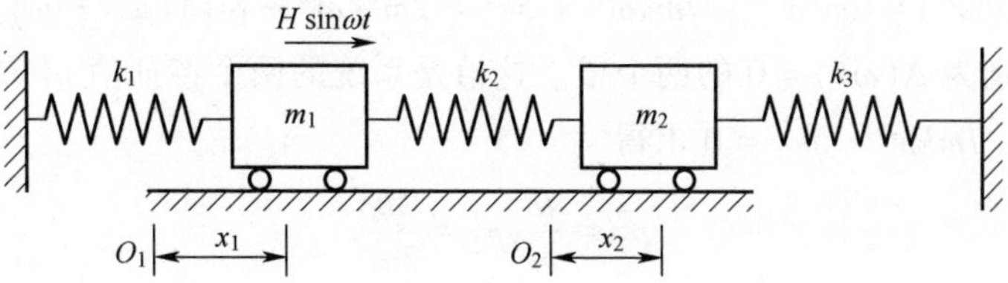

图 4-9　二自由度系统

解:以静平衡位置为坐标原点,建立描述系统位形的坐标 x_1 和 x_2。列出系统的运动微分方程

$$\begin{cases} m_1\ddot{x}_1 = -k_1x_1 + k_2(x_2 - x_1) + H\sin \omega t \\ m_2\ddot{x}_2 = -k_2(x_2 - x_1) - k_3x_2 \end{cases} \tag{4-55}$$

整理后得

$$\begin{cases} m_1\ddot{x}_1 + (k_1 + k_2)x_1 - k_2x_2 = H\sin \omega t \\ m_2\ddot{x}_2 - k_2x_1 + (k_2 + k_3)x_2 = 0 \end{cases} \tag{4-56}$$

代入已知数据,上述方程为

$$\begin{cases} m\ddot{x}_1 + 2kx_1 - kx_2 = H\sin \omega t \\ 2m\ddot{x}_2 - kx_1 + 3kx_2 = 0 \end{cases} \tag{4-57}$$

写成矩阵形式为

$$\begin{bmatrix} m & 0 \\ 0 & 2m \end{bmatrix}\begin{Bmatrix} \ddot{x}_1 \\ \ddot{x}_2 \end{Bmatrix} + \begin{bmatrix} 2k & -k \\ -k & 3k \end{bmatrix}\begin{Bmatrix} x_1 \\ x_2 \end{Bmatrix} = \begin{Bmatrix} H \\ 0 \end{Bmatrix}\sin \omega t \tag{4-58}$$

设式(4-58)的特解为

$$\begin{Bmatrix} x_1 \\ x_2 \end{Bmatrix} = \begin{Bmatrix} B_1 \\ B_2 \end{Bmatrix}\sin \omega t \tag{4-59}$$

将式(4-59)代入式(4-58)得确定关于振体幅值的代数方程组为

$$\begin{bmatrix} 2k - \omega^2 m & -k \\ -k & 3k - 2\omega^2 m \end{bmatrix}\begin{Bmatrix} B_1 \\ B_2 \end{Bmatrix} = \begin{Bmatrix} H \\ 0 \end{Bmatrix} \tag{4-60}$$

对于方程组的系数行列式 $\Delta(\omega^2) \neq 0$ 的情况下,可得

$$\begin{cases} B_1 = \dfrac{\begin{vmatrix} H & -k \\ 0 & (3k - 2m\omega^2) \end{vmatrix}}{\Delta(\omega^2)} = \dfrac{(3k - 2m\omega^2)H}{\Delta(\omega^2)} \\ B_2 = \dfrac{\begin{vmatrix} (2k - m\omega^2) & H \\ -k & 0 \end{vmatrix}}{\Delta(\omega^2)} = \dfrac{Hk}{\Delta(\omega^2)} \end{cases} \tag{4-61}$$

将式(4-61)代入式(4-60)后即得受迫振动的稳态响应。

为讨论稳态响应的幅值与激励力频率的关系将式(4-61) B_1、B_2 的分母多项式 $\Delta(\omega^2)$ 写出,$\Delta(\omega^2) = 2m^2\omega^4 - 7mk\omega^2 + 5k^2$,写成分解形式则为

$$\Delta(\omega^2)=2m^2\omega^4-7mk\omega^2+5k^2=2m^2(\omega^2-\omega_1^2)(\omega^2-\omega_2^2)$$

式中：ω_1^2、ω_2^2 分别为 $\Delta(\omega^2)=0$ 的两个根。这恰是系统的两个特征值 p_1^2 及 p_2^2，该特征值由 $\Delta(p^2)=2m^2p^4-7mkp^2+5k^2=0$ 求得

$$p_1^2=\frac{k}{m}, p_2^2=\frac{5k}{2m}$$

即

$$\omega_1^2=\frac{k}{m}, \omega_2^2=\frac{5k}{2m}$$

因而式(4-61)稳态响应的幅值表达式可具体写成

$$B_1=\frac{(3k-2\omega^2m)H}{2m^2(\omega^2-\omega_1^2)(\omega^2-\omega_2^2)}=\frac{(3k-2\omega^2m)H}{2m^2\left(\omega^2-\frac{k}{m}\right)\left(\omega^2-\frac{5k}{2m}\right)}$$

$$=\frac{\frac{1}{5}\left(\frac{3}{k}-2\omega^2\frac{m}{k^2}\right)H}{\left(1-\frac{\omega^2}{p_1^2}\right)\left(1-\frac{\omega^2}{p_2^2}\right)}=\frac{\frac{H}{k}\left(0.6-0.4\frac{\omega^2}{p_1^2}\right)}{\left(1-\frac{\omega^2}{p_1^2}\right)\left(1-\frac{\omega^2}{p_2^2}\right)} \tag{4-62}$$

$$B_2=\frac{kH}{2m^2(\omega^2-\omega_1^2)(\omega^2-\omega_2^2)}$$

$$=\frac{kH}{2m^2\left(\omega^2-\frac{k}{m}\right)\left(\omega^2-\frac{5k}{2m}\right)}=\frac{0.2\frac{H}{k}}{\left(1-\frac{\omega^2}{p_1^2}\right)\left(1-\frac{\omega^2}{p_2^2}\right)} \tag{4-63}$$

令 $B_0=\frac{H}{k}$，则可将式(4-62)、式(4-63)写成如下形式

$$\beta_1=\frac{B_1}{B_0}=\frac{(0.6-0.4\lambda_1^2)}{(1-\lambda_1^2)(1-\lambda_2^2)} \tag{4-64}$$

$$\beta_2=\frac{B_2}{B_0}=\frac{0.2}{(1-\lambda_1^2)(1-\lambda_2^2)} \tag{4-65}$$

式中：$\lambda_1=\frac{\omega}{p_1}$，$\lambda_2=\frac{\omega}{p_2}$ 为频率比；β_1，β_2 为幅值放大系数。β_1，β_2 随频率比 $\lambda=\frac{\omega}{p_1}$ 的变化曲线如图 4-10 所示。

在 $\lambda \ll 1$ 时二幅值与 B_0 很接近。当 $\lambda=\frac{\omega}{p_1}=\lambda_1$ 时，两幅值均趋于无限大，系统发生共振，这就是系统第一阶共振，共振频率为 $\omega=p_1$。当 $p_1\leqslant\omega<p_2$，β_1 由 $-\infty$ 逐渐上升，在 $\frac{\omega}{p_1}=\sqrt{\frac{3}{2}}=1.225$ 时，$\beta_1=0$，此时质量 m_1 将无位移。随着 ω 的增加，β_1 表达式(4-64)的分子、分母均为负值，所以 β_1 由负值变为正值，而 β_2 则由 $-\infty$ 上升但仍为负值。当 $\omega=p_2$ 时，$\beta_1\to\infty$，而 $\beta_2\to\infty$，系统产生第二阶共振。当 $\omega>p_2$ 时，β_1 的分母为正，而分子为负值，所以 β_1 由负无限大上升，而此时 β_2 分母变为正值，所以 β_2 由正无限大下降。在 ω 趋向

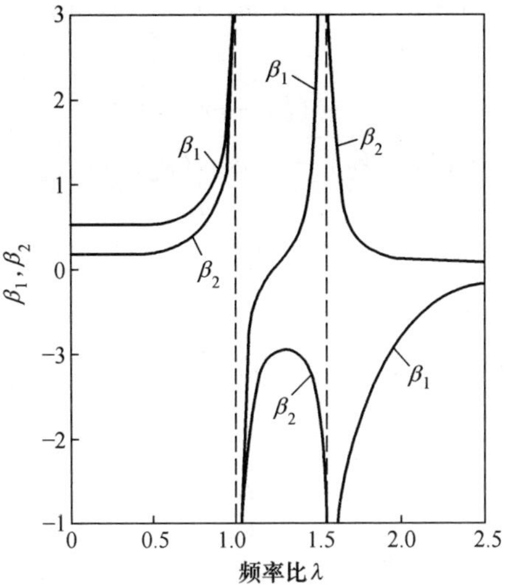

图 4-10　β_1、β_2 随 λ 的变化曲线

很大时，β_1、β_2 均趋于零，β_1、β_2 的形态如图 4-10 所示。对于不同参数的二自由无阻尼系统在简谐力作用下的受迫振动幅值响应谱也具有例 4.4 的形态。

例 4.5　设由质量 m_1 和弹簧刚度为 k_1 的弹簧组成主系统，并在其上作用有简谐激励 $F(t)=H\sin\omega t$ 。由质量 m_2 和刚度系数为 k_2 的弹簧附加在主系统上，形成一个二自由度的系统，如图 4-11 所示。欲使主振体受迫振动稳态响应幅值为零，试问附加系统的参数应满足什么条件。

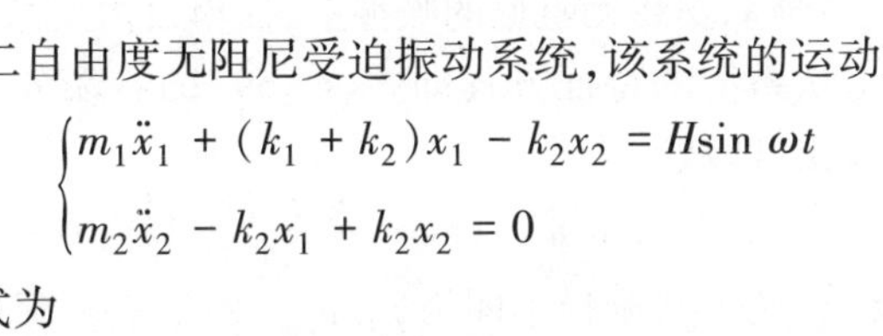

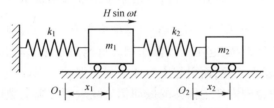

图 4-11　无阻尼动力吸振器示意图

解：这显然是一个二自由度无阻尼受迫振动系统，该系统的运动方程为

$$\begin{cases} m_1\ddot{x}_1+(k_1+k_2)x_1-k_2x_2=H\sin\omega t \\ m_2\ddot{x}_2-k_2x_1+k_2x_2=0 \end{cases} \tag{4-66}$$

设式(4-66)的特解形式为

$$\begin{Bmatrix} x_1 \\ x_2 \end{Bmatrix}=\begin{Bmatrix} B_1 \\ B_2 \end{Bmatrix}\sin\omega t \tag{4-67}$$

将上式代入式(4-66)得到确定 B_1,B_2 的代数方程组：

$$\begin{bmatrix} (k_1+k_2)-\omega^2m_1 & -k_2 \\ -k_2 & k_2-\omega^2m_2 \end{bmatrix}\begin{Bmatrix} B_1 \\ B_2 \end{Bmatrix}=\begin{Bmatrix} H \\ 0 \end{Bmatrix} \tag{4-68}$$

设式(4-68)的系数行列式不为零，即

$$\Delta(\omega^2)=[(k_1+k_2)-\omega^2 m_1](k_2-\omega^2 m_2)-k_2^2\neq 0$$

则

$$\begin{cases}B_1=\dfrac{(k_2-\omega^2 m_2)H}{[(k_1+k_2)-\omega^2 m_1](k_2-\omega^2 m_2)-k_2^2}\\ B_2=\dfrac{k_2 H}{[(k_1+k_2)-\omega^2 m_1](k_2-\omega^2 m_2)-k_2^2}\end{cases}\tag{4-69}$$

由此可见,当 $\sqrt{\dfrac{k_2}{m}}=\omega$ 时,稳态响应的幅值 $B_1=0$、$B_2=-\dfrac{H}{k_2}$,将其代入式(4-67)得到

$$\begin{cases}x_1=0\\ x_2=-\dfrac{H}{k_2}\sin\omega t\end{cases}\tag{4-70}$$

这说明在 $\sqrt{\dfrac{k_2}{m}}=\omega$ 的条件下,附加系统的质量 m_2 将以幅值 $\dfrac{H}{k_2}$ 做与激励力相反的同频率的简谐振动。主振体质量 m_1 则保持静止。附加系统的弹簧所产生的弹簧力为 $k_2x_2=-H\sin\omega t$,这个弹簧力对主振体 m_1 的作用恰与激励作用 $F(t)$ 等值反向,因而 $B_1=0$。这说明在单自由度主系统上,适当附加弹簧弹簧-质量系统,可以消除主振体的振动,把附加的弹簧-质量系统称为动力吸振器。通常可根据 x_2 的许可值由 $B_2=\dfrac{H}{k_2}$ 选定 k_2,再由 $\omega^2=\dfrac{k_2}{m_2}$ 确定质量 m_2。这种无阻尼动力吸振器只适用于激励频率基本不变的情况,如果激励频率可以在较大的范围内改变,则动力吸振器只是把原来有一个共振频率的主系统变为具有两个共振频率的二自由度系统,起不了吸振作用。每当激励频率与其中系统的任一阶固有频率相等时,系统都会发生共振,而引起主振体的强烈振动。因此为适应激励频率的变化,吸振器应在较宽的频率范围内使主振体的振动幅值减少到要求的数值内,有阻尼吸振器或其他结构形式的吸振器都能达到这种目的。

这里需要指出,在主系统上安装无阻尼的吸振器,使单自由度系统成为一个二自由度系统,有两个特征值,它们应从系统的特征方程即式(4-69)的右端分母表达式中将 ω 换作 p 并令分母表达式等于零解出,即从

$$(k_1+k_2-p^2m_1)(k_2-p^2m_2)-k_2^2=0\tag{4-71}$$

中解出两个特征值 p_1^2 及 p_2^2,两个共振频率即为 p_1、p_2。如令主系统和吸振器两个单自由度系统的固有频率分别为 p_{01} 和 p_{02},即 $p_{01}=\sqrt{\dfrac{k_1}{m_1}}$,$p_{02}=\sqrt{\dfrac{k_2}{m_2}}$;吸振器质量与主振质量之比为 $\mu=\dfrac{m_2}{m_1}$,式(4-71)可写为

$$\left[1+\mu\left(\frac{p_{02}}{p_{01}}\right)^2-\left(\frac{p}{p_{01}}\right)^2\right]\left[1-\left(\frac{p}{p_{02}}\right)^2\right]-\mu\left(\frac{p_{02}}{p_{01}}\right)^2=0$$

整理得

$$\left(\frac{p_{02}}{p_{01}}\right)^2\left(\frac{p}{p_{02}}\right)^4-\left[1+(1+\mu)\left(\frac{p_{02}}{p_{01}}\right)^2\right]\left(\frac{p}{p_{02}}\right)^2+1=0 \tag{4-72}$$

对于给定的 $\frac{p_{02}}{p_{01}}$ 和质量比 μ 可解出系统的两个固有频率,即系统共振频率。以 $\frac{p_{02}}{p_{01}}$ 和 μ 为参量绘制主系统的幅值响应谱,按上述符号规定稳态响应的幅值表达式(4-69)中的主振体幅值 B_1 可表示为

$$\begin{aligned} B_1 &= \frac{(k_2-\omega^2 m_2)H}{[(k_1+k_2)-\omega^2 m_1](k_2-\omega^2 m_2)-k_2^2} \\ &= \frac{\left[1-\left(\frac{\omega}{p_{02}}\right)^2\right]H/k_1}{\left[1+\mu\left(\frac{p_{02}}{p_{01}}\right)^2-\left(\frac{\omega}{p_{01}}\right)^2\right]\left[1-\left(\frac{\omega}{p_{02}}\right)^2\right]-\mu\left(\frac{p_{02}}{p_{01}}\right)^2} \end{aligned} \tag{4-73}$$

令 $B_0=\frac{H}{k_1}$,则式(4-73)化为

$$\frac{B_1}{B_0}=\frac{\left[1-\left(\frac{\omega}{p_{02}}\right)^2\right]}{\left[1+\mu\left(\frac{p_{02}}{p_{01}}\right)^2-\left(\frac{\omega}{p_{01}}\right)^2\right]\left[1-\left(\frac{\omega}{p_{02}}\right)^2\right]-\mu\left(\frac{p_{02}}{p_{01}}\right)^2} \tag{4-74}$$

设 $\mu=0.2$、$p_{01}=p_{02}$,主振体稳态幅值响应谱如图 4-12 所示,可见良好的工作范围频段很小(图中阴影区域频段)。

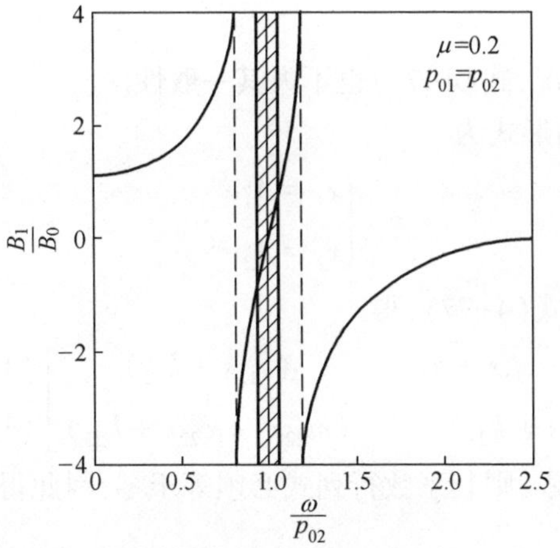

图 4-12 主系统的幅频曲线

4.2.4 有阻尼二自由度系统的振动

1. 黏性阻尼的二自由度系统的自由振动

二自由度阻尼系统的简化模型如图 4-13 所示,由受力图列出系统的运动微分方程为

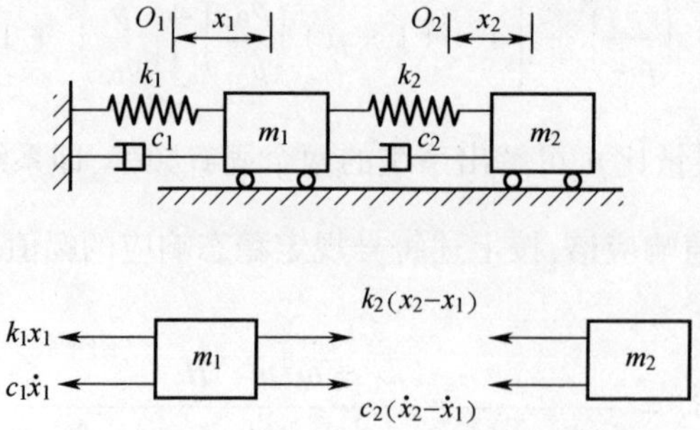

图 4-13　阻尼二自由度系统

$$\begin{cases} m_1\ddot{x}_1 + (c_1 + c_2)\dot{x}_1 + (k_1 + k_2)x_1 - c_2\dot{x}_2 - k_2x_2 = 0 \\ m_2\ddot{x}_2 + c_2\dot{x}_2 + k_2x_2 - c_2\dot{x}_1 - k_2x_1 = 0 \end{cases} \tag{4-75}$$

写成矩阵形式为

$$\begin{bmatrix} m_1 & 0 \\ 0 & m_2 \end{bmatrix}\begin{Bmatrix} \ddot{x}_1 \\ \dot{x}_2 \end{Bmatrix} + \begin{bmatrix} (c_1 + c_2) & -c_2 \\ -c_2 & c_2 \end{bmatrix}\begin{Bmatrix} \dot{x}_1 \\ \dot{x}_2 \end{Bmatrix} + \begin{bmatrix} k_1 + k_2 & -k_2 \\ -k_2 & k_2 \end{bmatrix}\begin{Bmatrix} x_1 \\ x_2 \end{Bmatrix} = \begin{Bmatrix} 0 \\ 0 \end{Bmatrix} \tag{4-76}$$

为了便于分析把式(4-76)写成

$$\begin{bmatrix} m_{11} & 0 \\ 0 & m_{22} \end{bmatrix}\begin{Bmatrix} \ddot{x}_1 \\ \ddot{x}_2 \end{Bmatrix} + \begin{bmatrix} c_{11} & c_{12} \\ c_{21} & c_{22} \end{bmatrix}\begin{Bmatrix} \dot{x}_1 \\ \dot{x}_2 \end{Bmatrix} + \begin{bmatrix} k_{11} & k_{12} \\ k_{21} & k_{22} \end{bmatrix}\begin{Bmatrix} x_1 \\ x_2 \end{Bmatrix} = \begin{Bmatrix} 0 \\ 0 \end{Bmatrix} \tag{4-77}$$

式中：$m_{11} = m_1, m_{22} = m_2, c_{11} = c_1 + c_2, c_{12} = c_{21} = -c_2, c_{22} = c_2 k_{11} = k_1 + k_2, k_{12} = k_{21} = -k_2$, $k_{22} = k_2$。

对于有质量耦合的情况，式(4-77)也不失其一般性。

设式(4-77)一般解的形式为

$$\begin{cases} x_1 = A_1 \mathrm{e}^{st} \\ x_2 = A_2 \mathrm{e}^{st} \end{cases} \tag{4-78}$$

将上式及其导数代入式(4-77)，得

$$\begin{bmatrix} (m_{11}s^2 + c_{11}s + k_{11}) & (c_{12}s + k_{12}) \\ (c_{21}s + k_{21}) & (m_{22}s^2 + c_{22}s + k_{22}) \end{bmatrix}\begin{Bmatrix} A_1 \\ A_2 \end{Bmatrix} = \begin{Bmatrix} 0 \\ 0 \end{Bmatrix} \tag{4-79}$$

对于 A_1、A_2 不同时为零，则其系数行列式必须等于零，因此得到系统的特征值方程或频率方程为

$$(m_{11}s^2 + c_{11}s + k_{11})(m_{22}s^2 + c_{22}s + k_{22}) - (c_{12}s + k_{12})(c_{21}s + k_{21}) = 0$$

整理得

$$m_{11}m_{22}s^4 + (m_{11}c_{22} + m_{22}c_{11})s^3 + (m_{11}k_{22} + m_{22}k_{11} + c_{11}c_{22} - c_{12}^2)s^2 + (c_{11}k_{22} + c_{22}k_{11} - 2c_{12}k_{12})s + k_{11}k_{22} - k_{12}^2 = 0 \tag{4-80}$$

由方程式(4-80)可解得 4 个特征值 s_1, s_2, s_3, s_4。

将 4 个特征值分别代入式(4-79)。由于方程是齐次式只能得到对应每个特征值的两振体的幅值比为

$$r_i=\frac{A_2^{(i)}}{A_1^{(i)}}=-\frac{m_{11}s_i^2+c_{11}s_i+k_{11}}{c_{12}s_i+k_{12}}=-\frac{c_{21}s_i+k_{21}}{m_{22}s_i^2+c_{22}s_i+k_{22}}\quad(i=1,2,3,4)\tag{4-81}$$

这在形式上与无阻尼系统相似,各阶振型比 $r_i(i=1,2,3,4)$ 只取决于系统的物理参数。

式 (4-76)的解为

$$\begin{Bmatrix}x_1\\x_2\end{Bmatrix}=\begin{Bmatrix}A_1^{(1)}\\A_2^{(1)}\end{Bmatrix}e^{s_1t}+\begin{Bmatrix}A_1^{(2)}\\A_2^{(2)}\end{Bmatrix}e^{s_2t}+\begin{Bmatrix}A_1^{(3)}\\A_2^{(3)}\end{Bmatrix}e^{s_3t}+\begin{Bmatrix}A_1^{(4)}\\A_2^{(4)}\end{Bmatrix}e^{s_4t}\tag{4-82}$$

或表示为

$$\begin{Bmatrix}x_1\\x_2\end{Bmatrix}=A_1^{(1)}\begin{Bmatrix}1\\r_1\end{Bmatrix}e^{s_1t}+A_1^{(2)}\begin{Bmatrix}1\\r_2\end{Bmatrix}e^{s_2t}+A_1^{(3)}\begin{Bmatrix}1\\r_3\end{Bmatrix}e^{s_3t}+A_1^{(4)}\begin{Bmatrix}1\\r_4\end{Bmatrix}e^{s_4t}\tag{4-83}$$

式中:$A_1^{(i)}(i=1,2,3,4)$ 由初始条件确定,对于阻尼系统,由初始条件引起的自由振动将是衰减的。

当特征值都是负实数,方程的解式(4-82)单调衰减不是振动运动,对于小阻尼的情况,系统可以自由振动。不妨设所有非零的根都具有负实部的复根。当特征根为两对共轭复特征根时,可设为

$$s_1=-n_1+jq_1,s_2=-n_1-jq_1,s_3=-n_2+jq_2,s_4=-n_2-jq_2$$

阻尼的存在使系统的自由振动为衰减振动,其衰减系数由特征根的实部确定,振动的频率则由特征根的虚部确定。两振体振动的幅值 $A_1^{(i)}$、$A_2^{(i)}(i=1,2,3,4)$ 为复数,相应的幅值(或位移)比 $r_i(i=1,2,3,4)$ 也是复数,称为复模态。运动方程的解式(4-83)可表示为

$$\begin{aligned}x_1&=A_1^{(1)}e^{-n_1t+jq_1t}+A_1^{(2)}e^{-n_1t-jq_1t}+A_1^{(3)}e^{-n_2t+jq_2t}+A_1^{(4)}e^{-n_2t-jq_2t}\\&=e^{-n_1t}(c_1\cos q_1t+c_2\sin q_1t)+e^{-n_2t}(c_3\cos q_2t+c_4\sin q_2t)\end{aligned}$$

式中:$c_1=A_1^{(1)}+A_1^{(2)},c_2=j(A_1^{(1)}-A_1^{(2)}),c_3=A_1^{(3)}+A_1^{(4)},c_4=j(A_1^{(3)}-A_1^{(4)})$

$$\begin{aligned}x_2&=r_1A_1^{(1)}e^{-n_1t+jq_1t}+r_2A_1^{(2)}e^{-n_1t-jq_1t}+r_3A_1^{(3)}e^{-n_2t+jq_2t}+r_4A_1^{(4)}e^{-n_2t-jq_2t}\\&=e^{-n_1t}(\alpha_1c_1\cos q_1t+\alpha_2c_2\sin q_1t)+e^{-n_2t}(\alpha_3c_3\cos q_2t+\alpha_4c_4\sin q_2t)\end{aligned}$$

其中

$$\alpha_1=\frac{r_1A_1^{(1)}+r_2A_1^{(2)}}{A_1^{(1)}+A_1^{(2)}},\alpha_2=\frac{r_1A_1^{(1)}-r_2A_1^{(2)}}{A_1^{(1)}-A_1^{(2)}}$$

$$\alpha_3=\frac{r_3A_1^{(3)}+r_4A_1^{(4)}}{A_1^{(3)}+A_1^{(4)}},\alpha_4=\frac{r_3A_1^{(3)}-r_4A_1^{(4)}}{A_1^{(3)}-A_1^{(4)}}$$

这样对应两对共轭复根运动方程的解为

$$\begin{cases}x_1=e^{-n_1t}(c_1\cos q_1t+c_2\sin q_1t)+e^{-n_2t}(c_3\cos q_2t+c_4\sin q_2t)\\x_2=e^{-n_1t}(\alpha_1c_1\cos q_1t+\alpha_2c_2\sin q_1t)+e^{-n_2t}(\alpha_3c_3\cos q_2t+\alpha_4c_4\sin q_2t)\end{cases}\tag{4-84}$$

给出初始条件,便可确定 $c_i(i=1,2,3,4)$,从而确定系统对初始条件的衰减振动规律。

对于小阻尼的情况特征值方程式(4-80)也可能有两个不同的负实根和一对共轭复根。这种情况系统也会出现衰减振动。假设 $s_1=-n+jq,s_2=-n-jq,s_3=-\sigma_3,s_4=-\sigma_4$,这时运动方程式(4-76)解的一般表达式(4-83)可写成

$$\begin{cases}x_1=e^{-nt}(c_1\cos qt+c_2\sin qt)+c_3e^{-\sigma_3t}+c_4e^{-\sigma_4t}\\x_2=e^{-nt}(\alpha_1c_1\cos qt+\alpha_2c_2\sin qt)+\alpha_3c_3e^{-\sigma_3t}+\alpha_4c_4e^{-\sigma_4t}\end{cases}\tag{4-85}$$

2. 二自由度阻尼系统的受迫振动

本节讨论系统对简谐激励力的稳态响应,对一般周期激励力,可展成傅里叶级数,按线性叠加原理系统的响应仍是对单个简谐激励力响应的叠加。稳态响应是受迫振动所关心的。

设作用于图 4-13 振体 m_1 上的激励力 $F(t)=H\sin\omega t$,这时方程式(4-77)为非齐的,以 $He^{j\omega t}$ 代换 $H\sin\omega t$,对于稳态响应,设其解为

$$x_1=\overline{B}_1e^{j\omega t},x_2=\overline{B}_2e^{j\omega t} \tag{4-86}$$

式中:$\overline{B}_1,\overline{B}_2$ 为复数振幅,将式(4-86)代入该非齐次方程中,得

$$\begin{bmatrix}(k_{11}-m_{11}\omega^2+j\omega c_{11}) & (k_{12}+j\omega c_{12})\\(k_{21}+j\omega c_{21}) & (k_{22}-m_{22}\omega^2+j\omega c_{22})\end{bmatrix}\begin{Bmatrix}\overline{B}_1\\\overline{B}_2\end{Bmatrix}=\begin{Bmatrix}H\\0\end{Bmatrix} \tag{4-87}$$

或写为

$$\begin{bmatrix}B_{11}(\omega) & B_{12}(\omega)\\B_{21}(\omega) & B_{22}(\omega)\end{bmatrix}\begin{Bmatrix}\overline{B}_1\\\overline{B}_2\end{Bmatrix}=\begin{Bmatrix}H\\0\end{Bmatrix} \tag{4-88}$$

式中:$B_{ij}(\omega)=k_{ij}-m_{ij}\omega^2+j\omega c_{ij}\quad(i,j=1,2)$,其中 $m_{12}=m_{21}=0$。

设 $f(\omega)=B_{11}(\omega)B_{22}(\omega)-B_{12}(\omega)B_{21}(\omega)\neq 0$,则

$$\begin{cases}\overline{B}_1=\dfrac{B_{22}(\omega)}{f(\omega)}H=\dfrac{k_{22}-m_{22}\omega^2+j\omega c_{22}}{f(\omega)}H=|\overline{B}_1|e^{-j\varphi_1}\\\overline{B}_2=\dfrac{-B_{21}(\omega)}{f(\omega)}H=\dfrac{-(k_{21}-j\omega c_{21})}{f(\omega)}H=|\overline{B}_2|e^{-j\varphi_2}\end{cases} \tag{4-89}$$

式中:$|\overline{B}_1|,|\overline{B}_2|$ 分别为系统响应的幅值,即复数振幅的模;φ_1,φ_2 分别为响应滞后于激励的相位角。

系统的稳态响应的表达式为

$$\begin{cases}x_1=|\overline{B}_1|\sin(\omega t-\varphi_1)=B_1\sin(\omega t-\varphi_1)\\x_2=|\overline{B}_2|\sin(\omega t-\varphi_2)=B_2\sin(\omega t-\varphi_2)\end{cases} \tag{4-90}$$

式中:$B_1=|\overline{B}_1|,B_2=|\overline{B}_2|$。

例 4.6 有阻尼吸振器的简化模型就是在例 4.5 无阻尼吸振器中加装阻尼器构成的。阻尼器加在主振体质量 m_1 和吸振器质量 m_2 之间(图 4-14),在主振体上作用一个简谐力,系统成为有阻尼二自由度系统的受迫振动。求在 $F(t)=H\sin\omega t$ 激励力作用下主振体的稳态响应。

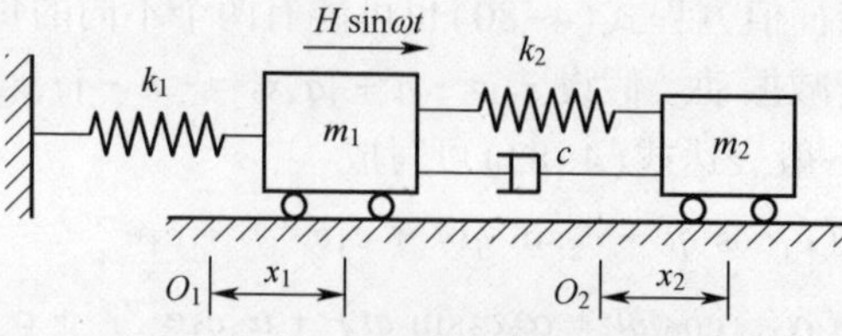

图 4-14 阻尼吸振器简化模型

解:这是由主振体和阻尼吸振器组成的二自由度系统,运动微分方程为

$$\begin{bmatrix} m_1 & 0 \\ 0 & m_2 \end{bmatrix}\begin{Bmatrix} \ddot{x}_1 \\ \ddot{x}_2 \end{Bmatrix} + \begin{bmatrix} c & -c \\ -c & c \end{bmatrix}\begin{Bmatrix} \dot{x}_1 \\ \dot{x}_2 \end{Bmatrix} + \begin{bmatrix} k_1 + k_2 & -k_2 \\ -k_2 & k_2 \end{bmatrix}\begin{Bmatrix} x_1 \\ x_2 \end{Bmatrix} = \begin{Bmatrix} H\sin \omega t \\ 0 \end{Bmatrix} \tag{4-91}$$

由式(4-89)得稳态响应复振幅为

$$\begin{cases} \overline{B}_1 = \dfrac{k_{22} - m_{22}\omega^2 + \mathrm{j}\omega c_{22}}{f(\omega)}H = \dfrac{k_{22} - m_{22}\omega^2 + \mathrm{j}\omega c}{f(\omega)}H \\ \overline{B}_2 = \dfrac{-(k_{21} + \mathrm{j}\omega c)}{f(\omega)}H \end{cases} \tag{4-92}$$

式中:$f(\omega)$ 的具体表达式为

$$\begin{aligned} f(\omega) &= (k_1 + k_2 - m_1\omega^2 + \mathrm{j}\omega c)(k_2 - m_2\omega^2 + \mathrm{j}\omega c) - (k_2 + \mathrm{j}\omega c)^2 \\ &= (k_1 - m_1\omega^2)(k_2 - m_2\omega^2) - k_2 m_2\omega^2 + \mathrm{j}c\omega(k_1 - m_1\omega^2 - m_2\omega^2) \end{aligned}$$

对于式(4-92)中主振体 m_1 的振幅 $B_1 = |\overline{B}_1|$ 可写成

$$B_1 = \frac{H\sqrt{(k_2 - m_2\omega^2)^2 + (c\omega_2)^2}}{\sqrt{[(k_1 - m_1\omega^2)(k_2 - m_2\omega^2) + k_2 m_2\omega^2]^2 + [c\omega(k_1 - m_1\omega^2 - m_2\omega^2]^2}} \tag{4-93}$$

为便于讨论,式(4-93)分子、分母根号的各项均除以 $(m_2 p_{01}^2)^2$,分子根号内的各项化为

$$\left(\frac{k_2}{m_2 p_{01}^2} - \frac{\omega^2}{p_{01}^2}\right)^2 + \left(\frac{c\omega^2}{m_2 p_{01}^2}\right)^2$$

分母根号内的各项化为

$$\begin{aligned} &\left[(k_1 - m_1\omega^2)\left(\frac{k_2}{m_2 p_{01}^2} - \frac{\omega^2}{p_{01}^2}\right) - \frac{k_2\omega^2}{p_{01}^2}\right]^2 + \frac{c_2\omega^2}{(m_2 p_{01}^2)^2}(k_1 - m_1\omega^2 - m_2\omega^2)^2 \\ &= k_1^2\left\{\left[\left(1 - \frac{m_1\omega^2}{k_1}\right)\left(\frac{k_2}{m_2 p_{01}^2} - \frac{\omega^2}{p_{01}^2}\right) - \frac{k_2\omega^2}{k_1 p_{01}^2}\right]^2 + \frac{c_2\omega^2}{(m_2 p_{01}^2)^2}\left(1 - \frac{m_1\omega^2}{k_1} - \frac{m_2\omega^2}{k_1}\right)^2\right\} \end{aligned}$$

令 $B_0 = \dfrac{H}{k_1}, p_{01} = \sqrt{\dfrac{k_1}{m_1}}, p_{02} = \sqrt{\dfrac{k_2}{m_2}}, \mu = \dfrac{m_2}{m_1}, \delta = \dfrac{p_{02}}{p_{01}}, \lambda = \dfrac{\omega}{p_{01}}, \zeta = \dfrac{c}{2m_2 p_{01}}$,

则可将式(4-93)写成如下形式

$$\frac{B_1}{B_0} = \frac{\sqrt{(\lambda^2 - \delta^2)^2 + 4\zeta^2\lambda^2}}{\sqrt{[\mu\lambda^2\delta^2 - (1 - \lambda^2)(\delta^2 - \lambda^2)]^2 + 4\zeta^2\lambda^2(1 - \lambda_2 - \mu\lambda^2)^2}} \tag{4-94}$$

式(4-94)就是主振体幅值放大系数与激励力频率关系的表达式。由此式可作出主振体幅值的响应谱图线。

例如,取 $\mu = \dfrac{m_2}{m_1} = \dfrac{1}{20}, \delta = \dfrac{p_{02}}{p_{01}} = 1$ 时,在 $\zeta = 0.10$ 和 $\zeta = 0.32$ 的情况下主振体幅值的响应谱可按式(4-94)给出,回顾 $\zeta = 0$ 和 $\zeta = \infty$ 两个极端情形,$\zeta = 0$,式(4-94)成为

$$\frac{B_1}{B_0} = \frac{(\lambda^2 - \delta^2)}{\mu\lambda^2\delta^2 - (1 - \lambda^2)(\delta^2 - \lambda^2)} \tag{4-95}$$

式(4-95)的分母表达式为零,即无阻尼时该系统的特征方程。

因此,令$\mu\lambda^2\delta^2-(1-\lambda^2)(\delta^2-\lambda^2)=0$,并将$\mu=\frac{1}{20}$,$\delta=1$代入式(4-95)可解出$\lambda_1=0.891$和$\lambda_2=1.118$,则该无阻尼系统的两个共振频率为$\omega_1=0.891p_{01}$和$\omega_2=1.118p_{01}$,而在$\lambda=\delta=1$时,主振体幅值为零。式(4-95)的稳态幅值放大系数$\frac{B_1}{B_0}$在例图响应谱图线中用虚线示出(图4-12中画出的是$\frac{B_1}{B_0}$的绝对值)。对于$\zeta=\infty$的情况,质量m_1和m_2将无相对运动,系统成为质量由m_1+m_2和弹簧刚度为k_1组成的单自由度系统。该单自由度系统的固有频率就是其受迫振动的共振频率,即

$$\omega=\sqrt{\frac{k_1}{m_1+m_2}}=\sqrt{\frac{\frac{k_1}{m_1}}{1+\frac{m_2}{m_1}}}=\frac{p_{01}}{\sqrt{1+\mu}}$$

共振时的频率比为

$$\frac{\omega}{p_{01}}=\frac{1}{\sqrt{1+\mu}}=0.976$$

其响应与单自由度系统稳态响应相同,此时

$$\frac{B_1}{B_0}=\frac{1}{1-\lambda^2-\mu\lambda^2} \tag{4-96}$$

式(4-96)也可直接由式(4-94)令$\zeta\to\infty$直接得到。

当$\zeta=\infty$时,主振体的幅值响应谱图中也用虚线示出。对于其他的阻尼值,主振体的稳态响应谱曲线将介于$\zeta=0$和$\zeta=\infty$之间。主振体所有的响应曲线都交于S点和T点。表明在S点和T点所对应的λ值,其主振体稳态响应的幅值与吸振器的阻尼无关。

因此S点和T点所对应的λ值,可用任何两个不同阻尼值的稳态响应曲线交点求得。例如,令表达式(4-95)和式(4-96)的绝对值相等,便可求出S点和T点所对应的横坐标λ_S和λ_T,再将求得的λ_S和λ_T分别代入式(4-96)就得到S点和T点的纵坐标值为

$$\frac{B_{1S}}{B_0}=\frac{1}{1-\lambda_S^2-\mu\lambda_S^2}\text{及}\frac{B_{1\mathrm{T}}}{B_0}=\frac{1}{1-\lambda_T^2-\mu\lambda_T^2}$$

而对于任何其他的ζ值的幅值响应谱图线(图4-15)由式(4-94)绘出。对于$\zeta=0.10$,$\zeta=0.32$的两条曲线在例图中用实线示出。虽然在$\lambda=1$时主振体的振幅不为零,但在$\zeta=0$曲线的两个共振点上的幅值却明显下降了。对于工程实际问题,并不要求主振体的幅值一定为零,只要小于允许值就可以了,并使其能在较宽的频率范围内工作。

在设计阻尼吸振器时可设$B_{1S}=B_{1\mathrm{T}}$,并令其为某个要求的响应曲线的最大值。由S,T的纵坐标表达式适当选择m_2和k_2,使曲线在S点和T点有相同的幅值。再按使曲线在S点和T点有水平切线来适当确定ζ值和阻尼器的c值($c=2\zeta m_2p_{01}$)。做出主系统的稳态响应曲线,如做出的主系统稳态响应曲线,在S点和T点以外的响应值相差都很小,则在相

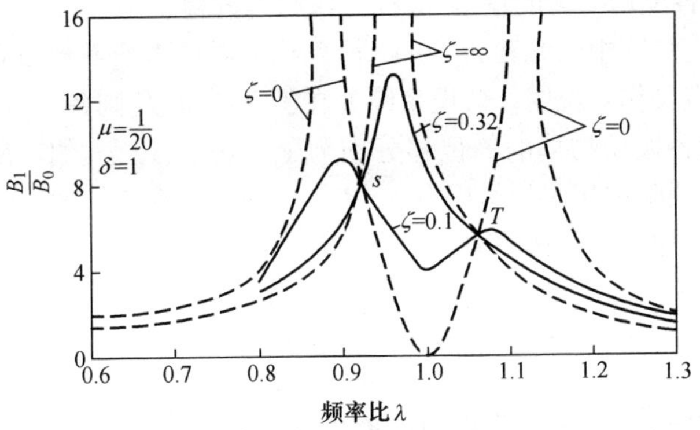

图 4-15　不同阻尼比主振体的幅频响应谱

当宽的频率范围内，主振体就有小于允许值的振幅，达到了减小主振体振动的目的。

4.3　多自由系统的振动

多自由度系统研究的对象是具有多个集中质量的系统，也可以是具有分布参数的弹性体系经某种简化处理而得到的离散化系统。这类具有集中质量系统的振动称为多自由度系统的振动。前面讨论的二自由度系统的振动是多自由度系统振动的最简单情况，其基本方法可以扩展到多自由度系统。n 个自由度系统需要由 n 个独立坐标来描述。

4.3.1　多自由度系统自由振动的微分方程

n 个自由度无阻尼系统自由振动微分方程一般形式为 n 个二阶常微分方程组成的方程组：

$$\begin{cases} m_{11}\ddot{x}_1 + m_{12}\ddot{x}_2 + \cdots + m_{1n}\ddot{x}_n + k_{11}x_1 + k_{12}x_2 + \cdots + k_{1n}x_n = 0 \\ m_{21}\ddot{x}_1 + m_{22}\ddot{x}_2 + \cdots + m_{2n}\ddot{x}_n + k_{21}x_1 + k_{22}x_2 + \cdots + k_{2n}x_n = 0 \\ \vdots \\ m_{n1}\ddot{x}_1 + m_{n2}\ddot{x}_2 + \cdots + m_{nn}\ddot{x}_n + k_{n1}x_1 + k_{n2}x_2 + \cdots + k_{nn}x_n = 0 \end{cases} \tag{4-97}$$

表示成矩阵形式：

$$\boldsymbol{M}\ddot{\boldsymbol{x}} + \boldsymbol{K}\boldsymbol{x} = \boldsymbol{0} \tag{4-98}$$

式中：$\boldsymbol{M}$、$\boldsymbol{K}$ 分别为系统质量矩阵和刚度矩阵，为 $n \times n$ 阶方阵；$\boldsymbol{x}$、$\ddot{\boldsymbol{x}}$ 分别为系统的坐标列阵和加速度列阵。它们可表示为

$$\boldsymbol{M} = \begin{bmatrix} m_{11} & m_{12} & \cdots & m_{1n} \\ m_{21} & m_{22} & \cdots & m_{2n} \\ \vdots & \vdots & & \vdots \\ m_{n1} & m_{n2} & \cdots & m_{nn} \end{bmatrix}, \boldsymbol{K} = \begin{bmatrix} k_{11} & k_{12} & \cdots & k_{1n} \\ k_{21} & k_{22} & \cdots & k_{2n} \\ \vdots & \vdots & & \vdots \\ k_{n1} & k_{n2} & \cdots & k_{nn} \end{bmatrix}$$

$$\boldsymbol{x} = (x_1 \quad x_2 \quad \cdots \quad x_n)^{\mathrm{T}}, \ddot{\boldsymbol{x}} = (\ddot{x}_1 \quad \ddot{x}_2 \quad \cdots \quad \ddot{x}_n)^{\mathrm{T}}$$

式(4-97)中的各项均为力的量纲,故称为作用力方程。

质量矩阵和刚度矩阵中的元素 m_{ij} 和 k_{ij} 分别称为质量影响系数和刚度影响系数。下面对刚度影响系数的意义作一说明。假设系统处在静平衡位置,则各质量的加速度均为零,考虑静变形的情况,设各振动物体的静位移分别为 $x_1,x_2,\cdots,x_n$ 。欲使系统在该状态下保持平衡,则各物体上必须附加相应的作用力 $F_1,F_2,\cdots,F_n$,才能与系统的弹性恢复力相平衡。根据线性叠加原理附加力与位移的关系为

$$F_i = \sum_{j=1}^{n} k_{ij}x_j \quad (i = 1,2,\cdots,n)$$

式中: k_{ij} 为 j 处单位位移在 i 处产生的力。上式写成矩阵形式:

$$\begin{bmatrix} k_{11} & k_{12} & \cdots & k_{1n} \\ k_{21} & k_{22} & \cdots & k_{2n} \\ \vdots & \vdots & & \vdots \\ k_{n1} & k_{n2} & \cdots & k_{nn} \end{bmatrix} \begin{Bmatrix} x_1 \\ x_2 \\ \vdots \\ x_n \end{Bmatrix} = \begin{Bmatrix} F_1 \\ F_2 \\ \vdots \\ F_n \end{Bmatrix} \tag{4-99}$$

在式(4-99)中,如令 $x_1 = 1$,使 $x_2,x_3,\cdots,x_n$ 均为零,则

$$k_{11} = F_1,k_{21} = F_2,\cdots,k_{n1} = F_n$$

这就是说,仅当 $x_1 = 1$,其余坐标均为零的情形下,欲使系统在该位置处于静平衡,在各振体上所附加的力 F 就是刚度阵中的第一列元素 $k_{i1}(i = 1,2,\cdots,n)$。

同样,在式(4-99)中令 $x_2 = 1,x_1 = x_3 = \cdots = x_n = 0$,可得到刚度矩阵中的第二列元素 $k_{i2}(i = 1,2,\cdots,n)$。依此类推,便可得刚度矩阵中的全部元素 $k_{ij}(i = 1,2,\cdots,n)$。

将刚度影响系数定义为在系统的平衡位置,使坐标 x_j 发生单位位移,而使其他坐标的位移均为零,即 $x_j = 1,x_l = 0(l = 1,2,\cdots,j-1,j+1,\cdots,n)$,系统处于静平衡时,在 $x_i(i=1,2,\cdots,n)$ 处应施加的作用力,定义为 $k_{ij}(i=1,2,\cdots,n)$。由刚度影响系数的物理意义可直接写出刚度矩阵,从而建立作用力方程,这种方法称为刚度影响系数法。下面通过实例来说明用该方法建立系统的刚度矩阵。

例 4.7 图 4-16(a)所示为三自由度的弹簧-质量系统,试写出该系统的刚度矩阵。

解:这是一个三自由度系统,由 x_1、x_2、x_3 确定其位形,根据刚度影响系数的意义,在系统的平衡位置, $x_j = 1(j = 1,2,3)$ 时,为使系统平衡各振体上所需加的力 $F_i(i = 1,2,3)$,即 $k_{ij}(i,j = 1,2,3)$ 。

按受力图 4-16(b)的三种状态下,由振体的静力平衡方程,便可得到 $k_{ij}(i,j = 1,2,3)$ 。受力图中弹簧力画在表示振体物块的侧面,方向用箭头示出,而表示施加力,即 k_{ij} 用双线画在物块图内,因是待求的力,方向均设以坐标正向相同为正,并用箭头示出,如图 4-16(b)所示。

令振体 m_1 的坐标 $x_1 = 1$,振体 m_2、m_3 的坐标 $x_2 = x_3 = 0$。在此条件下系统处于平衡,按受力图,物块 m_1 受到的弹簧力大小为 $k_1 \times 1 = k_1$ 和 $k_2 \times 1 = k_2$,方向是使 m_1 回到原位,向左。欲保持物块 m_1 在该条件下的平衡,在其上必须施加一个力,这就是 k_{11} ,由静力平衡条件得 $k_{11} = k_1 + k_2$,由物块 m_2 和 m_3 的平衡条件得 $k_{21} = -k_2$ 和 $k_{31} = 0$。

同样由受力分析,可得在 $x_2 = 1$ 和 $x_1 = x_3 = 0$ 系统处于平衡时,刚度影响系数 $k_{12} = -k_1$, $k_{22} = k_2 + k_3,k_{32} = -k_3$。

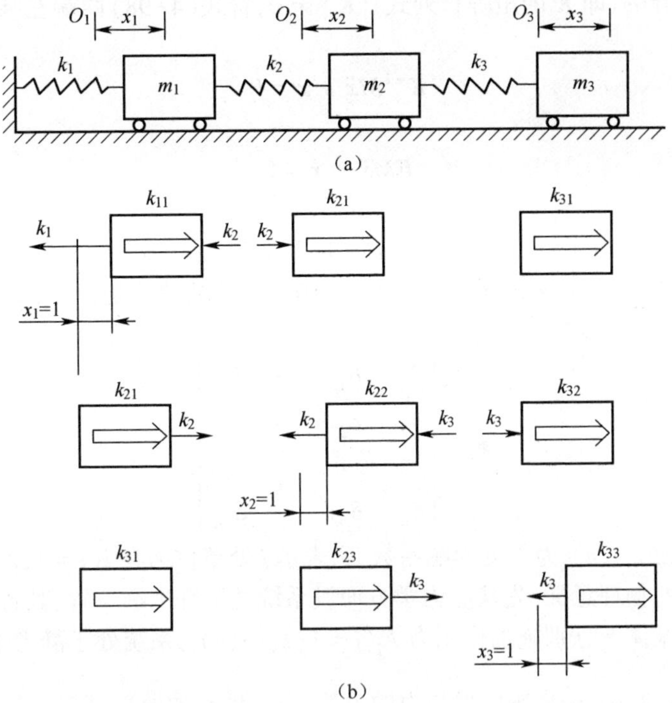

图 4-16　刚度影响系数法

最后，由 $x_1 = x_2 = 0$ 和 $x_3 = 1$ 状态下系统处于平衡的受力图得 $k_{13} = 0, k_{23} = -k_3, k_{33} = k_3$。

因而该系统的刚度矩阵为

$$\boldsymbol{K} = \begin{bmatrix} k_1 + k_2 & -k_2 & 0 \\ -k_2 & k_2 + k_3 & -k_3 \\ 0 & -k_3 & k_3 \end{bmatrix} \tag{4-100}$$

从上式可看出 $k_{ij} = k_{ji}(i,j = 1,2,3)$，刚度矩阵是对称的，一般的多自由度线性系统都具有这个性质。

至于质量影响系数 $m_{ij}(i,j = 1,2,\cdots,n)$ 也可仿刚度影响系数定义，它的意义是，在系统的平衡位置使只有 x_j 产生单位加速度 $\ddot{x}_j = 1$ 时，在该状态下系统处于平衡需施加于坐标 $x_i(i = 1,2,\cdots,n)$ 的力，定义为 m_{ij}。在很多情况下（坐标选得合适）质量阵往往是对角阵。利用影响系数法由式(4-98)可得

$$\begin{bmatrix} m_1 & 0 & 0 \\ 0 & m_2 & 0 \\ 0 & 0 & m_3 \end{bmatrix} \begin{Bmatrix} \ddot{x}_1 \\ \ddot{x}_2 \\ \ddot{x}_3 \end{Bmatrix} + \begin{bmatrix} k_1 + k_2 & -k_2 & 0 \\ -k_2 & k_2 + k_3 & -k_3 \\ 0 & -k_3 & k_3 \end{bmatrix} \begin{Bmatrix} x_1 \\ x_2 \\ x_3 \end{Bmatrix} = \begin{Bmatrix} 0 \\ 0 \\ 0 \end{Bmatrix} \tag{4-101}$$

由于振体加速度产生的惯性力使弹簧变形而产生弹性恢复力，各振体的惯性力与作用其上的弹簧力形式上处于平衡，就得方程式(4-101)，各振体惯性力值的大小就为式(4-99)右端力矢量列 $\{F\}$ 中的相应元素。

n 自由度系统自由振微分方程式(4-98)也可写成位移的形式。假设作用力方程中的

刚度矩阵是非奇异的，即 $\boldsymbol{K}$ 的矩阵行列式 $|\boldsymbol{K}| \neq 0$，将式(4-98)两端左乘刚度矩阵的逆矩阵 $\boldsymbol{K}^{-1}$，即

$$\boldsymbol{K}^{-1}\boldsymbol{M}\ddot{\boldsymbol{x}} + \boldsymbol{x} = 0 \tag{4-102}$$

或写成

$$\boldsymbol{F}\boldsymbol{M}\ddot{\boldsymbol{x}} + \boldsymbol{x} = 0 \tag{4-103}$$

其中

$$\boldsymbol{F} = \boldsymbol{K}^{-1}$$

称系统的柔度矩阵，也是 $n \times n$ 阶方阵。式(4-103)各项的单位是位移，所以称位移方程。$\boldsymbol{F}$ 的表示式为

$$\boldsymbol{F} = \begin{bmatrix} \delta_{11} & \delta_{12} & \cdots & \delta_{1n} \\ \delta_{21} & \delta_{22} & \cdots & \delta_{2n} \\ \vdots & \vdots & & \vdots \\ \delta_{n1} & \delta_{n2} & \cdots & \delta_{nn} \end{bmatrix}$$

式中：$\delta_{ij}(i,j = 1,2,\cdots,n)$ 为柔度影响系数，它表示 j 处单位力在 $i(i = 1,2,\cdots,n)$ 处产生的位移。为说明它的物理意义，先从静力学方面设系统处于静平衡位置，其各振体质量的加速度均为零。在各振体上分别施加作用力 $F_j(j = 1,2,\cdots,n)$，系统处于静力平衡时，各振体产生静位移 $x_i(i = 1,2,\cdots,n)$，按位移与力的关系，由线性叠加原理可表示为 $x_i = \sum_{j=1}^{n}\delta_{ij}F_j(i = 1,2,\cdots,n)$。写成矩阵形式：

$$\begin{Bmatrix} x_1 \\ x_2 \\ \vdots \\ x_n \end{Bmatrix} = \begin{bmatrix} \delta_{11} & \delta_{12} & \cdots & \delta_{1n} \\ \delta_{21} & \delta_{22} & \cdots & \delta_{2n} \\ \vdots & \vdots & & \vdots \\ \delta_{n1} & \delta_{n2} & \cdots & \delta_{nn} \end{bmatrix} \begin{Bmatrix} F_1 \\ F_2 \\ \vdots \\ F_n \end{Bmatrix} \tag{4-104}$$

上式就是系统中的静力与位移的关系。

仿照刚度影响系数的论述可知，式(4-104)中柔度影响系数 δ_{ij} 的意义是只在 x_j 处作用单位力 $F_j = 1$，而其他各坐标处均无作用力时，各振体坐标 $x_i(i = 1,2,\cdots,n)$ 处所产生的位移即为 $\delta_{ij}(i,j = 1,2,\cdots,n)$。这就是柔度影响系数 δ_{ij} 的定义。

这里和前面所说的位移和力均理解为广义的。下面我们就图 4-17 所示的三自由度系统的柔度影响系数求法给以具体说明。

首先只在 m_1 上施以单位力而 m_2、m_3 均不加力，也就是振体所对应的坐标 x_1 处施加力 $F_1 = 1$，而 x_2、x_3 处均不加力。这时各振体所产生的静位移按定义就是 δ_{11}、δ_{21}、δ_{31}。当受到 $F_1 = 1$ 力作用后，第一个弹簧的静变形为 $\frac{1}{k_1}$，这也就是第一个单个弹簧柔度系数，第二个和第三个弹簧均无变形，因此三个振体的位移都是 $\frac{1}{k_1}$，即

$$\delta_{11} = \frac{1}{k_1}, \delta_{21} = \frac{1}{k_1}, \delta_{31} = \frac{1}{k_1}$$

同样，令 $F_2 = 1, F_1 = F_3 = 0$，这时第一和第二弹簧均受单位拉力作用，变形各为 $\frac{1}{k_1}$ 和

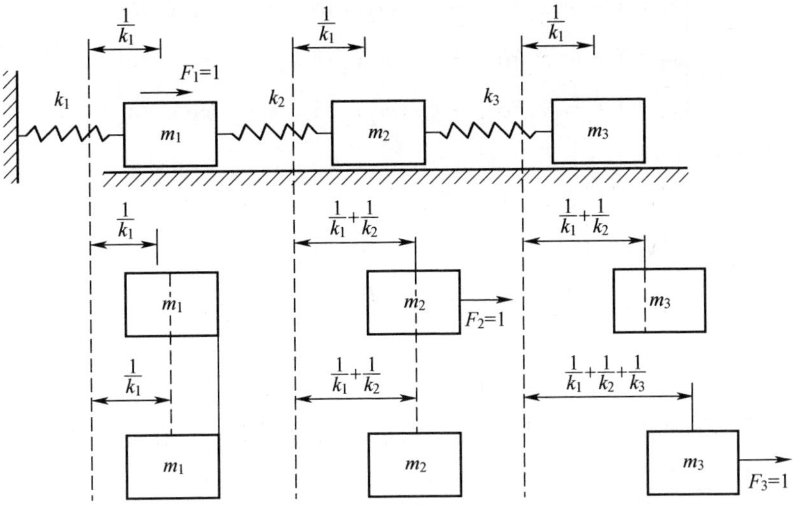

图 4-17　三自由度系统的柔度影响系数计算图示

$\dfrac{1}{k_2}$，第三个弹簧的变形为零，各振体的位移分别为

$$\delta_{12}=\frac{1}{k_1},\delta_{22}=\frac{1}{k_1}+\frac{1}{k_2},\delta_{32}=\frac{1}{k_1}+\frac{1}{k_2}$$

再令 $F_3=1(F_1=F_2=0)$，三个弹簧均受单位拉力作用，变形分别为 $\dfrac{1}{k_1}$、$\dfrac{1}{k_2}$、$\dfrac{1}{k_3}$。各振体的位移分别为

$$\delta_{13}=\frac{1}{k_1},\delta_{23}=\frac{1}{k_1}+\frac{1}{k_2},\delta_{33}=\frac{1}{k_1}+\frac{1}{k_2}+\frac{1}{k_3}$$

该系统的柔度矩阵为

$$\boldsymbol{F}=\begin{bmatrix}\delta_{11} & \delta_{12} & \delta_{13}\\ \delta_{21} & \delta_{22} & \delta_{23}\\ \delta_{31} & \delta_{32} & \delta_{33}\end{bmatrix}=\begin{bmatrix}\dfrac{1}{k_1} & \dfrac{1}{k_1} & \dfrac{1}{k_1}\\ \dfrac{1}{k_1} & \dfrac{1}{k_1}+\dfrac{1}{k_2} & \dfrac{1}{k_1}+\dfrac{1}{k_2}\\ \dfrac{1}{k_1} & \dfrac{1}{k_1}+\dfrac{1}{k_2} & \dfrac{1}{k_1}+\dfrac{1}{k_2}+\dfrac{1}{k_3}\end{bmatrix} \tag{4-105}$$

按柔度影响系数建立系统的柔度矩阵 $\boldsymbol{F}$ 后，当系统做任意运动时，只需将式(4-104)中的力矢量列 $(F_1F_2\cdots F_n)^{\mathrm{T}}$ 换成振体相应的惯性力矢量列 $(F_1^{(u)}F_2^{(u)}\cdots F_n^{(u)})^{\mathrm{T}}$ 其中 $F_i^{(u)}=\sum\limits_{j=1}^{n}-m_{ij}\ddot{x}_j(i=1,2,\cdots,n)$，由式(4-104)便可直接得位移方程式(4-103)。

例如，在例 4.7 中，x_1、x_2、x_3 分别表示质量 m_1、m_2、m_3 的位移，振动过程中，各振体产生的惯性力分别为

$$F_1^{(u)}=-m_1\ddot{x}_1,F_2^{(u)}=-m_2\ddot{x}_2,F_3^{(u)}=-m_3\ddot{x}_3$$

它们使弹簧变形，由线性叠加原理可得振体产生的位移分别为

$$\begin{cases}x_1=(-m_1\ddot{x}_1)\delta_{11}+(-m_2\ddot{x}_2)\delta_{12}+(-m_3\ddot{x}_3)\delta_{13}\\x_2=(-m_1\ddot{x}_1)\delta_{21}+(-m_2\ddot{x}_2)\delta_{22}+(-m_3\ddot{x}_3)\delta_{23}\\x_3=(-m_1\ddot{x}_1)\delta_{31}+(-m_2\ddot{x}_2)\delta_{32}+(-m_3\ddot{x}_3)\delta_{33}\end{cases}$$

写成矩阵形式

$$\begin{Bmatrix}x_1\\x_2\\x_3\end{Bmatrix}=\begin{bmatrix}\delta_{11}&\delta_{12}&\delta_{13}\\\delta_{21}&\delta_{22}&\delta_{23}\\\delta_{31}&\delta_{32}&\delta_{33}\end{bmatrix}\begin{bmatrix}m_1&0&0\\0&m_2&0\\0&0&m_3\end{bmatrix}\begin{Bmatrix}-\ddot{x}_1\\-\ddot{x}_2\\-\ddot{x}_3\end{Bmatrix}$$

即

$$[\boldsymbol{F}][\boldsymbol{M}]\{\ddot{x}\}+\{x\}=\{0\}$$

从此例中看到柔度矩阵也是对称的,如果系统的柔度矩阵存在,对于线性系统,柔度矩阵都是对称阵,即 $\delta_{ij}=\delta_{ji}(i,j=1,3,\cdots,n)$。

从以上讨论可知,刚度矩阵和柔度矩阵都可用来建立系统的运动微分方程。对于一个多自由度系统,一般总能求得它的刚度矩阵,但并不一定能求得它的柔度矩阵,也就是系统可能不存在柔度矩阵。这时的刚度矩阵是奇异的,无约束系统就是这种情况,此时系统的平衡位置是随遇的,从运动学方面看就是整个系统有刚体运动。

位移方程式(4-103)也可写成

$$\boldsymbol{D}\ddot{\boldsymbol{x}}+\boldsymbol{x}=\boldsymbol{0}$$

式中:$\boldsymbol{D}$ 为系统的动力矩阵(矩阵 $\boldsymbol{D}$ 一般不是对称的),且有

$$\boldsymbol{D}=\boldsymbol{FM}$$

当刚度矩阵 $\boldsymbol{K}$ 为非奇异矩阵时,有

$$\boldsymbol{K}^{-1}=\boldsymbol{F}$$

因而,$\boldsymbol{KK}^{-1}=\boldsymbol{KF}=\boldsymbol{E}$,其中 $\boldsymbol{E}$ 为 n 阶单位矩阵,因此 $\boldsymbol{K}$ 和 $\boldsymbol{F}$ 互为逆矩阵。

例 4.8 试用影响系法重新建立图 4-18 所示的微振动运动微分方程。

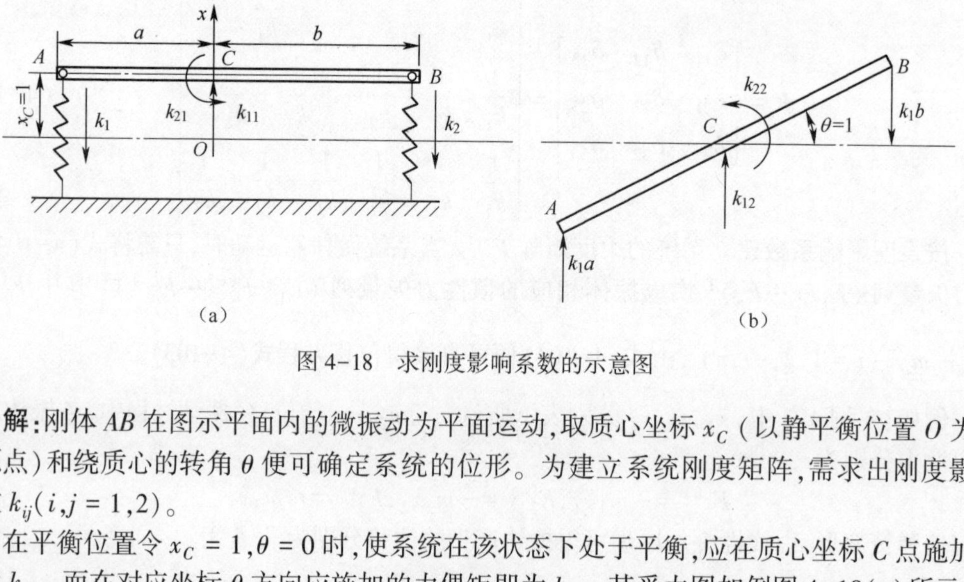

图 4-18 求刚度影响系数的示意图

解:刚体 AB 在图示平面内的微振动为平面运动,取质心坐标 x_C(以静平衡位置 O 为坐标原点)和绕质心的转角 θ 便可确定系统的位形。为建立系统刚度矩阵,需求出刚度影响系数 $k_{ij}(i,j=1,2)$。

在平衡位置令 $x_C=1,\theta=0$ 时,使系统在该状态下处于平衡,应在质心坐标 C 点施加的力为 k_{11},而在对应坐标 θ 方向应施加的力偶矩即为 k_{21},其受力图如例图 4-18(a)所示。

这里要注意所施加的力必须与其描述系统的坐标相对应，x_C 表示线位移，所以施加的力具有力的单位，而 θ 是角位移，所以与之对应的施加力应是力偶矩，具有力矩的单位。

由 AB 的平衡条件 $\sum F_x = 0$ 和 $\sum m_C(\boldsymbol{F}) = 0$，求得

$$k_{11} = k_1 + k_2$$
$$k_{21} = k_2 b - k_1 a$$

再令 $x_C = 0, \theta = 1$ 时，系统在该状态下处于平衡应施加在 C 点的力即为 k_{12}，加在刚体上的平面力偶矩即为 k_{22}，其平衡状态受力如图 4-18(b)所示。

由 AB 的平衡条件得

$$k_{12} = k_2 b - k_1 a$$
$$k_{22} = k_1 a^2 + k_2 b^2$$

系统刚度阵为

$$\boldsymbol{K} = \begin{bmatrix} k_{11} & k_{12} \\ k_{21} & k_{22} \end{bmatrix} = \begin{bmatrix} k_1 + k_2 & k_2 b - k_1 a \\ k_2 b - k_1 a & k_1 a^2 + k_2 b^2 \end{bmatrix} \tag{4-106}$$

因为参照点选于质心 C，所以质量矩阵为对角阵。

系统的微振动方程为

$$\begin{bmatrix} m & 0 \\ 0 & I_C \end{bmatrix} \begin{Bmatrix} \ddot{x}_C \\ \ddot{\theta} \end{Bmatrix} + \begin{bmatrix} k_1 + k_2 & k_2 b - k_1 a \\ k_2 b - k_1 a & k_1 a^2 + k_2 b^2 \end{bmatrix} \begin{Bmatrix} x_C \\ \theta \end{Bmatrix} = \begin{Bmatrix} 0 \\ 0 \end{Bmatrix} \tag{4-107}$$

和例 4.3 的式(4-41)结果完全相同。

例 4.9 试建立如图 4-19 所示的具有集中质量的悬臂梁的自由振动微分方程。设梁长为 l，梁的质量不计，抗弯曲刚度为 EI。

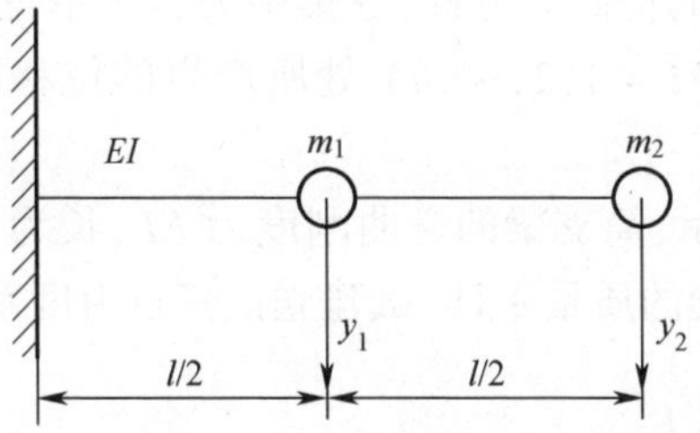

图 4-19 二自由度集中质量模型

解：这是一个二自由度系统，以系统静平衡位置为坐标原点，确定振体质量 m_1 和 m_2 的坐标为 y_1 和 y_2。此例如用影响系数法建立系统刚度刚矩阵时，则在求刚度影响系数 $k_{ij}(i, j=1,2)$ 过程中，须解超静定问题并不方便。此系统是静定的，其柔度矩阵却容易建立，因此对该例应建立位移方程。

首先在 m_1 处沿 y_1 方向施加单位力，振体 m_1 和 m_2 在该单位力作用下产生的位移则分别为 δ_{11} 和 δ_{21}。由材料力学的挠度公式，可得

$$\delta_{11} = \frac{\left(\dfrac{l}{2}\right)^3}{3EI} = \frac{l^3}{24EI}, \delta_{21} = \frac{\left(\dfrac{l}{2}\right)^2}{6EI}\left(3l - \frac{l}{2}\right) = \frac{5l^3}{48EI}$$

在 m_2 处施加单位力，则 m_2 处产生的位移为

$$\delta_{22} = \frac{l^3}{3EI}$$

而 m_1 处产生的位移为 δ_{12}，由 $\delta_{12} = \delta_{21}$，可知

$$\delta_{12} = \frac{5l^3}{48EI}$$

因此系统的柔度矩阵为

$$\boldsymbol{F} = \begin{bmatrix} \delta_{11} & \delta_{12} \\ \delta_{21} & \delta_{22} \end{bmatrix} = \frac{l^3}{3EI}\begin{bmatrix} \frac{1}{8} & \frac{5}{16} \\ \frac{5}{16} & 1 \end{bmatrix}$$

由位移方程式(4-103)，可得

$$\frac{l^3}{3EI}\begin{bmatrix} \frac{1}{8} & \frac{5}{16} \\ \frac{5}{16} & 1 \end{bmatrix}\begin{bmatrix} m_1 & 0 \\ 0 & m_2 \end{bmatrix}\begin{Bmatrix} \ddot{y}_1 \\ \ddot{y}_2 \end{Bmatrix} + \begin{Bmatrix} y_1 \\ y_2 \end{Bmatrix} = \begin{Bmatrix} 0 \\ 0 \end{Bmatrix} \tag{4-108}$$

或表示为

$$\frac{l^3}{3EI}\begin{bmatrix} \frac{1}{8}m_1 & \frac{5}{16}m_2 \\ \frac{5}{16}m_1 & m_2 \end{bmatrix}\begin{Bmatrix} \ddot{y}_1 \\ \ddot{y}_2 \end{Bmatrix} + \begin{Bmatrix} y_1 \\ y_2 \end{Bmatrix} = \begin{Bmatrix} 0 \\ 0 \end{Bmatrix} \tag{4-109}$$

显然，当 $m_1 \neq m_2$ 时，在该例中的动力矩阵 $\boldsymbol{D}$ 并不是对称的。在建立系统的柔度矩阵时，可利用梁某点在集中力作用下的挠曲线方程，令集中力等于单位力求得各点的位移。这就是对应某 x_j 处的单位力，在 $x_i(i = 1,2,\cdots,n)$ 处所产生的位移即柔度影响系数 $\delta_{ij}(i,j = 1,2,\cdots,n)$。

例 4.10　如图 4-20 所示，简支梁的弯曲刚度为 EI，长为 l，三个集中质量分别为 m_1、m_2、m_3 等距离地固于梁上，梁的质量不计，试建立该三自由度系统的柔度矩阵。

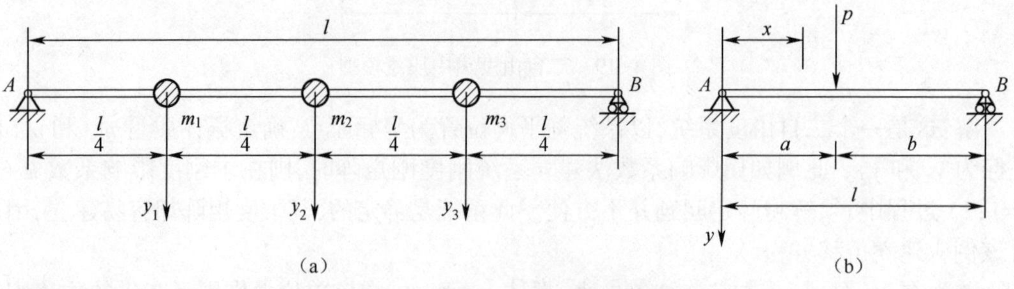

图 4-20　三自由度集中质量模型

解：对这个三自由度系统，设 y_1、y_2、y_3 分别为从系统平衡位置计起，三个集中质量 m_1、m_2、m_3 的位移坐标。

由材料力学可知，简支梁在集中力作用下的挠曲线方程为

$$y=\frac{Pbx}{6EIl}(l^2-x^2-b^2)\quad(0\leqslant x\leqslant a)\tag{4-110}$$

$$y=\frac{Pb}{6EIl}\left[\frac{l}{b}(x-a)^3+(l^2-b^2)x-x^3\right]\quad(a\leqslant x\leqslant l)\tag{4-111}$$

式中:各字符意义见例图4-20(b)。

首先令 $P=1,a=\frac{l}{4},b=\frac{3}{4}l$,则在 $x=\frac{l}{4}$ 处的挠度就是振体质量 m_1 的位移。这就是 δ_{11},利用式(4-110)计算得

$$\delta_{11}=\frac{\frac{3}{4}\cdot\frac{1}{4}l^2}{6EIl}\left[l^2-\left(\frac{l}{4}\right)^2-\left(\frac{3}{4}l\right)^2\right]=\frac{3l^3}{256EI}$$

第二个质量 m_2 的位移,因为 $x_2=\frac{l}{2}>a$,所以利用式(4-111)计算得

$$\delta_{21}=\frac{\frac{3}{4}l}{6EIl}\left[\frac{4}{3}\left(\frac{l}{2}-\frac{l}{4}\right)^3+(l^2-\frac{9}{16}l^2)\cdot\frac{l}{2}-\left(\frac{l}{2}\right)^3\right]=\frac{11l^3}{768EI}$$

第三个质量 m_3 的位移为

$$\delta_{31}=\frac{1}{8EI}\left[\frac{4}{3}\left(\frac{3}{4}l-\frac{1}{4}l\right)^3+\left(l^2-\frac{9}{16}l^2\right)\cdot\frac{3}{4}l-\left(\frac{3}{4}l\right)^3\right]=\frac{7l^3}{768EI}$$

再令在集中质量 m_2 处向下作用单位力 $P=1$,在挠曲线方程中 $a=\frac{l}{2},b=\frac{l}{2}$。当 $x=\frac{l}{2}$ 时,利用挠曲线方程式(4-110)(或式(4-111))求得质量 m_2 的位移为

$$\delta_{22}=\frac{\frac{l}{2}\cdot\frac{l}{2}}{6EIl}\left[l^2-\left(\frac{l}{2}\right)^2-\left(\frac{l}{2}\right)^2\right]=\frac{l^3}{48EI}$$

因为结构对称,所以 $\delta_{33}=\delta_{11},\delta_{21}=\delta_{23}$。

由柔度矩阵的对称性可得 $\delta_{12}=\delta_{21},\delta_{13}=\delta_{31},\delta_{23}=\delta_{32}$,全部柔度影响系数求得。因此,该系统的柔度矩阵为

$$\boldsymbol{F}=\frac{l^3}{768EI}\begin{bmatrix}9&11&7\\11&16&11\\7&11&9\end{bmatrix}\tag{4-112}$$

系统自由振动的位移方程为

$$\frac{l^3}{768EI}\begin{bmatrix}9m_1&11m_2&7m_3\\11m_1&16m_2&11m_3\\7m_1&11m_2&9m_3\end{bmatrix}\begin{Bmatrix}\ddot{y}_1\\\ddot{y}_2\\\ddot{y}_3\end{Bmatrix}+\begin{Bmatrix}y_1\\y_2\\y_3\end{Bmatrix}=\begin{Bmatrix}0\\0\\0\end{Bmatrix}\tag{4-113}$$

4.3.2 固有频率、主振型

n 自由度系统自由振动微分方程

$$\boldsymbol{M}\ddot{\boldsymbol{x}} + \boldsymbol{K}\boldsymbol{x} = \boldsymbol{0} \tag{4-114}$$

的特解(主振动)为

$$x_i = A_i \sin(pt + \alpha) \quad (i = 1,2,\cdots,n) \tag{4-115}$$

也就是各振体以不同的幅值、相同的频率做同步的谐振动,其中 A_i, p, α 均为待定的量。将式(4-115)写成列阵形式

$$\boldsymbol{x} = \boldsymbol{A}\sin(pt + \alpha) \tag{4-116}$$

式中:$\boldsymbol{A} = (A_1, A_2, \cdots, A_n)^{\mathrm{T}}$ 为幅值列阵,或振型矢量列阵。

将式(4-116)代入式(4-114)并消去不恒为零的谐函数因子 $\sin(pt + \alpha)$,可得

$$\boldsymbol{KA} - p^2\boldsymbol{MA} = \boldsymbol{0} \tag{4-117}$$

或写成

$$(\boldsymbol{K} - p^2\boldsymbol{M})\boldsymbol{A} = \boldsymbol{0} \tag{4-118}$$

令系统的特征值矩阵

$$\boldsymbol{H} = \boldsymbol{K} - p^2\boldsymbol{M}$$

将上式代入式(4-118),可得

$$\boldsymbol{HA} = \boldsymbol{0} \tag{4-119}$$

这是一个关于幅值矢量 $\boldsymbol{A}$ 的齐次线性代数方程组,$\boldsymbol{A}$ 有非零解的条件是特征矩阵 $\boldsymbol{H}$ 的行列式 $|\boldsymbol{H}| = 0$。$|\boldsymbol{H}| = |\boldsymbol{K} - p^2\boldsymbol{M}|$ 称为特征行列式,其中 p^2 为系统的特征值。

由条件

$$\Delta(p^2) = |\boldsymbol{K} - p^2\boldsymbol{M}| = 0 \tag{4-120}$$

可知,式(4-120)是 p^2 的 n 次方程。由此式可求得系统的 n 个特征值,特征值的平方根就是系统的 n 个固有频率,因此通常把式(4-120)称系统的特征方程或频率方程。将系统的频率由小到大顺序排列为 $p_1 < p_2 < \cdots < p_n$,最低阶固有频率 p_1 称第一阶固有频率或基频,后面依次称第二阶、第三阶固有频率等。无阻尼系统的特征值一般为正实数,特殊情况下可以为零,总之是非负的实数。

将由式(4-120)求得的各特征值 $p_i^2 (i = 1,2,\cdots,n)$ 分别代入式(4-118),它应满足

$$(\boldsymbol{K} - p_i^2\boldsymbol{M})\boldsymbol{A}^{(i)} = \boldsymbol{0} \quad (i = 1,2,\cdots,n) \tag{4-121}$$

从式(4-121)可解得对应于特征值 p_i^2 的特征矢量 $\boldsymbol{A}^{(i)}$ 称为系统的第 i 阶主振型或固有振型,也称第 i 阶模态。因为式(4-121)的系数行列式为零,所以式(4-121)的各式线性相关,只能求得 $\boldsymbol{A}^{(i)}$ 中各元素的比值。通常可指定某一元素,如第一个元素值为 1,振型矢量中的其余元素就可据此而定。该过程称为对该元素正规化或标准化。例如

$$\boldsymbol{A}^{(i)} = (1, A_2^{(i)} \cdots, A_n^{(i)})^{\mathrm{T}} \quad (i = 1,2,\cdots,n)$$

表示对振型矢量 $\boldsymbol{A}^{(i)}$ 的第一个元素 $A_1^{(i)} = 1$ 的正规化振型。它表明:当系统以第 i 阶固有频率做主振动时,各振体振动的幅值(或位移)之比。

对于 n 自由度系统有 n 个特征值 $p_i^2(i=1,2,\cdots,n)$,对每个特征值 p_i^2 都要解一次式(4-121)才能确定主振型 $\boldsymbol{A}^{(i)}(i = 1,2,\cdots,n)$,这样做显得很烦琐。

特征矢量也可通过特征矩阵 $\boldsymbol{H}$ 的伴随矩阵求得,特征矩阵 $\boldsymbol{H} = \boldsymbol{K} - p^2\boldsymbol{M}$ 的逆矩阵为

$$\boldsymbol{H}^{-1} = \frac{1}{|\boldsymbol{H}|}\,\mathrm{adj}\,\boldsymbol{H} \tag{4-122}$$

所以有

$$HH^{-1} = \frac{\boldsymbol{H}}{|\boldsymbol{H}|} \text{adj } \boldsymbol{H}$$

$$|\boldsymbol{H}|\boldsymbol{E} = \boldsymbol{H}\text{adj}\boldsymbol{H} \tag{4-123}$$

将 p_i^2 代入式(4-123),得

$$|\boldsymbol{H}|_{p_i^2}\boldsymbol{E} = \boldsymbol{H}_{p_i^2} \text{ adj } \boldsymbol{H}_{p_i^2}$$

式中:$|\boldsymbol{H}|_{p_i^2}$、$\boldsymbol{H}_{p_i^2}$ 分别为代入特征值 p_i^2 后的特征行列式和特征矩阵。

因为 $|\boldsymbol{H}|_{p_i^2} = 0$,所以有 $\boldsymbol{H}_{p_i^2} \text{ adj } \boldsymbol{H}_{p_i^2} = \boldsymbol{0}$,即

$$(\boldsymbol{K} - p_i^2\boldsymbol{M})\text{adj}\boldsymbol{H}_{p_i^2} = \boldsymbol{0} \tag{4-124}$$

式(4-124)为 $n \times n$ 阶方阵,将此式与式(4-121)比较得出主振型矢量 $\boldsymbol{A}^{(i)}$ 与特征矩阵的伴随矩阵 adj $\boldsymbol{H}_{p_i^2}$ 中的任何非零列成比例,所以 adj $\boldsymbol{H}_{p_i^2}$ 的每一非零列就是主振型矢量 $\boldsymbol{A}^{(i)}$ 或者可以相差一个常数因子,这并不妨碍将其取做该阶主振型。

例 4.11 在例 4.7 中,令 $m_1 = m_2 = m, m_3 = 2m, k_1 = k_2 = k_3 = k$。试求系统的固有频率和主振型。

解:将本题的条件代入例 4.7 中的系统自由振动方程式(4-101),得

$$\begin{pmatrix} m & 0 & 0 \\ 0 & m & 0 \\ 0 & 0 & 2m \end{pmatrix} \begin{Bmatrix} \ddot{x}_1 \\ \ddot{x}_2 \\ \ddot{x}_3 \end{Bmatrix} + \begin{pmatrix} 2k & -k & 0 \\ -k & 2k & -k \\ 0 & -k & k \end{pmatrix} \begin{Bmatrix} x_1 \\ x_2 \\ x_3 \end{Bmatrix} = \begin{Bmatrix} 0 \\ 0 \\ 0 \end{Bmatrix} \tag{4-125}$$

设式(4-125)的特解为

$$\begin{Bmatrix} x_1 \\ x_2 \\ x_3 \end{Bmatrix} = \begin{Bmatrix} A_1 \\ A_2 \\ A_3 \end{Bmatrix} \sin(pt + \alpha) \tag{4-126}$$

将式(4-126)代入式(4-125),得特征值问题方程

$$\begin{pmatrix} 2k - mp^2 & -k & 0 \\ -k & 2k - mp^2 & -k \\ 0 & -k & k - 2mp^2 \end{pmatrix} \begin{Bmatrix} A_1 \\ A_2 \\ A_3 \end{Bmatrix} = \begin{Bmatrix} 0 \\ 0 \\ 0 \end{Bmatrix} \tag{4-127}$$

特征矩阵为

$$\boldsymbol{H} = \boldsymbol{K} - p^2\boldsymbol{M} = \begin{pmatrix} 2k - mp^2 & -k & 0 \\ -k & 2k - mp^2 & -k \\ 0 & -k & k - 2mp^2 \end{pmatrix} \tag{4-128}$$

频率方程为

$$\Delta(p^2) = -2m^3p^6 + 9km^2p^4 - 9mk^2p^2 + k^3 = 0$$

即

$$2p^6 - 9\left(\frac{k}{m}\right)p^4 + 9\left(\frac{k}{m}\right)p^2 - \left(\frac{k}{m}\right)^3 = 0 \tag{4-129}$$

解此方程求得系统的三个特征值为

$$p_1^2 = 0.1267\frac{k}{m}, p_2^2 = 1.2726\frac{k}{m}, p_3^2 = 3.1007\frac{k}{m}$$

系统的 3 个固有频率为

$$p_1 = 0.3559\sqrt{\frac{k}{m}}, p_2 = 1.1281\sqrt{\frac{k}{m}}, p_3 = 1.7609\sqrt{\frac{k}{m}}$$

将所求得的 $p_i^2(i=1,2,3)$ 分别代入式(4-127)可求得对应的振型矢量 $\boldsymbol{A}^{(i)}$。下面利用特征矩阵 $\boldsymbol{H}$ 的伴随阵 adj $\boldsymbol{H}$ 求各阶振型矢量：

$$\text{adj}\,\boldsymbol{H} = \begin{pmatrix} (2k-mp^2)(k-2mp^2)-k^2 & k(k-2mp^2) & k^2 \\ k(k-2mp^2) & (2k-mp^2)(k-2mp^2) & k(2k-mp^2) \\ k^2 & k(2k-mp^2) & (2k-mp^2)^2-k^2 \end{pmatrix} \tag{4-130}$$

取其第三列(计算时可只求这一列,不必将 adj $\boldsymbol{H}$ 的全部元素都写出来)将 p_1^2、p_2^2、p_3^2 分别代入该列,即得 $\boldsymbol{A}^{(1)}$、$\boldsymbol{A}^{(2)}$、$\boldsymbol{A}^{(3)}$。

对第一个元素标准化的 3 个振型适量列阵为

$$\boldsymbol{A}^{(1)} = (1\quad 1.8733\quad 2.5093)^{\mathrm{T}}, \boldsymbol{A}^{(2)} = (1\quad 0.7274\quad -0.4709)^{\mathrm{T}}$$

$$\boldsymbol{A}^{(3)} = (1\quad -0.1007\quad 0.2115)^{\mathrm{T}}$$

3 阶主振型如图 4-21 所示。

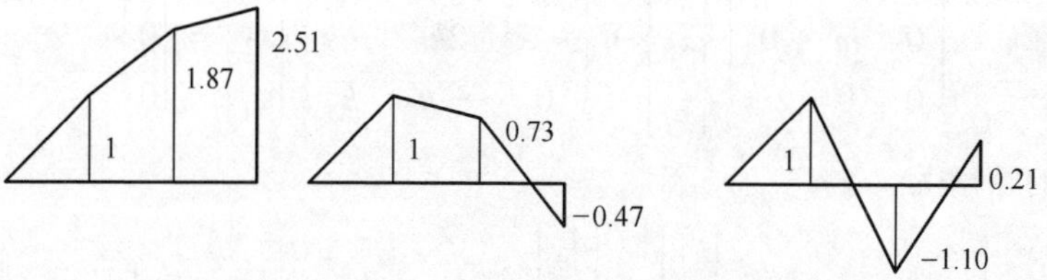

图 4-21　三阶主振型示意图

由式(4-119)求系统的各阶固有频率和各阶主振型的过程就是解系统的特征值问题。固有频率和主振型是系统固有的取决于系统的参数,与其他条件无关。

根据线性叠加原理,振动方程式(4-125)的解应为所有特解的叠加,即

$$\begin{Bmatrix} x_1 \\ x_2 \\ x_3 \end{Bmatrix} = \begin{Bmatrix} A_1^{(1)} \\ A_2^{(1)} \\ A_3^{(1)} \end{Bmatrix} \sin(p_1 t + \alpha_1) + \begin{Bmatrix} A_1^{(2)} \\ A_2^{(2)} \\ A_3^{(2)} \end{Bmatrix} \sin(p_2 t + \alpha_2) \begin{Bmatrix} A_1^{(3)} \\ A_2^{(3)} \\ A_3^{(3)} \end{Bmatrix} \sin(p_3 t + \alpha_3) \tag{4-131}$$

对于每个振型,只要确定振型矢量中的一个元素,其余的两个便可由主振型得出,因此各振型矢量 $\boldsymbol{A}^{(i)}(i=1,2,3)$ 中有 3 个待定系数,再加上各谐函数的相位角,共有 6 个待定常数。它们可由系统的初始位移和初始速度完全确定,从而得到自由振动方程式(4-125)对初始条件的响应。显然式(4-131)不一定是周期运动。

上述求解系统响应的方法称振型(或模态)分析法,也称振型(或模态)叠加法。这方面的内容将在后面作进一步讨论。

系统的固有频率和主振型也可通过位移方程式(4-103)求解,把特解形式表示式(4-116)代入式(4-103),得到

$$-p^2\boldsymbol{FMA} + \boldsymbol{A} = \boldsymbol{0} \tag{4-132}$$

或写成

$$\left(\boldsymbol{FM}-\frac{1}{p^2}\boldsymbol{E}\right)\boldsymbol{A}=\boldsymbol{0}$$

令该式特征值 $\lambda=\dfrac{1}{p^2}$，则

$$\boldsymbol{LA}=\boldsymbol{0} \tag{4-133}$$

式中：$\boldsymbol{L}$ 为系统的特征矩阵，且有

$$\boldsymbol{L}=\boldsymbol{FM}-\lambda\boldsymbol{E} \tag{4-134}$$

频率方程为

$$|\boldsymbol{L}|=|\boldsymbol{FM}-\lambda\boldsymbol{E}|=\boldsymbol{0} \tag{4-135}$$

由式(4-134)可求出 n 个特征值 λ，从而得到系统的 n 个固有频率 p。与各阶固有频率对应的主振型可由式(4-132)求得，或者利用特征矩阵的伴随矩阵 adj $\boldsymbol{L}$ 的任一非零列，将其 $\lambda_i(i=1,2,\cdots,n)$ 代入该列元素中而求得相应的 $\boldsymbol{A}^{(i)}(i=1,2,\cdots,n)$，将 n 个特征值 λ 依次从大到小排列为 $\lambda_1>\lambda_2>\cdots>\lambda_n$，就可得系统的 n 个由小到大顺序排列的 n 个固有频率：

$$p_1=\sqrt{\frac{1}{\lambda_1}},p_2=\sqrt{\frac{1}{\lambda_2}},\cdots,p_n=\sqrt{\frac{1}{\lambda_n}} \tag{4-136}$$

求得各阶固有频率和主振型之后，自由振动位移方程的解就是各阶主振动特解的叠加。

例 4.12 长为 l 的悬臂梁，质量不计，弯曲刚度为 EI，其自由端固定一个质量为 m、半径为 R 的均质薄圆盘，固结点在圆盘质心 C，盘厚度不计，设 $R=\dfrac{l}{4}$。试求系统在图 4-22 所示的平面内的微振动方程和固有频率。

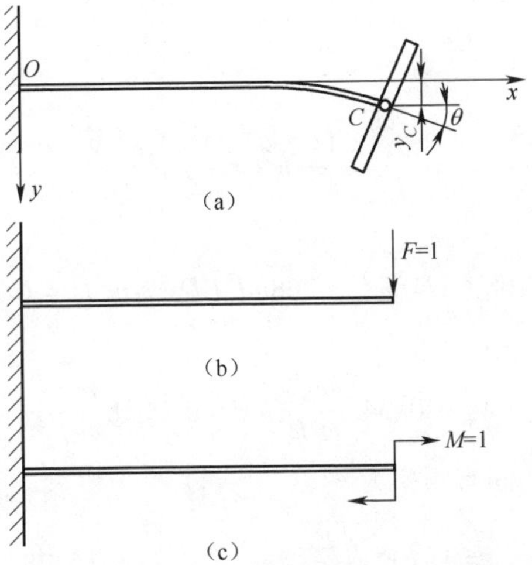

图 4-22 悬臂梁自由端固联均质圆盘

解：将圆盘质量向图示对称面内简化，则系统的运动可由质心 C 的位移 y_C 和圆盘绕垂直图示平面且过质心轴的转角 θ 完全确定(图 4-22(a))。系统有两个自由度，从静平衡位置计起，在质心 C 沿 y_C 方向作用单位力(图(4-22(b))，C 点位移和梁端的转角由材料学可得

$$\delta_{11}=\frac{l^3}{3EI},\delta_{21}=\delta_{12}=\frac{l^2}{2EI}$$

在 C 点作用一单位平面力偶(图 4-22(c)),梁在自由端的转角为

$$\delta_{22}=\frac{l}{EI}$$

梁自由端 C 点位移和转角就是圆盘质心的位移和圆盘的角位移。

由式(4-103)求系统的位移方程为

$$\begin{bmatrix}\frac{l^3}{3EI} & \frac{l^2}{2EI}\\ \frac{l^2}{2EI} & \frac{l}{EI}\end{bmatrix}\begin{bmatrix}m & 0\\ 0 & J\end{bmatrix}\begin{Bmatrix}\ddot{y}_C\\ \ddot{\theta}\end{Bmatrix}+\begin{Bmatrix}y_C\\ \theta\end{Bmatrix}=\begin{Bmatrix}0\\ 0\end{Bmatrix} \tag{4-137}$$

式中:$J=\frac{1}{4}mR^2$。

系统的特征矩阵为

$$\boldsymbol{L}=\boldsymbol{FM}-\lambda\boldsymbol{E}=\begin{pmatrix}\frac{l^3m}{3EI}-\lambda & \frac{l^2J}{2EI}\\ \frac{l^2m}{2EI} & \frac{lJ}{EI}-\lambda\end{pmatrix}$$

由式(4-135)求得频率方程

$$|\boldsymbol{L}|=|\boldsymbol{FM}-\lambda\boldsymbol{E}|=0$$

可得

$$\left(\frac{ml^3}{3EI}-\lambda\right)\left(\frac{Jl}{EI}-\lambda\right)-\frac{mJl^4}{4\,(EI)^2}=0 \tag{4-138}$$

展开整理,并将

$$J=\frac{1}{4}mR^2=\frac{1}{64}ml^2$$

代入式(4-138)后,可得

$$768\,(EI)^2\lambda^2-268ml^3EI\lambda+m^2l^6=0$$

解得特征值为

$$\lambda_1=0.345\frac{ml^3}{EI},\lambda_2=0.0038\frac{ml^3}{EI}$$

由式(4-136)知系统的固有频率为

$$p_1=\sqrt{\frac{1}{\lambda_1}}=1.702\sqrt{\frac{EI}{ml^3}},p_2=\sqrt{\frac{1}{\lambda_2}}=16.282\sqrt{\frac{EI}{ml^3}}$$

4.3.3 振型矢量的正交性

n 自由度系统有 n 个固有频率和与之对应的 n 阶振型矢量,即 n 阶主振型。设与固有频率 p_i,p_j 对应的主振型分别为 $\boldsymbol{A}^{(i)}$ 和 $\boldsymbol{A}^{(j)}$,由式(4-121)可得

$$\boldsymbol{K}\boldsymbol{A}^{(i)} = p_i^2\boldsymbol{M}\boldsymbol{A}^{(i)} \tag{4-139a}$$

$$\boldsymbol{K}\boldsymbol{A}^{(j)} = p_j^2\boldsymbol{M}\boldsymbol{A}^{(j)} \tag{4-139b}$$

将式(4-139a)两端左乘 $\boldsymbol{A}^{(j)\mathrm{T}}$，将式(4-139b)两端转置，然后右乘 $\boldsymbol{A}^{(i)}$，由于 $\boldsymbol{K}$ 和 $\boldsymbol{M}$ 都是对称阵，得到

$$\boldsymbol{A}^{(j)\mathrm{T}}\boldsymbol{K}\boldsymbol{A}^{(i)} = p_i^2\boldsymbol{A}^{(j)\mathrm{T}}\boldsymbol{M}\boldsymbol{A}^{(i)} \tag{4-140}$$

$$\boldsymbol{A}^{(j)\mathrm{T}}\boldsymbol{K}\boldsymbol{A}^{(i)} = p_j^2\boldsymbol{A}^{(j)\mathrm{T}}\boldsymbol{M}\boldsymbol{A}^{(i)} \tag{4-141}$$

式(4-140)与式(4-141)相减，得

$$(p_i^2 - p_j^2)\boldsymbol{A}^{(j)\mathrm{T}}\boldsymbol{M}\boldsymbol{A}^{(i)} = 0 \tag{4-142}$$

当 $i \neq j$ 时，设 $p_i^2 \neq p_j^2$，则有

$$\boldsymbol{A}^{(j)\mathrm{T}}\boldsymbol{M}\boldsymbol{A}^{(i)} = 0 \quad (i \neq j) \tag{4-143}$$

又由式(4-140)，得

$$\boldsymbol{A}^{(j)\mathrm{T}}\boldsymbol{K}\boldsymbol{A}^{(i)} = 0 \quad (i \neq j) \tag{4-144}$$

式(4-143)和式(4-144)所表示的条件分别称为振型矢量 $\boldsymbol{A}^{(i)}$ 与 $\boldsymbol{A}^{(j)}$ 关于质量矩阵 $\boldsymbol{M}$ 和刚度矩阵 $\boldsymbol{K}$ 正交。这就是阵型矢量的正交性，或称模态的正交性。这个性质给分析多自由度系统的振动问题提供很大方便。

若取 $i=j$，由于式(4-142)总能成立，令

$$\begin{cases}\boldsymbol{A}^{(i)\mathrm{T}}\boldsymbol{M}\boldsymbol{A}^{(i)} = m_{p_i} \\ \boldsymbol{A}^{(i)\mathrm{T}}\boldsymbol{K}\boldsymbol{A}^{(i)} = k_{p_i}\end{cases} \quad (i = 1,2,\cdots,n) \tag{4-145}$$

由式(4-140)得

$$p_i^2 = \frac{\boldsymbol{A}^{(i)\mathrm{T}}\boldsymbol{K}\boldsymbol{A}^{(i)}}{\boldsymbol{A}^{(i)\mathrm{T}}\boldsymbol{M}\boldsymbol{A}^{(i)}} = \frac{k_{p_i}}{m_{p_i}} \quad (i = 1,2,\cdots,n) \tag{4-146}$$

k_{p_i} 称第 i 阶主刚度，m_{p_i} 称第 i 阶主质量，k_{p_i}, m_{p_i} 分别称为第 i 阶模态刚度和第 i 阶模态质量。式(4-146)表明第 i 阶特征值等于第 i 阶主刚度与 i 阶主质量之比。

4.3.4 主振型矩阵、主坐标

以各阶主振型矢量为列，按顺序排成一个 $n \times n$ 阶的方阵称为主振型矩阵，可表示为

$$\boldsymbol{\Phi} = \begin{bmatrix} A_1^{(1)} & A_1^{(2)} & \cdots & A_1^{(n)} \\ A_2^{(1)} & A_2^{(2)} & \cdots & A_2^{(n)} \\ \vdots & \vdots & & \vdots \\ A_n^{(1)} & A_n^{(2)} & \cdots & A_n^{(n)} \end{bmatrix} = [\boldsymbol{A}^{(1)} \quad \boldsymbol{A}^{(2)} \quad \cdots \quad \boldsymbol{A}^{(n)}] \tag{4-147}$$

主振型矩阵 $\boldsymbol{\Phi}$ 的转置矩阵为

$$\boldsymbol{\Phi}^{\mathrm{T}} = \begin{bmatrix} A_1^{(1)} & A_2^{(1)} & \cdots & A_n^{(1)} \\ A_1^{(2)} & A_2^{(2)} & \cdots & A_n^{(2)} \\ \vdots & \vdots & & \vdots \\ A_1^{(n)} & A_2^{(n)} & \cdots & A_n^{(n)} \end{bmatrix} = \begin{bmatrix} \boldsymbol{A}^{(1)\mathrm{T}} \\ \boldsymbol{A}^{(2)\mathrm{T}} \\ \vdots \\ \boldsymbol{A}^{(n)\mathrm{T}} \end{bmatrix} \tag{4-148}$$

根据振型矢量正交性,可得

$$\boldsymbol{\Phi}^{\mathrm{T}}\boldsymbol{M}\boldsymbol{\Phi}=\begin{bmatrix}\boldsymbol{A}^{(1)\mathrm{T}}\\\boldsymbol{A}^{(2)\mathrm{T}}\\\vdots\\\boldsymbol{A}^{(n)\mathrm{T}}\end{bmatrix}\boldsymbol{M}[\boldsymbol{A}^{(1)}\quad\boldsymbol{A}^{(2)}\quad\cdots\quad\boldsymbol{A}^{(n)}]$$

$$=\begin{bmatrix}\boldsymbol{A}^{(1)\mathrm{T}}\boldsymbol{M}\boldsymbol{A}^{(1)} & \boldsymbol{A}^{(1)\mathrm{T}}\boldsymbol{M}\boldsymbol{A}^{(2)} & \cdots & \boldsymbol{A}^{(1)\mathrm{T}}\boldsymbol{M}\boldsymbol{A}^{(n)}\\\boldsymbol{A}^{(2)\mathrm{T}}\boldsymbol{M}\boldsymbol{A}^{(1)} & \boldsymbol{A}^{(2)\mathrm{T}}\boldsymbol{M}\boldsymbol{A}^{(2)} & \cdots & \boldsymbol{A}^{(2)\mathrm{T}}\boldsymbol{M}\boldsymbol{A}^{(n)}\\\vdots & \vdots & & \vdots\\\boldsymbol{A}^{(n)\mathrm{T}}\boldsymbol{M}\boldsymbol{A}^{(1)} & \boldsymbol{A}^{(n)\mathrm{T}}\boldsymbol{M}\boldsymbol{A}^{(2)} & \cdots & \boldsymbol{A}^{(n)\mathrm{T}}\boldsymbol{M}\boldsymbol{A}^{(n)}\end{bmatrix}$$

$$=\begin{pmatrix}M_{p_1} & & 0\\ & \ddots & \\0 & & M_{p_n}\end{pmatrix}=\mathrm{diag}\left(M_{p_1}\quad\cdots\quad M_{p_n}\right)=\boldsymbol{M}_p \tag{4-149}$$

式中:$\boldsymbol{M}_p$ 为以各阶主质量为对角元的对角阵。

同样,由振型矢量关于刚度矩阵正交,得

$$\boldsymbol{\Phi}^{\mathrm{T}}\boldsymbol{K}\boldsymbol{\Phi}=\begin{pmatrix}K_{p_1} & & 0\\ & \ddots & \\0 & & K_{p_n}\end{pmatrix}=\mathrm{diag}(K_{p_1}\quad\cdots\quad K_{p_n})=\boldsymbol{K}_p \tag{4-150}$$

式中:$\boldsymbol{K}_p$ 的对角元就是各阶主刚度。由于 $\boldsymbol{M}_p$、$\boldsymbol{K}_p$ 分别为主质量和主刚度排成的对角阵,所以称为主质量矩阵和主刚度矩阵。

振型矢量 $\boldsymbol{A}^{(i)}$ 表示系统做该阶主振动时各振体坐标幅值之比,所以振型矢量的各元素的数值并不是唯一的,可有多种选取方法。在保持振幅比值不变的条件下,对振型矢量 $\boldsymbol{A}^{(i)}$ 采用另一种标准化方法。令 $\boldsymbol{A}_N^{(i)}$ 为第 i 阶主振型并使下式成立:

$$\boldsymbol{A}_N^{(i)\mathrm{T}}\boldsymbol{M}\boldsymbol{A}_N^{(i)}=1 \tag{4-151}$$

设 $\boldsymbol{A}_N^{(i)}=C_i\boldsymbol{A}^{(i)}$ 代入上式得

由 $C_i^2M_{p_i}=1$,得常数 $C_i=\dfrac{1}{\sqrt{M_{p_i}}}$。

则有

$$\boldsymbol{A}_N^{(i)}=\frac{1}{\sqrt{M_{p_i}}}\boldsymbol{A}^{(i)}\quad(i=1,2,\cdots,n) \tag{4-152}$$

满足式(4-151)的振型矢量 $\boldsymbol{A}_N^{(i)}$ 称正则振型矢量。这种标准化称为振型矢量 $\boldsymbol{A}^{(i)}$ 对质量矩阵 $\boldsymbol{M}$ 标准化。

$\boldsymbol{A}_N^{(i)}$ 是振型矢量的另一种表示法,所以满足正交条件式(4-143)和式(4-144)

$$\begin{cases}\boldsymbol{A}_N^{(i)\mathrm{T}}\boldsymbol{M}\boldsymbol{A}_N^{(j)}=0\\\boldsymbol{A}_N^{(i)\mathrm{T}}\boldsymbol{K}\boldsymbol{A}_N^{(j)}=0\end{cases}\quad(i\neq j) \tag{4-153}$$

当 $i=j$ 时,由式(4-145)和式(4-146)得

$$\boldsymbol{A}_N^{(i)\mathrm{T}}\boldsymbol{K}\boldsymbol{A}_N^{(i)}=p_i^2\boldsymbol{A}_N^{(i)\mathrm{T}}\boldsymbol{M}\boldsymbol{A}_N^{(i)}$$

由式(4-151)知 $\boldsymbol{A}_N^{(i)\mathrm{T}}\boldsymbol{M}\boldsymbol{A}_N^{(i)}=1$，得

$$\boldsymbol{A}_N^{(i)\mathrm{T}}\boldsymbol{K}\boldsymbol{A}_N^{(i)}=p_i^2 \tag{4-154}$$

由于采用正则振型，各阶主质量变成 1，各阶主刚度成为其对应的各阶特征值。

用各阶正则振型为列排成的 $n\times n$ 阶方阵称为正则振型矩阵，即

$$\boldsymbol{\Phi}_N=\begin{pmatrix}\boldsymbol{A}_N^{(1)} & \boldsymbol{A}_N^{(2)} & \cdots & \boldsymbol{A}_N^{(n)}\end{pmatrix}=\begin{bmatrix}A_{N1}^{(1)} & A_{N1}^{(2)} & \cdots & A_{N1}^{(n)}\\ A_{N2}^{(1)} & A_{N2}^{(2)} & \cdots & A_{N2}^{(n)}\\ \vdots & \vdots & & \vdots\\ A_{Nn}^{(1)} & A_{Nn}^{(2)} & \cdots & A_{Nn}^{(n)}\end{bmatrix} \tag{4-155}$$

由式(4-149)和式(4-150)可得

$$\begin{cases}\boldsymbol{\Phi}_N^{\mathrm{T}}\boldsymbol{M}\boldsymbol{\Phi}=\boldsymbol{E}=\begin{bmatrix}1 & & & \\ & 1 & & \\ & & \ddots & \\ & & & 1\end{bmatrix}\\ \boldsymbol{\Phi}_N^{\mathrm{T}}\boldsymbol{K}\boldsymbol{\Phi}=\boldsymbol{\Lambda}=\begin{bmatrix}p_1^2 & & & \\ & p_2^2 & & \\ & & \ddots & \\ & & & p_n^2\end{bmatrix}\end{cases} \tag{4-156}$$

式中：$\boldsymbol{\Lambda}=\mathrm{diag}\,(p_1^2\quad p_2^2\quad\cdots\quad p_n^2)$，称为系统的特征值矩阵。

采用正则振型时，主质量矩阵成为 n 阶单位阵 $\boldsymbol{E}$，主刚度矩阵成为以各阶特征值为元素的对角阵 $\boldsymbol{\Lambda}$。

在 4.2.2 节中提及主坐标的概念，利用这样一组特定的主坐标，可以使系统运动微分方程解耦。对于 n 个自由度系统的微振动方程，得到 n 个互相独立的振动微分方程，可分别应用单自由度系统的方法求解。利用正则振型矩阵 $\boldsymbol{\Phi}_N$ 或主振型矩阵 $\boldsymbol{\Phi}$ 对运动微分方程加以变换，就可得到主坐标表示的互相独立的不存在耦合的振动微分方程。对于式(4-114)所表示的无阻尼自由振动方程

$$\boldsymbol{M}\ddot{\boldsymbol{x}}+\boldsymbol{K}\boldsymbol{x}=\boldsymbol{0}$$

令新的坐标列阵 $\boldsymbol{\eta}$ 与原坐标列阵 $\boldsymbol{x}$ 变换关系为

$$\boldsymbol{x}=\boldsymbol{\Phi}_N\boldsymbol{\eta} \tag{4-157}$$

将式(4-157)代入式(4-114)并左乘以 $\boldsymbol{\Phi}_N^{\mathrm{T}}$ 得到

$$\boldsymbol{\Phi}_N^{\mathrm{T}}\boldsymbol{M}\boldsymbol{\Phi}_N\ddot{\boldsymbol{\eta}}+\boldsymbol{\Phi}_N^{\mathrm{T}}\boldsymbol{K}\boldsymbol{\Phi}_N\boldsymbol{\eta}=\boldsymbol{0}$$

由式(4-156)，上式可写为

$$\ddot{\boldsymbol{\eta}}+\boldsymbol{\Lambda}\boldsymbol{\eta}=\boldsymbol{0} \tag{4-158}$$

展开后得到以坐标 η 表示的系统自由振动微分方程，即

$$\begin{cases}\ddot{\eta}_1+p_1^2\eta_1=0\\ \ddot{\eta}_2+p_2^2\eta_2=0\\ \qquad\vdots\\ \ddot{\eta}_n+p_n^2\eta_n=0\end{cases} \tag{4-159}$$

这时,方程组中各微分方程相互独立,不存在耦合,可以单独求解,所以坐标 $\eta_1,\eta_2,\cdots,\eta_n$ 是系统的主坐标。由于是采用正则振型矩阵作为坐标的变阵矩阵,因此这种主坐标称为正则坐标。

利用主振型矩阵 $\boldsymbol{\Phi}$ 同样也可使运动微分方程式(4-114)解耦,设新的坐标列阵 $\boldsymbol{\xi}$ 与原坐标列阵 $\boldsymbol{x}$ 的变换关系为

$$\boldsymbol{x}=\boldsymbol{\Phi}\boldsymbol{\xi} \tag{4-160}$$

将式(4-160)代入式(4-114)并左乘 $\boldsymbol{\Phi}^{\mathrm{T}}$,得

$$\boldsymbol{\Phi}^{\mathrm{T}}\boldsymbol{M}\boldsymbol{\Phi}\ddot{\boldsymbol{\xi}}+\boldsymbol{\Phi}^{\mathrm{T}}\boldsymbol{K}\boldsymbol{\Phi}\boldsymbol{\xi}=\boldsymbol{0}$$

由式(4-149)和式(4-150),得

$$\boldsymbol{M}_p\ddot{\boldsymbol{\xi}}+\boldsymbol{K}_p\boldsymbol{\xi}=\boldsymbol{0} \tag{4-161}$$

式(4-161)的展开式为

$$\begin{cases}M_{p_1}\ddot{\xi}_1+K_{p_1}\xi_1=0\\ M_{p_2}\ddot{\xi}_2+K_{p_2}\xi_2=0\\ \qquad\vdots\\ M_{p_n}\ddot{\xi}_n+K_{p_n}\xi_n=0\end{cases} \tag{4-162}$$

这是一组以坐标 $\xi_1,\xi_2,\cdots,\xi_n$ 表示的相互独立的解耦方程,每个方程都是单自由度的,所以坐标 $\boldsymbol{\xi}$ 也是一组主坐标。因为振型矢量中各元素值并不是唯一的,振型矩阵也不是唯一的,所以描述系统的主坐标也不是唯一的,可以有多组。

由式(4-157)或式(4-160)的变换式

$$\boldsymbol{x}=\boldsymbol{\Phi}_N\boldsymbol{\eta}=\begin{pmatrix}\boldsymbol{A}_N^{(1)} & \boldsymbol{A}_N^{(2)} & \cdots & \boldsymbol{A}_N^{(n)}\end{pmatrix}\boldsymbol{\eta}$$

或

$$\boldsymbol{x}=\boldsymbol{\Phi}\boldsymbol{\xi}=\begin{pmatrix}\boldsymbol{A}^{(1)} & \boldsymbol{A}^{(2)} & \cdots & \boldsymbol{A}^{(n)}\end{pmatrix}\boldsymbol{\xi}$$

可得

$$x_i=A_{N_i}^{(1)}\eta_1+A_{N_i}^{(2)}\eta_2+\cdots+A_{N_i}^{(n)}\eta_n$$

或

$$x_i=A_i^{(1)}\xi_1+A_i^{(2)}\xi_2+\cdots+A_i^{(n)}\xi_n \qquad (i=1,2,\cdots,n) \tag{4-163}$$

即原坐标是 n 个正则振型或主振型的线性组合,其 n 个组合系数就是 n 个主坐标 η_i 或 $\xi_i(i=1,2,\cdots,n)$。它们表示各阶正则振型或主振型分量在原坐标中所占有成分的大小。

采用主坐标来描述系统的运动,可以认为主坐标就是另一种广义坐标,某个广义坐标所表示的运动就是系统该阶主振动。式(4-163)表示系统的振动运动可表示为 n 阶主振动的叠加,这种分析方法称为振型(模态)叠加法或振型分析法。

在线性系统中系统的动能和势能一般分别为广义速度和广义坐标的正定二次型,用主坐标表示系统动能 T 和势能 V,分别为:

$$T=\sum_{i=1}^{n}\frac{1}{2}M_{p_i}\dot{\xi}_i^2,\quad V=\sum_{i=1}^{n}\frac{1}{2}K_{p_i}\xi_i^2 \tag{4-164}$$

式中:M_{p_i}、K_{p_i} 分别为系统的第 i 阶主质量和第 i 阶主刚度。

式(4-164)表示系统的动能和势能分别等于各阶主振运动单独存在时系统的动能和势

能之和。显然,每一阶主振动的动能和势能可在该阶主振动内进行交换,总和保持不变,在不同阶主振动之间不发生能量传递,这是运动方程不存在耦合的必然结果,也就是振型矢量正交性的物理含义。

用正则坐标或主坐标所建立的完全解耦的动力学方程式(4-159)或式(4-162)相当于 n 个独立的单自由度系统,即

$$\ddot{\eta}_i + p_i^2\eta_i = 0$$

或

$$M_{p_i}\ddot{\xi}_i + K_{p_i}\xi = 0 \quad (i = 1,2,\cdots,n) \tag{4-165}$$

系统对初始条件的响应为

$$\eta_i = \eta_i(0) + \frac{\ddot{\eta}_i(0)}{p_i}\sin p_i t \quad (i = 1,2,\cdots,n) \tag{4-166}$$

式中:$\eta_i(0)$、$\dot{\eta}_i(0)$ 为正则坐标 η_i 所表示的初始条件。

由式(4-157),得

$$\begin{cases} \boldsymbol{x}(0) = \boldsymbol{\Phi}_N\boldsymbol{\eta}(0) \\ \dot{\boldsymbol{x}}(0) = \boldsymbol{\Phi}_N\dot{\boldsymbol{\eta}}(0) \end{cases} \tag{4-167}$$

有

$$\boldsymbol{\eta}(0) = \boldsymbol{\Phi}_N^{-1}\boldsymbol{x}(0),\dot{\boldsymbol{\eta}}(0) = \boldsymbol{\Phi}_N^{-1}\dot{\boldsymbol{x}}(0)$$

但因为 $\boldsymbol{\Phi}_N^{\mathrm{T}}\boldsymbol{M}\boldsymbol{\Phi}_N = \boldsymbol{E}$,所以 $\boldsymbol{\Phi}_N^{-1} = \boldsymbol{M}\boldsymbol{\Phi}_N^{\mathrm{T}}$。这样便可得到由正则坐标表示的初始条件

$$\begin{cases} \boldsymbol{\eta}(0) = \boldsymbol{\Phi}_N^{\mathrm{T}}\boldsymbol{M}\boldsymbol{x}(0) \\ \dot{\boldsymbol{\eta}}(0) = \boldsymbol{\Phi}_N^{\mathrm{T}}\boldsymbol{M}\dot{\boldsymbol{x}}(0) \end{cases} \tag{4-168}$$

将式(4-168)代入式(4-166),便得到用正则坐标表示的系统对初始条件的响应,再利用坐标变换式(4-157)得到系统对原坐标的自由振动规律为

$$\begin{aligned} \boldsymbol{x} = \boldsymbol{\Phi}_N\boldsymbol{\eta} &= (\boldsymbol{A}_N^{(1)} \quad \boldsymbol{A}_N^{(2)} \quad \cdots \quad \boldsymbol{A}_N^{(n)})\begin{Bmatrix} \eta_1 \\ \eta_2 \\ \vdots \\ \eta_n \end{Bmatrix} \\ &= \boldsymbol{A}_N^{(1)}\eta_1 + \boldsymbol{A}_N^{(2)}\eta_2 + \cdots + \boldsymbol{A}_N^{(n)}\eta_n \end{aligned} \tag{4-169}$$

以上就是用振型(模态)叠加法求解多自由度系统自由振动的过程。

4.3.5 零频率和固有频率相等的情形

1. 系统特征值方程有零根的情形

如果系统的刚度矩阵的行列式 $|\boldsymbol{K}| = 0$,则刚度矩阵为奇异阵,系统为半正定系统。这时系统的特征方程式(4-120)会出现零根,系统有零频率。

令正则方程式(4-165)中的 $p_1=0$,则有 $\ddot{\eta}_1=0$,积分两次得

$$\eta_1=\eta_1(0)+\dot{\eta}_1(0)t=at+b \tag{4-170}$$

式中:$a=\dot{\eta}_1(0)$;$b=\eta_1(0)$。

式(4-170)表明,随时间增长,η_1 可有无限大的刚体位移,并不是振动运动,系统的平衡位置是随遇的,只能是刚体的一种运动。

例 4.13 三个圆盘固装在自由转动的轴上,如图 4-23 所示,它们对转轴的转动惯量 $I_1=I_2=I_3=I$,各段轴的扭转刚度系数 $k_1=k_2=k$,不计轴重。试求系统扭转振动的固有频率和主振型。

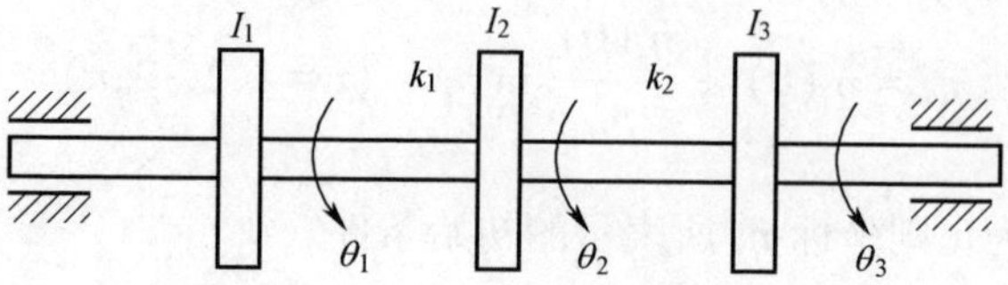

图 4-23 三个圆盘扭转系统

解:系统的位形可由三个圆盘的转角 θ_1、θ_2、θ_3 确定,用影响系数法建立运动微分方程:

$$\begin{pmatrix} I & 0 & 0 \\ 0 & I & 0 \\ 0 & 0 & I \end{pmatrix}\begin{Bmatrix} \ddot{\theta}_1 \\ \ddot{\theta}_2 \\ \ddot{\theta}_3 \end{Bmatrix}+\begin{pmatrix} k & -k & 0 \\ -k & 2k & -k \\ 0 & -k & k \end{pmatrix}\begin{Bmatrix} \theta_1 \\ \theta_2 \\ \theta_3 \end{Bmatrix}=\{0\} \tag{4-171}$$

这个系统的刚度矩阵第一行与第三行相加后再乘以-1 便得第二行。因此刚度矩阵的行列式 $|K|=0$,$\boldsymbol{K}$ 是奇异矩阵。系统的特征矩阵为

$$\boldsymbol{H}=\boldsymbol{K}-p^2\boldsymbol{M}=\begin{pmatrix} k-p^2I & -k & 0 \\ -k & 2k-p^2I & -k \\ 0 & -k & k-p^2I \end{pmatrix} \tag{4-172}$$

频率方程为

$$\Delta(p^2)=(k-p^2I)^2(2k-p^2I)-2k^2(k-p^2I)=0 \tag{4-173}$$

展开后得

$$p^2(k-p^2I)(3k-p^2I)=0$$

解出三个特征值

$$p_1^2=0, p_2^2=\frac{k}{I}, p_3^2=\frac{3k}{I}$$

固有频率为

$$p_1=0, p_2=\sqrt{\frac{k}{I}}, p_3=\sqrt{\frac{3k}{I}}$$

取特征矩阵伴随矩阵的第一列

$$\operatorname{adj}\boldsymbol{H}=\begin{pmatrix} (2k-p^2I)(k-p^2I)-k^2 & \cdot \\ k(k-p^2I) & \cdot \\ k^2 & \cdot \end{pmatrix} \tag{4-174}$$

将各特征值 $p_i^2(i=1,2,3)$ 依次代入,得各阶主振型为

$$A^{(1)}=\begin{Bmatrix}1\\1\\1\end{Bmatrix},A^{(2)}=\begin{Bmatrix}-1\\0\\1\end{Bmatrix},A^{(3)}=\begin{Bmatrix}1\\-2\\1\end{Bmatrix} \tag{4-175}$$

主振型如图 4-24 所示。

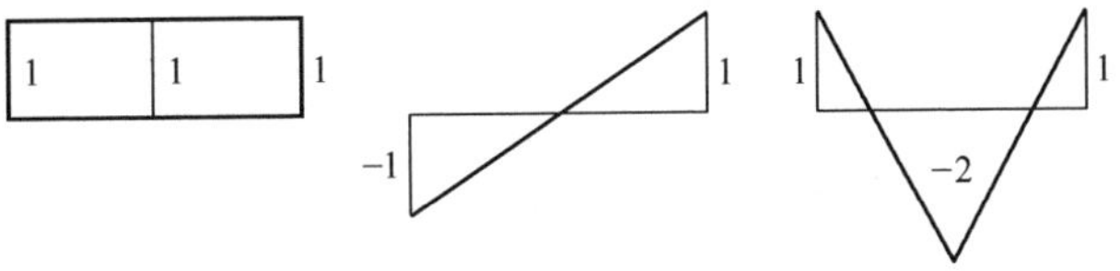

图 4-24　主振型示图

$p_1=0$ 的刚体振型为 $\boldsymbol{A}^{(1)}$,它表示系统的运动规律为 $\boldsymbol{\theta}^{(1)}=c\begin{Bmatrix}1\\1\\1\end{Bmatrix}f(t)$ (c 为常数)。这种刚体型的运动规律是系统可在轴承内自由转动的结果。若不包含刚体型运动,系统的弹性运动规律为

$$\boldsymbol{\theta}^{(2)}=\boldsymbol{A}^{(2)}\sin(p_2t+\alpha_2),\boldsymbol{\theta}^{(3)}=\boldsymbol{A}^{(3)}\sin(p_3t+\alpha_3) \tag{4-176}$$

由此得系统不含刚体型运动的自由振动规律为

$$\begin{Bmatrix}\theta_1\\\theta_2\\\theta_3\end{Bmatrix}=\begin{Bmatrix}A_1^{(2)}\\A_2^{(2)}\\A_3^{(2)}\end{Bmatrix}\sin(p_2t+\alpha_2)+\begin{Bmatrix}A_1^{(3)}\\A_2^{(3)}\\A_3^{(3)}\end{Bmatrix}\sin(p_3t+\alpha_3) \tag{4-177}$$

由振型矢量的正交性条件

$$\begin{cases}\boldsymbol{A}^{(1)\mathrm{T}}\boldsymbol{M}\boldsymbol{A}^{(2)}=0\\\boldsymbol{A}^{(1)\mathrm{T}}\boldsymbol{M}\boldsymbol{A}^{(3)}=0\end{cases} \tag{4-178}$$

或展开写为

$$\begin{cases}I_1A_1^{(2)}+I_2A_2^{(2)}+I_3A_3^{(2)}=0\\I_1A_1^{(3)}+I_2A_2^{(3)}+I_3A_3^{(3)}=0\end{cases} \tag{4-179}$$

将式(4-178)第一式乘以 $\sin(p_2t+\alpha_2)$,第二式乘以 $\sin(p_3t+\alpha_3)$,然后相加,得

$$I_1\theta_1+I_2\theta_2+I_3\theta_3=0 \tag{4-180}$$

对时间 t 求导,得

$$I_1\dot{\theta}_1+I_2\dot{\theta}_2+I_3\dot{\theta}_3=0 \tag{4-181}$$

式(4-180)表明,系统对转动轴线的动量矩守恒。这就是刚体振型与弹性振型正交性的物理意义。如果将此例换作三个质量块的弹簧系统(三个质量块中间用两弹簧连接),这时刚体振型与弹性振型的正交性为系统动量守恒。式(4-180)实际上是一个约束方程,表示系统的三个广义坐标并不是独立的。因此可以用来消除系统的一个刚体型运动的坐标,得到一个不含刚体位移的系统,系统的刚度矩阵是非奇异矩阵。

对于 n 自由度系统,如果存在零固有频率,系统的刚体自由度可利用正交性条件消除。

设 $\boldsymbol{A}^{(1)}$ 为零频率对应的刚体振型,则

$$A^{(1)T}MA^{(i)} = 0 \quad (i = 2,3,\cdots,n) \tag{4-182}$$

式中：$A^{(i)}$ 为系统除刚体振型外的其他弹性振型。

将式(4-182)各项乘以与 $A^{(i)}$ 相对应的主振动谐函数 $\sin(p_i t + \alpha_i)$ 并对 $i = 2,3,\cdots,n$ 求和，可得

$$A^{(1)T}M\sum_{i=2}^{n} A^{(i)}\sin(p_i t + \alpha_i) = 0 \tag{4-183}$$

令

$$X = \sum_{i=2}^{n} A^{(i)}\sin(p_i t + \alpha_i)$$

得约束条件

$$A^{(1)T}MX = 0 \tag{4-184}$$

利用式(4-183)就可消去一个刚体自由度，和式(4-179)是一致的。

2. 固有频率相等的情形

系统的固有频率均不相等，每个固有频率对应一个主振型，主振型是唯一确定的(可以带一个任意常数的非零乘子)，但对于重特征值(固有频率相等)，由线性代数理论知对应的特征矢量(主振型)就不能唯一确定，同一特征值可有多组独立的特征矢量与之对应。

假设频率方程有二重根，则有 $p_1 = p_2 = p_0$ 与之对应的主振型为 $A^{(1)}$、$A^{(2)}$。由式(4-139a)和式(4-139b)可得

$$\begin{cases} KA^{(1)} = p_1^2 MA^{(1)} = p_0^2 MA^{(1)} \\ KA^{(2)} = p_2^2 MA^{(2)} = p_0^2 MA^{(2)} \end{cases} \tag{4-185}$$

$A^{(0)} = aA^{(1)} + bA^{(2)}$ 是 $A^{(1)}$、$A^{(2)}$ 的线性组合(a、b 是两个任意的常数)，显然 $A^{(0)}$ 也是对应 p_0 的一个主振型，可得

$$\begin{aligned} KA^{(0)} &= K(aA^{(1)} + bA^{(2)}) = p_0^2 MaA^{(1)} + p_0^2 MbA^{(2)} \\ &= p_0^2 M(aA^{(1)} + bA^{(2)}) = p_0^2 MA^{(0)} \end{aligned} \tag{4-186}$$

因为 a、b 是任意的常数，所以 $A^{(0)}$ 不能唯一确定，因此当系统有等固有频率时，重特征值对应的主振型要根据振型矢量关于 M 和 K 的正交条件来确定。由于 $p_1 = p_2$ 得不出式(4-143)和式(4-144)，即对应于重特征值的振型矢量不一定满足正交条件。要按着所选的振型矢量 $A^{(1)}$、$A^{(2)}$ 不仅彼此之间应满足对 M、K 的正交条件，与其他振型矢量之间也需满足关于 M 和 K 的正交条件。由式(4-186)可知，满足正交条件的 $A^{(1)}$、$A^{(2)}$ 仍可有多组。

例 4.14 质量 m_1 和 m_2 由弹簧连接，在图 4-25 所示的水平面内做微振动，设 $m_1 = m_2 = 1, k_1 = k_2 = 2, k_3 = 1, k_4 = k_5 = 4$。假设物块 m_1 在水平方向的微小位移不影响其他弹簧在铅直方向的状态，同样在铅垂方向的小位移也不影响水平弹簧的状态。试求系统的固有频率和主振型。

解：质量 m_1 可在水平和铅垂的两个方向有位移，质量 m_2 只在铅垂方向有位移 y_2，系统有三个自由度，以静平衡位置为坐标原点，确定质量 m_1 的坐标为 x、y_1，如图 4-25 所示。

用影响系数法建立系统的运动微分方程求出刚度影响系数。

令 $x = 1, y_1 = y_2 = 0$，得

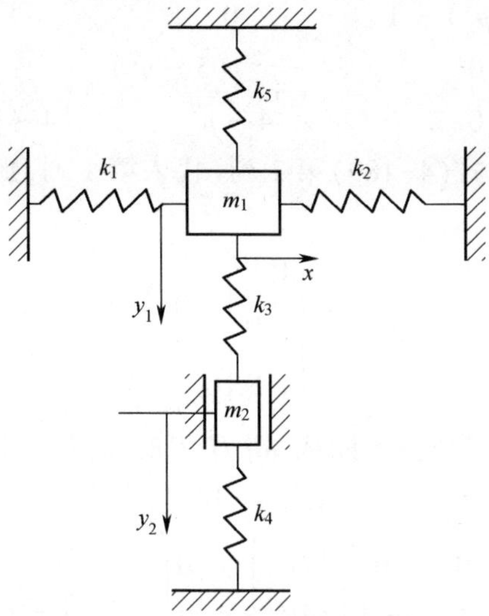

图 4-25　水平面内弹簧做微振动示意图

$$k_{11} = k_1 + k_2 = 4, k_{21} = 0, k_{31} = 0$$

令 $y_1 = 1, x = y_2 = 0$，得

$$k_{12} = 0, k_{22} = k_3 + k_5 = 5, k_{32} = -k_3 = -1$$

令 $y_2 = 1, x = y_1 = 0$，得

$$k_{13} = 0, k_{23} = -k_3 = -1, k_{33} = k_3 + k_4 = 5$$

系统的刚度矩阵为

$$\boldsymbol{K} = \begin{pmatrix} 4 & 0 & 0 \\ 0 & 5 & -1 \\ 0 & -1 & 5 \end{pmatrix}$$

质量矩阵 $\boldsymbol{M}$ 为对角阵 $\boldsymbol{M} = \mathrm{diag}\,(1 \quad 1 \quad 1)$。系统的微振动方程为

$$\begin{pmatrix} 1 & 0 & 0 \\ 0 & 1 & 0 \\ 0 & 0 & 1 \end{pmatrix} \begin{Bmatrix} \ddot{x} \\ \ddot{y}_1 \\ \ddot{y}_2 \end{Bmatrix} + \begin{pmatrix} 4 & 0 & 0 \\ 0 & 5 & -1 \\ 0 & -1 & 5 \end{pmatrix} \begin{Bmatrix} x \\ y_1 \\ y_2 \end{Bmatrix} = \begin{Bmatrix} 0 \\ 0 \\ 0 \end{Bmatrix} \tag{4-187}$$

由式(4-118)可得系统的特征值问题为

$$\begin{pmatrix} 4 - p^2 & 0 & 0 \\ 0 & 5 - p^2 & -1 \\ 0 & -1 & 5 - p^2 \end{pmatrix} \begin{Bmatrix} A_1 \\ A_2 \\ A_3 \end{Bmatrix} = \begin{Bmatrix} 0 \\ 0 \\ 0 \end{Bmatrix} \tag{4-188}$$

频率方程为

$$\Delta(p^2) = (4 - p^2)(5 - p^2)^2 - (4 - p^2) = 0$$

求得特征值为 $p_1^2 = p_2^2 = 4, p_3^2 = 6$，系统存在重特征值 4。

固有频率为 $p_1 = p_2 = 2, p_3 = \sqrt{6}$，特征矩阵 $\boldsymbol{H}$ 的伴随矩阵为

$$\operatorname{adj}\boldsymbol{H}=\begin{pmatrix}(5-p^2)-1 & 0 & 0\\ 0 & (4-p^2)(5-p^2) & 4-p^2\\ 0 & 4-p^2 & (4-p^2)(5-p^2)\end{pmatrix} \tag{4-189}$$

先将非重特征值 $p_3^2=6$ 代入式(4-189)第 2 列(代入第 1 列,则得零列),可得第三阶主振型为

$$\boldsymbol{A}^{(3)}=\begin{Bmatrix}A_1^{(3)}\\ A_2^{(3)}\\ A_3^{(3)}\end{Bmatrix}=\begin{Bmatrix}0\\ 1\\ -1\end{Bmatrix}$$

对于重特征值对应的特征矢量不能从 adj $\boldsymbol{H}$ 中的任何一列求得,必须利用特征值问题的式(4-188)来求解,将 $p_1^2=p_2^2=4$ 代入式(4-188),得

$$\begin{pmatrix}0 & 0 & 0\\ 0 & 1 & -1\\ 0 & -1 & 1\end{pmatrix}\begin{Bmatrix}A_1^{(r)}\\ A_2^{(r)}\\ A_3^{(r)}\end{Bmatrix}=\begin{Bmatrix}0\\ 0\\ 0\end{Bmatrix}\qquad (r=1,2) \tag{4-190}$$

显然,$A_1^{(r)}(r=1,2)$ 可取任意值,且有 $A_2^{(r)}=A_3^{(r)}(r=1,2)$,式(4-190)有多组解。

设 $A_1^{(r)}=1(r=1,2)$,使重特征值 $p_r^2(r=1,2)$ 对应的特征矢量 $\boldsymbol{A}^{(r)}$ 与特征矢量 $\boldsymbol{A}^{(3)}$ 正交。

对于 $p_1^2=4,A^{(1)}=\begin{Bmatrix}1\\ A_2^{(1)}\\ A_3^{(1)}\end{Bmatrix}$ 按与 $\boldsymbol{A}^{(3)}$ 的正交条件得方程组

$$[0\quad 1\quad -1]\begin{pmatrix}1 & 0 & 0\\ 0 & 1 & 0\\ 0 & 0 & 1\end{pmatrix}\begin{Bmatrix}1\\ A_2^{(1)}\\ A_3^{(1)}\end{Bmatrix}=0 \tag{4-191}$$

或 $A_2^{(1)}-A_3^{(1)}=0$,设 $A_2^{(1)}=2$,则 $A_3^{(1)}=2$。

显然对 $p_2^2=4$,也可取 $A_2^{(2)}=5$, $A_3^{(2)}=5$。

这两组振型矢量 $\boldsymbol{A}^{(1)}=(1\quad 2\quad 2)^{\mathrm{T}}$ 和 $\boldsymbol{A}^{(2)}=(1\quad 5\quad 5)^{\mathrm{T}}$,显然是线性无关且与 $\boldsymbol{A}^{(3)}$ 正交。为使其 $\boldsymbol{A}^{(1)}$、$\boldsymbol{A}^{(2)}$ 之间也满足正交条件,令新的第二阶振型矢量为 $\boldsymbol{\Phi}^{(2)}$,使其为 $\boldsymbol{A}^{(1)}$、$\boldsymbol{A}^{(2)}$ 的线性组合,可设为

$$\boldsymbol{\Phi}^{(2)}=\boldsymbol{A}^{(1)}+c\boldsymbol{A}^{(2)}(c\text{ 为任意常数})$$

由正交条件 $\boldsymbol{A}^{(1)\mathrm{T}}\boldsymbol{M}\boldsymbol{\Phi}^{(2)}=0$,得

$$[1\quad 2\quad 2]\begin{pmatrix}1 & 0 & 0\\ 0 & 1 & 0\\ 0 & 0 & 1\end{pmatrix}\begin{Bmatrix}1+c\\ 2+5c\\ 2+5c\end{Bmatrix}=0$$

或

$$9+21c=0$$

得 $c=-\dfrac{9}{21}$,于是得

$$\boldsymbol{\Phi}^{(2)}=\left(\frac{12}{21}\quad -\frac{3}{21}\quad -\frac{3}{21}\right)^{\mathrm{T}}$$

重特征值 $p_2^2=4$ 的振型矢量可取为

$$\boldsymbol{\Phi}^{(2)}=(4\quad -1\quad -1)^{\mathrm{T}}$$

则系统的振型矩阵为

$$\boldsymbol{A}=\begin{pmatrix}1 & 4 & 0\\ 2 & -1 & 1\\ 2 & -1 & -1\end{pmatrix}$$

由于对应重特征值 $p_1^2=p_2^2$,满足正交条件的振型矢量 $\boldsymbol{A}^{(1)}$ 和 $\boldsymbol{\Phi}^{(2)}$ 可以有多组,因此振型矩阵 $\boldsymbol{A}$ 也不是唯一的。

4.3.6 拉格朗日方程在微振动系统中的应用

在建立多自由系统振动的微分方程时,用矢量力学的方法,需考虑分离体和各分离体之间的相互作用力,用牛顿定律列写系统的运动微分方程,这种方法在建立较为复杂的多自由度振动系统的运动微分方程时会出现一些不必要的麻烦。采用第 2 章中分析力学的方法可以克服矢量力学方法中的缺点,而建立起系统的振动微分方程。拉格朗日方程方法就是微振动系统中常用的方法。

完整系统拉格朗日方程为

$$\frac{\mathrm{d}}{\mathrm{d}t}\left(\frac{\partial T}{\partial \dot{q}_s}\right)-\frac{\partial T}{\partial q_s}=Q_s\quad (s=1,2,\cdots,n)$$

如果主动力为有势力,则 $Q_s=-\dfrac{\partial V}{\partial q_s}$。可见在振动系统中应用拉格朗日方程时,必须计算系统的动能和势能。由于振动方程是二阶常系数的微分方程组,系统的动能和势能代入式(2-41)或式(2-49)时应得到广义坐标表示的二阶常系数微分方程组。

设振动系统有 n 个自由度,以系统的平衡位置为各广义坐标原点,广义坐标 $q_1,q_2,\cdots,q_n$ 就是对平衡位置的偏离量,在微振动运动中 $q_1,q_2,\cdots,q_n$ 都是一阶微量,而各广义速度 $\dot{q}_s(s=1,2,\cdots,n)$ 也是一阶微量。

定常完整系统的动能可表示为

$$T=T_2=\frac{1}{2}\sum_{s=1}^{n}\sum_{k=1}^{n}M_{sk}\dot{q}_s\dot{q}_k$$

式中:$M_{sk}=a_{sk}=\sum\limits_{i=1}^{n}m_i\dfrac{\partial \boldsymbol{r}_i}{\partial q_s}\cdot\dfrac{\partial \boldsymbol{r}_i}{\partial q_k}$,是广义坐标的函数,称为广义质量,可记为 $M_{sk}=M_{sk}(q_1,q_2,\cdots,q_n)$,显然有 $M_{sk}=M_{ks}$。将 M_{sk} 在系统平衡位置附近展成级数,得

$$M_{sk}=(M_{sk})_0+\sum_{l=1}^{n}\left(\frac{\partial M_{sk}}{\partial q_l}\right)_0 q_l+\frac{1}{2}\sum_{h=1}^{n}\sum_{l=1}^{n}\left(\frac{\partial^2 M_{sk}}{\partial q_h\partial q_l}\right)_0 q_h q_l+\cdots \tag{4-192}$$

式中:下标“0”表示括号内的量取平衡位置 $q_1,q_2,\cdots,q_n=0$ 的值。

动能只需保留广义速度二阶微量,代入式(2-41)就得二阶常系数微分方程组。所以只

需取 $M_{sk} \approx (M_{ks})_0 = m_{sk} =$ 常数$(s, k = 1, 2, \cdots, n)$ 的项即可。这时系统的动能可在平衡位置直接写出。

微振动系统的动能为

$$T = \frac{1}{2}\sum_{s=1}^{n}\sum_{k=1}^{n} m_{sk}\dot{q}_s\dot{q}_k \tag{4-193}$$

式中：$m_{sk} = m_{ks}$，为广义质量(或质量影响系数)。

显然，系统的质量矩阵 $\boldsymbol{M}$ 是对称的，式(4-193)表明，只要广义速度不为零，动能总取正值。动能是广义速度的正定二次型，可用矩阵表示为

$$T = \frac{1}{2}\dot{\boldsymbol{q}}^{\mathrm{T}}\boldsymbol{M}\dot{\boldsymbol{q}} \tag{4-194}$$

其中

$$\boldsymbol{M} = \begin{vmatrix} m_{11} & m_{12} & \cdots & m_{1n} \\ m_{21} & m_{22} & \cdots & m_{2n} \\ \vdots & \vdots & & \vdots \\ m_{n1} & m_{n2} & \cdots & m_{nn} \end{vmatrix}, \dot{\boldsymbol{q}} = (\dot{q}_1 \quad \dot{q}_2 \quad \cdots \quad \dot{q}_n)^{\mathrm{T}}$$

对于定常完整系统，势能只是广义坐标的函数

$$V = V(q_1, q_2, \cdots, q_n)$$

将势能在平衡位置附近展成级数

$$V = V_0 + \sum_{s=1}^{n}\left(\frac{\partial V}{\partial q_s}\right)_0 q_s + \frac{1}{2}\sum_{k=1}^{n}\sum_{s=1}^{n}\left(\frac{\partial^2 V}{\partial q_k \partial q_s}\right)_0 q_k q_s + \cdots$$

取平衡位置为势能零位，则 $V_0 = 0$。仅在有势力作用下系统微振动的平衡位置一般是稳定的，势能在平衡位置取极小值。因此，有 $\left(\frac{\partial V}{\partial q_s}\right)_0 = 0(s = 1, 2, \cdots, n)$。略去二阶以上微量有

$$V = \frac{1}{2}\sum_{k=1}^{n}\sum_{s=1}^{n} k_{ks}q_k q_s \tag{4-195}$$

其中

$$k_{ks} = \left(\frac{\partial^2 V}{\partial q_k \partial q_s}\right)_0 \quad (k, s = 1, 2, \cdots, n)$$

$k_{ks} = k_{sk}$，称为广义刚度，也称为刚度影响系数。一般情况下式(4-195)是广义坐标的正定二次型。可用系统的刚度矩阵 $\boldsymbol{K}$ 表示为

$$V = \frac{1}{2}\boldsymbol{q}^{\mathrm{T}}\boldsymbol{K}\boldsymbol{q} \tag{4-196}$$

其中

$$\boldsymbol{K} = \begin{vmatrix} k_{11} & k_{12} & \cdots & k_{1n} \\ k_{21} & k_{22} & \cdots & k_{2n} \\ \vdots & \vdots & & \vdots \\ k_{n1} & k_{n2} & \cdots & k_{nn} \end{vmatrix}, q = (q_1, q_2, \cdots, q_n)^{\mathrm{T}} \tag{4-197}$$

显然刚度矩阵是对称的。

当动能 T 和势能 V 均为正定时,为正定系统。系统做主振动时,有 $\boldsymbol{q}=\boldsymbol{A}\sin(pt+\alpha)$,$\dot{\boldsymbol{q}}=p\boldsymbol{A}\cos(pt+\alpha)$

对于正定系统,有

$$\begin{cases}T_{\max}=\dfrac{1}{2}\dot{\boldsymbol{q}}_{\max}^{\mathrm{T}}\boldsymbol{M}\dot{\boldsymbol{q}}_{\max}=\dfrac{1}{2}p^2\boldsymbol{A}^{\mathrm{T}}\boldsymbol{M}\boldsymbol{A}>0\\ V_{\max}=\dfrac{1}{2}\boldsymbol{q}_{\max}^{\mathrm{T}}\boldsymbol{K}\boldsymbol{q}_{\max}=\dfrac{1}{2}\boldsymbol{A}^{\mathrm{T}}\boldsymbol{K}\boldsymbol{A}>0\end{cases}\tag{4-198}$$

$\boldsymbol{M}$ 和 $\boldsymbol{K}$ 分别为二次型 T 和 V 的矩阵,在 T 和 V 为正定二次型时,根据线性代数的理论,$\boldsymbol{M}$ 和 $\boldsymbol{K}$ 也是正定矩阵。所以有

$$\boldsymbol{A}^{\mathrm{T}}\boldsymbol{M}\boldsymbol{A}>0\text{ 和 }\boldsymbol{A}^{\mathrm{T}}\boldsymbol{K}\boldsymbol{A}>0$$

因此由式(4-198)的第一式必有特征值 p^2 为正实数。

对于正定矩阵 $\boldsymbol{K}$,必有各阶子式大于零,即

$$k_{11}>0,\begin{pmatrix}k_{11}&k_{12}\\k_{21}&k_{22}\end{pmatrix}>0,\cdots,\begin{vmatrix}k_{11}&k_{12}&\cdots&k_{1n}\\k_{21}&k_{22}&\cdots&k_{2n}\\\vdots&\vdots&&\vdots\\k_{n1}&k_{n2}&\cdots&k_{nn}\end{vmatrix}>0$$

有时会遇到 T(或 $\boldsymbol{M}$) 为正定,而 V(或 $\boldsymbol{K}$) 为半正定的情形。这时 $\boldsymbol{K}$ 为奇异矩阵,$|\boldsymbol{K}|=0$,必有 $p^2=0$ 的特征值,系统可做刚体型运动。例 4.13 就是这种情况。系统的动能 $T=\dfrac{1}{2}\sum\sum m_{sk}\dot{q}_s\dot{q}_k$,由于 T 中不含广义坐标,各 $\dfrac{\partial T}{\partial q_s}=0$,得

$$\frac{\mathrm{d}}{\mathrm{d}t}\left(\frac{\partial T}{\partial \dot{q}_s}\right)=\sum_{k=1}^{n}m_{sk}\ddot{q}_k(s=1,2,\cdots,n)$$

而

$$Q_s=-\frac{\partial V}{\partial q_s}=-\sum_{k=1}^{n}k_{sk}q_k(s=1,2,\cdots,n)$$

由式(2-41)得到保守系统的微振动运动微分方程为

$$\sum_{k=1}^{n}m_{sk}\ddot{q}_k+\sum_{k=1}^{n}k_{sk}q_k=0\quad(s=1,2,\cdots,n)\tag{4-199a}$$

写成矩阵形式为

$$\begin{bmatrix}m_{11}&m_{12}&\cdots&m_{1n}\\m_{21}&m_{22}&\cdots&m_{2n}\\\vdots&\vdots&&\vdots\\m_{n1}&m_{n2}&\cdots&m_{nn}\end{bmatrix}\begin{Bmatrix}\ddot{q}_1\\\ddot{q}_2\\\vdots\\\ddot{q}_n\end{Bmatrix}+\begin{bmatrix}k_{11}&k_{12}&\cdots&k_{1n}\\k_{21}&k_{22}&\cdots&k_{2n}\\\vdots&\vdots&&\vdots\\k_{n1}&k_{n2}&\cdots&k_{nn}\end{bmatrix}\begin{Bmatrix}q_1\\q_2\\\vdots\\q_n\end{Bmatrix}=\begin{Bmatrix}0\\0\\\vdots\\0\end{Bmatrix}\tag{4-199b}$$

或

$$\boldsymbol{M}\ddot{\boldsymbol{q}}+\boldsymbol{K}\boldsymbol{q}=\boldsymbol{0}\tag{4-199c}$$

与式(4-98)表达的自由振动方程完全相同,只是把位移列阵 $\boldsymbol{x}$ 换成广义坐标列阵 $\boldsymbol{q}$ 。

若系统除有势力之外,还作用其他非有势力,表达如下:

$$\frac{\mathrm{d}}{\mathrm{d}t}\left(\frac{\partial L}{\partial \dot{q}_s}\right)-\frac{\partial L}{\partial q_s}=Q_s' \quad (s=1,2,\cdots,n)$$

式中：$L=T-V$，为拉格朗日函数；Q_s' 为对应广义坐标 q_s 的非有势广义力。

将式(4-193)和式(4-195)代入式(2-50)，得

$$\sum_{k=1}^{n} m_{sk}\ddot{q}_k+\sum_{k=1}^{n} k_{sk}q_k=Q_s' \quad (s=1,2,\cdots,n) \tag{4-200a}$$

或写成

$$\boldsymbol{M}\ddot{\boldsymbol{q}}+\boldsymbol{K}\boldsymbol{q}=\boldsymbol{Q}' \tag{4-200b}$$

这就是无阻尼多自由度系统强迫振动的运动微分方程。

若系统受到黏性阻尼的作用，引用式(2-113b)的瑞利耗散函数表示式

$$R=\frac{1}{2}\sum_{s=1}^{n}\sum_{k=1}^{n}C_{ks}\dot{q}_s\dot{q}_k=\frac{1}{2}\dot{\boldsymbol{q}}^{\mathrm{T}}\boldsymbol{C}\dot{\boldsymbol{q}}$$

式中：$C_{ks}=C_{sk}$；$\boldsymbol{C}$ 为阻尼矩阵，也是对称阵。

将式(2-114)代入式(2-50)，得

$$\frac{\mathrm{d}}{\mathrm{d}t}\left(\frac{\partial L}{\partial \dot{q}_s}\right)+\frac{\partial R}{\partial \dot{q}_s}+\frac{\partial L}{\partial q_s}=Q_s' \quad (s=1,2,\cdots,n) \tag{4-200c}$$

式中：Q_s 为除耗散力以外的对应广义坐标 q_s 的非有势广义力。

把式(4-193)，式(4-195)和式(2-113b)代入式(4-200c)，得

$$\sum_{k=1}^{n} m_{sk}\ddot{q}_k+\sum_{k=1}^{n} C_{sk}\dot{q}_k+\sum_{k=1}^{n} k_{sk}q_k=Q_s' \quad (s=1,2,\cdots,n) \tag{4-201a}$$

写成矩阵形式为

$$\boldsymbol{M}\ddot{\boldsymbol{q}}+\boldsymbol{C}\dot{\boldsymbol{q}}+\boldsymbol{K}\boldsymbol{q}=\boldsymbol{Q}' \tag{4-201b}$$

式(4-201a)就是黏性阻尼系统的受迫振动微分方程。若式(4-201b)的右端广义力列阵 $\boldsymbol{Q}'$ 为零，则得阻尼自由振动微分方程。

下面举例说明拉格朗日方程在微振动系统中的应用。

例 4.15 质量为 m_1 的物块与长为 l 质量为 m_2 的均质杆铰接，物块与刚度为 k 的弹簧相连接。弹簧另端与固定面连接，物块在光滑水平面上做直线运动。如图所示，试用拉格朗日方程法写出系统微振动方程。

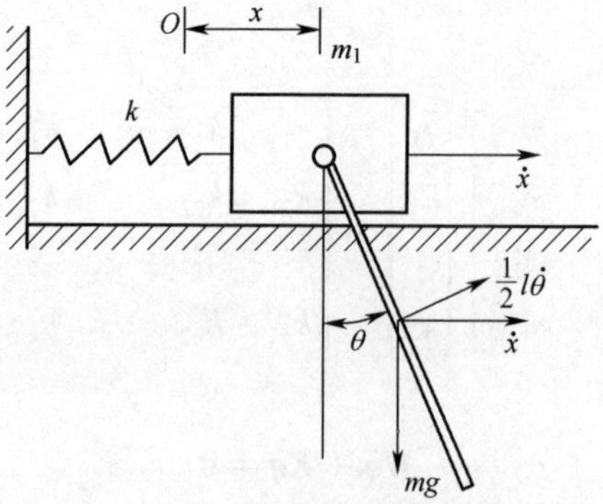

图 4-26 滑块与单摆二自由度系统

解:这是一个二自由度系统,取相对弹簧原长位置为质量 m_1 的位移 x 和杆相对铅垂位置的转角 θ 为广义坐标。杆质心 C 点的速度为

$$v_C^2 = \dot{x}^2 + \frac{l^2}{4}\dot{\theta}^2 + l\dot{\theta}\dot{x}\cos\theta$$

系统的动能为

$$T = \frac{1}{2}m_1\dot{x}^2 + \frac{1}{2}m_2v_C^2 + \frac{1}{2}J_C\dot{\theta}^2 = \frac{1}{2}(m_1 + m_2)\dot{x}^2 + \frac{1}{6}m_2l^2\dot{\theta}^2 + \frac{1}{2}m_2l\dot{\theta}\dot{x}\cos\theta$$

保留广义速度二阶微量,系统动能为

$$T = \frac{1}{2}(m_1 + m_2)\dot{x}^2 + \frac{1}{6}m_2l^2\dot{\theta}^2 + \frac{1}{2}m_2l\dot{\theta}\dot{x} \tag{4-202}$$

系统势能 V,以平衡位置为势能零点,有

$$V = \frac{1}{2}kx^2 + \frac{1}{2}m_2gl(1 - \cos\theta)$$

将 $\cos\theta$ 在平衡位置附近展成级数

$$\cos\theta = 1 - \frac{\theta^2}{2} + \cdots$$

略去广义坐标的二阶以上微量,则

$$V = \frac{1}{2}kx^2 + \frac{1}{4}m_2gl\theta^2 \tag{4-203}$$

将式(4-202)和式(4-203)代入有势力的拉格朗日方程

$$\frac{\mathrm{d}}{\mathrm{d}t}\frac{\partial L}{\partial \dot{q}_s} - \frac{\partial L}{\partial q_s} = 0 \quad (s = 1,2,\cdots,n)$$

得系统的微振动运动微分方程为

$$\begin{cases}(m_1 + m_2)\ddot{x} + \dfrac{1}{2}m_2l\ddot{\theta} + kx = 0\\ \dfrac{1}{2}m_2l\ddot{x} + \dfrac{1}{3}m_2l^2\ddot{\theta} + \dfrac{1}{2}m_2gl\theta = 0\end{cases} \tag{4-204}$$

例 4.16 如图 4-27 所示,两均质刚性杆,质量均为 m,在 B 点处铰接到一起并用弹簧支承着,设杆长均为 l,弹簧的刚度系数 $k_1 = k_2 = k_3 = k$。系统在图示铅垂面内运动。试用拉格朗日方程建立系统的微振动运动微分方程。

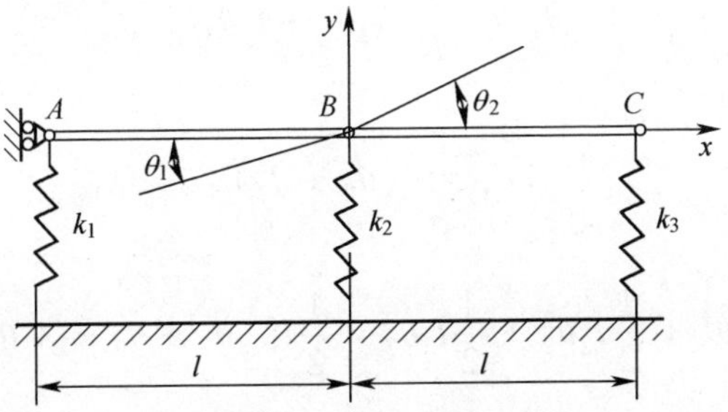

图 4-27 两均质杆铰接振动系统

解：取铰链点 B 相对静平衡位置的铅垂位移 y 和杆 AB、BC 相对水平轴线 x 的转角 θ_1、θ_2 为广义坐标，系统的位形可完全确定，系统有三个自由度。

质点系动能为

$$T=\frac{1}{2}m\left(\dot{y}-\frac{l}{2}\dot{\theta}_1\right)^2+\frac{1}{2}J_{C_1}\dot{\theta}^2+\frac{1}{2}m\left(\dot{y}+\frac{l}{2}\dot{\theta}_2\right)^2+\frac{1}{2}J_{C_2}\dot{\theta}^2 \tag{4-205}$$

式中

$$J_{C_1}=J_{C_2}=\frac{1}{12}ml^2$$

则

$$T=m\dot{y}^2+\frac{1}{2}ml\dot{y}(\dot{\theta}_2^2-\dot{\theta}_1)+\frac{1}{6}ml^2(\dot{\theta}_1^2+\dot{\theta}_2^2) \tag{4-206}$$

以静平衡位置的水平轴线 x 为势能零位，系统势能为

$$V=\frac{1}{2}ky^2+\frac{1}{2}k(y-l\theta_1)^2+\frac{1}{2}k(y+l\theta_2)^2=\frac{3}{2}ky^2+kly(\theta_2-\theta_1)+\frac{1}{2}kl^2(\theta_1^2+\theta_2^2) \tag{4-207}$$

动能 T 与势能 V 分别为广义速度和广义坐标的二阶微量，将式(4-206)和式(4-207)代入式(2-41)或式(2-49)得

$$\begin{cases}2m\ddot{y}-\dfrac{1}{2}ml\ddot{\theta}_1+\dfrac{1}{2}ml\ddot{\theta}_2+3ky-kl\theta_1+kl\theta_2=0\\ -\dfrac{1}{2}ml\ddot{y}+\dfrac{1}{3}ml^2\ddot{\theta}_1-kly+kl^2\theta_1=0\\ \dfrac{1}{2}ml\ddot{y}+\dfrac{1}{3}ml^2\ddot{\theta}_2+kly+kl^2\theta_2=0\end{cases} \tag{4-208}$$

例 4.17 在例 4.13 中系统有一个零特征值，试用拉格朗日方程法建立该系统的微振动方程。

解：在该例中曾利用刚体振型与弹性振型间的正交条件导出例 4.13 中的一个动量矩守恒的积分形式关系式，即

$$I_1\theta_1+I_2\theta_2+I_3\theta_3=0$$

这个关系式表示确定振体位形的三个角位移并不是互相独立的，它们间必须满足上式，利用该约束条件可以消去任一个不独立的坐标。从上式解出

$$\theta_1=-\frac{1}{I_1}(I_2\theta_2+I_3\theta_3)$$

在 $I_1=I_2=I_3=I$ 的情况下，有

$$\theta_1=-(\theta_2+\theta_3) \tag{4-209}$$

系统动能为

$$\begin{aligned}T&=\frac{1}{2}I_1\dot{\theta}^2+\frac{1}{2}I_2\dot{\theta}_2^2+\frac{1}{2}I_3\dot{\theta}_3^2=\frac{1}{2}I[(\dot{\theta}_2+\dot{\theta}_3)^2+\dot{\theta}_2^2+\dot{\theta}_3^2]\\&=I(\dot{\theta}_2^2+\dot{\theta}_3^2+\dot{\theta}_2\dot{\theta}_3)\end{aligned} \tag{4-210}$$

系统势能为

$$V=\frac{1}{2}k(\theta_2-\theta_1)^2+\frac{1}{2}k(\theta_3-\theta_2)^2=\frac{1}{2}k(5\theta_2^2+2\theta_3^2+2\theta_2\theta_3) \tag{4-211}$$

将式(4-210)和式(4-211)代入拉氏方程式(2-49),得

$$\begin{cases}2I\ddot{\theta}_2+I\ddot{\theta}_3+5k\theta_2+k\theta_3=0\\ I\ddot{\theta}_2+2I\ddot{\theta}_3+k\theta_2+2k\theta_3=0\end{cases} \tag{4-212}$$

或

$$\begin{pmatrix}2I & I\\ I & 2I\end{pmatrix}\begin{Bmatrix}\ddot{\theta}_2\\ \ddot{\theta}_3\end{Bmatrix}+\begin{pmatrix}5k & k\\ k & 2k\end{pmatrix}\begin{Bmatrix}\theta_2\\ \theta_3\end{Bmatrix}=\begin{Bmatrix}0\\ 0\end{Bmatrix} \tag{4-213}$$

系统成为二自由度系统,其中 θ_2、θ_3 为确定系统位形的广义坐标,已消除了刚体型振型。刚度矩阵是非奇异的,由式(4-118)可得特征值问题为

$$\begin{pmatrix}5k-2p^2I & k-p^2I\\ k-p^2I & 2k-2p^2I\end{pmatrix}\begin{Bmatrix}A_1\\ A_2\end{Bmatrix}=\begin{Bmatrix}0\\ 0\end{Bmatrix} \tag{4-214}$$

频率方程为

$$\Delta(p^2)=p^4I^2-4p^2KI+3k^2=0 \tag{4-215}$$

解得两个特征值为

$$p_1^2=\frac{k}{I},p_2^3=\frac{3k}{I}$$

对应的主振型分别为

$$\boldsymbol{A}^{(1)}=\begin{Bmatrix}0\\ 1\end{Bmatrix},\boldsymbol{A}^{(2)}=\begin{Bmatrix}2\\ -1\end{Bmatrix}$$

两阶主振型都是弹性振型。由于消去了 θ_1,$\boldsymbol{A}^{(1)}$、$\boldsymbol{A}^{(2)}$ 仅给出圆盘 2 和 3 的转动,圆盘 1 在弹性阵型中的转动,应由刚体振型与弹性振型的正交条件得到,即 $A_1^{(i)}=-(A_2^{(i)}+A_3^{(i)})$,$(i=1,2)$,得

$$A_1^{(1)}=-1,A_1^{(2)}=-1$$

于是得系统弹性振动的主振型 $\boldsymbol{A}^{(1)}=(-1\quad 0\quad 1)^{\mathrm{T}}$,$\boldsymbol{A}^{(2)}=(-1\quad 2\quad -1)^{\mathrm{T}}$,系统的零频率所对应的刚体型振型 $\boldsymbol{A}^{(0)}=(1\quad 1\quad 1)^{\mathrm{T}}$。

4.3.7 多自由度系统的受迫振动

多自由度系统在一般情况下可用振型(模态)分析法求解,利用主坐标或正则坐标将 n 自由度系统的振动微分方程组转换成 n 个独立的单自由度形式的运动微分方程,用单自由度系统的理论求解用主坐标或正则坐标表示的响应,再变换到原坐标表示的系统响应。

1. 无阻尼系统的受迫振动

无阻尼受迫振动微分方程一般形式为

$$\boldsymbol{M}\ddot{\boldsymbol{x}}+\boldsymbol{K}\boldsymbol{x}=\boldsymbol{F}(t) \tag{4-216}$$

式(4-216)在形式上就是把式(4-200b)中的广义坐标列阵 $\boldsymbol{q}$ 换成位移列阵 $\boldsymbol{x}$,把广义力列

阵 $\boldsymbol{Q}$ 用激励力列阵 $\boldsymbol{F}(t)$ 代替。

采用正则振型分析法，利用坐标变换，设

$$\boldsymbol{x}=\boldsymbol{\Phi}_N\boldsymbol{\eta} \tag{4-217}$$

代入式(4-216)得

$$\boldsymbol{M}\boldsymbol{\Phi}_N\ddot{\boldsymbol{\eta}}+\boldsymbol{K}\boldsymbol{\Phi}_N\boldsymbol{\eta}=\boldsymbol{F}(t)$$

左乘 $\boldsymbol{\Phi}_N^{\mathrm{T}}$，可得

$$\boldsymbol{\Phi}_N^{\mathrm{T}}\boldsymbol{M}\boldsymbol{\Phi}\ddot{\boldsymbol{\eta}}+\boldsymbol{\Phi}_N^{\mathrm{T}}\boldsymbol{K}\boldsymbol{\Phi}_N\boldsymbol{\eta}=\boldsymbol{\Phi}_N^{\mathrm{T}}\boldsymbol{F}(t)$$

由式(4-156)得

$$\boldsymbol{E}\ddot{\boldsymbol{\eta}}+\boldsymbol{\Lambda}\boldsymbol{\eta}=\boldsymbol{N}(t) \tag{4-218}$$

式中：$\boldsymbol{E}$ 为单位阵；$\boldsymbol{\Lambda}$ 为特征值矩阵，$\boldsymbol{\Lambda}=\mathrm{diag}\,(p_1^2\quad p_2^2\quad\cdots\quad p_n^2)$；$\boldsymbol{N}(t)=\boldsymbol{\Phi}_N^{\mathrm{T}}\boldsymbol{F}(t)$。

以正则坐标表示的受迫振动方程，是 n 个独立的单自由度振动方程：

$$\ddot{\eta}_i+p_i^2\eta=N_i(t)\quad(i=1,2,\cdots,n) \tag{4-219}$$

在零初始条件下，其解为

$$\eta_i=\frac{1}{p_i}\int_0^t N_i(\tau)\sin p_i(t-\tau)\,\mathrm{d}\tau\quad(i=1,2,\cdots,n) \tag{4-220}$$

代回变换方程式(4-217)，得系统以原坐标 x 表示的响应

$$\boldsymbol{x}=\boldsymbol{\Phi}_N\boldsymbol{\eta}=\sum_{i=1}^{n}\boldsymbol{\Phi}_N^{(i)}\boldsymbol{\eta}_i=\sum_{i=1}^{n}\boldsymbol{\Phi}_N^{(i)}\frac{1}{p_i}\int_0^t N_i(\tau)\sin p_i(t-\tau)\,\mathrm{d}\tau \tag{4-221}$$

如果在非零初始条件下考虑初始条件的影响，式(4-221)应加上系统对初始条件的响应式(4-166)，即

$$\boldsymbol{x}=\sum_{i=1}^{n}\boldsymbol{\Phi}_N^{\mathrm{T}}\left[\eta_i(0)\cos p_i t+\frac{1}{p_i}\dot{\eta}_i(0)+\frac{1}{p_i}\int_0^t N_i(t)\sin p_i(t-\tau)\,\mathrm{d}\tau\right] \tag{4-222}$$

式中：$\eta_i(0)$ 、$\dot{\eta}_i(0)$ 分别由式 $\boldsymbol{\eta}(0)=\boldsymbol{\Phi}_N^{\mathrm{T}}\boldsymbol{M}\boldsymbol{x}(0)$，$\dot{\boldsymbol{\eta}}(0)=\boldsymbol{\Phi}_N^{\mathrm{T}}\boldsymbol{M}\dot{\boldsymbol{x}}(0)$ 得到。

例 4.18 在例 4.11 中给出如在振体 m_1 上作用简谐激励力 $F(t)=H\sin\omega t$（图 4-28），（设系统振动的初始条件为零），试求系统的响应。

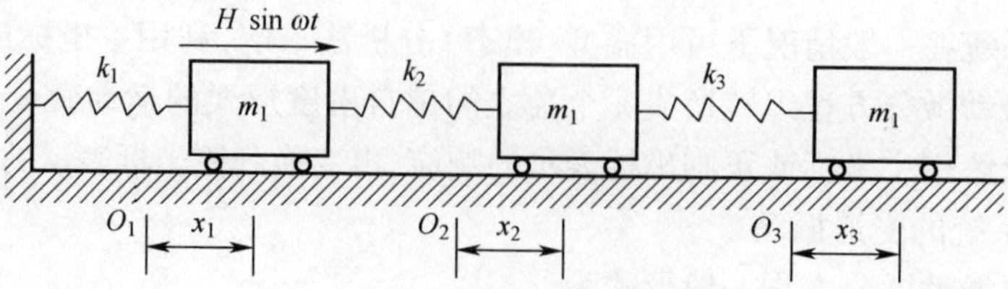

图 4-28　三自由度弹簧-质量系统

解:在例 4.11 中给出 $m_1=m_2=m, m_3=2m, k_1=k_2=k_3$。

设确定各振体的位移坐标为 x_1、x_2、x_3,系统的微振动方程为

$$\begin{bmatrix} m & 0 & 0 \\ 0 & m & 0 \\ 0 & 0 & 2m \end{bmatrix} \begin{Bmatrix} \ddot{x}_1 \\ \ddot{x}_2 \\ \ddot{x}_3 \end{Bmatrix} + \begin{bmatrix} 2k & -k & 0 \\ -k & 2k & -k \\ 0 & -k & k \end{bmatrix} \begin{Bmatrix} x_1 \\ x_2 \\ x_3 \end{Bmatrix} = \begin{Bmatrix} H\sin \omega t \\ 0 \\ 0 \end{Bmatrix} \tag{4-223}$$

系统的特征值问题为

$$\begin{bmatrix} 2k-mp^2 & -k & 0 \\ -k & 2k-mp^2 & -k \\ 0 & -k & k-2mp^2 \end{bmatrix} \begin{Bmatrix} A_1 \\ A_2 \\ A_3 \end{Bmatrix} = \begin{Bmatrix} 0 \\ 0 \\ 0 \end{Bmatrix} \tag{4-224}$$

系统的特征值 $p_i^2(i=1,2,3)$ 和所对应的主振型 $A^{(i)}(i=1,2,3)$ 已由例 4.11 中解得,即

$$p_1^2 = 0.1267\left(\frac{k}{m}\right)^2, p_2^2 = 1.2726\left(\frac{k}{m}\right)^2, p_3^2 = 3.1007\left(\frac{k}{m}\right)^2$$

振型矢量列阵分别为

$$\boldsymbol{A}^{(1)} = (1 \quad 1.8733 \quad 2.5093)^{\mathrm{T}}, \boldsymbol{A}^{(2)} = (1 \quad 0.7274 \quad -0.4709)^{\mathrm{T}}$$
$$\boldsymbol{A}^{(3)} = (1 \quad -1.1007 \quad 0.2115)^{\mathrm{T}}$$

求出各阶主质量 $m_{p_i}(i=1,2,3)$ 为

$$m_{p_1} = \boldsymbol{A}^{(1)\mathrm{T}}\boldsymbol{M}\boldsymbol{A}^{(1)} = (1 \quad 1.8733 \quad 2.5093) \begin{bmatrix} m & 0 & 0 \\ 0 & m & 0 \\ 0 & 0 & 2m \end{bmatrix} \begin{Bmatrix} 1 \\ 1.8733 \\ 2.5093 \end{Bmatrix} = 17.1014m$$

$$m_{p_2} = \boldsymbol{A}^{(2)\mathrm{T}}\boldsymbol{M}\boldsymbol{A}^{(2)} = (1 \quad 0.7274 \quad -0.4709) \begin{bmatrix} m & 0 & 0 \\ 0 & m & 0 \\ 0 & 0 & 2m \end{bmatrix} \begin{Bmatrix} 1 \\ 0.7274 \\ -0.4709 \end{Bmatrix} = 1.9726m$$

$$m_{p_3} = \boldsymbol{A}^{(3)\mathrm{T}}\boldsymbol{M}\boldsymbol{A}^{(3)} = (1 \quad -1.1007 \quad 0.2115) \begin{bmatrix} m & 0 & 0 \\ 0 & m & 0 \\ 0 & 0 & 2m \end{bmatrix} \begin{Bmatrix} 1 \\ -1.007 \\ 0.2115 \end{Bmatrix} = 2.3010m$$

各阶正则振型矢量列阵为

$$\begin{cases} \boldsymbol{\Phi}_N^{(1)} = \dfrac{1}{\sqrt{m_{p_1}}}\boldsymbol{A}^{(1)} = \dfrac{0.2418}{\sqrt{m}}\boldsymbol{A}^{(1)} \\ \boldsymbol{\Phi}_N^{(2)} = \dfrac{1}{\sqrt{m_{p_2}}}\boldsymbol{A}^{(2)} = \dfrac{0.7120}{\sqrt{m}}\boldsymbol{A}^{(2)} \\ \boldsymbol{\Phi}_N^{(3)} = \dfrac{1}{\sqrt{m_{p_3}}}\boldsymbol{A}^{(3)} = \dfrac{0.6592}{\sqrt{m}}\boldsymbol{A}^{(3)} \end{cases} \tag{4-225}$$

正则振型矩阵为

$$\boldsymbol{\Phi}_N = \frac{1}{\sqrt{m}}\begin{bmatrix} 0.2418 & 0.7120 & 0.6592 \\ 0.4530 & 0.5179 & -0.7256 \\ 0.6067 & -0.3353 & 0.1394 \end{bmatrix} \tag{4-226}$$

利用正则坐标变换式(4-217)

$$\boldsymbol{x} = \boldsymbol{\Phi}_N \boldsymbol{\eta}$$

将式(4-217)代入式(4-223)并左乘 $\boldsymbol{\Phi}_N^{\mathrm{T}}$,由式(4-156),得

$$\boldsymbol{E}\ddot{\boldsymbol{\eta}} + \boldsymbol{\Lambda}\boldsymbol{\eta} = \boldsymbol{\Phi}_N^{\mathrm{T}}\boldsymbol{F}(t) = \boldsymbol{N}(t) \tag{4-227}$$

式中:$\boldsymbol{E}$ 为三阶单位阵;$\boldsymbol{\Lambda} = \mathrm{diag}\,(p_1^2\ p_2^2\ p_3^2)$;$\boldsymbol{N}(t)$ 为

$$\boldsymbol{N}(t) = \frac{H}{\sqrt{m}}(0.2418 \quad 0.7120 \quad 0.6592)^{\mathrm{T}}\sin \omega t$$

得正则坐标表示的运动方程:

$$\begin{cases} \ddot{\eta}_1 + p_1^2\eta_1 = \dfrac{0.2418H}{\sqrt{m}}\sin \omega t \\ \ddot{\eta}_2 + p_2^2\eta_2 = \dfrac{0.7120H}{\sqrt{m}}\sin \omega t \\ \ddot{\eta}_3 + p_3^2\eta_3 = \dfrac{0.6592H}{\sqrt{m}}\sin \omega t \end{cases} \tag{4-228}$$

上式可分别按单自由度系统求解

$$\begin{cases} \eta_1 = \dfrac{0.2418H}{\sqrt{m}}\dfrac{1}{p_1^2}\displaystyle\int_0^t \sin \omega\tau \sin p_1(t-\tau)\,\mathrm{d}\tau \\ \quad = \dfrac{0.2418H}{\sqrt{m}}\dfrac{1}{p_1^2-\omega^2}\left(\sin \omega t - \dfrac{\omega}{p_1}\sin p_1 t\right) \\ \eta_2 = \dfrac{0.7120H}{\sqrt{m}}\dfrac{1}{p_2^2-\omega^2}\left(\sin \omega t - \dfrac{\omega}{p_2}\sin p_2 t\right) \\ \eta_3 = \dfrac{0.6592H}{\sqrt{m}}\dfrac{1}{p_3^2-\omega^2}\left(\sin \omega t - \dfrac{\omega}{p_3}\sin p_3 t\right) \end{cases} \tag{4-229}$$

将上式代入式(4-217)得原坐标 $\boldsymbol{x}$ 表示的系统对激励力的响应:

$$\boldsymbol{x} = \boldsymbol{\Phi}_N\eta = \boldsymbol{\Phi}_N^{(1)}\eta_1 + \boldsymbol{\Phi}_N^{(2)}\eta_2 + \boldsymbol{\Phi}_N^{(3)}\eta_3$$

$$
= \frac{H}{m}\begin{Bmatrix} 0.2418 \\ 0.4530 \\ 0.6067 \end{Bmatrix} \frac{0.2418}{p_1^2 - \omega^2}\left(\sin \omega t - \frac{\omega}{p_1}\sin p_1 t\right)
$$

$$
+ \frac{H}{m}\begin{Bmatrix} 0.7120 \\ 0.5179 \\ -0.3353 \end{Bmatrix} \frac{0.7120}{p_2^2 - \omega^2}\left(\sin \omega t - \frac{\omega}{p_2}\sin p_2 t\right)
$$

$$
+ \frac{H}{m}\begin{Bmatrix} 0.6592 \\ -0.7256 \\ 0.1394 \end{Bmatrix} \frac{0.6592}{p_3^2 - \omega^2}\left(\sin \omega t - \frac{\omega}{p_3}\sin p_3 t\right) \tag{4-230}
$$

由此可见,当激励力的频率 ω 与系统的固有频率 $p_i = (i = 1,2,3)$ 中的任何一个相等时,系统都会发生共振。

式(4-230)所表示的运动方程解中的谐函数 $\sin \omega t$ 项表示与激励力频率相同,幅值不同的振动,是系统的稳态响应, $\sin p_i t (i = 1,2,3)$ 项是伴随的自由振动,对于实际问题不可避免有阻尼存在,随时间推移,自由振动会衰减掉,所以是解的瞬态部分。

2. 有阻尼系统的受迫振动

具有黏性阻尼的受迫振动方程,在多自由度系统中的一般形式可写成

$$
\boldsymbol{M}\ddot{\boldsymbol{x}} + \boldsymbol{C}\dot{\boldsymbol{x}} + \boldsymbol{K}\boldsymbol{x} = \boldsymbol{F}(t) \tag{4-231}
$$

式中:$\boldsymbol{C}$ 为阻尼矩阵。对 n 自由度系统,阻尼矩阵为 n 阶方程,对于微分方程组(4-231),从理论上总是可以求解的,例如采用状态变量的复模态分析法,但计算烦琐,没有多大的实用价值,实际上给出阻尼矩阵 $\boldsymbol{C}$ 中的诸元素是很困难的。工程中对阻尼矩阵 $\boldsymbol{C}$ 做进一步的假设,用振型分析法,通过实验测定各振型的阻尼比,这种方法在工程上有很大的实用价值,在小阻尼情况下能得到合理的结果。假设阻尼矩阵可以用质量矩阵 $\boldsymbol{M}$ 和刚度矩阵 $\boldsymbol{K}$ 的线性组合代替,即

$$
\boldsymbol{C} = a\boldsymbol{M} + b\boldsymbol{K} \tag{4-232}
$$

式(4-232)称比例阻尼,其中 a、b 是正的常数。

利用正则坐标进行解耦变换,设

$$
\boldsymbol{x} = \boldsymbol{\Phi}_N \boldsymbol{\eta}
$$

将上式代入式(4-231)并左乘 $\boldsymbol{\Phi}_N^{\mathrm{T}}$, 得

$$
\begin{cases} \boldsymbol{E}\ddot{\boldsymbol{\eta}} + \boldsymbol{\Phi}_N^{\mathrm{T}}(a\boldsymbol{M} + b\boldsymbol{K})\boldsymbol{\Phi}_N\dot{\boldsymbol{\eta}} + \boldsymbol{\Lambda}\boldsymbol{\eta} = \boldsymbol{N}(t) \\ \boldsymbol{E}\ddot{\boldsymbol{\eta}} + \boldsymbol{C}_N\dot{\boldsymbol{\eta}} + \boldsymbol{\Lambda}\boldsymbol{\eta} = \boldsymbol{N}(t) \end{cases} \tag{4-233}
$$

式中:$\boldsymbol{E}$ 为 n 阶单位阵;$\boldsymbol{C}_N$ 为模态阻尼矩阵,$\boldsymbol{C}_N = a\boldsymbol{E} + b\boldsymbol{\Lambda} = \mathrm{diag}(a + bp_1^2 \quad a + bp_2^2 \quad \cdots \quad a + bp_n^2)$;$\boldsymbol{\Lambda} = \mathrm{diag}(p_1^2 \quad p_2^2 \quad \cdots \quad p_n^2)$;$\boldsymbol{N}(t) = \boldsymbol{\Phi}_N^{\mathrm{T}}\boldsymbol{F}(t)$。

于是式(4-231)成为用正则坐标表示的 n 个独立的二阶微分方程:

$$
\ddot{\eta}_i + (a + bp_i^2)\eta_i^2 + p_i^2\eta_i = N_i(t) \quad (i = 1,2,\cdots,n) \tag{4-234}
$$

或

$$\ddot{\eta}_i + 2\zeta_i p_i \dot{\eta}_i + p_i^2 \eta_i = N_i(t) \quad (i = 1,2,\cdots,n)$$

式中：ζ_i 为振型(模态)阻尼比，$\zeta_i = \dfrac{a + bp_i^2}{2p_i}$。

ζ_i 可通过实验确定。因而可在建立系统微分方程时，先不考虑阻尼，经过正则坐标(或用主坐标)变换后的解耦方程中，再引入各振型阻尼比 $\zeta_i(i = 1,2,\cdots,n)$，建立以正则坐标表示的系统运动微分方程，这种方法在工程上有很大的实用价值，一般在 $\zeta_i \leqslant 0.2$ 的情况下，实践证明都适用。

主振型关于 $\boldsymbol{M}$ 与 $\boldsymbol{K}$ 具有正交性，对比例阻尼，主振型也关于阻尼矩阵具有正交性，当然满足正交条件的并不限于比例阻尼。

在用正则坐标表示的系统微振动方程中，振型阻尼比 $\zeta_i = \dfrac{a + bp_i^2}{2p_i}$ 是与常数 a、b 有关的，考虑两个极端，如 $a = 0, b \neq 0$，这时 $\zeta_i = \dfrac{b}{2}p_i$，$\zeta_i$ 与该阶固有频率成正比，因而高阶振型部分要衰减快些。表示高频振型在受迫振动中起的作用要小些，如令 $b = 0, a \neq 0$，则 $\zeta_i = \dfrac{a}{2p_i}$，$\zeta_i$ 与该阶固有频率成反比，低频部分要衰减快些，在受迫振动中低频型起的作用要小些。

适当选择 a、b 的值，就可能近似反映出实际振动的情形。

以正则坐标表示系统的振动微分方程式(4-234)的解为

$$\eta_i = \frac{1}{q_i}\int_0^t N_i(\tau)\mathrm{e}^{-\zeta_i p_i(t-\tau)}\sin q_i(t-\tau)\mathrm{d}\tau \quad (i = 1,2,\cdots,n) \tag{2-235}$$

式中：$q_i = \sqrt{1 - \zeta_i^2}\,p_i$。

式(4-235)即正则坐标表示对激励力的响应，如考虑到系统的非零初始条件，则有

$$\eta_i = \mathrm{e}^{-\zeta_i p_i t}\left(\eta_i(0)\cos q_i t + \frac{\zeta_i p_i \eta_i(0) + \dot{\eta}_i(0)}{q_i}\sin q_i t\right) + \frac{1}{q_i}\mathrm{e}^{-\zeta_i p_i t}\int_0^t N_i(\tau)\mathrm{e}^{\zeta_i p_i \tau}\sin q_i(t-\tau)\mathrm{d}\tau \quad (i = 1,2,\cdots,n) \tag{2-236}$$

再代回坐标变换式

$$\boldsymbol{x} = \boldsymbol{\Phi}_N \boldsymbol{\eta}$$

得系统的响应为

$$\boldsymbol{x} = \boldsymbol{\Phi}_N^{(1)}\eta_1 + \boldsymbol{\Phi}_N^{(2)}\eta_2 + \cdots + \boldsymbol{\Phi}_N^{(n)}\eta_n \tag{2-237}$$

若激励力为简谐函数，其列阵 $\boldsymbol{F}(t) = \boldsymbol{H}\sin\omega t$，则

$$\boldsymbol{N}(t) = \boldsymbol{\Phi}_N^{\mathrm{T}}\boldsymbol{H}\sin\omega t, N_i(t) = h_i\sin\omega t$$

式中：$N_i(t)$ 为 $\boldsymbol{N}(t)$ 列阵中的第 i 个元素。

式(4-234)成为

$$\ddot{\eta}_i + 2\zeta_i p_i \dot{\eta}_i + p_i^2 \eta_i = h_i \sin \omega t \quad (i = 1,2,\cdots,n) \tag{2-238}$$

由单自由度系统受迫振动的分析得式(2-238)的稳态响应为

$$\eta_i = B_{Ni}\sin(\omega t - \varphi_i) \quad (i = 1,2,\cdots,n) \tag{4-239}$$

式中

$$\begin{cases} B_{Ni} = \dfrac{h_i}{\sqrt{(p_i^2 - \omega^2)^2 + 4\zeta_i^2 p_i^2 \omega^2}} = \dfrac{h_i/p_i^2}{\sqrt{(1 - \lambda_i^2)^2 + 4\zeta_i^2 \lambda_i^2}} \\ \tan\varphi_i = \dfrac{2\zeta_i p_i \omega}{p_i^2 - \omega^2} = \dfrac{2\zeta_i \lambda_i}{1 - \lambda_i^2}, \lambda_i = \dfrac{\omega}{p_i} \end{cases} \quad (i = 1,2,\cdots,n)$$

由坐标变换关系 $\boldsymbol{x} = \boldsymbol{\Phi}_N \boldsymbol{\eta}$ 便可得系统用原坐标 $\boldsymbol{x}$ 表示的稳态响应。

4.3.8 多自由系统的近似方法简介

由于多自由度系统运动微分方程数目增多,求解固有频率和主振型的计算工作量随之加大,通常要借助计算机进行数值计算。实际工程中,复杂问题计算技术也提供了许多成熟的计算软件。在工程技术中,也常用一些较简便的近似方法计算其固有频率和主振型。本节只对几种常用的近似计算方法作简明介绍。

1. 矩阵迭代法

对于实际的工程问题常常关心的是最低几阶固有频率和振型,这时由位移方程表示的特征值问题为

$$\left(\boldsymbol{FM} - \frac{1}{P^2}\boldsymbol{E}\right)\boldsymbol{A} = 0 \tag{4-240}$$

或写成

$$\boldsymbol{DA} = \frac{1}{P^2}\boldsymbol{A} \quad (\boldsymbol{D} = \boldsymbol{FM},\ \text{为系统动力矩阵})$$

作迭代运算,将求得基频和第一阶主振型。首先,对任意的初始矢量 $\boldsymbol{A}_0$ 表示为各阶振型矢量的线性组合,即

$$\boldsymbol{A}_0 = C_1\boldsymbol{A}^{(1)} + C_2\boldsymbol{A}^{(2)} + \cdots + C_n\boldsymbol{A}^{(n)} = \sum_{i=1}^{n} C_i\boldsymbol{A}^{(i)} \tag{4-241}$$

式中:$C_1, C_2, \cdots, C_n$ 为组合系数。

设 $\boldsymbol{A}_0$ 已对第一个元素标准化,即 $\boldsymbol{A}_0$ 列向量的第一个元素为 1,以动力矩阵 $\boldsymbol{D}$ 左乘 $\boldsymbol{A}_0$ 作第一次迭代,并将所得的列向量对第一个元素称标准化,设为 $\boldsymbol{A}_1$,即

$$\boldsymbol{DA}_0 = \sum_{i=1}^{n} C_i\boldsymbol{DA}^{(i)} = \sum_{i=1}^{n} C_i \frac{1}{p_i^2}\boldsymbol{A}^{(i)} = \alpha_1\boldsymbol{A}_1$$

可得

$$\boldsymbol{A}_1 = \frac{1}{\alpha_1}\sum_{i=1}^{n} C_i \frac{1}{p_i^2}\boldsymbol{A}^{(i)}$$

式中：α_1 为 $\boldsymbol{A}_1$ 的第一个元素(设 α_1 不为零)。

设 $p_1^2 < p_2^2 < \cdots < p_n^2$，可知 $\boldsymbol{A}^{(1)}$ 在 $\boldsymbol{A}_1$ 中所占的成分，比其在 $\boldsymbol{A}_0$ 中所占成分与其他各阶振型比较是相对提高了，而其他各阶振型在 $\boldsymbol{A}_1$ 中的成分比在 $\boldsymbol{A}_0$ 中的成分是相对降低了。可以预期迭代将收敛于 $\boldsymbol{A}^{(1)}$，再以 $\boldsymbol{D}$ 左乘 $\boldsymbol{A}_1$ 作为第二次迭代，并将所得结果对第一个元素标准化记为 $\boldsymbol{A}_2$，即

$$\boldsymbol{D}\boldsymbol{A}_1 = \frac{1}{\alpha_1}\sum_{i=1}^{n} C_i \frac{1}{p_i^4}\boldsymbol{A}^{(i)} = \alpha_2\boldsymbol{A}_2$$

$$\boldsymbol{A}_2 = \frac{1}{\alpha_1\alpha_2}\sum_{i=1}^{n} C_i \frac{1}{p_i^4}\boldsymbol{A}^{(i)}$$

$$\vdots$$

$$\boldsymbol{D}\boldsymbol{A}_{r-1} = \frac{1}{\alpha_1\alpha_2\cdots\alpha_{r-1}}\sum_{i=1}^{n} C_i \frac{1}{p_i^{2r}}\boldsymbol{A}^{(i)} = \alpha_r\boldsymbol{A}_r$$

$$\boldsymbol{A}_r = \frac{1}{\alpha_1\alpha_2\cdots\alpha_r}\sum_{i=1}^{n} C_i \frac{1}{p_i^{2r}}\boldsymbol{A}^{(i)} = \frac{C_1}{\alpha_1\alpha_2\cdots\alpha_r p_1^{2r}}\left(\boldsymbol{A}^{(1)} + \sum_{i=2}^{n}\frac{C_i}{C_1}\frac{p_1^{2r}}{p_i^{2r}}\boldsymbol{A}^{(i)}\right) \tag{4-242}$$

因为 $\dfrac{p_1^{2r}}{p_i^{2r}} < 1 \quad (i = 2,3,\cdots,n)$；所以，与迭代次数 r 达到一定值时，会有 $\dfrac{p_1^{2r}}{p_i^{2r}} \ll 1$，因此 $\sum\limits_{i=2}^{n}\dfrac{C_i}{C_1}\dfrac{p_1^{2r}}{p_i^{2r}}\boldsymbol{A}^{(i)}$ 与 $\boldsymbol{A}^{(1)}$ 相比可略去不计。因而可得

$$\boldsymbol{A}_{r-1} = \frac{C_1\boldsymbol{A}^{(1)}}{\alpha_1\alpha_2\cdots\alpha_{r-1}p_1^{2(r-1)}}$$

$$\boldsymbol{A}_r = \frac{C_1\boldsymbol{A}^{(1)}}{\alpha_1\alpha_2\cdots\alpha_{r-1}\alpha_r p_1^{2r}}$$

设在规定的误差范围内 $\boldsymbol{A}_{r-1} = \boldsymbol{A}_r$，得 $p_1^2 = \dfrac{1}{\alpha_r}$。相应的第一阶主振型 $\boldsymbol{A}^{(1)} = \boldsymbol{A}_r$ 或 $\boldsymbol{A}_{r-1}$，这样就求得基频 $p_1 = \sqrt{\dfrac{1}{\alpha_r}}$ 和第一阶主振型 $\boldsymbol{A}^{(1)}$。应用迭代法时，收敛速度由式(4-242)可知，$\dfrac{C_2}{C_1},\dfrac{C_3}{C_1}$ 等越小收敛越快，这取决于初始向量选择，当初始矢量选择越接近第一阶主振型时，其他阶振型成分就越小，因而少量的迭代次数就可收敛到满足要求的一阶主振型。收敛速度还与 $\dfrac{p_1}{p_2}$ 的值有关，该值越小，收敛也越快，这是由系统参数所决定的。若初始向量与第一阶主振型相差很多，收敛虽慢，但不影响最后的结果，只是需较多的迭代次数。

矩阵迭代法不但可以求得系统的基本频率和振型，采用清型矩阵的方法还可依次求得各高阶固有频率和相应的主振型。

设已经求得第一阶特征值及对应的振型矢量 $\boldsymbol{A}^{(1)}$，将式(4-241)两端前乘 $\boldsymbol{A}^{(1)\mathrm{T}}\boldsymbol{M}$，由

振型矢量的正交性得

$$\boldsymbol{A}^{(1)\mathrm{T}}\boldsymbol{M}\boldsymbol{A}_0 = C_1 m_{p_1}$$

式中：$m_{p1} = \boldsymbol{A}^{(1)\mathrm{T}}\boldsymbol{M}\boldsymbol{A}^{(1)}$ 为第一阶主质量。

因此 $C_1 = \dfrac{\boldsymbol{A}^{(1)\mathrm{T}}\boldsymbol{M}\boldsymbol{A}_0}{m_{p_1}}$，式(4-241)中的任何一阶的主振型组合系数 $C_i(i = 1,2,\cdots,n)$，只要该阶主振型 $\boldsymbol{A}^{(i)}$ 已知，都可由 $\boldsymbol{A}_0$ 求出，即

$$C_i = \frac{A^{(i)\mathrm{T}}MA_0}{m_{p_i}} \quad (i = 1,2,\cdots,n) \tag{4-243}$$

如已求出基频和基本振型便可从初始矢量 $\boldsymbol{A}_0$ 中，将第一阶主振型的成分清除，即

$$\boldsymbol{A}_0 - C_1\boldsymbol{A}^{(1)} = \boldsymbol{A}_0 - \boldsymbol{A}^{(1)}\frac{\boldsymbol{A}^{(1)\mathrm{T}}\boldsymbol{M}\boldsymbol{A}_0}{m_{p_1}} = \left(\boldsymbol{E} - \frac{\boldsymbol{A}^{(1)}\boldsymbol{A}^{(1)\mathrm{T}}\boldsymbol{M}}{m_{p_1}}\right)\boldsymbol{A}_0 \tag{4-244}$$

式中：$\boldsymbol{E}$ 为 n 阶单位阵；矩阵 $\boldsymbol{E} - \dfrac{\boldsymbol{A}^{(1)}\boldsymbol{A}^{(1)\mathrm{T}}\boldsymbol{M}}{m_{p_1}}$ 为清除第一阶振型矩阵。

欲从 $\boldsymbol{A}_0$ 中清除所有的前 k 阶已知的主振型分量，则有

$$\boldsymbol{A}_0 - \sum_{i=1}^{k} C_i\boldsymbol{A}^{(i)} = \boldsymbol{A}_0 - \sum_{i=1}^{k}\boldsymbol{A}^{(i)}\frac{\boldsymbol{A}^{(i)\mathrm{T}}\boldsymbol{M}\boldsymbol{A}_0}{m_{p_i}} = \left(\boldsymbol{E} - \sum_{i=1}^{k}\boldsymbol{A}^{(i)}\frac{\boldsymbol{A}^{(i)\mathrm{T}}\boldsymbol{M}}{m_{p_i}}\right)\boldsymbol{A}_0 \tag{4-245}$$

用式(4-245)作为初始迭代向量，结果将收敛于第 $k+1$ 阶主振型，而得到第 $k+1$ 阶固有频率和主振型。迭代过程表明每次迭代，都重新清型，再进行下一次迭代运算。

如果按矩阵迭代法得到基本频率和基本振型矢量，求第二阶固有频率和主振型，则用动力矩阵 $\boldsymbol{D}$ 前乘式(4-244)的左端得

$$\boldsymbol{D}(\boldsymbol{A}_0 - C_1\boldsymbol{A}^{(1)}) = \boldsymbol{D}\boldsymbol{A}_0 - \frac{C_1\boldsymbol{A}^{(1)}}{p_1^2} = \left(\boldsymbol{D} - \frac{\boldsymbol{A}^{(1)}\boldsymbol{A}^{(1)\mathrm{T}}\boldsymbol{M}}{p_1^2 m_{p_1}}\right)\boldsymbol{A}_0 \tag{4-246}$$

令 $\boldsymbol{D}_2 = \boldsymbol{D} - \dfrac{\boldsymbol{A}^{(1)}\boldsymbol{A}^{(1)\mathrm{T}}\boldsymbol{M}}{p_1^2 m_{p_1}}$，以 $\boldsymbol{D}_2$ 作为修改的动力矩阵，进行迭代运算，便可得收敛于第二阶的固有频率和主振型。具体做法是：用 $\boldsymbol{D}_2$ 左乘任选的初始向量 $\boldsymbol{A}_0$（设已对第一个元素标准化），进行第一次迭代运算，并将所得结果对第一个元素标准化，记为 $\boldsymbol{A}_1$，$\boldsymbol{A}_1$ 作为下次迭代向量，即

$$\boldsymbol{D}_2\boldsymbol{A}_0 = \sum_{i=2}^{n} C_i\boldsymbol{D}_2\boldsymbol{A}^{(i)} = \sum_{i=2}^{n} C_i\frac{1}{p_i^2}\boldsymbol{A}^{(i)} = \alpha_1\boldsymbol{A}_1$$

则得

$$\boldsymbol{A}_1 = \frac{1}{\alpha_1}\sum_{i=2}^{n} C_i\frac{1}{p_i^2}\boldsymbol{A}^{(i)}$$

再以 $\boldsymbol{D}_2$ 左乘 $\boldsymbol{A}_1$，作第二次迭代，并将所得列阵对第一个元素标准化为 $\boldsymbol{A}_2$，即

$$\boldsymbol{D}_2\boldsymbol{A}_1 = \frac{1}{\alpha_1}\sum_{i=2}^{n} C_i\frac{1}{p_i^2}\boldsymbol{D}_2\boldsymbol{A}^{(i)} = \frac{1}{\alpha_1}\sum_{i=2}^{n} C_i\frac{1}{p_i^4}\boldsymbol{A}^{(i)} = \alpha_2\boldsymbol{A}_2$$

得到

$$\begin{cases} A_2 = \dfrac{1}{\alpha_1\alpha_2}\sum_{i=2}^{n} C_i \dfrac{1}{p_i^4} A^{(i)} \\ \vdots \\ A_{r-1} = \dfrac{C_2 \dfrac{1}{p_2^{2(r-1)}}}{\alpha_1\alpha_2\cdots\alpha_{r-1}} A^{(2)} \\ A_r = \dfrac{C_2 \dfrac{1}{p_2^{2r}}}{\alpha_1\alpha_2\cdots\alpha_{r-1}\alpha_r} A^{(2)} \end{cases}$$

在满足误差要求的精确度内，$\boldsymbol{A}_{r-1} = \boldsymbol{A}_r$，停止迭代，得到 $p_2 = \sqrt{\dfrac{1}{\alpha_r}}$，第二阶主振型为 $\boldsymbol{A}^{(2)} = \boldsymbol{A}_r$ 或 $\boldsymbol{A}^{(2)} = \boldsymbol{A}_{r-1}$，与求基频和基本主振型的迭代过程完全相同，只是以 $\boldsymbol{D}_2$ 代替 $\boldsymbol{D}$。对于求第三阶固有频率和主振型，则取迭代矩阵为 $\boldsymbol{D}_3$，即

$$\boldsymbol{D}_3 = \boldsymbol{D} - \frac{\boldsymbol{A}^{(1)}\boldsymbol{A}^{(1)\mathrm{T}}\boldsymbol{M}}{p_1^2 m_{p1}} - \frac{\boldsymbol{A}^{(2)}\boldsymbol{A}^{(2)\mathrm{T}}\boldsymbol{M}}{p_2^2 m_{p_2}}$$

用 $\boldsymbol{D}_3$ 作为迭代矩阵，进行与前述步骤相同的迭代运算，将得第三阶固有频率和主振型。

按上述方法进行下去，可得各高阶固有频率和相应的主振型，迭代矩阵为

$$\boldsymbol{D}_{k+1} = \boldsymbol{D} - \sum_{i=1}^{k} \boldsymbol{A}^{(i)} \frac{\boldsymbol{A}^{(i)\mathrm{T}}\boldsymbol{M}}{p_i^2 m_{p_i}} \quad (k = 1, 2, \cdots, n-1)$$

实际问题主要关心的是前几阶固有频率和主振型。

例 4.19　设在例 4.10 中令 $m_1 = m_3 = m, m_2 = 2m$，试用矩阵迭代法求系统的前两阶固有频率和主振型。

解：系统的质量矩阵为

$$\boldsymbol{M} = \begin{bmatrix} m & 0 & 0 \\ 0 & 2m & 0 \\ 0 & 0 & m \end{bmatrix} \tag{4-247}$$

在例 4.10 中以求得系统的柔度矩阵为

$$\boldsymbol{F} = \frac{l^3}{768EI}\begin{bmatrix} 9 & 11 & 7 \\ 11 & 16 & 11 \\ 7 & 11 & 9 \end{bmatrix} = \delta \begin{bmatrix} 9 & 11 & 7 \\ 11 & 16 & 11 \\ 7 & 11 & 9 \end{bmatrix} \tag{4-248}$$

式中：$\delta = \dfrac{l^3}{768EI}$。

可求出系统的动力矩阵为

$$
\boldsymbol{D} = \boldsymbol{FM} = m\delta \begin{bmatrix} 9 & 22 & 7 \\ 11 & 32 & 11 \\ 7 & 22 & 9 \end{bmatrix} \tag{4-249}
$$

以式(4-249)作为求基频和基本主振型的迭代矩阵,取初始迭代矢量 $\boldsymbol{A}_0 = [1 \quad 1 \quad 1]^{\mathrm{T}}$,第一次迭代运算:

$$
\boldsymbol{DA}_0 = \delta m \begin{bmatrix} 9 & 22 & 7 \\ 11 & 32 & 11 \\ 7 & 22 & 9 \end{bmatrix} \begin{bmatrix} 1 \\ 1 \\ 1 \end{bmatrix} = \delta m \begin{bmatrix} 38 \\ 54 \\ 38 \end{bmatrix} = 38\delta m \begin{bmatrix} 1.0000 \\ 1.4211 \\ 1.0000 \end{bmatrix}
$$

$$
\boldsymbol{A}_1 = \begin{bmatrix} 1.0000 \\ 1.4211 \\ 1.0000 \end{bmatrix}
$$

式中:$\boldsymbol{A}_1$ 为第一次迭代所得列阵对第一个元素标准化的列阵(以下的各次迭代结果均采用此记法)。

第二次迭代运算:

$$
\boldsymbol{DA}_1 = \delta m \begin{bmatrix} 9 & 22 & 7 \\ 7 & 32 & 11 \\ 7 & 22 & 9 \end{bmatrix} \begin{bmatrix} 1.0000 \\ 1.4211 \\ 1.0000 \end{bmatrix} = 47.2642\delta m \begin{bmatrix} 1.0000 \\ 1.4276 \\ 1.0000 \end{bmatrix}
$$

$$
\boldsymbol{A}_2 = \begin{bmatrix} 1.0000 \\ 1.4276 \\ 1.0000 \end{bmatrix}
$$

第三次迭代运算:

$$
\boldsymbol{DA}_2 = \delta m \begin{bmatrix} 9 & 22 & 7 \\ 11 & 32 & 11 \\ 7 & 22 & 9 \end{bmatrix} \begin{bmatrix} 1.0000 \\ 1.4276 \\ 1.0000 \end{bmatrix} = 47.4072\delta m \begin{bmatrix} 1.0000 \\ 1.4277 \\ 1.0000 \end{bmatrix}
$$

$$
\boldsymbol{A}_3 = \begin{bmatrix} 1.0000 \\ 1.4277 \\ 1.0000 \end{bmatrix}
$$

第四次迭代运算:

$$
\boldsymbol{DA}_3 = \delta m \begin{bmatrix} 9 & 22 & 7 \\ 11 & 32 & 11 \\ 7 & 22 & 9 \end{bmatrix} \begin{bmatrix} 1.0000 \\ 1.4277 \\ 1.0000 \end{bmatrix} = 47.4094\delta m \begin{bmatrix} 1.0000 \\ 1.4277 \\ 1.0000 \end{bmatrix}
$$

$$A_4 = \begin{bmatrix} 1.0000 \\ 1.4277 \\ 1.0000 \end{bmatrix}$$

已出现 $A_4 = A_3$，停止迭代，得第一阶振型矢量为

$$A^{(1)} = A_4 = A_3 = [1.0000 \quad 1.4277 \quad 1.0000]^{\mathrm{T}}, \alpha_4 = 47.4094\delta m$$

$$p_1 = \sqrt{\frac{1}{\alpha_4}} = \sqrt{\frac{1}{47.4094\delta m}} = \sqrt{\frac{768EI}{47.4094ml^3}} = 4.03\sqrt{\frac{EI}{ml^3}}$$

$$A^{(1)} = [1.0000 \quad 1.4277 \quad 1.0000]^{\mathrm{T}}$$

为求第二阶固有频率 p_2 和第二阶主振型 $A^{(2)}$，需要用矩阵 D_2 作迭代运算，表达如下：

$$D_2 = D - \frac{A^{(1)}A^{(1)\mathrm{T}}M}{p_1^2 m_{p_1}} \tag{4-250}$$

先计算系统第一阶主质量 m_{p_1}，即

$$m_{p_1} = A^{(1)\mathrm{T}}MA^{(1)} = [1.0000 \quad 1.4277 \quad 1.0000]\begin{bmatrix} m & 0 & 0 \\ 0 & 2m & 0 \\ 0 & 0 & m \end{bmatrix}\begin{bmatrix} 1.0000 \\ 1.4277 \\ 1.0000 \end{bmatrix} = 6.0767m$$

式(4-250)右端括号内的第二项为

$$\frac{A^{(1)}A^{(1)\mathrm{T}}M}{p_1^2 m_{p_1}} = \frac{47.4094\delta m}{6.0767m}\begin{bmatrix} 1.0000 \\ 1.4277 \\ 1.0000 \end{bmatrix}\begin{bmatrix} 1.0000 \\ 1.4277 \\ 1.0000 \end{bmatrix}^{\mathrm{T}}\begin{bmatrix} m & 0 & 0 \\ 0 & 2m & 0 \\ 0 & 0 & m \end{bmatrix}$$

$$= 7.8018\delta m\begin{bmatrix} 1.0000 & 2.8554 & 1.0000 \\ 1.4277 & 4.0767 & 1.4277 \\ 1.0000 & 2.8554 & 1.0000 \end{bmatrix}$$

$$= \delta m\begin{bmatrix} 7.8018 & 22.2774 & 7.8018 \\ 11.1386 & 31.8057 & 11.1386 \\ 7.8018 & 22.2774 & 7.8018 \end{bmatrix}$$

由式(4-250)可得

$$D_2 = \delta m\begin{bmatrix} 1.1982 & -0.2774 & -0.8018 \\ -0.1386 & 0.1943 & -0.1386 \\ -0.8018 & -0.2774 & 1.1982 \end{bmatrix}$$

第二阶振型将有一个节点,所以取按第一个元素标准化的初始迭代矢量也设成有一节点形式的列阵

$$\boldsymbol{A}_0 = [1 \quad 1 \quad -1]^{\mathrm{T}}$$

以 $\boldsymbol{D}_2$ 作迭代矩阵,按求基频和基本主振型的同样步骤作迭代运算,经 10 次迭代运算可得到

$$\boldsymbol{A}^{(2)} = \boldsymbol{A}_9 = \boldsymbol{A}_{10} = [1 \quad 0 \quad -1]^{\mathrm{T}}$$

得

$$p_2 = \sqrt{\frac{768EI}{2ml^3}} = 19.60\sqrt{\frac{EI}{ml^3}}$$

2. 瑞利能量法

在第 3 章中曾以能量法求单自由系统的固有频率。对多自由度系统,可以用类似的方法求出系统的基频。首先要假设振型,再利用保守系统的机械能守恒原理求出固有频率,由于高阶振型通常是难以估计的,而基本振型则比较容易估计,因此可用瑞利能量法计算基本频率的近似值。

设一个 n 自由度系统质量矩阵为 $\boldsymbol{M}$, 刚度矩阵为 $\boldsymbol{K}$, 当系统以固有频率 p 作主振动时,有

$$\boldsymbol{x} = \boldsymbol{A}\sin pt, \dot{\boldsymbol{x}} = p\boldsymbol{A}\cos pt$$

式中:$\boldsymbol{A}$ 为主振矢量列阵,将其分别代入式(4-194)和式(4-196),得系统在该主振动中的最大动能 $T_{\max}$ 和最大势能 $V_{\max}$ 为

$$T_{\max} = \frac{1}{2}p^2\boldsymbol{A}^{\mathrm{T}}\boldsymbol{M}\boldsymbol{A}$$

$$V_{\max} = \frac{1}{2}\boldsymbol{A}^{\mathrm{T}}\boldsymbol{K}\boldsymbol{A} \tag{4-251}$$

对于保守系统 $T_{\max} = V_{\max}$,则有

$$\frac{\boldsymbol{A}^{\mathrm{T}}\boldsymbol{K}\boldsymbol{A}}{\boldsymbol{A}^{\mathrm{T}}\boldsymbol{M}\boldsymbol{A}} = p^2 \tag{4-252}$$

若 $\boldsymbol{A}$ 是系统的第 i 阶主振型 $\boldsymbol{A}^{(i)}$,则由式(4-252)可求得相应的特征值 p_i^2 。若 $\boldsymbol{A}$ 为任意 n 维矢量列阵,则式(4-252)只表示两个数相除所得商 $R_{(A)}$, 即

$$R_{(A)} = \frac{\boldsymbol{A}^{\mathrm{T}}\boldsymbol{K}\boldsymbol{A}}{\boldsymbol{A}^{\mathrm{T}}\boldsymbol{M}\boldsymbol{A}} \tag{4-253}$$

式(4-253)称为瑞利商。$R_{(A)}$ 取决于矢量 $\boldsymbol{A}$,如果 $\boldsymbol{A}$ 接近于某阶主振型则瑞利商就是相应该阶的特征值的近似值。若取一个接近基本振型的假设振型 $\boldsymbol{A}$, 代入式(4-253),则由瑞利商就可得基本频率的近似值。现证明如下:

设 $\boldsymbol{A}$ 为一个接近基本振型的假设振型,则 $\boldsymbol{A}$ 可表示为正则振型的线性组合,即

$$A = C_1 A_N^{(1)} + C_2 A_N^{(2)} + \cdots + C_n A_N^{(n)} = \sum_{i=1}^{n} C_i A_N^{(i)} = A_N C \tag{4-254}$$

式中：$\boldsymbol{C} = (C_1 \quad C_2 \quad \cdots \quad C_n)^{\mathrm{T}}$，是组合系数列阵。

将式(4-254)代入式(4-253)中，得

$$R_{(A)} = \frac{\boldsymbol{C}^{\mathrm{T}}\boldsymbol{A}_N^{\mathrm{T}}\boldsymbol{K}\boldsymbol{A}_N\boldsymbol{C}}{\boldsymbol{C}^{\mathrm{T}}\boldsymbol{A}_N^{\mathrm{T}}\boldsymbol{M}\boldsymbol{A}_N\boldsymbol{C}} = \frac{\boldsymbol{C}^{\mathrm{T}}\boldsymbol{\Lambda}^2\boldsymbol{C}}{\boldsymbol{C}^{\mathrm{T}}\boldsymbol{E}\boldsymbol{C}} = \frac{\sum_{i=1}^{n} C_i^2 p_i^2}{\sum_{i=1}^{n} C_i^2}$$

$$= p_1^2 \frac{1 + \left(\frac{C_2}{C_1}\right)^2\left(\frac{p_2}{p_1}\right)^2 + \left(\frac{C_3}{C_1}\right)^2\left(\frac{p_3}{p_1}\right)^2 + \cdots + \left(\frac{C_n}{C_1}\right)^2\left(\frac{p_n}{p_1}\right)^2}{1 + \left(\frac{C_2}{C_1}\right)^2 + \left(\frac{C_3}{C_1}\right)^2 + \cdots + \left(\frac{C_n}{C_1}\right)^2}$$

$$\approx p_1^2\left[1 + \left(\frac{C_2}{C_1}\right)^2\left(\frac{p_2^2}{p_1^2} - 1\right) + \left(\frac{C_3}{C_1}\right)^2\left(\frac{p_3^2}{p_1^2} - 1\right) + \cdots + \left(\frac{C_n}{C_1}\right)^2\left(\frac{p_n^2}{p_1^2} - 1\right)\right] \tag{4-255}$$

由于假设振型 A 接近于第一阶主振型，$\frac{C_2}{C_1}, \frac{C_3}{C_1}, \cdots, \frac{C_n}{C_1}$ 都比 1 小得多，因而得

$$R_{(A)} \approx p_1^2 \tag{4-256}$$

因为 $\frac{p_i}{p_1} > 1(i = 2,3,\cdots,n)$，所以从式(4-255)得到的基频近似值大于实际的基本频率。这是由于假设振型偏离了基本振型，给系统增加了约束，相当于增加了系统的刚度，使求得结果高于实际值。这个结论仅限于对求基频而言是正确的。如果所选定的假设振型 $\boldsymbol{A}$ 就是 $\boldsymbol{A}^{(1)}$，那么瑞利商就等于系统的基本频率的平方 p_1^2，也就是对于真实振型瑞利商取驻值。

例 4.20 用瑞利能量法求例 4.19 的基本频率的近似值。

解：系统的质量矩阵和柔度矩阵分别为

$$\boldsymbol{M} = \begin{bmatrix} m & 0 & 0 \\ 0 & 2m & 0 \\ 0 & 0 & m \end{bmatrix}, \qquad \boldsymbol{F} = \frac{l^3}{768EI}\begin{bmatrix} 9 & 11 & 7 \\ 11 & 16 & 11 \\ 7 & 11 & 9 \end{bmatrix}$$

设三个质量处在重力作用下的静挠度为 y_1、y_2、y_3，可将其取作第一阶主振型的假设振型。系统的势能为梁的弯曲变形能，也就是各质量重力在梁的静位移中所做的功。最大势能为

$$V_{\max} = \frac{g}{2}(m_1 y_1 + m_2 y_2 + m_3 y_3) \tag{4-257}$$

系统做主振动时的最大动能为

$$T_{\max} = \frac{p^2}{2}(m_1 y_1^2 + m_2 y_2^2 + m_3 y_3^2) \tag{4-258}$$

系统的位移列阵 $\boldsymbol{y}$ 可由柔度矩阵 $\boldsymbol{F}$ 得到

$$
\boldsymbol{y}=\begin{bmatrix} y_1 \\ y_2 \\ y_3 \end{bmatrix}=\begin{bmatrix} \delta_{11} & \delta_{12} & \delta_{13} \\ \delta_{21} & \delta_{22} & \delta_{23} \\ \delta_{31} & \delta_{32} & \delta_{33} \end{bmatrix}\begin{bmatrix} P_1 \\ P_2 \\ P_3 \end{bmatrix}=\frac{l^3}{768EI}\begin{bmatrix} 9 & 11 & 7 \\ 11 & 16 & 11 \\ 7 & 11 & 9 \end{bmatrix}\begin{bmatrix} m_1 g \\ m_2 g \\ m_3 g \end{bmatrix} \tag{4-259}
$$

式中

$$
P_1=m_1 g, P_2=m_2 g, P_3=m_3 g
$$

由式(4-259)得

$$
y_i=\sum_{j=1}^{3}\delta_{ij}p_j=g\sum_{j=1}^{3}\delta_{ij}m_j \quad (i=1,2,3) \tag{4-260}
$$

计算得

$$
y_1=\frac{38mgl^3}{768EI},\ y_2=\frac{54mgl^3}{768EI},\ y_3=\frac{38mgl^3}{768EI}
$$

因为取各质量的静位移列阵 y 为基本振型,所以由式(4-257)、式(4-258)求得基本频率为

$$
p_1^2=\frac{g(m_1y_1+m_2y_2+m_3y_3)}{m_1y_1^2+m_2y_2^2+m_3y_3^2}=\frac{mg(38+2\times 54+38)\dfrac{mgl^3}{768EI}}{m(38^2+2\times 54^2+38^2)\left(\dfrac{mgl^3}{768EI}\right)^2}=16.2055\frac{EI}{ml^3}
$$

$$
p_1\approx 4.026\sqrt{\frac{EI}{ml^3}}
$$

瑞利能量法也可用于求连续系统基本频率的近似值。例如,求梁在弯曲振动中的基本频率。设梁沿长度方向的单位长度质量为 $\rho(x)$,截面弯矩为 M,截面弯曲刚度为 EI,梁长为 l。可取一假设振型 $y(x)$,通常可将梁受某种载荷作用的静绕度曲线作为假设的基本振型函数。

系统做主振动时的最大动能为

$$
T_{\max}=\frac{1}{2}p^2\int_0^l \rho y^2 \mathrm{d}x \tag{4-261}
$$

梁的最大势能等于振动中的最大弯曲变形能 $U_{\max}$,即

$$
V_{\max}=U_{\max}=\frac{1}{2}\int_0^l \frac{M^2}{EI}\mathrm{d}x=\frac{1}{2}\int_0^l EI\left(\frac{\mathrm{d}^2y}{\mathrm{d}x^2}\right)^2\mathrm{d}x \tag{4-262}
$$

由式(4-258)可得基本频率的近似值为

$$
p^2=\frac{\displaystyle\int_0^l EI\left(\frac{\mathrm{d}^2y}{\mathrm{d}x^2}\right)^2\mathrm{d}x}{\displaystyle\int_0^l \rho y^2\mathrm{d}x} \tag{4-263}
$$

y 为基本振型的假设振型,则有 $p_1\approx p$。

对于等截面均质梁,式(4-263)可写成

$$
p^2=\frac{EI\displaystyle\int_0^l \left(\frac{\mathrm{d}^2y}{\mathrm{d}x^2}\right)^2\mathrm{d}x}{\rho\displaystyle\int_0^l y^2\mathrm{d}x} \tag{4-264}
$$

例 4.21 取均布载荷作用时梁的静挠度曲线作为假设振型,求长为 l 的均质等截面悬臂梁的均布频率。

解:在均布载荷 q 的作用下,梁的挠曲线方程为

$$y = \frac{q}{24EI}(x^4 - 4lx^3 + 6l^2x^2) \tag{4-265}$$

$$y'' = \frac{q}{2EI}(x^2 - 2lx + l^2) = \frac{q}{2EI}(l - x)^2 \tag{4-266}$$

由 $V_{\max} = U_{\max}$,有

$$V_{\max} = \frac{EI}{2}\int_0^l \left(\frac{d^2y}{dx^2}\right)^2 dx = \frac{EI}{2}\left(\frac{q}{2EI}\right)^2 \int_0^l (l - x)^4 dx = \frac{q^2l^5}{40EI} \tag{4-267}$$

$$T_{\max} = \frac{p^2\rho}{2}\int_0^l y^2 dx = \frac{p^2\rho}{2}\left(\frac{q}{24EI}\right)^2 \int_0^l (x^4 - 4lx^3 + 6l^2x^2)^2 dx = \frac{13\rho q^2 l^9}{6480(EI)^2}p^2 \tag{4-268}$$

得

$$p^2 = \frac{162EI}{13\rho l^4}$$

$$p_1 \approx p = \sqrt{\frac{162EI}{13\rho l^4}} = \frac{3.530}{l^2}\sqrt{\frac{EI}{\rho}}$$

悬臂梁的真实基频为

$$p_1 = \frac{3.516}{l^2}\sqrt{\frac{EI}{\rho}}$$

可见所得近似值接近真实频率。

在不同载荷作用下悬臂梁的挠曲线方程是不同的,因而取不同载荷的挠曲线作为假设振型也就不同,但对基频近似值的影响并不大。例如,取自由端受集中载荷作用的挠曲线作为假设振型,求得基频近似值为

$$p_1 = \frac{3.568}{l^2}\sqrt{\frac{EI}{\rho}}$$

这个近似值误差虽较均布载荷情况大一些,但作为工程近似计算也可以接受。

3. 里兹法

瑞利法能有效地求系统基本频率的近似值,对于复杂系统的分析不能只限于求它的基频,对于确定系统的高阶固有频率和振型,瑞利法却有很大的困难,原因是高阶振型通常较难做出近似假设。里兹法可以克服上述困难,不仅可以求得系统的前几阶固有频率和振型,而且使求出的基频较用瑞利法求得的基频更接近真实值。

里兹法是一种缩减系统自由度的近似方法,把系统的近似振型假设为

$$\boldsymbol{A} = a_1\boldsymbol{\phi}_1 + a_2\boldsymbol{\phi}_2 + \cdots + a_s\boldsymbol{\phi}_s \tag{4-269}$$

式中:$\boldsymbol{\phi}_1, \boldsymbol{\phi}_2, \cdots, \boldsymbol{\phi}_s$ 为事先选取的假设振型。写成矩阵形式,则为

$$\boldsymbol{A} = \boldsymbol{\phi a} \tag{4-270}$$

式中:$\boldsymbol{\phi} = [\boldsymbol{\phi}_1 \quad \boldsymbol{\phi}_2 \quad \cdots \quad \boldsymbol{\phi}_s]$,为 $n\times s$ 阶假设振型矩阵;$\boldsymbol{a} = [a_1 \quad a_2 \quad \cdots \quad a_s]^{\mathrm{T}}$,为 $s\times 1$ 阶

待定系数列阵。

将式(4-270)代入瑞利商的表达式,得

$$R_{(A)}=\frac{\boldsymbol{A}^{\mathrm{T}}\boldsymbol{K}\boldsymbol{A}}{\boldsymbol{A}^{\mathrm{T}}\boldsymbol{M}\boldsymbol{A}}=\frac{\boldsymbol{a}^{\mathrm{T}}\boldsymbol{\phi}^{\mathrm{T}}\boldsymbol{K}\boldsymbol{\phi}\boldsymbol{a}}{\boldsymbol{a}^{\mathrm{T}}\boldsymbol{\phi}^{\mathrm{T}}\boldsymbol{M}\boldsymbol{\phi}\boldsymbol{a}} \tag{4-271}$$

式中:$\boldsymbol{M}$、$\boldsymbol{K}$ 分别为系统的质量矩阵和刚度矩阵。它们都是 $n\times n$ 阶实对称矩阵,式(4-271)作为系统固有频率平方的估值,是以待定系数列阵 $\boldsymbol{a}$ 为参量的。式(4-271)可简记为

$$R_A=\frac{V_1}{T_1}=p^2 \tag{4-272}$$

式中:$V_1=\boldsymbol{a}^{\mathrm{T}}\boldsymbol{\phi}^{\mathrm{T}}\boldsymbol{K}\boldsymbol{\phi}\boldsymbol{a}$;$T_1=\boldsymbol{a}^{\mathrm{T}}\boldsymbol{\phi}^{\mathrm{T}}\boldsymbol{M}\boldsymbol{\phi}\boldsymbol{a}$。

瑞利商 $R_{(A)}$ 在系统的各特征值处具有驻值,可利用这一条件将式(4-272)对各待定系数 $a_i(i=1,2,\cdots,s)$ 取偏导数,并令其为零,得

$$\frac{\partial R_A}{\partial a_i}=\frac{T_1\dfrac{\partial V_1}{\partial a_i}-V_1\dfrac{\partial T_1}{\partial a_i}}{T_1^2}=\frac{1}{T_1^2}\left[T_1\frac{\partial V_1}{\partial a_i}-V_1\frac{\partial T_1}{\partial a_i}\right]=0\quad(i=1,2,\cdots,s)$$

利用式(4-272)得

$$\frac{\partial V_1}{\partial a_i}-R_A\frac{\partial T_1}{\partial a_i}=0\quad(i=1,2,\cdots,s)$$

或

$$\frac{\partial V_1}{\partial a_i}-p^2\frac{\partial T_1}{\partial a_i}=0\quad(i=1,2,\cdots,s) \tag{4-273}$$

由式(4-271) V_1, T_1 可记为

$$V_1=\boldsymbol{a}^{\mathrm{T}}\overline{\boldsymbol{K}}\boldsymbol{a}\ ,\ T_1=\boldsymbol{a}^{\mathrm{T}}\overline{\boldsymbol{M}}\boldsymbol{a}$$

式中:$\overline{\boldsymbol{M}}$ 和 $\overline{\boldsymbol{K}}$ 分别为广义质量矩阵和广义刚度矩阵。其中,$\overline{\boldsymbol{K}}=\boldsymbol{\phi}^{\mathrm{T}}\boldsymbol{K}\boldsymbol{\phi}$,$\overline{\boldsymbol{M}}=\boldsymbol{\phi}^{\mathrm{T}}\boldsymbol{M}\boldsymbol{\phi}$,分别为 $s\times s$ 阶实对称矩阵。

这样式(4-273)可写为

$$\begin{aligned}\frac{\partial V_1}{\partial a_i}&=\frac{\partial}{\partial a_i}(\boldsymbol{a}^{\mathrm{T}}\overline{\boldsymbol{K}}\boldsymbol{a})=\frac{\partial\boldsymbol{a}^{\mathrm{T}}}{\partial a_i}\overline{\boldsymbol{K}}\boldsymbol{a}+\boldsymbol{a}^{\mathrm{T}}\overline{\boldsymbol{K}}\frac{\partial\boldsymbol{a}}{\partial a_i}\\&=2\frac{\partial\boldsymbol{a}^{\mathrm{T}}}{\partial a_i}\overline{\boldsymbol{K}}\boldsymbol{a}=2\sum_{j=1}^{s}\overline{k}_{ij}a_j\quad(i=1,2,\cdots,s)\end{aligned}$$

同样,可得

$$\frac{\partial T_1}{\partial a_i}=2\sum_{j=1}^{s}m_{ij}a_j\quad(i=1,2,\cdots,s)$$

式中:$\overline{k}_{ij}$、$\overline{m}_{ij}$ 分别为 $\overline{\boldsymbol{K}}$ 和 $\overline{\boldsymbol{M}}$ 中的元素。

将 $\dfrac{\partial V_1}{\partial a_i}$,$\dfrac{\partial T_1}{\partial a_i}$ 代入式(4-273)中得

$$\sum_{j=1}^{s}(k_{ij}-p^2m_{ij})\,a_j=0\qquad(i=1,2,\cdots,s) \tag{4-274}$$

将关于待定常数 $\boldsymbol{a}$ 的方程组(4-274)写成矩阵形式为

$$(\overline{\boldsymbol{K}}-p^2\overline{\boldsymbol{M}})\boldsymbol{a}=\boldsymbol{0} \tag{4-275}$$

这是关于矩阵 $\overline{\boldsymbol{K}}$ 和 $\overline{\boldsymbol{M}}$ 的特征值问题,但此时 $\overline{\boldsymbol{K}}$ 和 $\overline{\boldsymbol{M}}$ 均为 $s\times s$ 矩阵。由于 s 一般比系统原自由度 n 小得多,使问题大大简化,因此里兹法是一种缩减自由度的近似方法,上面的过程是寻找最佳的拟合振型。只要各假设振型取得适当一些,就可得到较为精确的结果。式(4-275)的特征值由 $|\overline{\boldsymbol{K}}-p^2\overline{\boldsymbol{M}}|=0$ 解得,就是系统前 s 阶固有频率平方的近似值 $p_i^2(i=1,2,\cdots,s)$,将其代入式(4-275)(或利用 $\overline{\boldsymbol{K}}-p^2\overline{\boldsymbol{M}}$ 的伴随矩阵)可解出相应的特征矢量 $\boldsymbol{a}^{(i)}$ $(i=1,2,\cdots,s)$,再由式(4-270)求出原系统的前 s 阶近似主振型,即有

$$\boldsymbol{A}^{(i)}=\boldsymbol{\phi}\boldsymbol{a}^{(i)}\quad(i=1,2,\cdots,s) \tag{4-276}$$

例 4.22 用里兹法求图示系统前二阶固有频率和主振型。

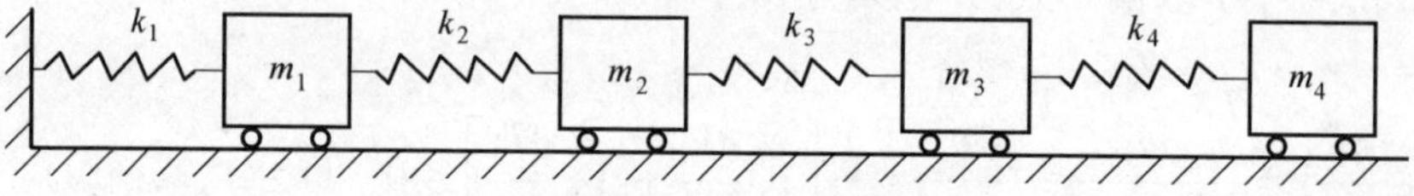

图 4-29 四自由弹簧-质量系统

解:由图示条件,求得系统的质量矩阵,刚度矩阵分别为

$$\boldsymbol{M}=\begin{bmatrix} m & 0 & 0 & 0\\ 0 & m & 0 & 0\\ 0 & 0 & m & 0\\ 0 & 0 & 0 & m\end{bmatrix},\boldsymbol{K}=\begin{bmatrix} 2k & -k & 0 & 0\\ -k & 2k & -k & 0\\ 0 & -k & 2k & -k\\ 0 & 0 & -k & k\end{bmatrix}$$

将假设振型取为

$$\boldsymbol{\phi}_1=[0.25\quad 0.50\quad 0.75\quad 1.00]^{\mathrm{T}}$$
$$\boldsymbol{\phi}_2=[0.00\quad 0.20\quad 0.60\quad 1.00]^{\mathrm{T}}$$

计算广义质量矩阵 $\overline{\boldsymbol{M}}$ 和广义刚度矩阵 $\overline{\boldsymbol{K}}$:

$$\overline{\boldsymbol{M}}=\boldsymbol{\phi}^{\mathrm{T}}\boldsymbol{M}\boldsymbol{\phi}=\begin{bmatrix} 0.25 & 0.50 & 0.75 & 1.00\\ 0.00 & 0.20 & 0.60 & 1.00\end{bmatrix}\begin{bmatrix} m & 0 & 0 & 0\\ 0 & m & 0 & 0\\ 0 & 0 & m & 0\\ 0 & 0 & 0 & m\end{bmatrix}\begin{bmatrix} 0.25 & 0.00\\ 0.50 & 0.20\\ 0.75 & 0.60\\ 1.00 & 1.00\end{bmatrix}$$

$$=m\begin{bmatrix} 1.88 & 1.55\\ 1.55 & 1.40\end{bmatrix} \tag{4-277}$$

$$\overline{\boldsymbol{K}}=\boldsymbol{\phi}^{\mathrm{T}}\boldsymbol{K}\boldsymbol{\phi}=\begin{bmatrix} 0.25 & 0.50 & 0.75 & 1.00\\ 0.00 & 0.20 & 0.60 & 1.00\end{bmatrix}\begin{bmatrix} 2k & -k & 0 & 0\\ -k & 2k & -k & 0\\ 0 & -k & 2k & -k\\ 0 & 0 & -k & k\end{bmatrix}\begin{bmatrix} 0.25 & 0.00\\ 0.50 & 0.20\\ 0.75 & 0.60\\ 1.00 & 1.00\end{bmatrix}$$

$$=k\begin{bmatrix} 0.25 & 0.25\\ 0.25 & 0.36\end{bmatrix} \tag{4-278}$$

由式(4-275)得

$$\begin{bmatrix} 0.25k - 1.88mp^2 & 0.25k - 1.55mp^2 \\ 0.25k - 1.55mp^2 & 0.36k - 1.40mp^2 \end{bmatrix} \begin{bmatrix} a_1 \\ a_2 \end{bmatrix} = \begin{bmatrix} 0 \\ 0 \end{bmatrix} \tag{4-279}$$

频率方程为

$$\boldsymbol{\Delta}(p^2) = \begin{vmatrix} 0.25k - 1.88mp^2 & 0.25k - 1.55mp^2 \\ 0.25k - 1.55mp^2 & 0.36k - 1.40mp^2 \end{vmatrix} = 0 \tag{4-280}$$

即

$$0.2295m^2p^4 - 0.2518kmp^2 + 0.0275k^2 = 0$$

解得

$$p_1^2 = 0.12\frac{k}{m}, p_2^2 = 0.97\frac{k}{m}$$

将 p_1^2、p_2^2 分别代入式(4-279)得

$$\begin{bmatrix} a_1^{(1)} \\ a_2^{(1)} \end{bmatrix} = \begin{bmatrix} 1.0 \\ -0.3 \end{bmatrix}, \begin{bmatrix} a_1^{(2)} \\ a_2^{(2)} \end{bmatrix} = \begin{bmatrix} 1.00 \\ -1.30 \end{bmatrix}$$

由式(4-276)得

$$\boldsymbol{A}^{(1)} = \begin{bmatrix} 0.25 & 0.00 \\ 0.50 & 0.20 \\ 0.75 & 0.60 \\ 1.00 & 1.00 \end{bmatrix} \begin{bmatrix} 1.00 \\ -0.30 \end{bmatrix} = \begin{bmatrix} 0.25 \\ 0.44 \\ 0.57 \\ 0.70 \end{bmatrix} = 0.25 \begin{bmatrix} 1.00 \\ 1.76 \\ 2.28 \\ 2.80 \end{bmatrix}$$

$$\boldsymbol{A}^{(2)} = \begin{bmatrix} 0.25 & 0.00 \\ 0.50 & 0.20 \\ 0.75 & 0.60 \\ 1.00 & 1.00 \end{bmatrix} \begin{bmatrix} 1.00 \\ -1.30 \end{bmatrix} = \begin{bmatrix} 0.25 \\ 0.24 \\ -0.03 \\ -0.30 \end{bmatrix} = 0.25 \begin{bmatrix} 1.00 \\ 0.96 \\ -0.12 \\ -1.20 \end{bmatrix}$$

$\boldsymbol{A}^{(1)}$ 和 $\boldsymbol{A}^{(2)}$ 就是原系统前二阶主振型的近似值。

4. 邓克列法

邓克列法是对系统基本固有频率下限估值的一种简单方法,对于质量矩阵为对角阵的集中质量系统,且基本频率远低于高阶频率的情形,用邓克列法求基频的近似值最方便。

由系统的位移方程式(4-132)得系统的频率方程为

$$\left| \boldsymbol{FM} - \frac{1}{p^2}\boldsymbol{E} \right| = 0 \tag{4-281}$$

设 n 自由度系统的质量矩阵为对角阵,即

$$\boldsymbol{M} = \begin{bmatrix} m_{11} & & & \\ & m_{22} & & \\ & & \ddots & \\ & & & m_{nn} \end{bmatrix}$$

系统的柔度矩阵为

$$\boldsymbol{F}=\begin{bmatrix}\delta_{11} & \delta_{12} & \cdots & \delta_{1n}\\ \delta_{21} & \delta_{22} & \cdots & \delta_{2n}\\ \vdots & \vdots & & \vdots\\ \delta_{n1} & \delta_{n2} & \cdots & \delta_{nn}\end{bmatrix}$$

则式(4-281)可表示为

$$\begin{vmatrix}\delta_{11}m_{11}-\lambda & \delta_{12}m_{22} & \cdots & \delta_{1n}m_{nn}\\ \delta_{21}m_{11} & \delta_{22}m_{22}-\lambda & \cdots & \delta_{2n}m_{nn}\\ \vdots & \vdots & & \vdots\\ \delta_{n1}m_{11} & \delta_{n2}m_{22} & \cdots & \delta_{nn}m_{nn}-\lambda\end{vmatrix}=0 \tag{4-282}$$

式中：$\lambda=\frac{1}{p^2}$，展开后得关于 λ 的 n 次代数方程

$$\lambda^n-(\delta_{11}m_{11}+\delta_{22}m_{22}+\cdots+\delta_{nn}m_{nn})\lambda^{n-1}+\cdots=0 \tag{4-283}$$

设式(4-283)的根为

$$\lambda_1=\frac{1}{p_1^2},\ \lambda_2=\frac{1}{p_2^2},\cdots,\ \lambda_n=\frac{1}{p_n^2}$$

式(4-283)又可写成

$$(\lambda-\lambda_1)(\lambda-\lambda_2)\cdots(\lambda-\lambda_n)=0 \tag{4-284}$$

展开式为

$$\lambda^n-(\lambda_1+\lambda_2+\cdots+\lambda_n)\lambda^{n-1}+\cdots=0 \tag{4-285}$$

比较式(4-283)和式(4-285)，可得

$$\lambda_1+\lambda_2+\cdots+\lambda_n=\delta_{11}m_{11}+\delta_{22}m_{22}+\cdots+\delta_{nn}m_{nn}$$

也就是方程式(4-283)各根之和等于 λ^{n-1} 的系数冠以负号。

或写成

$$\frac{1}{p_1^2}+\frac{1}{p_2^2}+\cdots+\frac{1}{p_n^2}=\delta_{11}m_{11}+\delta_{22}m_{22}+\cdots+\delta_{nn}m_{nn} \tag{4-286}$$

如基频远低于各高阶频率，则有 $\frac{1}{p_1^2}$ 远大于 $\frac{1}{p_2^2},\cdots,\frac{1}{p_n^2}$ 各项之和，略去 $\frac{1}{p_2^2},\frac{1}{p_3^2},\cdots,\frac{1}{p_n^2}$，式(4-286)可写成

$$\frac{1}{p_1^2}\approx\delta_{11}m_{11}+\delta_{22}m_{22}+\cdots+\delta_{nn}m_{nn} \tag{4-287}$$

δ_{ii} 是第 i 个质量处在单位力作用下在该处产生的静位移。如果在系统中只有一个集中质量 $m_i=m_{ii}$，那么系统就成为一个单自由度系统。这时系统的柔度系数就是 $\delta_i=\delta_{ii}$，而系统的刚度系数 $k_i=k_{ii}=\frac{1}{\delta_{ii}}$，此时系统的固有频率 $p_{ii}^2=\frac{k_{ii}}{m_{ii}}=\frac{1}{\delta_{ii}m_{ii}}$

因而

$$\delta_{ii}m_{ii}=\frac{1}{p_{ii}^2}$$

式(4-287)可写成

$$\frac{1}{p_1^2} \approx \frac{1}{p_{11}^2} + \frac{1}{p_{22}^2} + \cdots + \frac{1}{p_{nn}^2} \tag{4-288}$$

式(4-288)称为邓克列公式。公式中的 p_{ii} 表示只有 m_i 存在时系统的固有频率。因为式(4-288)(或式(4-287))的左端舍去了高阶频率的成分,所以

$$\frac{1}{p_1^2} < \frac{1}{p_{11}^2} + \frac{1}{p_{22}^2} + \cdots + \frac{1}{p_{nn}^2}$$

因此

$$p_1^2 > \left(\frac{1}{p_{11}^2} + \frac{1}{p_{22}^2} + \cdots + \frac{1}{p_{nn}^2}\right)^{-1}。$$

由式(4-287)或式(4-288)的右端项所得到的基本频率一定比系统的真实基本频率低,所以用邓克列公式所算得的基本频率的近似值是系统基频下限的估值。一般情况下所得误差较大,只有在基频远低于高阶频率时,才能给出较准确的基频近似值。因为方法简便,所以便于考虑系统质量或刚度变化对基频的影响,工程上也易于采用。

在系统质量矩阵为对角阵时,由式(4-287)可知,其右端正是系统动力矩阵 $\boldsymbol{D}=\boldsymbol{FM}$ 的迹,所以邓克列法又称迹法。

例 4.23 用邓克列法重解例 4.20 的基本频率。

解:系统的动力矩阵为

$$\boldsymbol{D} = \boldsymbol{FM} = \frac{ml^3}{768EI}\begin{bmatrix} 9 & 11 & 9 \\ 11 & 32 & 11 \\ 7 & 11 & 9 \end{bmatrix}$$

由式(4-287)可得

$$\frac{1}{p_1^2} \approx \frac{ml^3}{768EI}(9+32+9) = \frac{50ml^3}{768EI}$$

$$p_1 \approx 3.919\sqrt{\frac{EI}{ml^3}}$$

在例 4.20 中用瑞利能量法求得的基频 $p_1 \approx 4.026\sqrt{\frac{EI}{ml^3}}$,这是系统基频上限的估算值。而用邓克列法求得的基频 $p_1 \approx 3.919\sqrt{\frac{EI}{ml^3}}$ 是该系统下限的近似值,所以系统的真实基频应在 $4.026\sqrt{\frac{EI}{ml^3}}$ 和 $3.919\sqrt{\frac{EI}{ml^3}}$ 之间。

5. 传递矩阵法

工程中有相当广泛的一类系统是由具有重复性的弹性构件和集中质量区段所组成的,这类系统的振动可以简单地利用传递矩阵方法对一些低阶次的矩阵作乘法运算,利用边界条件可得到系统的频率方程,从而求得系统的各阶固有频率和相应的主振型。

以轴盘的扭转振动为例来说明该方法。

设图 4-30 所示的轴盘系统由不计质量的弹性轴段和具有绕轴线转动惯量的刚性圆盘组成,各圆盘可以和轴一起转动,但不计横向运动。圆盘间各轴段的扭转刚度系数已知。

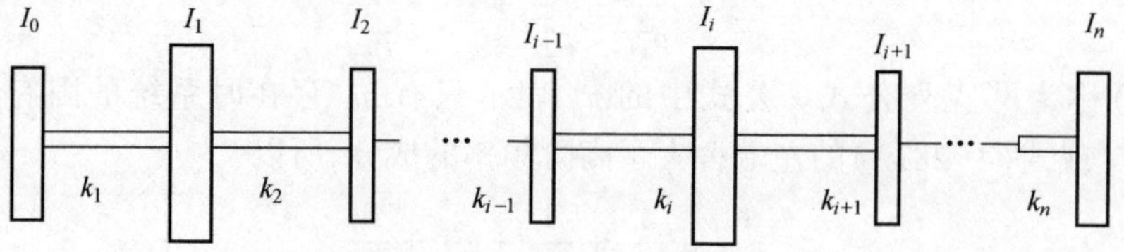

图 4-30　轴盘系统扭转振动

取第 i 个圆盘和第 i 段轴为分离体,作受力分析如图 4-31 所示

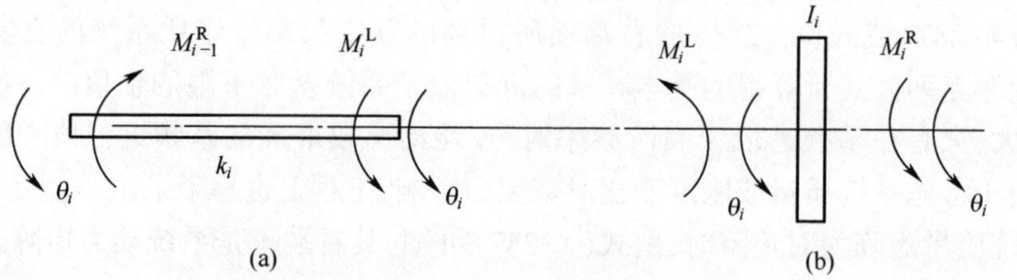

图 4-31　第 i 个圆盘和第 i 段轴受力图

规定各圆盘右端的扭矩 M_i^{R} ,左端面的扭矩 M_i^{L} ,均以与端面外法线方向一致时为正,即右端面的扭矩矢向右为正,左端面的扭矩矢向左为正(以上规定均符合右手规则)。

各圆盘的转角 θ 一律按逆时针转动为正,即各圆盘角速度矢向右为正。由第 i 个圆盘受力图 4-31(b)可列写出第 i 个圆盘的运动方程为

$$I_i\ddot{\theta}_i = M_i^{\mathrm{R}} - M_i^{\mathrm{L}} \tag{4-289}$$

式中: θ_i 为该圆盘角位移; M_i^{R}, M_i^{L} 分别为该圆盘右侧及左侧的扭矩。

当系统做某阶主振动时,则有

$$\theta_i = A_i\sin(pt + \alpha)$$

$$\ddot{\theta}_i = -p^2A_i\sin(pt + \alpha) = -p^2\theta_i$$

将其代入式(4-289)得

$$M_i^{\mathrm{R}} = -p^2I_i\theta_i + M_i^{\mathrm{L}} \tag{4-290}$$

因为圆盘为刚体,所以两侧的转角相等,即

$$\theta_i = \theta_i^{\mathrm{R}} = \theta_i^{\mathrm{L}} \tag{4-291}$$

式(4-290)和式(4-291)可以综合写成矩阵形式

$$\begin{bmatrix}\theta\\M\end{bmatrix}_i^{\mathrm{R}} = \begin{bmatrix}1 & 0\\-p^2I & 1\end{bmatrix}_i\begin{bmatrix}\theta\\M\end{bmatrix}_i^{\mathrm{L}} \tag{4-292}$$

式中: $\begin{bmatrix}\theta\\M\end{bmatrix}_i^{\mathrm{R}}$ 和 $\begin{bmatrix}\theta\\M\end{bmatrix}_i^{\mathrm{L}}$ 分别为第 i 个圆盘(即 i 点)的右端和左端的状态矢量; $\begin{bmatrix}1 & 0\\-p^2I & 1\end{bmatrix}_i$ 为点传递矩阵,它是第 i 个圆盘的左端到右端的状态矢量的变换矩阵。

图 4-31(a)为轴段 i 的受力图,因为轴的质量不计,所以有

$$M_i^{\mathrm{L}} = M_{i-1}^{\mathrm{R}} \tag{4-293}$$

并且由轴两端面扭转角的关系有

$$\theta_i = \theta_{i-1}^{\mathrm{R}} + \frac{M_i^{\mathrm{L}}}{k_i} = \theta_{i-1}^{R} + \frac{M_{i-1}^{\mathrm{R}}}{k_i}$$

但由式(4-291) $\theta_i = \theta_i^{\mathrm{L}}$,有

$$\theta_i^{\mathrm{L}} = \theta_{i-1}^{\mathrm{R}} + \frac{M_{i-1}^{\mathrm{R}}}{k_i} \tag{4-294}$$

将式(4-293)、式(4-294)写成矩阵形式

$$\begin{bmatrix} \theta \\ M \end{bmatrix}_i^{\mathrm{L}} = \begin{bmatrix} 1 & \dfrac{1}{k_1} \\ 0 & 1 \end{bmatrix}_i \begin{bmatrix} \theta \\ M \end{bmatrix}_{i-1}^{\mathrm{R}} \tag{4-295}$$

式中: $\begin{bmatrix} 1 & \dfrac{1}{k_1} \\ 0 & 1 \end{bmatrix}_i$ 为联系轴两端状态矢量的变换矩阵,称为场矩阵。

轴的右端状态矢量是 $\begin{bmatrix} \theta \\ M \end{bmatrix}_i^{\mathrm{L}}$,其左端状态矢量是 $\begin{bmatrix} \theta \\ M \end{bmatrix}_{i-1}^{\mathrm{R}}$ 。

将式(4-295)代入式(4-292)得

$$\begin{bmatrix} \theta \\ M \end{bmatrix}_i^{\mathrm{R}} = \begin{bmatrix} 1 & 0 \\ -p^2 I & 1 \end{bmatrix}_i \begin{bmatrix} 1 & \dfrac{1}{k} \\ 0 & 1 \end{bmatrix}_i \begin{bmatrix} \theta \\ M \end{bmatrix}_{i-1}^{\mathrm{R}}$$

$$\begin{bmatrix} \theta \\ M \end{bmatrix}_i^{\mathrm{R}} = \begin{bmatrix} 1 & \dfrac{1}{k} \\ -p^2 I & 1 - \dfrac{p^2 I}{k} \end{bmatrix}_i \begin{bmatrix} \theta \\ M \end{bmatrix}_{i-1}^{\mathrm{R}} \tag{4-296}$$

式(4-296)把第 i 位置和 $i-1$ 位置的右边的状态矢量联系起来,这里的 i 位置和 $i-1$ 位置均是指第 i 个圆盘连同第 i 段轴所构成的单元(或子系统)。同样, $i-1$ 位置是第 $i-1$ 个圆盘和 $i-1$ 段轴构成的单元,两个相邻单元的右端矢量可表示如下:

如令

$$\boldsymbol{T}_i = \begin{bmatrix} 1 & \dfrac{1}{k} \\ -p^2 I & 1 - \dfrac{p^2 I}{k} \end{bmatrix}_i \tag{4-297}$$

则式(4-296)可写作

$$\begin{bmatrix} \theta \\ M \end{bmatrix}_i^{\mathrm{R}} = \boldsymbol{T}_i \begin{bmatrix} \theta \\ M \end{bmatrix}_{i-1}^{\mathrm{R}} \tag{4-298}$$

式(4-297)称作第 i 单元(或段)的传递矩阵。

对于图 4-4 的轴盘系统,可利用传递关系得从左端至右状态矢量总的传递矩阵关系式

$$\begin{bmatrix} \theta \\ M \end{bmatrix}_n^{\mathrm{R}} = \boldsymbol{T}_n \boldsymbol{T}_{n-1} \cdots \boldsymbol{T}_1 \begin{bmatrix} \theta \\ M \end{bmatrix}_0^{\mathrm{R}} \tag{4-299}$$

或

$$\begin{bmatrix} \theta \\ M \end{bmatrix}_n^{\mathrm{R}} = \boldsymbol{T} \begin{bmatrix} \theta \\ M \end{bmatrix}_0^{\mathrm{R}}$$

式中的矩阵 $\boldsymbol{T}=\boldsymbol{T}_n\boldsymbol{T}_{n-1}\cdots\boldsymbol{T}_1$ 为系统各单元总的传递矩阵。因为各 T_i 均为2×2 阶矩阵,所以总的传递矩阵 $\boldsymbol{T}$ 可写成

$$\boldsymbol{T}=\begin{bmatrix}T_{11}(p) & T_{12}(p)\\ T_{21}(p) & T_{22}(p)\end{bmatrix} \tag{4-300}$$

至于状态矢量 $\begin{bmatrix}\theta\\M\end{bmatrix}_n^{\mathrm{R}}$ 和 $\begin{bmatrix}\theta\\M\end{bmatrix}_0^{\mathrm{R}}$,是与边界条件有关的。

因此,从零端状态矢量出发利用式(4-299)就可得末端的状态矢量,其中满足给定边界条件的各 p 值就是系统的固有频率。利用各单元的传递矩阵,就可得出相应的主振型,各主振型是将特征值分别代入各单元的状态矢量 $\begin{bmatrix}\theta\\M\end{bmatrix}_i^{\mathrm{R}}$ $(i=1,2,\cdots,n)$ 中,由其第一个元素所组成。

例 4.24 用传递矩阵法计算图 4-32 所示的三个圆盘扭转振动系统的固有频率和主振型。设 $k_1=k_2=k$, $I_1=I_3=I$, $I_2=2I$。

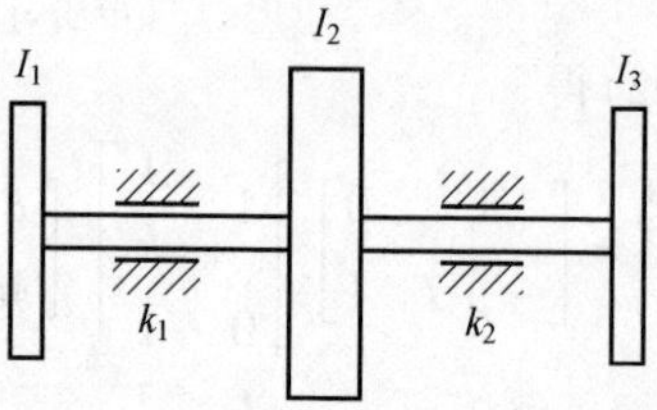

图 4-32

解:从圆盘 I_1 开始两端无约束边界条件为 $M_1^{\mathrm{L}}=M_3^{\mathrm{R}}=0$,系统存在刚体型振型,转角 θ 可为任意非零数 C ,为此可令 $\theta_1=1$,对圆盘 I_1 左侧状态矢量为

$$\begin{bmatrix}\theta\\M\end{bmatrix}_1^{\mathrm{L}}=\begin{bmatrix}1\\0\end{bmatrix} \tag{4-301}$$

利用点传递矩阵式(4-292),得

$$\begin{bmatrix}\theta\\M\end{bmatrix}_1^{\mathrm{R}}=\begin{bmatrix}1 & 0\\ -p^2I & 1\end{bmatrix}_1\begin{bmatrix}1\\0\end{bmatrix}=\begin{bmatrix}1\\ -p^2I\end{bmatrix} \tag{4-302}$$

对于第 2 单元利用传递矩阵式(4-296),得

$$\begin{bmatrix}\theta\\M\end{bmatrix}_2^{\mathrm{R}}=\begin{bmatrix}1 & \dfrac{1}{k}\\ -p^2I & 1-\dfrac{p^2 2I}{k}\end{bmatrix}_2\begin{bmatrix}1\\ -p^2I\end{bmatrix}=\begin{bmatrix}1-p^2\dfrac{I}{k}\\ p^2I\left(2p^2\dfrac{I}{k}-3\right)\end{bmatrix} \tag{4-303}$$

对圆盘 I_3,同样可算得

$$\begin{bmatrix}\theta\\M\end{bmatrix}_3^{\mathrm{R}}=\begin{bmatrix}1 & \dfrac{1}{k}\\ -p^2I & 1-\dfrac{p^2I}{k}\end{bmatrix}_3\begin{bmatrix}1-p^2\dfrac{I}{k}\\ p^2I\left(2p^2\dfrac{I}{k}-3\right)\end{bmatrix}=\begin{bmatrix}2p^4\left(\dfrac{I}{k}\right)^2-4p^2\dfrac{I}{k}+1\\ 2p^2I\left(1-\dfrac{p^2I}{k}\right)\left(p^2\dfrac{I}{k}-2\right)\end{bmatrix} \tag{4-304}$$

由边界条件 $M_3^R = 0$ 得频率方程为

$$p^2 I\left(1 - p^2 \frac{I}{k}\right)\left(p^2 \frac{I}{k} - 2\right) = 0 \tag{4-305}$$

解得

$$p_1 = 0\ ,\ p_2 = \sqrt{\frac{k}{I}}\ ,\ p_3 = \sqrt{\frac{2k}{I}}$$

将 $p_i^2(i = 1,2,3)$ 分别代入式(4-302)~式(4-304),分别得

$$\theta_1^{(1)} = 1, \theta_2^{(1)} = 1, \theta_3^{(1)} = 1$$

$$\theta_1^{(2)} = 1, \theta_2^{(2)} = 0, \theta_3^{(2)} = -1$$

$$\theta_1^{(3)} = 1, \theta_2^{(3)} = -1, \theta_3^{(3)} = 1$$

得各主振型为

$$\boldsymbol{A}^{(1)} = (1\quad 1\quad 1)^{\mathrm{T}}, \boldsymbol{A}^{(2)} = (1\quad 0\quad -1)^{\mathrm{T}}, \boldsymbol{A}^{(3)} = (1\quad -1\quad 1)^{\mathrm{T}}。$$

习 题

4-1 无重杠杆为 $3l$,其上固定两个质量分别为 m_1 和 m_2 的物体,其中 $m_1 = m, m_2 = 2m$。杆的两端点用刚度系数为 k 的二弹簧支撑(题 4-1 图),试列出系统微振动运动的微分方程,并求出其固有频率。

4-2 设一个二层建筑物可简化为题 4-2 图所示的二自由度弹簧-质量系统质量分别为 m_1 和 m_2,且有 $m_1 = \frac{m_2}{2}$,刚度系数分别为 k_1、k_2, $k_1 = \frac{k_2}{2}$,试求系统的固有频率和主振型。

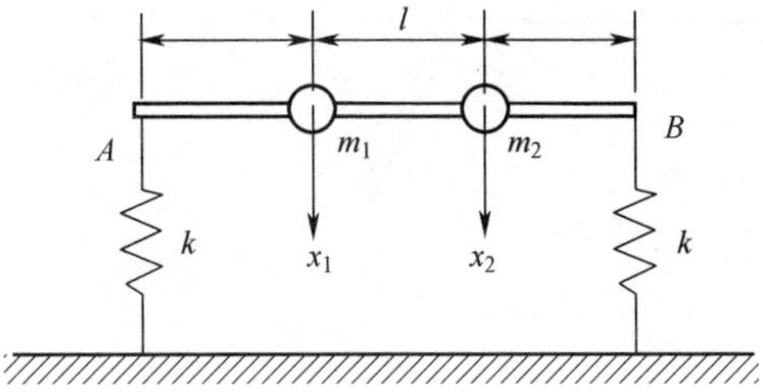

题 4-1 图

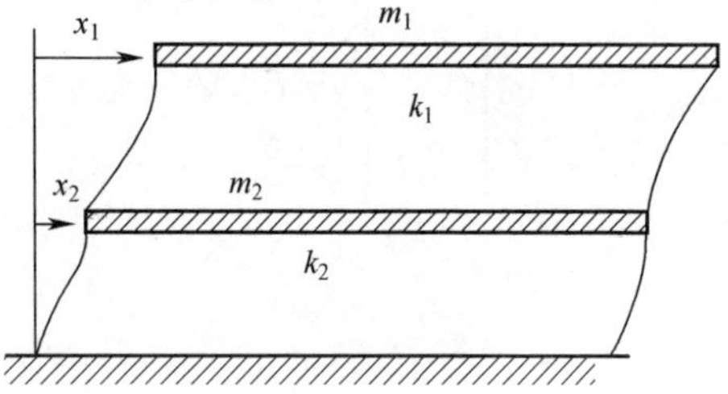

题 4-2 图

4-3 质量均为 m 的两个小球,用长度为 l 的无重杠杆连接(两杆之间可视为铰接),在 O 点以光滑铰链固定,便构成一双摆,二质量上均连有刚度系数为 k 的弹簧,设两杆铅垂时,系统处于平衡,二水平弹簧均无变形,试写出该系统的微振动运动微分方程,并求出该系统的特征值。如果将广义坐标由题 4-3 图所示的 θ_1、θ_2 改用确定两质点位形的水平位移 x_1、x_2,运动的微分方程又如何?

4-4 一简化超重设备模型如题 4-4 图所示,均质杆长为 l,质量为 m_1。设静止时杆 OA 与铅垂线成 θ_0 角。刚度系数为 k_1 的弹簧处于水平,刚度系数为 k_2 的弹簧下连一重物 B,其质量为 m_2,试写出系统的微振动方程和频率方程。

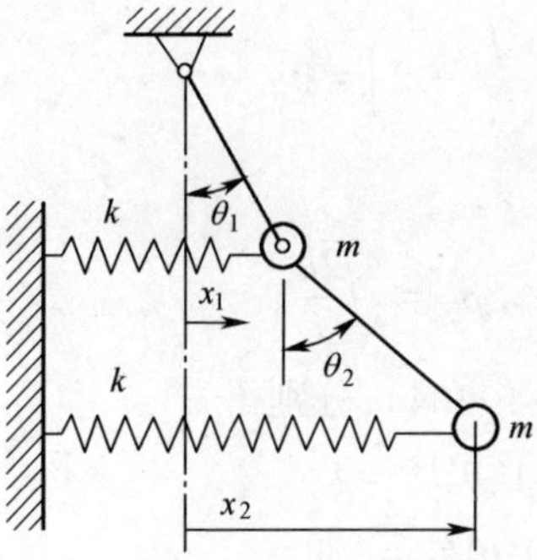

题 4-3 图

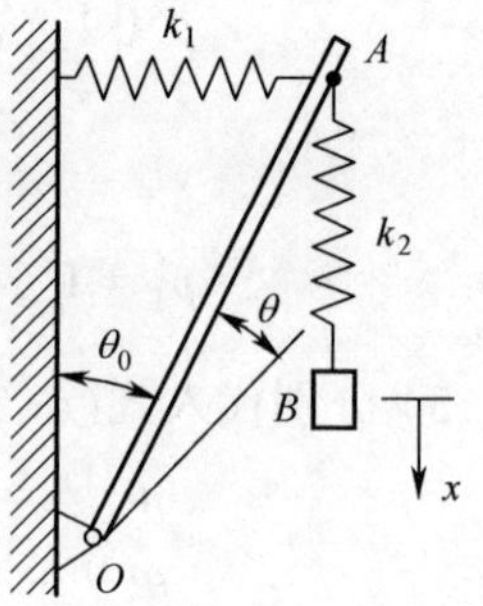

题 4-4 图

4-5　试用拉格朗日方程法建立下列系统的微振动运动的微分方程。

(1) 在光滑水平面上，由不计质量的杠杆等距离连接三个质量 m_1、m_2、m_3，其中 m_1、m_2 分别用弹簧与固定支撑点连接，设弹簧刚度系数分别为 k_1、k_2（题 4-5 图）。

(2) 圆柱体质量为 m_1、半径为 R，中心以铰链与质量为 m_2 长度为 l 的均质杆相连接，圆柱体中心连有刚度系数为 k 的水平弹簧和黏性阻尼系数为 C 的阻尼器，系统处铅垂平面内，设圆柱体在水平面上只滚不滑。

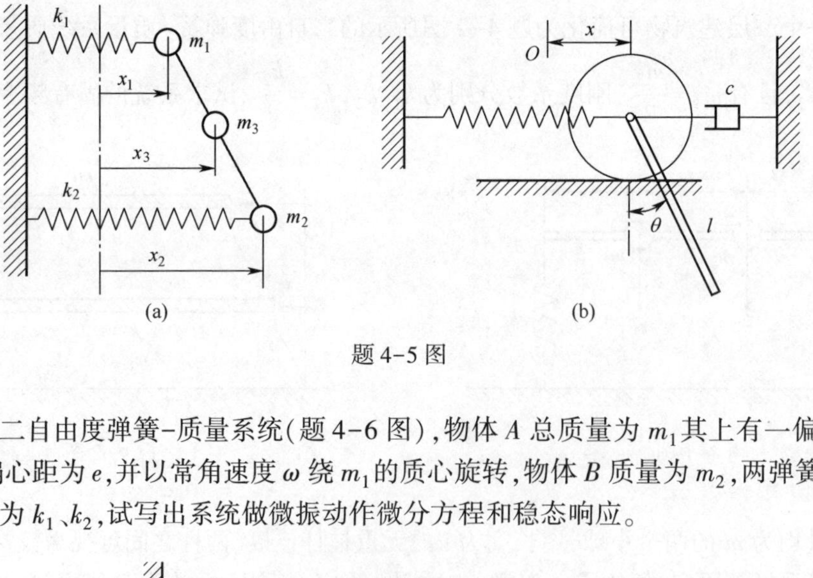

题 4-5 图

4-6　一个二自由度弹簧-质量系统（题 4-6 图），物体 A 总质量为 m_1 其上有一偏心质量为 m，偏心距为 e，并以常角速度 ω 绕 m_1 的质心旋转，物体 B 质量为 m_2，两弹簧刚度系数分别为 k_1、k_2，试写出系统做微振动作微分方程和稳态响应。

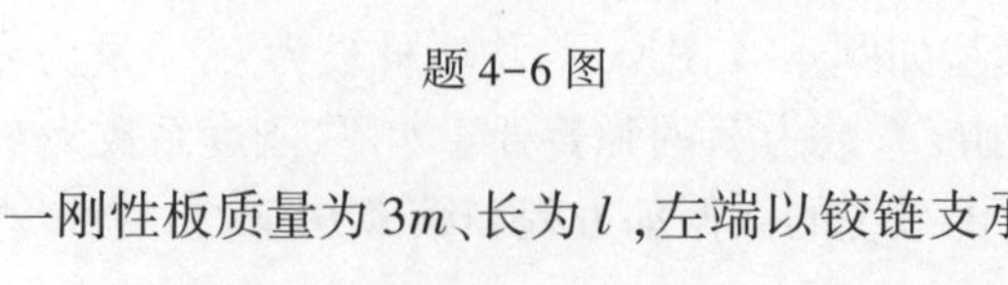

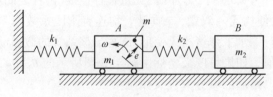

题 4-6 图

4-7　题 4-7 图所示为一刚性板质量为 $3m$、长为 l，左端以铰链支承于固定面上，右端通过支架支承于浮船上，支架的弹簧刚度为 k，阻尼系数为 C，浮船质量为 m，水浪引起一激励力 $F(t)=F_0\sin\omega t$ 作用于浮船，试求刚性板的最大摆动角度。

4-8 题 4-8 图所示一机器有一偏心质量为 m，偏心距为 e，并以等角速度绕中心旋转，设机器的总质量为 m_1，支承在刚度各为 $\frac{k_1}{2}$ 的两个弹簧上，机器只能沿铅直方向做微振动，为消除偏心质量运动所引起的振动，在机器下边装一刚度系数为 k_2、质量为 m_2 的弹簧-质量系统，构成一个无阻尼动力消振器，试列出该机械系统的受迫振动方程。当 m_2 给定，机器稳态响应幅值为零时，k_2 应为何值，并写出此时 m_2 的振幅 B_2。

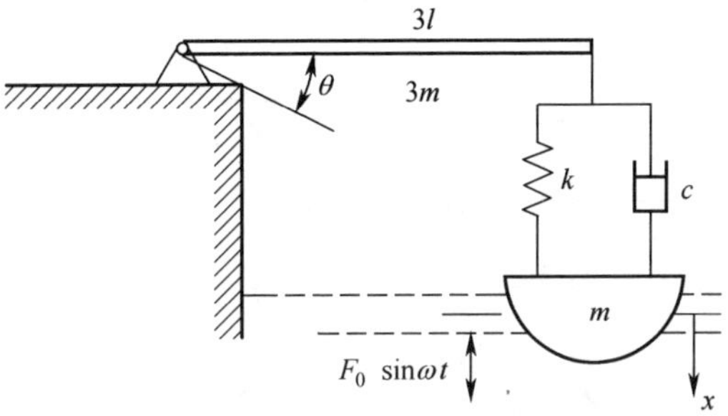

题 4-7 图

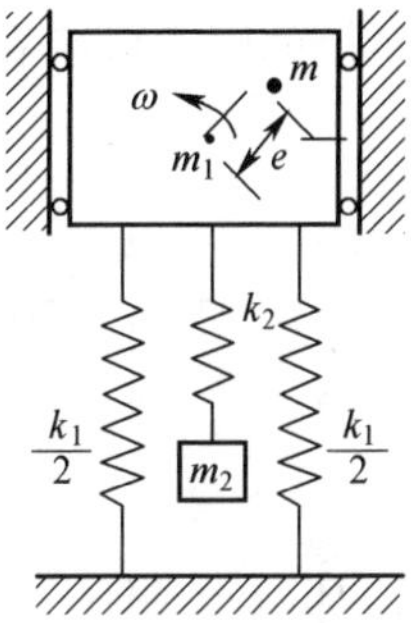

题 4-8 图

4-9 对于存在激励力频率随着机器运转改变的系统，要消除激励产生振动的影响，采用一种离心摆式消振器，如题 4-9 图所示，假设半径为 R、以角速度 Ω 绕定轴 O 转动的圆盘，由于某些因素同时有扰动扭转振动 $\theta_0\sin\omega t$，这样圆盘的角速度 $\dot{\theta}=\Omega+\theta_0\omega\cos\omega t$，其中这个扭转振动的频率 ω 随 Ω 的改变而成比例地改变，为消除这个扭转振动，在盘缘上装一个单摆，可在圆盘平面内绕悬点 O' 自由摆动，令摆长为 l、质量为 m，为方便，建立固定坐标系 Oxy，通过悬点 O' 作平动坐标系 $O'x'y'$，即 $O'x'$，$O'y'$ 始终分别平行于 Ox 与 Oy 轴。假设 $\omega\theta_0 \ll \Omega$，不计重力，设单摆做微幅振动，试建立单摆的相对运动微分方程，求其单摆受迫振动稳态解，并说明单摆相对运动固有频率与 ω 相等时，扭转振动可消除，同时单摆的固有频率能自动地随 Ω 改变着，从而始终保持消除扭转振动的作用。

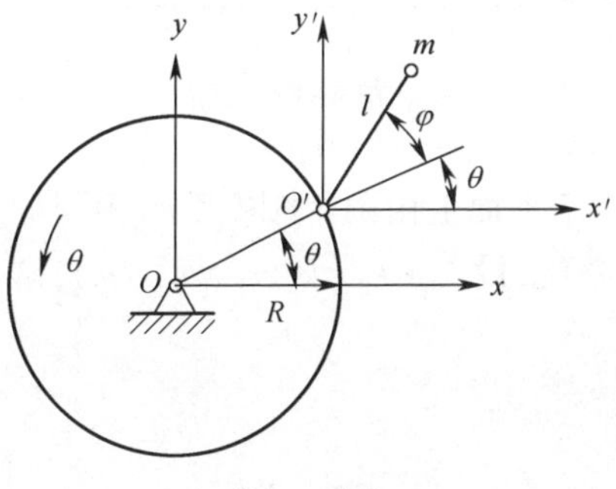

题 4-9 图

4-10 由三个弹簧连接的4个质量块,系统可在光滑水平面上运动(题4-10图),设 $m_1 = m_2 = m_3 = m_4 = m$, $k_1 = k_2 = k_3 = k$,试求出系统的固有频率和主振型。

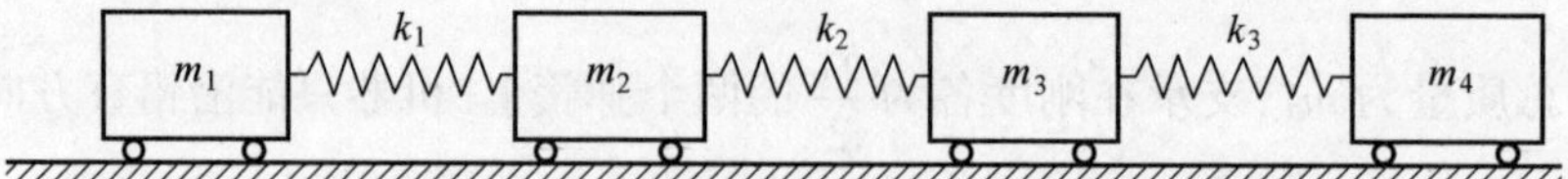

题4-10图

4-11 三个单摆,摆长均为 l,质量 $m_1 = m_2 = m_3 = m$,用两个弹簧连接如题4-11图所示,试求系统的固有频率和主振型。

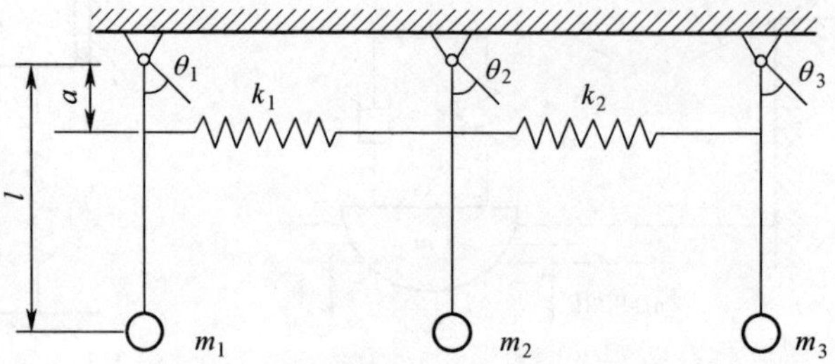

题4-11图

4-12 题4-12图所示为一座带有刚性梁和弹性立柱的结构可视为一个三层建筑的简化模型,设梁的质量 $m_1 = m_2 = m_3 = m$,立柱高度为 $h_1 = h_2 = h_3 = h$,弯曲刚度为 $EI_1 = 3EI$, $EI_2 = 2EI$, $EI_3 = EI$,系统在图示平面内沿水平方向做微振动,试写出系统自由振动的位移方程和频率方程。

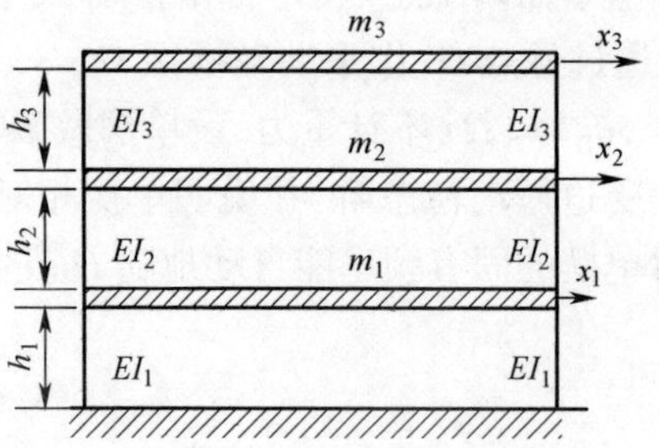

题4-12图

4-13 题4-13图所示为光滑水平面上由两个刚度系数相同的弹簧连接三个质量相同的质量块组成的弹簧质量系统,设 $k_1 = k_2 = k$, $m_1 = m_2 = m_3$,试求在下列初始条件下系统的响应:

(1) $x_{10} = x_0$, $x_{20} = 0$, $x_{30} = -x_0$, $\dot{x}_{10} = \dot{x}_{20} = \dot{x}_{30} = 0$;

(2) $x_{10} = x_{20} = x_{30} = 0$, $\dot{x}_{10} = v$, $\dot{x}_{20} = \dot{x}_{30} = 0$。

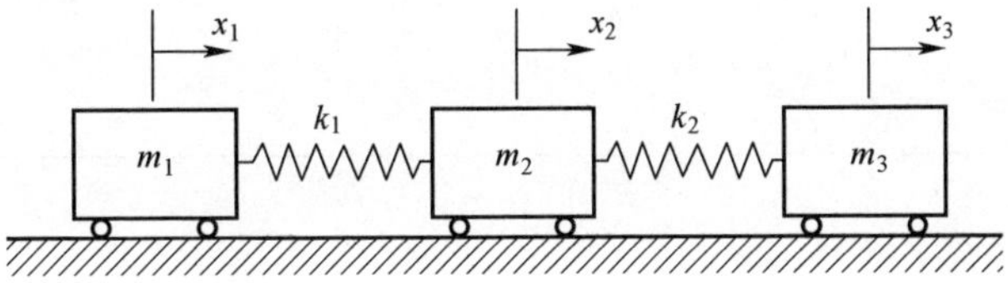

题 4-13 图

4-14　一个二自由度弹簧-质量系统，可在光滑水平面上做微振动运动，设 $m_1=2m$，$m_2=m$，$k_1=2k$，$k_2=k$，以 $x_e=a_0\sin\omega t$ 规律运动，如题 4-14 图所示，试用振型叠加法求系统的响应。

4-15　在题 4-15 图所示系统中，已知 m、k、c、ω 和 F_1，F_2，试用振型叠加法求系统的稳态响应。

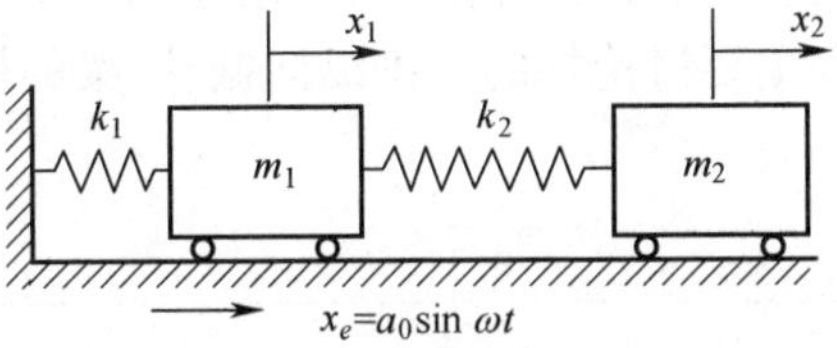

题 4-14 图

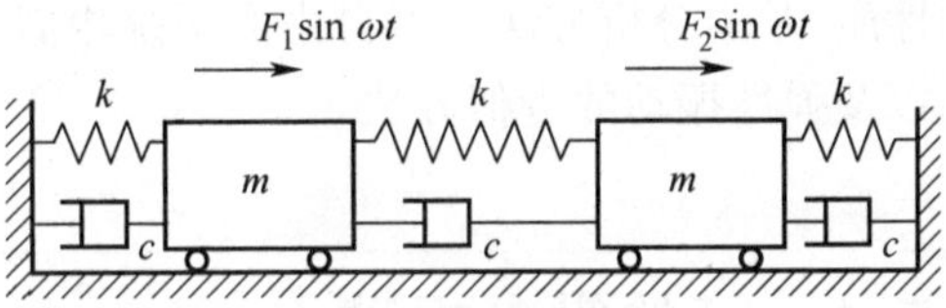

题 4-15 图

4-16　在题 4-16 图中，用邓克利法计算图示具有三个集中质量简支梁横向振动的基频，设梁抗弯曲刚度为 EI，梁的质量不计。

4-17　已知 k、m，试用瑞利法求题 4-17 图所示弹簧-质量系统的基频。

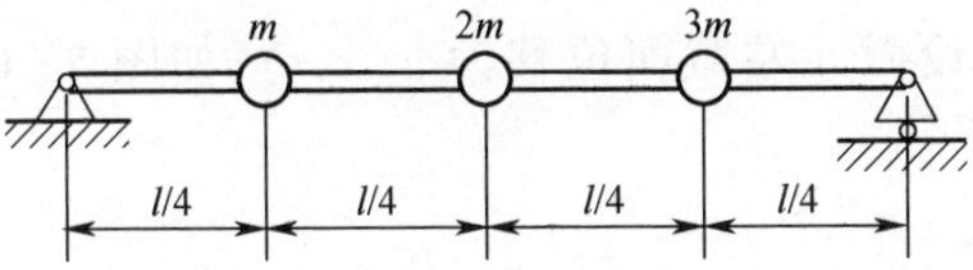

题 4-16 图

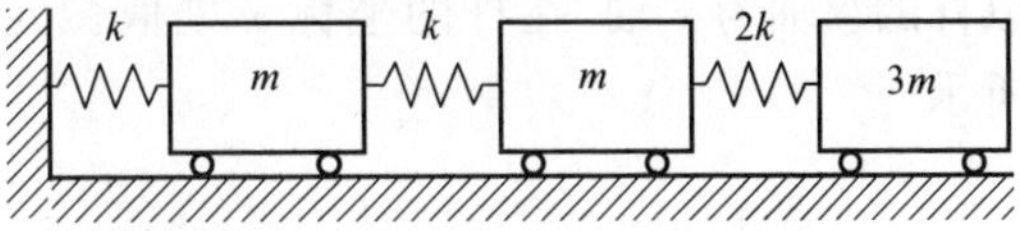

题 4-17 图

4-18　用里兹法求题 4-17 的第一、二阶固有频率。

4-19　用矩阵迭代法求题 4-12 的前两阶固有频率和振型。

4-20　用传递矩阵法求题 4-18 图所示轴盘扭转振动的固有频率和振型。

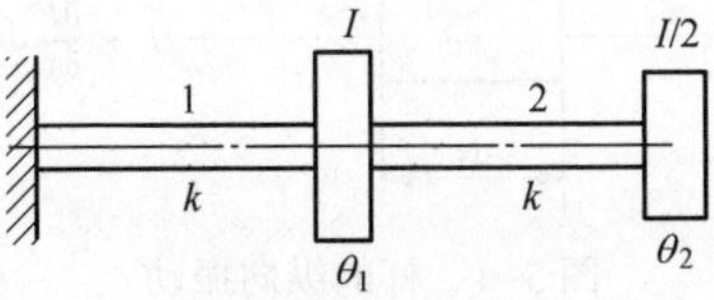

题 4-18 图

第5章
连续系统的振动

弹性体是具有分布质量与分布弹性的连续系统,本章所讨论的弹性体都假设为理想的线弹性体,即材料为均匀、各向同性,服从胡克定律。这种系统可视为由相互间有弹性力作用的无限多个质点所组成,因此弹性体具有无穷多个自由度。弹性体的振动主要由偏微分方程来表达,由于系统有无穷多个自由度,因此可求得无穷多个固有频率和主振型,振动运动的性质、基本分析方法与多自由度系统相似。本章主要讨论杆的一维纵向振动、梁的横向振动以及弹性振动的近似方法。

5.1 杆的纵向振动

5.1.1 杆的纵向振动方程

设均质等截面直杆,长为 l,横截面积为 A,单位长度的质量为 ρ,材料的弹性模量为 E。设杆在沿纵轴载荷 $q(x,t)$ 作用下,做纵向振动过程中,其横截面保持平面,不计横向变形,以杆的纵轴为 x 轴,在杆的坐标 x 处取微元 $\mathrm{d}x$,设微元左截面位移为 $u(x,t)$,如图 5-1 所示。

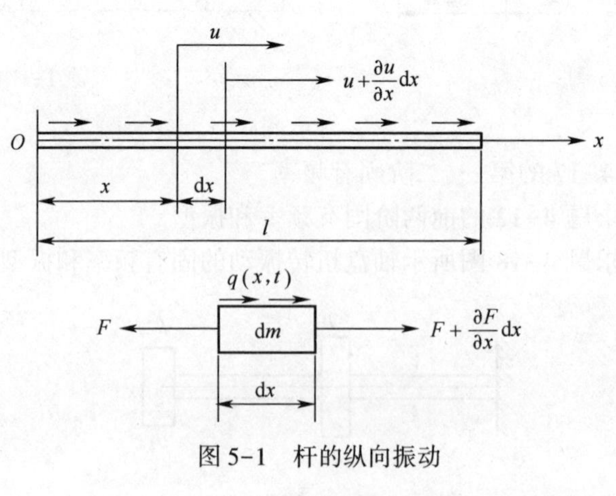

图 5-1 杆的纵向振动

图 5-1 中右端截面 $x+\mathrm{d}x$ 处的位移为 $u+\dfrac{\partial u}{\partial x}\mathrm{d}x$,则微元 $\mathrm{d}x$ 的变形为$\dfrac{\partial u}{\partial x}\mathrm{d}x$,$x$ 处的应变为

$\varepsilon=\dfrac{\partial u}{\partial x}$,应力为$\dfrac{F}{A}=E\varepsilon$,所以 x 处截面的内力 $F=\sigma A$,可用位移表示为

$$F = EA\frac{\partial u}{\partial x} \tag{5-1}$$

由微元的受力图列出该微元质量 $\mathrm{d}m=\rho\mathrm{d}x$ 的动力学方程为

$$\rho\mathrm{d}x\frac{\partial^2 u}{\partial t^2} = \left(F + \frac{\partial F}{\partial x}\mathrm{d}x\right) - F + q(x,t)\mathrm{d}x = \frac{\partial F}{\partial x}\mathrm{d}x + q(x,t)\mathrm{d}x$$

考虑到式(5-1),上式可写成

$$\rho\mathrm{d}x\frac{\partial^2 u}{\partial t^2} = EA\frac{\partial^2 u}{\partial x^2}\mathrm{d}x + q(x,t)\mathrm{d}x$$

即

$$\frac{\partial^2 u}{\partial t^2} = a^2\frac{\partial^2 u}{\partial x^2} + \frac{1}{\rho}q(x,t) \tag{5-2}$$

式(5-2)是杆纵向受迫振动的运动微分方程。式中 $a^2=\dfrac{EA}{\rho}$,可以证明 a 是弹性波沿杆纵向传播的速度。对非均质变截面杆 ρ, A 均为 x 的函数。

5.1.2 固有频率和振型函数

在式(5-2)中令 $q(x,t)=0$,便得到杆的纵向自由振动的微分方程为

$$\frac{\partial^2 u}{\partial t^2} = a^2\frac{\partial^2 u}{\partial x^2} \tag{5-3}$$

因为弹性杆具有无穷多个自由度,所以在振动过程中将有无穷多个固有频率和相应的主振型。因为质量是连续分布的,所以振型不再像离散体那样是折线,而是一条连续曲线,称其为振型函数,用 $U(x)$ 表示。当系统做某阶主振动时,自由振动方程式(5-3)的解可用 $U(x)$ 与谐函数 $T(t)$ 的乘积来表示,即系统任意阶主振动都是式(5-3)的一个特解。所以有

$$u(x,t) = U(x)T(t) = U(x)(A\cos pt + B\sin pt) \tag{5-4}$$

式中:$T(t)=A\cos pt+B\sin pt$,为各点的振动规律;$U(x)$ 为杆做纵向振动的振型函数。与多自由度系统相似。

将式(5-4)代入式(5-3),得

$$\frac{\mathrm{d}^2 U(x)}{\mathrm{d}x^2} = -\frac{p^2}{a^2}U(x) \tag{5-5}$$

在 $U(x)$ 具有非零解,而且满足边界条件的情况下,求解 p^2 值及振型函数 $U(x)$ 称为杆做纵向振动的特征值问题。其中 p^2 为特征值, $U(x)$ 又称特征函数。

式(5-5)的解为

$$U(x) = C\cos\frac{p}{a}x + D\sin\frac{p}{a}x \tag{5-6}$$

由杆的边界条件可确定 p^2 值和振型函数 $U(x)$ 。下面对于几何边界(简单边界)条件和力边界(复杂边界)条件分别加以说明。

1. 杆的两端固定

边界条件为

$$U(0) = 0, U(l) = 0$$

将以上边界条件代入式(5-6),得

$$C = 0\ ,\ D\sin\frac{p}{a}l = 0$$

设 $D \neq 0$,否则 $U(x)$ 为零解。因此得

$$\sin\frac{p}{a}l = 0 \tag{5-7}$$

式(5-7)为两端固定杆的频率方程,由此解得固有频率为

$$p_i = \frac{i\pi a}{l} \quad (i = 1,2,\cdots) \tag{5-8}$$

相应的振型函数为

$$U_i(x) = D_i\sin\frac{i\pi}{l}x \quad (i = 1,2,\cdots) \tag{5-9}$$

令 i=1,2,3,可得前三阶的频率和振型函数为

$$\begin{cases} p_1 = \dfrac{\pi a}{l}, U_1(x) = D_1\sin\dfrac{\pi}{l}x \\ p_2 = \dfrac{2\pi a}{l}, U_2(x) = D_2\sin\dfrac{2\pi}{l}x \\ p_3 = \dfrac{3\pi a}{l}, U_3(x) = D_3\sin\dfrac{3\pi}{l}x \end{cases}$$

前三阶的振型函数如图 5-2(b)所示。

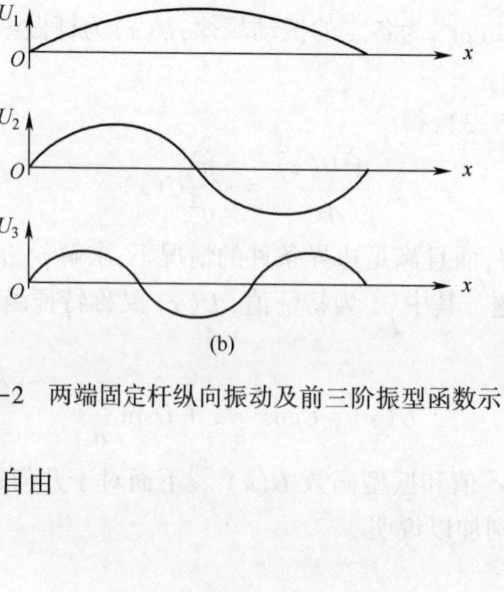

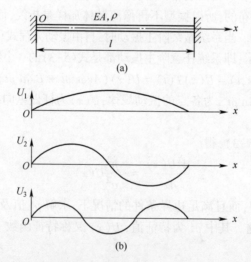

图 5-2　两端固定杆纵向振动及前三阶振型函数示图

2. 杆的左端固定右端自由

边界条件为

$$U(0)=0,\left.\frac{\mathrm{d}U}{\mathrm{d}x}\right|_{x=l}=0$$

将以上边界条件代入式(5-6),得

$$C=0\ ,\ D\cos\frac{p}{a}l=0$$

即

$$\cos\frac{p}{a}l=0 \tag{5-10}$$

式(5-10)即为一端固定、另一端自由杆的频率方程。由此得

$$\frac{p}{a}l=\frac{\pi}{2},\frac{3\pi}{2},\cdots,=\frac{i\pi}{2}\quad(i=1,3,5,\cdots)$$

所以杆的固有频率为

$$p_i=\frac{i\pi \mathrm{a}}{2l}\quad(i=1,3,5,\cdots) \tag{5-11}$$

相应的振型函数为

$$U_i(x)=D_i\sin\frac{i\pi}{2l}x\quad(i=1,3,5,\cdots) \tag{5-12}$$

3. 杆的两端均为自由

此情况边界条件为

$$\left.\frac{\mathrm{d}U}{\mathrm{d}x}\right|_{x=0}=0,\left.\frac{\mathrm{d}U}{\mathrm{d}x}\right|_{x=l}=0$$

将以上边界条件代入式(5-6),得

$$D=0\ ,\ C\sin\frac{p}{a}l=0$$

即

$$\sin\frac{p}{a}l=0 \tag{5-13}$$

式(5-13)即为两端自由杆的频率方程。解出其固有频率为

$$p_i=\frac{i\pi a}{l}\quad(i=0,1,2,\cdots) \tag{5-14}$$

振型函数为

$$U_i(x)=C_i\cos\frac{i\pi}{l}x\quad(i=0,1,2,\cdots) \tag{5-15}$$

当 $p=0$,振型函数的非零解为任意数,对应杆的刚体振型。

4. 一端固定、另一端通过刚度为 k 的弹簧与固定点连接(图 5-3)

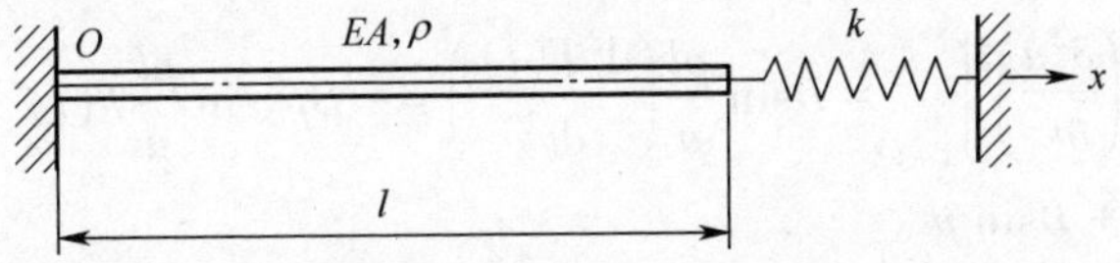

图 5-3　一端固定、另一端具有弹性支承的杆

这种情况下，杆的左端为几何边界条件，而右端为力的边界条件，即

$$U(0)=0\ ,\ EA\left.\frac{\mathrm{d}U}{\mathrm{d}x}\right|_{x=l}=-KU(l)$$

以左端边界条件代入式(5-6)，得 $C=0$，振型函数为

$$U(x)=D\sin\frac{p}{a}x \tag{5-16}$$

将右端边界条件代入式(5-6)，得

$$\frac{p}{a}EA\cos\frac{p}{a}l=-k\sin\frac{p}{a}l \tag{5-17a}$$

或

$$\tan\frac{p}{a}l=-\frac{p}{a}l\frac{EA}{lk} \tag{5-17b}$$

式(5-17)就是该情况下杆的频率方程。

这是一个超越方程，令 $\beta=\frac{p}{a}l,\alpha=\frac{EA}{lk}$，则有 $\frac{\tan\beta}{\beta}=-\alpha$。对于确定的 α 值(杆的 l 处抗拉压刚度与弹簧刚度之比)即可求到各个固有频率 p_i 的数值解。相应的振型函数为

$$U_i(x)=D_i\sin\frac{p_i}{a}x\quad(i=1,2,\cdots) \tag{5-18}$$

5. 杆的一端固定、另一端具有质量为 M 附加集中质量(图 5-4)

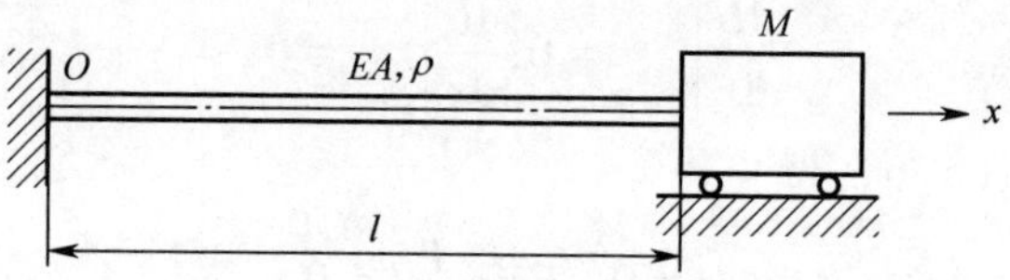

图 5-4　一端固定、另一端具有附加质量块的杆

在这种情况下，杆做纵向振动时，由右端质量块所产生的惯性力作用于杆端，所以系统左端为几何边界条件，右端则为力的边界条件，即

$$U(0)=0,EA\left(\frac{\partial u}{\partial x}\right)\bigg|_{x=l}=-M\left.\frac{\partial^2u}{\partial t^2}\right|_{x=l} \tag{5-19}$$

将左端边界条件代入式(5-6)，得振型函数为

$$U(x)=D\sin\frac{p}{a}x \tag{5-20}$$

由右端边界条件可得

$$\left(\frac{\partial u}{\partial x}\right)\bigg|_{x=l}=D\frac{p}{a}\cos\frac{pl}{a}T(t) \tag{5-21a}$$

$$\left(\frac{\partial^2u}{\partial t^2}\right)\bigg|_{x=l}=D\sin\frac{pl}{a}\left(\frac{\mathrm{d}^2T(t)}{\mathrm{d}t^2}\right)=-Dp^2\sin\frac{pl}{a}T(t) \tag{5-21b}$$

式中：$T(t)=A\cos pt+B\sin pt$。

将式(5-21a)、式(5-21b)代入右端力的边界条件表达式(5-19)中，得

$$EA\frac{p}{a}\cos\frac{pl}{a}=Mp^2\sin\frac{pl}{a} \tag{5-22a}$$

或

$$\beta\tan\beta=\alpha \tag{5-22b}$$

式中：$\beta=\frac{p}{a}l$；α 为杆的质量与集中质量之比，$\alpha=\frac{\rho l}{M}$。

式(5-22b)是该边界条件下的频率方程,对于确定的 α 值,可求出各个频率的 p_i 数值。对应的振型函数为

$$U_i(x)=D_i\sin\frac{p_i}{a}x \quad (i=1,2,\cdots) \tag{5-23}$$

M 比杆的质量大很多的情况下 α 将很小，$\tan\beta\approx\beta$，式(5-22b)可写 $\beta^2\approx\alpha$，$\beta=\sqrt{\frac{\rho l}{M}}$，可求得 $p\approx\sqrt{\frac{EA}{Ml}}$，$\frac{EA}{l}$ 是杆的抗拉压刚度,与不计杆质量的单自由度系统的固有频率是相同的。

5.1.3 振型函数的正交性

与多自由度系统的振型矢量一样,杆做纵向振动时,振型函数也具有正交性。

取特征值问题的两个解 p_j^2、U_i 和 p_j^2、U_j，分别代入式(5-5),得

$$\frac{d^2U_i}{dx^2}=-\frac{p_i^2}{a^2}U_i \tag{5-24a}$$

$$\frac{d^2U_j}{dx^2}=-\frac{p_j^2}{a^2}U_j \tag{5-24b}$$

用 U_j 乘式(5-24a),用 U_i 乘式(5-24b),分别沿杆长积分,对等截面均匀杆得

$$\begin{cases} EA\int_0^l U_j\frac{d^2U_i}{dx^2}dx=-p_i^2\int_0^l\rho U_jU_i dx \\ EA\int_0^l U_i\frac{d^2U_j}{dx^2}dx=-p_j^2\int_0^l\rho U_iU_j dx \end{cases} \tag{5-25}$$

对式(5-25)左端分别作分部积分后,得

$$EAU_j\frac{dU_i}{dx}\Big|_0^l-EA\int_0^l\frac{dU_i}{dx}\frac{dU_j}{dx}dx=-p_i^2\int_0^l\rho U_jU_i dx \tag{5-26a}$$

$$EAU_i\frac{dU_j}{dx}\Big|_0^l-EA\int_0^l\frac{dU_j}{dx}\frac{dU_i}{dx}dx=-p_j^2\int_0^l\rho U_iU_j dx \tag{5-26b}$$

对于几何边界条件下总可有，$U(x)\big|_{\substack{x=0\\x=l}}=0$(对固定端)以及 $EA\frac{dU(x)}{dx}\Big|_{\substack{x=0\\x=l}}=0$(对自由端),几何边界条件都是上述两种情形的组合。

因此在几何边界条件下,式(5-26)中已经积分出来的项均都等于零。式(5-26a)式(5-26b)相减,得

$$(p_i^2 - p_j^2)\int_0^l \rho U_i U_j \mathrm{d}x = 0 \tag{5-27}$$

如果 $i \neq j$, $p_i \neq p_j$,因此有

$$\int_0^l \rho U_i U_j \mathrm{d}x = 0 \quad (i \neq j) \tag{5-28}$$

将此结果代入式(5-25)及式(5-26),得

$$\begin{cases} EA\int_0^l \dfrac{\mathrm{d}U_i}{\mathrm{d}x}\dfrac{\mathrm{d}U_j}{\mathrm{d}x}\mathrm{d}x = 0 \quad (i \neq j) \\ EA\int_0^l U_j \dfrac{\mathrm{d}^2 U_i}{\mathrm{d}x^2}\mathrm{d}x = 0 \quad (i \neq j) \end{cases} \tag{5-29}$$

式(5-28)、式(5-29)就是在几何边界条件下振型函数及其导数间的正交性。式(5-28)是杆的振形函数关于质量的正交性,式(5-29)为杆的振形函数关于刚度的正交性。当 $i = j$ 时,由式(5-26)可知,式(5-27)中的积分可为任意值,由式(5-25)和式(5-26)则可分别令

$$\begin{cases} \int_0^l \rho U_i^2 \mathrm{d}x = m_{pi} \\ EA\int_0^l \left(\dfrac{\mathrm{d}U_i}{\mathrm{d}x}\right)^2 \mathrm{d}x = -EA\int_0^l \dfrac{\mathrm{d}^2 U_i}{\mathrm{d}x^2} U_i \mathrm{d}x = k_{pi} \end{cases} \tag{5-30}$$

式(5-30)的前一个方程称为第 i 阶主质量,后面的方程称为第 i 阶主刚度。由式(5-25)或式(5-26)得 $k_{pi} = m_{pi} p_i^2$,因而 $p_i^2 = \dfrac{k_{pi}}{m_{pi}}$ 即第 i 阶特征值等于第 i 阶主刚度除以第 i 阶主质量,这同多自由度系统是相似的。

用多自由度系统的类似方法,可将振形函数 U_i 进行标准化为 U_{Ni} 。如果振型函数中的常数按下列归一化条件确定,即令

$$\int_0^l U_{Ni}^2 \mathrm{d}x = m_{pi} = 1 \tag{5-31}$$

U_{Ni} 称为正则振形函数,选择正则振形函数时,相应的第 i 阶主刚度 $k_{pi} = p_i^2$ 。U_i 和 U_{Ni} 二者仅有常数的区别,按正则振型函数的规定,可设 $U_{Ni} = C_i U_i$,两端平方再乘以 ρ 并沿杆长积分,便可确定常数 C_i 。由

$$\int_0^l \rho U_{Ni}^2 \mathrm{d}x = C_i^2 \int_0^l \rho U_i^2 \mathrm{d}x$$

则得

$$C_i = \frac{1}{\sqrt{\int_0^l \rho U_i^2 \mathrm{d}x}} \tag{5-32}$$

将 U_i 乘以常数 C_i 就得第 i 阶正则振形函数 U_{Ni} 。

例如,两端固定杆的纵向振动的振型函数为

$$U_i(x) = D_i \sin\frac{i\pi}{l}x \; (i = 1,2,\cdots)$$

令

$$D_i^2\rho\int_0^l \sin^2\frac{i\pi}{l}x\mathrm{d}x = 1\ ,\ D_i^2\rho\ \frac{l}{2} = 1$$

所以 $D_i = \sqrt{\dfrac{2}{\rho l}}$,正则振型函数为

$$U_{Ni}(x) = \sqrt{\frac{2}{\rho l}}\sin\frac{i\pi}{l}x \quad (i = 1,2,\cdots)$$

对于振型函数的正交条件表达式(5-29)是在几何边界条件下,才由已积分出来的各项为零而得到的。对于力的边界条件,正交关系中,有的还应带附加项。

1. 一端固定、另一端为弹簧支承的情况

由式(5-26)已积分出的第一式,因

$$EA\left.\frac{\mathrm{d}U_i}{\mathrm{d}x}\right|_{x=l} = -kU_i|_{x=l}$$

可得

$$EAU_j\left.\frac{\mathrm{d}U_i}{\mathrm{d}x}\right|_0^l = EA\left.\frac{\mathrm{d}U_i}{\mathrm{d}x}U_j\right|_{x=l} = -kU_iU_j|_{x=l}$$

$$EAU_i\left.\frac{\mathrm{d}U_j}{\mathrm{d}x}\right|_0^l = EA\left.\frac{\mathrm{d}U_j}{\mathrm{d}x}U_i\right|_{x=l} = -kU_jU_i|_{x=l}$$

因而式(5-26)中的两式相减,仍有

$$\int_0^l \rho U_iU_j\mathrm{d}x = 0 \quad (i \neq j) \tag{5-33}$$

正交性条件式(5-29)仍然成立,即

$$\int_0^l U_j\frac{\mathrm{d}^2U_i}{\mathrm{d}x^2}\mathrm{d}x = 0 \quad (i \neq j) \tag{5-34}$$

而式(5-26)则成为

$$EA\int_0^l \frac{\mathrm{d}U_i}{\mathrm{d}x}\frac{\mathrm{d}U_j}{\mathrm{d}x}\mathrm{d}x + kU_i(l)U_j(l) = 0 \tag{5-35}$$

式(5-26)的附加项 $kU_iU_j|_{x=l}$,是因为式(5-26)已积分出来的项在杆的右端不为零。

2. 一端固定、另一端固有质量为 M 的质量块

在 $x = l$ 端,杆端所受到的力与质量 M 产生的加速度的关系为

$$EA\left.\frac{\partial u}{\partial x}\right|_{x=l} = -M\left.\frac{\partial^2 u}{\partial t^2}\right|_{x=l} \tag{5-36}$$

由式(5-4)可知

$$u(x,t) = U(x)T(t) = U(x)(A\cos pt + B\sin pt)$$

式(5-36)可写成

$$EA\left.\frac{\mathrm{d}U}{\mathrm{d}x}\right|_{x=l} = Mp^2U|_{x=l} \tag{5-37}$$

式(5-37)对各阶固有频率和相应的振型函数都成立,将其代入式(5-28),式(5-29)已积分出的各项中,得

$$Mp_i^2 U_i U_j \big|_0^l - EA\int_0^l \frac{dU_i}{dx}\frac{dU_j}{dx}dx = -p_i^2\int_0^l \rho U_i U_j dx \tag{5-38a}$$

$$Mp_j^2 U_j U_i \big|_0^l - EA\int_0^l \frac{dU_j}{dx}\frac{dU_i}{dx}dx = -p_j^2\int_0^l \rho U_j U_i dx \tag{5-38b}$$

因为 $x=0,\ U(0)=0$,所以将式(5-38a),式(5-38b)相减,得

$$(p_i^2 - p_j^2)MU_iU_j\big|_{x=l} = (p_j^2 - p_i^2)\int_0^l \rho U_i U_j dx$$

由此得

$$(p_i^2 - p_j^2)\left[\int_0^l \rho U_i U_j dx + MU_iU_j\big|_{x=l}\right] = 0 \tag{5-39}$$

若 $i\neq j$,则 $p_i\neq p_j$,必有

$$\int_0^l \rho U_i U_j dx + MU_iU_j\big|_{x=l} = 0 \quad (i\neq j)$$

即

$$\int_0^l \rho U_i U_j dx + MU_i(l)U_j(l) = 0 \quad (i\neq j) \tag{5-40}$$

这就是杆的振型函数关于质量的正交性,同几何边界条件比较,正交条件有一附加项 $MU_i(l)U_j(l)$。再由式(5-38a)或式(5-38b),得

$$EA\int_0^l \frac{dU_i}{dx}\frac{dU_j}{dx}dx = 0 \quad (i\neq j) \tag{5-41}$$

或

$$\int_0^l \frac{dU_i}{dx}\frac{dU_j}{dx}dx = 0 \quad (i\neq j)$$

这与几何边界情况相同,再由式(5-25)和式(5-26),得

$$EA\int_0^l U_j\frac{d^2U_i}{dx^2}dx - EA\frac{dU_i}{dx}U_j\bigg|_{x=l} = 0 \quad (i\neq j) \tag{5-42}$$

同几何边界相比较,这里也有一附加项 $-EAU_i'(l)U_j(l)$。

式(5-41)和式(5-42)是杆的振型函数关于刚度的正交条件。式(5-40)~式(5-42)就是一端固定一端固有集中质量杆的振型函数及其导数间的正交关系。

当 $i=j(i=1,2,\cdots)$ 时,式(5-40)左端是该边界条件的第 i 阶主质量,式(5-42)或式(5-41)左端是该边界条件的第 i 阶主刚度。

5.1.4 杆的纵向受迫振动

设杆在沿轴线方向分布力 $q(x,t)$ 作用下,受迫振动的运动微分方程式为

$$\rho\frac{\partial^2 u}{\partial t^2} = EA\frac{\partial^2 u}{\partial x^2} + q(x,t)$$

与多自由度系统的方法相类似,设式(5-2)的解为

$$u(x,t) = \sum_{i=1}^{\infty} U_{Ni}(x)\eta_i(t) \tag{5-43}$$

式中：U_{Ni} 为第 i 阶正则振型函数；$\eta_i(t)$ 为时间函数，即正则坐标。

将式(5-43)代入式(5-2)，得

$$\sum_{i=1}^{\infty}\rho U_{Ni}\ddot{\eta}_i = \sum_{i=1}^{\infty} EA\frac{\mathrm{d}^2U_{Ni}}{\mathrm{d}x^2} + q(x,t)$$

将上式两边乘以 U_{Ni} 并沿杆长 l 进行积分，得

$$\sum_{i=1}^{\infty}\ddot{\eta}\int_0^l \rho U_{Ni}U_{Ni}\mathrm{d}x = \sum_{i=1}^{\infty}\eta_i\int EA\frac{\mathrm{d}^2U_{Ni}}{\mathrm{d}x^2}U_{Ni}\mathrm{d}x + \int_0^l q(x,t)U_{Ni}\mathrm{d}x \tag{5-44}$$

在几何边界条件下，按正交条件，得

$$\ddot{\eta}_i + p_i^2\eta_i = \int_0^l q(x,t)U_{Ni}\mathrm{d}x \quad (i=1,2,\cdots) \tag{5-45}$$

这就是在激励 $q(x,t)$ 作用下，以正则坐标表示杆的受迫振动的运动微分方程。在零初始条件下，式(5-45)的解可由杜哈梅积分写出

$$\eta_i(t) = \frac{1}{p_i}\int_0^l U_{Ni}\int_0^t q(x,\tau)\sin p_i(t-\tau)\mathrm{d}\tau\mathrm{d}x \tag{5-46a}$$

这就是对第 i 个正则坐标的响应。

如果考虑到初始条件，还应加上按正则坐标表示的对初始条件的响应，即

$$\eta_i(t) = \eta_{i0}\cos p_it + \frac{\dot{\eta}_i}{p_i}\sin p_it + \frac{1}{p_i}\int_0^l U_{Ni}\int_0^t q(x,t)\sin p_i(t-\tau)\mathrm{d}\tau\mathrm{d}x \tag{5-46b}$$

式中：η_{i0} 和 $\dot{\eta}_{i0}$ 为正则坐标表示的初始条件。它们可由式(5-43)两过乘以 ρU_{Ni} 沿杆长积分，按正交条件得到，即

$$\begin{cases}\eta_{i0} = \int_0^l \rho u_0(x)U_{Ni}\mathrm{d}x \\ \dot{\eta}_{i0} = \int_0^l \rho\dot{u}_0(x)U_{Ni}\mathrm{d}x\end{cases} \tag{5-46c}$$

式中：$u_0(x)=u(x,0)$；$\dot{u}_0(x)=\dot{u}(x,0)$。

将各正则坐标表示的响应，代入式(5-43)，得系统对初始条件与激励的总响应为

$$u(x,t) = \sum_{i=1}^{\infty}U_{Ni}\eta_i = \sum_{i=0}^{\infty}U_{Ni}\left[\frac{1}{p_i}\int_0^l U_{Ni}\int_0^t q(x,\tau)\sin p_i(t-\tau)\mathrm{d}\tau\mathrm{d}x + \eta_{i0}\cos p_it + \frac{\dot{\eta}_{i0}}{p_i}\sin p_it\right] \tag{5-47}$$

以上的求解方法与多自由度系统完全相似，也称振型(模态)叠加法。

圆轴扭转振动的运动微分方程与杆的纵向振动的微分方程式(5-2)完全相似，只要以单位长度轴的转动惯量 I 和轴的扭转刚度 GI_p 分别代替式(5-2)中的 ρ 和 EA，以轴上作用的外扭矩代替杆所受到的轴向外力，就可得到轴扭转振动的受迫振动微分方程，如外作用扭矩为零，就得自由振动微分方程，形式与式(5-3)完全相同。习惯上，各截面处的相对角位移用 $\theta(x,t)$ 表示，以取代杆各截面沿轴线的位移 $u(x,t)$。关于杆做纵向振动的相应公式都可应用于圆轴的扭转振动问题中。

例 5.1 匀质等直杆一端固定、另一端自由，自由端受轴向拉力 F_0 作用，设在 $t=0$ 时突然去掉此力，求杆的纵向自由振动。

解:在 $t=0$ 时杆内的应变为

$$\varepsilon_0=\frac{F_0}{EA}$$

杆的初始条件为

$$\begin{cases}u(x,0)=u_0(x)=\varepsilon_0 x\\ \dot{u}_0(x)=\dot{u}(x,0)=0\end{cases}$$

由式(5-11)及式(5-12)已得杆的固有频率和振型函数为

$$p_i=\frac{i\pi a}{2l}\quad(i=1,3,5,\cdots)$$

$$U_i(x)=D_i\sin\frac{i\pi}{2l}x\quad(i=1,3,5,\cdots)$$

为求正则型函数,需确定 D_i ,由式(5-32)有

$$D_i=\sqrt{\frac{1}{\int_0^l\rho\sin^2\frac{i\pi}{2l}x\mathrm{d}x}}=\frac{1}{\sqrt{\frac{1}{2}\int_0^l\rho\left(1-\cos\frac{i\pi}{l}x\right)\mathrm{d}x}}=\sqrt{\frac{2}{\rho l}}$$

正则振型函数为

$$U_{Ni}=\sqrt{\frac{2}{\rho l}}\sin\frac{i\pi}{2l}x\quad(i=1,3,5,\cdots)$$

由式(5-46)求得

$$\eta_i(0)=\int_0^l\rho u_0(x)U_{Ni}\mathrm{d}x=\int_0^l\rho\varepsilon_0 x\sqrt{\frac{2}{\rho l}}\sin\frac{i\pi}{2l}x\mathrm{d}x=\varepsilon_0\sqrt{\frac{2\rho}{l}}\int_0^l x\sin\frac{i\pi}{2l}x\mathrm{d}x$$

$$=\varepsilon_0\sqrt{\frac{2\rho}{l}}\left[-x\frac{2l}{i\pi}\cos\frac{i\pi}{2l}x\Big|_0^l+\frac{2l}{i\pi}\int_0^l\cos\frac{i\pi}{2l}x\mathrm{d}x\right]=\varepsilon_0\sqrt{\frac{2\rho}{l}}\left[\frac{4l^2}{i^2\pi^2}\sin\frac{i\pi}{2}\right]$$

式中:$\sin\frac{i\pi}{2}=(-1)^{\frac{i-1}{2}}\quad(i=1,3,5,\cdots)$。

因此,正则坐标表示的初始条件为

$$\begin{cases}\eta_{i0}=\varepsilon_0\sqrt{\frac{2\rho}{l}}\frac{4l^2}{i^2\pi^2}(-1)^{\frac{i-1}{2}}\\ \dot{\eta}_{i0}=0\end{cases}$$

由式(5-46a)得正则坐标表示的对初始条件的响应为

$$\eta_i(t)=\eta_{i0}\cos p_i t\quad(i=1,3,5,\cdots)$$

由式(5-47b)得杆对初始条件的响应为

$$u(x,t)=\sum_{i=1,3,5,\cdots}^{\infty}U_{Ni}\eta_i(t)=\sum_{i=1,3,5,\cdots}^{\infty}\sqrt{\frac{2}{\rho l}}\sin\frac{i\pi x}{2l}\left[\varepsilon_0\sqrt{\frac{2\rho}{l}}\frac{4l^2}{i^2\pi^2}(-1)^{\frac{i-1}{2}}\cos\frac{i\pi a}{2l}t\right]$$

$$=\frac{8\varepsilon_0 l}{\pi^2}\sum_{i=1,3,5,\cdots}^{\infty}(-1)^{\frac{i-1}{2}}\sin\frac{i\pi x}{2l}\cos\frac{i\pi a}{2l}t$$

例 5.2 如图 5-5 所示,两端固定的杆,突然受到均布纵向力 q 的作用,试求在零初始条件下杆的响应。

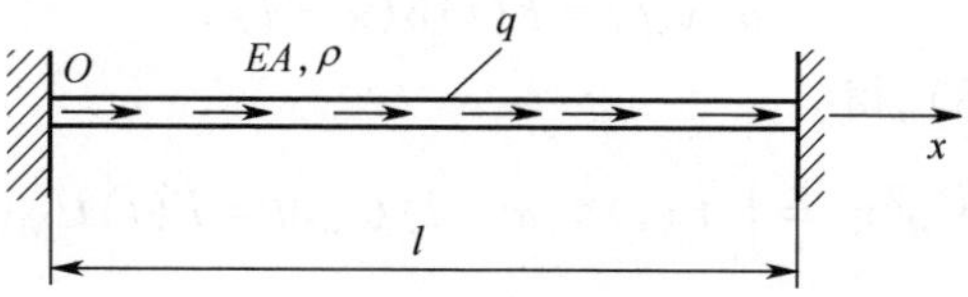

图 5-5

解:两端固定杆的固有频率和振型函数由式(5-8)及式(5-9)知

$$p_i = \frac{i\pi a}{l} \quad (i = 1,2,\cdots)$$

振型函数为

$$U_i(x) = D_i \sin\frac{i\pi x}{l} \quad (i = 1,2,\cdots)$$

按归一化条件式(5-32),得 $D_i = \sqrt{\dfrac{2}{\rho l}}$。正则振型函数为

$$U_{Ni} = \sqrt{\frac{2}{\rho l}} \sin\frac{i\pi x}{l} \quad (i = 1,2,\cdots)$$

由式(5-46c)得杆对激励的响应为

$$\begin{aligned} u(x,t) &= \sum_{i=1}^{\infty} U_{Ni}\eta_i(t) = \frac{2q}{\rho l}\sum_{i=1}^{\infty} \sin\frac{i\pi}{l}x\left[\frac{1}{p_i}\int_0^l \sin\frac{i\pi}{l}x\int_0^t \sin p_i(t-\tau)\,\mathrm{d}\tau\,\mathrm{d}x\right] \\ &= \frac{2ql^2}{\pi^3 a^2\rho}\sum_{i=1}^{\infty}\frac{1}{i^3}\sin\frac{i\pi}{l}x(1-\cos i\pi)\left(1-\cos\frac{i\pi a}{l}t\right) \\ &= \frac{4ql^2}{\rho\pi^3 a^2}\sum_{i=1,3,5,\cdots}^{\infty}\frac{1}{i^3}\sin\frac{i\pi}{l}x\left(1-\cos\frac{i\pi a}{l}t\right) \end{aligned}$$

例 5.3 如图 5-6 所示,试求一端固定、另一端自由的均质等直杆,在自由端沿杆轴线方向作用一简谐激励力 $F(t) = H_0\sin\omega t$,试求杆的纵向稳态响应。

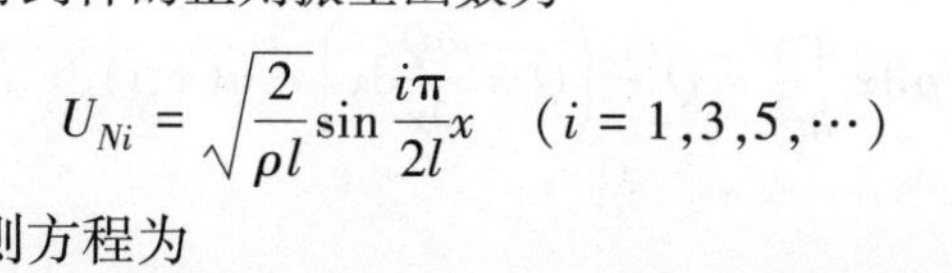

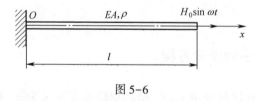

图 5-6

解:在例 5.1 中,已得到杆的正则振型函数为

$$U_{Ni} = \sqrt{\frac{2}{\rho l}} \sin\frac{i\pi}{2l}x \quad (i = 1,3,5,\cdots)$$

由式(5-45)得第 i 个正则方程为

$$\ddot{\eta}_i + p_i^2\eta_i = \int_0^l q(x,t)U_{Ni}\,\mathrm{d}x \quad (i = 1,3,5,\cdots) \tag{5-48}$$

力 $F(t) = H_0\sin\omega t$,不是分布在整个杆上,而是在 $x = l$ 处的一个集中力。可借助于 $\delta(x)$ 函数将 $q(x,t)$ 表示为

$$q(x,t) = F(t)\delta(x - l) \tag{5-49}$$

将式(5-49)代入式(5-48),得

$$\ddot{\eta}_i + p_i^2\eta_i = \int_0^l F(t)\delta(x - l)U_{Ni}\mathrm{d}t = F(t)U_{Ni}(l)$$

即

$$\ddot{\eta}_i + p_i^2\eta_i = \sqrt{\frac{2}{\rho l}}\sin\frac{i\pi}{2}H_0\sin\omega t$$

正则坐标表示的稳态响应为

$$\eta_i(t) = \frac{1}{p_i^2 - \omega^2}\sqrt{\frac{2}{\rho l}}\sin\frac{i\pi}{2}H_0\sin\omega t \quad (i = 1,3,5,\cdots)$$

或写成

$$\eta_i(t) = \frac{\sqrt{\frac{2}{\rho l}}H_0}{p_i^2 - \omega^2}(-1)^{\frac{i-1}{2}}\sin\omega t \quad (i = 1,3,5,\cdots)$$

杆的稳态响应为

$$u(x,t) = \sum_{i=1,3,5,\cdots}^{\infty} U_{Ni}\eta_i(t) = \frac{2H_0}{\rho l}\sin\omega t \sum_{i=1,3,5,\cdots}^{\infty} \frac{1}{p_i^2 - \omega^2}(-1)^{\frac{i-1}{2}}\sin\frac{i\pi}{2l}x$$

可见,当激励力的频率 ω 等于杆的任何一阶固有频率 p_i 时,都会发生共振。

5.2 梁的横向振动

本节讨论均质等截面直梁在 xy 平面内的横向振动,xy 面为其横截面的对称平面(各截面的形心主轴在 xy 面内),外载荷也作用在该面内,并且略去剪切变形和截面绕中性轴转动惯量的影响,梁的主要变形是弯曲变形,梁的这种横向振动模型称为欧拉-伯努利梁,或简单梁模型。

5.2.1 梁的横向振动微分方程

设在梁上作用有横向分布力 $q(x,t)$,梁的单位长度质量为 ρ,抗弯曲刚度为 EI,在梁的轴线 x 处取长度为 $\mathrm{d}x$ 的微元段,按微元受力图(图 5-7),列出其沿 y 向的运动微分方程:

$$\rho\mathrm{d}x\frac{\partial^2 y}{\partial t^2} = Q - \left(Q + \frac{\partial Q}{\partial x}\mathrm{d}x\right) + q(x,t)\mathrm{d}x$$

即

$$\rho\frac{\partial^2 y}{\partial t^2} = -\frac{\partial Q}{\partial x} + q(x,t) \tag{5-50}$$

微元所受的各力对垂直于 Oxy 平面轴力矩之和应为零,对通过左侧截面中心的轴的力矩平衡方程为

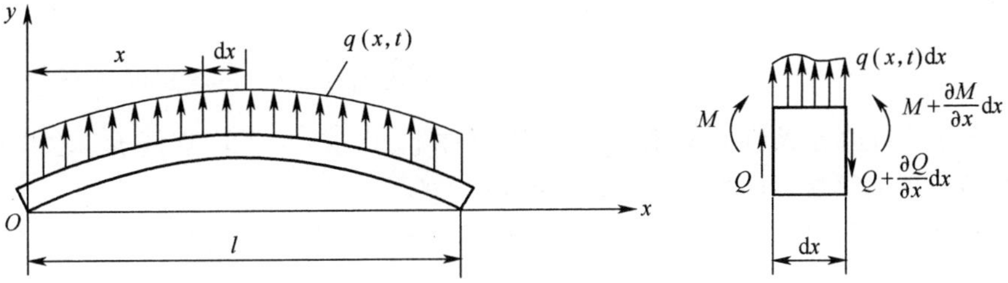

图 5-7　梁的弯曲振动

$$M+\frac{\partial M}{\partial x}\mathrm{d}x-M-\left(Q+\frac{\partial Q}{\partial x}\mathrm{d}x\right)\mathrm{d}x+q(x,t)\,\mathrm{d}x\,\frac{1}{2}\mathrm{d}x=0$$

略去 dx 的二次项后,得

$$Q=\frac{\partial M}{\partial x} \tag{5-51}$$

将式(5-51)代入式(5-50),得

$$\rho\frac{\partial^2 y}{\partial t^2}=-\frac{\partial^2 M}{\partial x^2}+q(x,t)$$

由材料力学知,$M=EI\dfrac{\partial^2 y}{\partial x^2}$,将其代入上式,得

$$\rho\frac{\partial^2 y}{\partial t^2}=-\frac{\partial^2}{\partial x^2}\left(EI\frac{\partial^2 y}{\partial x^2}\right)+q(x,t) \tag{5-52a}$$

对于等截面梁 EI 为常数,式(5-52a)可写成

$$EI\frac{\partial^4 y}{\partial x^4}+\rho\frac{\partial^2 y}{\partial t^2}=q(x,t) \tag{5-52b}$$

式(5-52b)即为简单梁的横向受迫振动微分方程。

5.2.2　固有频率和振型函数

在式(5-52a)中,令 $q(x,t)=0$,得到等截面梁横向自由振动的微分方程

$$EI\frac{\partial^4 y}{\partial x^4}+\rho\frac{\partial^2 y}{\partial x^2}=0 \tag{5-53a}$$

或

$$a^2\frac{\partial^4 y}{\partial x^4}+\frac{\partial^2 y}{\partial t^2}=0 \tag{5-53b}$$

式中:$a^2=\dfrac{EI}{\rho}$。

梁做某阶主振动时,式(5-53)的解可用 x 的函数 $Y(x)$ 与 t 的谐函数 $T(t)$ 的乘积表示为

$$y(x,t)=Y(x)T(t)=Y(x)(A\cos pt+B\sin pt) \tag{5-54}$$

式中:$T(t)=(A\cos pt+B\sin pt)$,为梁做某一主振动时的振动规律。

$Y(x)$ 为该主振动的振型函数,即梁轴线上各点均以 $Y(x)$ 做同步谐振动。

将式(5-54)形式的解,代入式(5-53b),得

$$\frac{\mathrm{d}^4 Y(x)}{\mathrm{d}x^4}=\frac{p^2}{a^2}Y(x) \tag{5-55}$$

在 $Y(x)$ 符合梁的边界条件并具有非零解的条件下,由式(5-55)求解 p^2 值和振型函数 $Y(x)$ 的问题,称为梁做横向振动的特征值问题。

设方程式(5-55)的特解为 $Y(x)=\mathrm{e}^{st}$,代入式(5-55)得其特征方程为

$$(s^4-\beta^4)\mathrm{e}^{st}=0 \text{ 或 } s^4-\beta^4=0$$

式中:$\beta^4=\dfrac{p^2}{a^2}$。

由此求得特征方程的根为

$$s_1=\beta, s_2=-\beta, s_3=\mathrm{j}\beta, s_4=-\mathrm{j}\beta$$

方程式(5-55)的通解为

$$Y(x)=c_1\sin\beta x+c_2\cos\beta x+c_3\mathrm{sh}\,\beta x+c_4\mathrm{ch}\,\beta x \tag{5-56}$$

根据边界条件可以确定 β 值和振型函数 $Y(x)$ 中的待定常数因子,从而得该边界条件下梁的自由振动固有频率和相应的振型函数。下面讨论几种不同边界条件下梁的固有频率和振型函数。

1. 两端铰支

简支梁振动及前三阶振型函数如图 5-8 所示。

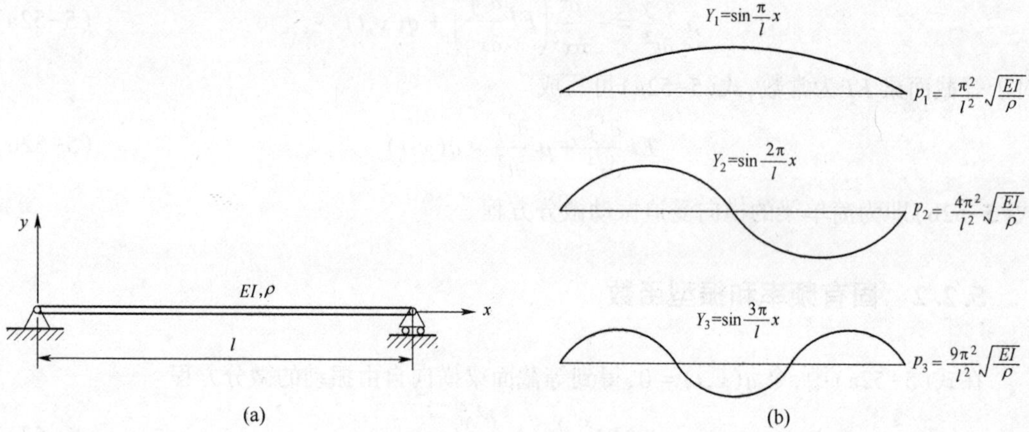

图 5-8 简支梁振动及前三阶振型函数

两端铰支梁的边界条件为

$$\begin{cases} Y(x)\big|_{x=0}=0, EI\dfrac{\mathrm{d}^2Y(x)}{\mathrm{d}x^2}\Big|_{x=0}=0\left(\dfrac{\mathrm{d}^2Y(x)}{\mathrm{d}x^2}=0\right) \\ Y(x)\big|_{x=l}=0, \dfrac{\mathrm{d}^2Y(x)}{\mathrm{d}x^2}\Big|_{x=l}=0 \end{cases} \tag{5-57}$$

将式(5-57) $x=0$ 的边界条件代入式(5-56),得 $c_2=c_4=0$。

振型函数成为

$$Y(x)=c_1\sin\beta x+c_3\,\mathrm{sh}\,\beta x \tag{5-58}$$

再将 $x=l$,梁的右端边界条件代入式(5-58),得

$$\begin{cases}c_1\sin\beta l+c_3\,\mathrm{sh}\,\beta l=0\\ -c_1\sin\beta l+c_3\,\mathrm{sh}\,\beta l=0\end{cases} \tag{5-59}$$

c_1、c_3 不能同时为零,否则为零解。因此,该齐次方程组系数行式必等于零,所以得 $\sin\beta l\,\mathrm{sh}\beta l=0$。因为 $\mathrm{sh}\,\beta l\neq 0$,所以

$$\sin\beta l=0 \tag{5-60}$$

式(5-60)即为简支梁的频率方程,由此可得

$$\begin{cases}\beta_i l=i\pi\quad(i=1,2,\cdots)\\ \beta_i=\dfrac{i\pi}{l}\quad(i=1,2,\cdots)\end{cases}$$

对应于 β_i 的固有频率为

$$p_i=a\beta_i^2=\frac{i^2\pi^2}{l^2}\sqrt{\frac{EI}{\rho}}\quad(i=1,2,\cdots) \tag{5-61}$$

因为 $\sin\beta l=0$,所以 $c_3=0$。这样便得简支梁对应 p_i 的振型函数为

$$Y_i(x)=c_{1i}\sin\frac{i\pi}{l}x\quad(i=1,2,\cdots) \tag{5-62}$$

对于

$$p_1=\frac{\pi^2}{l^2}\sqrt{\frac{EI}{\rho}},P_2=\frac{4\pi^2}{l^2}\sqrt{\frac{EI}{\rho}},P_3=\frac{9\pi^2}{l^2}\sqrt{\frac{EI}{\rho}}$$

前三阶固有频率的相应振型函数 $Y_1(x)$,$Y_2(x)$ 及 $Y_3(x)$ 如图 5-8 所示。

2. 左端固定,右端自由

边界条件为

$$\begin{cases}Y\big|_{x=0}=0,\dfrac{\mathrm{d}Y}{\mathrm{d}x}\Big|_{x=0}=0\\ \dfrac{\mathrm{d}^2Y}{\mathrm{d}x^2}\Big|_{x=l}=0,\dfrac{\mathrm{d}^3Y}{\mathrm{d}x^3}\Big|_{x=l}=0\end{cases} \tag{5-63}$$

将式(5-63)第一行两个条件代入式(5-56)中,得

$$\begin{cases}c_2+c_4=0\\ c_1+c_3=0\end{cases} \tag{5-64}$$

式(5-56)可写成

$$Y(x)=c_1(\sin\beta x-\mathrm{sh}\,\beta x)+c_2(\cos\beta x-\mathrm{ch}\,\beta x) \tag{5-65}$$

再将式中的第二行两个条件代入(5-65),得

$$\begin{cases}c_1(\sin\beta l+\mathrm{sh}\,\beta l)+c_2(\cos\beta l+\mathrm{ch}\,\beta l)=0\\ c_1(\cos\beta l+\mathrm{ch}\,\beta l)+c_2(-\sin\beta l+\mathrm{sh}\,\beta l)=0\end{cases} \tag{5-66}$$

式(5-66)为关于 c_1、c_2 的齐次方程组,若有非零解,其系数行列式应为零,即有

$$(\sin\beta l+\mathrm{sh}\,\beta l)(-\sin\beta l+\mathrm{sh}\,\beta l)-(\cos\beta l+\mathrm{ch}\,\beta l)^2=0$$

整理得

$$\cos\beta l\ \mathrm{ch}\ \beta l = -1 \tag{5-67}$$

式(5-67)是悬臂梁的频率方程,该方程可用数值解法,求出一系列的 β_i 值,由此可求得各阶固有频率,即

$$p_i = \beta_i^2 a = \beta_i^2 \sqrt{\frac{EI}{\rho}} \quad (i = 1,2,\cdots) \tag{5-68}$$

由式(5-66)可将系数 c_2 用 c_1 表示为

$$c_2 = -\frac{\sin\beta l + \mathrm{sh}\ \beta l}{\cos\beta l + \mathrm{ch}\ \beta l}c_1 = -\frac{\cos\beta l + \mathrm{ch}\ \beta l}{-\sin\beta l + \mathrm{sh}\ \beta l}c_1$$

由式(5-65)可得简支梁的各阶振型函数为

$$Y_i(x) = c_{1i}\left[(\sin\beta_i x - \mathrm{sh}\ \beta_i x) + \alpha_i(\cos\beta_i x - \mathrm{ch}\ \beta_i x)\right] \quad (i = 1,2,\cdots) \tag{5-69}$$

其中

$$\alpha_i = \frac{c_{2i}}{c_{1i}} = -\frac{\sin\beta_i l + \mathrm{sh}\ \beta_i l}{\cos\beta_i l + \mathrm{ch}\ \beta_i l} = -\frac{\cos\beta_i l + \mathrm{ch}\ \beta_i l}{-\sin\beta_i l + \mathrm{sh}\ \beta_i l}$$

对于频率方程式(5-67)也可用图解法求解,令 $y = \cos\beta l$ 和 $y = -\dfrac{1}{\mathrm{ch}\ \beta l}$,在同一个坐标系中分别画出曲线图,如图 5-9(b)所示,两个曲线的交点即为频率方程的解。

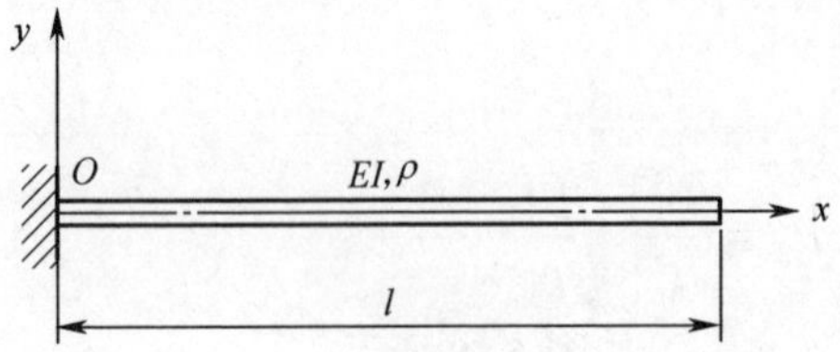

(a) 悬臂梁

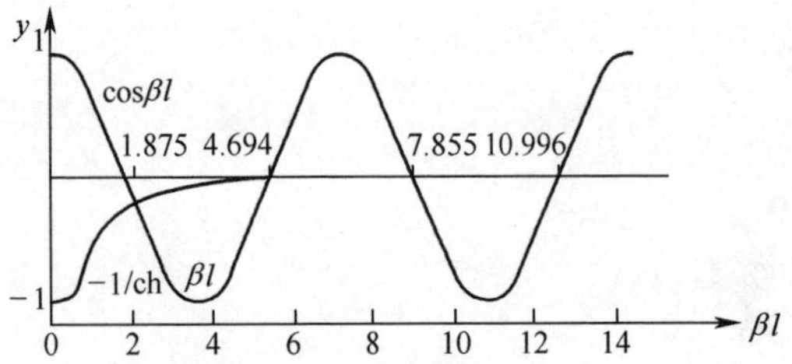

(b) 频率方程图解法示图

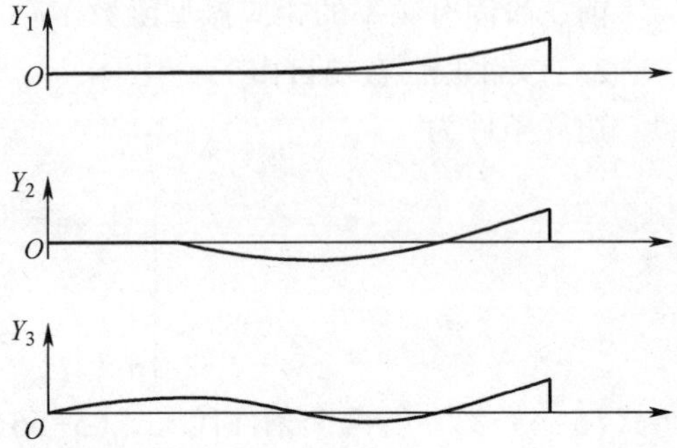

(c) 前三阶振型

图 5-9　悬臂梁频率方程的图解与前三阶振型函数示图

$y = -\dfrac{1}{\mathrm{ch}\ \beta l}$ 的渐近线趋于 $y = 0$,在 $i \geqslant 4$ 时频率方程可近似由 $y = \cos\beta l = 0$ 确定,即 $\beta_i l \approx \dfrac{2i-1}{2}\pi$ $(i = 4,5,\cdots)$。

对于悬臂梁前三个 βl 的值为 $\beta_1 l = 1.875$,$\beta_2 l = 4.694$,$\beta_3 l = 7.855$,其前三阶频率 p_i 可由各 $\beta_i l$ 值求得

$$p_i = \beta_i^2 a = \beta_i^2 \sqrt{\frac{EI}{\rho}} \quad (i = 1,2,3)$$

悬臂梁的基本频率为

$$p_1 = \beta_1^2 a = \left(\frac{1.875}{l}\right)^2 \sqrt{\frac{EI}{\rho}} = \frac{3.515}{l^2}\sqrt{\frac{EI}{\rho}}$$

3. 两端固支

两端固支梁的边界条件为

$$\begin{cases} Y(0) = 0, \left.\dfrac{\mathrm{d}Y}{\mathrm{d}x}\right|_{x=0} = 0 \\ Y(l) = 0, \left.\dfrac{\mathrm{d}Y}{\mathrm{d}x}\right|_{x=l} = 0 \end{cases} \tag{5-70}$$

式(5-70)中第一式代入式(5-56),得

$$\begin{cases} c_2 + c_4 = 0 \\ c_1 + c_3 = 0 \end{cases} \tag{5-71}$$

则振型函数可写成

$$Y(x) = c_1(\sin\beta x - \mathrm{sh}\,\beta l) + c_2(\cos\beta x - \mathrm{ch}\,\beta x) \tag{5-72}$$

再将式(5-70)中的第二式代入式(5-72),得

$$\begin{cases} (\sin\beta l - \mathrm{sh}\,\beta l)c_1 + (\cos\beta l - \mathrm{ch}\,\beta l)c_2 = 0 \\ (\cos\beta l - \mathrm{ch}\,\beta l)c_1 - (\sin\beta l + \mathrm{sh}\,\beta l)c_2 = 0 \end{cases} \tag{5-73}$$

这个关于 c_1、c_2 的齐次方程组有非零解的条件为其系数行列式应等于零,即

$$-(\sin\beta l - \mathrm{sh}\,\beta l)(\sin\beta l + \mathrm{sh}\,\beta l) - (\cos\beta l - \mathrm{ch}\,\beta l)^2 = 0$$

展开并整理后,得

$$\cos\beta l\ \mathrm{ch}\,\beta l = 1 \tag{5-74}$$

这就是两端固支梁的频率方程,解这个超越方程,可得一系列的 $\beta_i l$ 的值,从而可得各阶固有频率值,即

$$p_i = \beta_i^2 a = \beta_i^2 \sqrt{\frac{EI}{\rho}} \quad (i = 1,2,\cdots) \tag{5-75}$$

频率方程式(5-74)虽有一个零解 $\beta_i = 0$,但此解使振型函数表达式(5-72)变为零,对应系统静止状态,应舍去。

由式(5-73)知,可将系数 c_2 用 c_1 表示出:

$$c_2 = -\frac{\sin\beta l - \mathrm{sh}\,\beta l}{\cos\beta l - \mathrm{ch}\,\beta l}c_1 = \frac{\cos\beta l - \mathrm{ch}\,\beta l}{\sin\beta l + \mathrm{sh}\,\beta l}c_1$$

对各阶主振动的振型函数式(5-72)可表示为

$$Y_i(x) = c_{1i}[(\sin\beta_i x - \mathrm{sh}\,\beta_i x) + \alpha_i(\cos\beta_i x - \mathrm{ch}\,\beta_i x)] \quad (i = 1,2,\cdots) \tag{5-76}$$

其中

$$\alpha_i = \frac{c_{2i}}{c_{1i}} = -\frac{\sin\beta_i l - \mathrm{sh}\,\beta_i l}{\cos\beta_i l - \mathrm{ch}\,\beta_i l} = \frac{\cos\beta_i l - \mathrm{ch}\,\beta_i l}{\sin\beta_i l + \mathrm{sh}\,\beta_i l}$$

对于 $i \geqslant 4$ 时,频率方程式(5-74)的解也可近似由 $\cos\beta l = 0$ 确定,即

$$l\beta_i \approx \frac{2i-1}{2}\pi \quad (i = 4,5,\cdots)$$

固支梁前三个βl值为

$$\beta_1 l = 4.730, \beta_2 l = 7.853, \beta_3 l = 10.996$$

前三阶固有频率为

$$p_i = \beta_i^2 \sqrt{\frac{EI}{\rho}} \quad (i = 1,2,3),$$

其基频为

$$p_1 = \left(\frac{4.730}{l}\right)^2 \sqrt{\frac{EI}{\rho}} = \frac{22.373}{l^2} \sqrt{\frac{EI}{\rho}}$$

4. 两端自由

两端自由梁的边界条件为

$$\begin{cases} \left.\dfrac{\mathrm{d}^2 Y}{\mathrm{d}x^2}\right|_{x=0} = 0, \left.\dfrac{\mathrm{d}^3 Y}{\mathrm{d}x^3}\right|_{x=0} = 0 \\ \left.\dfrac{\mathrm{d}^2 Y}{\mathrm{d}x^2}\right|_{x=l} = 0, \left.\dfrac{\mathrm{d}^3 Y}{\mathrm{d}x^3}\right|_{x=0} = 0 \end{cases} \tag{5-77}$$

将式(5-77)第一行条件代入式(5-56)中,得

$$\begin{cases} c_2 = c_4 \\ c_1 = c_3 \end{cases} \tag{5-78}$$

振型函数可表示为

$$Y(x) = c_1(\sin\beta x + \mathrm{sh}\,\beta x) + c_2(\cos\beta x + \mathrm{ch}\,\beta x) \tag{5-79}$$

再将式(5-77)中的第二行条件代入式(5-78),得

$$\begin{cases} (-\sin\beta l + \mathrm{sh}\,\beta l)c_1 + (-\cos\beta l + \mathrm{ch}\,\beta l)c_2 = 0 \\ (-\cos\beta l + \mathrm{ch}\,\beta l)c_1 + (\sin\beta l + \mathrm{sh}\,\beta l)c_2 = 0 \end{cases} \tag{5-80}$$

c_1、c_2有非零解,其系数行列式应为零,即

$$(\sin\beta l + \mathrm{sh}\,\beta l)(-\sin\beta l + \mathrm{sh}\,\beta l) - (\mathrm{ch}\,\beta l - \cos\beta l)^2 = 0$$

展开并化简后,得

$$\cos\beta l\ \mathrm{ch}\,\beta l = 1 \tag{5-81}$$

式(5-81)为两端自由梁横向振动的频率方程,弯曲振动频率与固支梁相同,但频率方程$\beta = 0$的解不可遗漏,因对应零频率的振型函数表达式(5-79)不为零,对应梁在对称平面内的刚体振型,固有频率$p_i = \beta_i^2 \sqrt{\dfrac{EI}{\rho}} (i = 0,1,2,\cdots)$。

考虑到式(5-80),各阶振型函数式(5-79),可写成

$$Y_i(x) = c_{1i}[(\sin\beta_i x + \mathrm{sh}\,\beta_i x) + \alpha_i(\cos\beta_i x + \mathrm{ch}\,\beta_i x)] \quad (i = 0,1,2,\cdots) \tag{5-82}$$

式中

$$\alpha_i = \frac{c_{2i}}{c_{1i}} = -\frac{\sin\beta_i l - \mathrm{sh}\,\beta_i l}{\cos\beta_i l - \mathrm{ch}\,\beta_i l} = \frac{\cos\beta_i l - \mathrm{ch}\,\beta_i l}{\sin\beta_i l + \mathrm{sh}\,\beta_i l}$$

对于其他边界条件的梁,也可做类似的讨论。

1) 悬臂梁的自由端具有弹性支承(图 5-10)

设支承的弹簧刚度系数为k,由固支端的边界条件,得

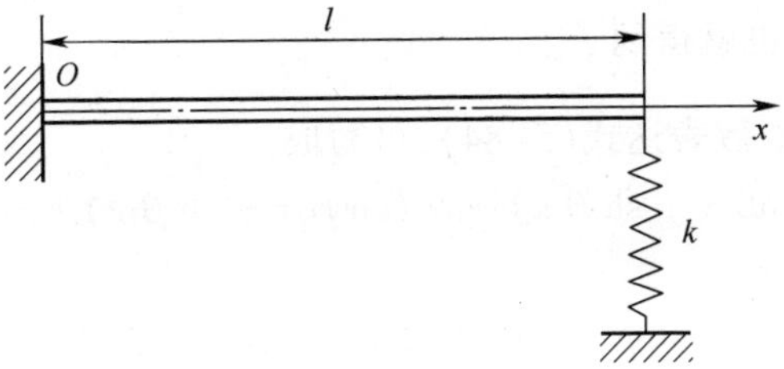

图 5-10　自由端具有弹性支承的悬臂梁

$$\begin{cases} c_3 = -c_1 \\ c_4 = -c_2 \end{cases} \tag{5-83}$$

振型函数式(5-56)可写成

$$Y(x) = c_1(\sin\beta x - \text{sh}\,\beta x) + c_2(\cos\beta x - \text{ch}\,\beta x) \tag{5-84}$$

在弹性支承端,弯矩为零,剪力就是弹簧力。当 $y(l)$ 为正时,弹簧力指向下,按截面剪力正、负号的规定,剪力应取正号;而当 $y(l)$ 为负时,弹簧力指向上,作为剪力则应取负号。因此,弹性支承端的边界条件则为

$$\begin{cases} \left.\dfrac{\mathrm{d}^2 Y}{\mathrm{d}x^2}\right|_{x=l} = 0 \\ EI\left.\dfrac{\mathrm{d}^3 Y}{\mathrm{d}x^3}\right|_{x=l} = kY|_{x=l} \end{cases} \tag{5-85}$$

将式(5-85)的第一行代入式(5-84),得

$$(\sin\beta l + \text{sh}\,\beta l)c_1 + (\cos\beta l + \text{ch}\,\beta l)c_2 = 0 \tag{5-86}$$

将式(5-85)第二行代入式(5-84),得

$$EI\beta^3(-\cos\beta l - \text{ch}\beta l)c_1 + EI\beta^3(\sin\beta l - \text{sh}\beta l) = k[c_1(\sin\beta l - \text{sh}\,\beta l) + c_2(\cos\beta l - \text{ch}\beta l)]$$

整理后,得

$$[EI\beta^3(\cos\beta l + \text{ch}\beta l) - k(\text{sh}\,\beta l - \sin\beta l)]c_1 +$$
$$[EI\beta^3(\text{sh}\,\beta l - \sin\beta l) - k(\text{ch}\,\beta l - \cos\beta l)]c_2 = 0 \tag{5-87}$$

由式(5-86)和式(5-87)组成的方程组,c_1、c_2 有零解的条件为其系数行列式应等于零,即

$$-EI\beta^3(1 + \cos\beta l\text{ch}\beta l) + k(\cos\beta l\ \text{sh}\,\beta l - \sin\beta l\text{ch}\beta l) = 0$$

$$\beta^3 \frac{1 + \cos\beta l\text{ch}\beta l}{\cos\beta l\ \text{sh}\,\beta l - \sin\beta l\ \text{ch}\,\beta l} = \frac{k}{EI} \tag{5-88}$$

式(5-88)即为所求的频率方程。

当 $k = 0$ 时,式(5-88)写为 $1 + \cos\beta l\text{ch}\beta l = 0$。

这就是悬臂梁的频率方程,若 $k \to \infty$,梁的弹性支承端就当于铰支端,这时式(5-88)成为

$$\begin{cases} \cos\beta l\text{sh}\beta l - \sin\beta l\text{ch}\beta l = 0 \\ \tan\beta l = \text{th}\beta l \end{cases} \tag{5-89}$$

式(5-89)就是一端固支,一端铰支情况下梁的弯曲振动频率方程。

对于频率方程式(5-88),只能求数值解,在解得一系列的 $\beta_i(i = 1,2,\cdots)$ 之后,梁的各

阶固有频率 $p_i=\beta_i^2\sqrt{\dfrac{EI}{\rho}}$ 也就得到了。

与 p_i 相对应的振型函数表达式(5-84),可写成

$$Y_i(x)=c_{1i}[(\sin\beta_i x-\text{sh}\,\beta_i x)+\alpha_i(\cos\beta_i x-\text{ch}\,\beta_i x)]\quad(i=1,2,\cdots)\tag{5-90}$$

式中

$$\alpha_i=\frac{c_{2i}}{c_{1i}}=-\frac{\sin\beta_i l+\text{sh}\,\beta_i l}{\cos\beta_i l+\text{ch}\,\beta_i l}=\frac{k(\text{sh}\,\beta_i l-\sin\beta_i l)-EI\beta_i^3(\cos\beta_i l+\text{ch}\,\beta_i l)}{EI\beta_i^3(\text{sh}\,\beta_i l-\sin\beta_i l)-k(\text{ch}\,\beta_i l-\cos\beta_i l)}$$

2)悬臂梁的自由端附加集中质量 m(图 5-11)

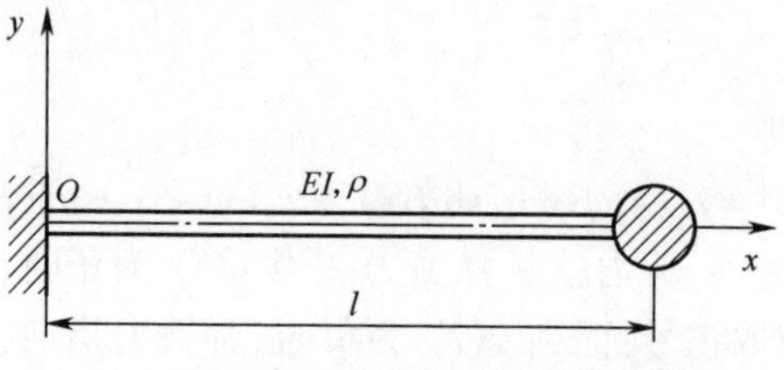

图 5-11　自由端具有附加质量的悬臂梁

对于附加质量 m,可视为质点,在自由端 $x=l$ 的截面处弯矩为零,剪力则是质量 m 的惯性力。梁做主振动时质量 m 处的加速度为

$$\left.\frac{\partial^2 y}{\partial t^2}\right|_{x=l}=-p^2y(l,t)$$

质量 m 的惯性力则为

$$-m\left.\frac{\partial^2 y}{\partial t^2}\right|_{x=l}=mp^2y(l,t)\tag{5-91}$$

根据截面剪力正、负号的规定:当惯性力为正时(指向上方),作为剪力应取负号;当惯性力为负时(指向下方),作为剪力应取正号,则梁的附加质量端的边界条件为

$$\begin{cases}\left.\dfrac{\text{d}^2Y}{\text{d}x^2}\right|_{x=l}=0\\ EI\left.\dfrac{\text{d}^3Y}{\text{d}x^3}\right|_{x=l}=-mp^2Y(l)\end{cases}\tag{5-92}$$

与自由端为弹性支承相比,仅是将弹性支承中的 k 变成 $-mp^2$,因此由弹性支承的频率方程式(5-88),就可得自由端带有附加质量 m 的悬臂梁的频率方程,即

$$\beta^3\frac{1+\cos\beta l\text{ch}\beta l}{\cos\beta l\text{sh}\beta l-\sin\beta l\text{ch}\beta l}=-\frac{mp^2}{EI}=-\frac{m}{\rho}\beta^4$$

故得

$$\frac{1+\cos\beta l\text{ch}\beta l}{\cos\beta l\ \text{sh}\,\beta l-\sin\beta l\text{ch}\beta l}=-\frac{m}{\rho l}l\beta$$

或写成

$$\frac{1+\cos\beta l\text{ch}\beta l}{\cos\beta l\ \text{sh}\,\beta l-\sin\beta l\text{ch}\beta l}=-\alpha\beta l\tag{5-93}$$

式中：$\alpha=\dfrac{m}{\rho l}$，为附加质量与梁质量之比。

式(5-93)即为所求的频率方程，该方程也只能求数值解，由 $\beta_i\ (i=1,2,\cdots)$ 可得各频率 p_i 和相应的振型函数 $Y_i(x)\ (i=1,2,\cdots)$。$Y_i(x)$ 表达式形式上与自由端弹性支承的振型函数式(5-90)相同。

5.2.3 振型函数的正交性

梁做横向振动时振型函数也具有正交性，正交性不限于均质等截面的梁，可以是变截面的非均质梁。

设对应于任意两个特征值 p_i^2、p_j^2 的振型函数分别为 $Y_i(x)$、$Y_j(x)$，代入式(5-55)，得

$$\begin{aligned}\frac{\mathrm{d}^2}{\mathrm{d}x^2}\left(EI\frac{\mathrm{d}^2Y_i}{\mathrm{d}x^2}\right)=p_i^2\rho Y_i\\ \frac{\mathrm{d}^2}{\mathrm{d}x^2}\left(EI\frac{\mathrm{d}^2Y_j}{\mathrm{d}x^2}\right)=p_j^2\rho Y_j\end{aligned}\tag{5-94a}$$

以 Y_j 乘以式(5-94a)的第一式，以 Y_i 乘以其第二式，并都沿梁的长度 l 对 x 积分，得

$$\begin{cases}\displaystyle\int_0^l Y_j\frac{\mathrm{d}^2}{\mathrm{d}x^2}\left(EI\frac{\mathrm{d}^2Y_i}{\mathrm{d}x^2}\right)\mathrm{d}x=p_i^2\int_0^l\rho Y_iY_j\mathrm{d}x\\ \displaystyle\int_0^l Y_i\frac{\mathrm{d}^2}{\mathrm{d}x^2}\left(EI\frac{\mathrm{d}^2Y_j}{\mathrm{d}x^2}\right)\mathrm{d}x=p_j^2\int_0^l\rho Y_iY_j\mathrm{d}x\end{cases}\tag{5-94b}$$

将式(5-94b)左边作分部积分，得

$$\begin{cases}\displaystyle Y_j\frac{\mathrm{d}}{\mathrm{d}x}\left(EI\frac{\mathrm{d}^2Y_i}{\mathrm{d}x^2}\right)\Bigg|_0^l-\frac{\mathrm{d}Y_j}{\mathrm{d}x}\left(EI\frac{\mathrm{d}^2Y_i}{\mathrm{d}x^2}\right)\Bigg|_0^l+\int_0^l EI\frac{\mathrm{d}^2Y_i}{\mathrm{d}x^2}\frac{\mathrm{d}^2Y_j}{\mathrm{d}x^2}\mathrm{d}x=p_i^2\int_0^l\rho Y_iY_j\mathrm{d}x\\ \displaystyle Y_i\frac{\mathrm{d}}{\mathrm{d}x}\left(EI\frac{\mathrm{d}^2Y_j}{\mathrm{d}x^2}\right)\Bigg|_0^l-\frac{\mathrm{d}Y_i}{\mathrm{d}x}\left(EI\frac{\mathrm{d}^2Y_j}{\mathrm{d}x^2}\right)\Bigg|_0^l+\int_0^l EI\frac{\mathrm{d}^2Y_j}{\mathrm{d}x^2}\frac{\mathrm{d}^2Y_i}{\mathrm{d}x^2}\mathrm{d}x=p_j^2\int_0^l\rho Y_iY_j\mathrm{d}x\end{cases}\tag{5-94c}$$

在式(5-94c)中，已积分出的左端各项，无论对固支端、铰支端或自由端，均为零。因此将式(5-94c)中的两式相减，得

$$(p_i^2-p_j^2)\int_0^l\rho Y_iY_j\mathrm{d}x=0\tag{5-94d}$$

在一般情况下，当 $i\neq j$ 时，$p_i\neq p_j$，所以有

$$\int_0^l\rho Y_iY_j\mathrm{d}x=0\quad(i\neq j)\tag{5-95a}$$

式(5-95a)称振型函数 Y_i、Y_j 关于质量的正交性。

再由式(5-94c)和式(5-94b)，可得

$$\int_0^l EI\frac{\mathrm{d}^2Y_i}{\mathrm{d}x^2}\frac{\mathrm{d}^2Y_j}{\mathrm{d}x^2}\mathrm{d}x=0\quad(i\neq j)\tag{5-95b}$$

$$\int_0^l Y_j\frac{\mathrm{d}^2}{\mathrm{d}x^2}\left(EI\frac{\mathrm{d}^2Y_i}{\mathrm{d}x^2}\right)\mathrm{d}x=0\quad(i\neq j)\tag{5-95c}$$

式(5-95b)、式(5-95c)称为振型函数关于刚度的正交性。

式(5-95)即为梁做横向振动时,振型函数及其导数间的正交关系。当 $i=j$ 时,式(5-94d)恒自然满足。令

$$\int_0^l \rho Y_i^2 \mathrm{d}x = m_{pi} \tag{5-96a}$$

$$\int_0^l Y_i \frac{\mathrm{d}^2}{\mathrm{d}x^2}\left(EI\frac{\mathrm{d}^2 Y_i}{\mathrm{d}x^2}\right)\mathrm{d}x = \int_0^l EI\left(\frac{\mathrm{d}^2 Y_i^2}{\mathrm{d}x^2}\right)\mathrm{d}x = k_{pi} \tag{5-96b}$$

式中:m_{pi}、k_{pi} 分别为第 i 阶主质量及第 i 阶主刚度。

由式(5-94b)或式(5-94c),可得

$$p_i^2 = \frac{k_{pi}}{m_{pi}} \tag{5-96c}$$

当边界条件不为上述情况时,正交关系式(5-95)中的条件,有的要做一些修正。例如,对于悬臂梁。

(1) 梁的 l 端为弹性支承时,该端边界条件为

$$\begin{cases} EI\left.\dfrac{\mathrm{d}^2 Y}{\mathrm{d}x^2}\right|_{x=l} = 0 \\ \dfrac{\mathrm{d}}{\mathrm{d}x}\left.\left(EI\dfrac{\mathrm{d}^2 Y}{\mathrm{d}x^2}\right)\right|_{x=l} = kY\big|_{x=l} \end{cases} \tag{5-97}$$

因而有

$$EI\left.\frac{\mathrm{d}^2 Y_i}{\mathrm{d}x^2}\right|_{x=l} = EI\left.\frac{\mathrm{d}^2 Y_j}{\mathrm{d}x^2}\right|_{x=l} = 0\ ,\ \frac{\mathrm{d}}{\mathrm{d}x}\left.\left(EI\frac{\mathrm{d}^2 Y_i}{\mathrm{d}x^2}\right)\right|_{x=l} = kY_i\big|_{x=l}$$

$$\frac{\mathrm{d}}{\mathrm{d}x}\left.\left(EI\frac{\mathrm{d}^2 Y_j}{\mathrm{d}x^2}\right)\right|_{x=l} = kY_j\big|_{x=l}$$

将以上关系式代入式(5-94c)中,两式相减,得

$$\int_0^l \rho Y_i Y_j \mathrm{d}x = 0 \quad (i \neq j) \tag{5-98}$$

又由式(5-94c)中的第一式,得

$$\int_0^l EI\frac{\mathrm{d}^2 Y_i}{\mathrm{d}x^2}\frac{\mathrm{d}^2 Y_j}{\mathrm{d}x^2}\mathrm{d}x + kY_iY_j\big|_{x=l} = 0 \quad (i \neq j) \tag{5-99}$$

同式(5-95b)相比,多了附加的修正项 $kY_i(l)Y_j(l)$ 。

考虑到式(5-98),由式(5-94b)可知,仍有

$$\int_0^l Y_i \frac{\mathrm{d}^2}{\mathrm{d}x^2}\left(EI\frac{\mathrm{d}^2 Y_j}{\mathrm{d}x^2}\right)\mathrm{d}x = 0 \tag{5-100}$$

式(5-98)、式(5-99)、式(5-100)即为 $x=l$ 端为弹性支承时,悬臂梁振型函数及其导数间的正交关系。

（2）梁的 l 端具有附加质量 m 时，边界条件为

$$\begin{cases} EI\dfrac{\mathrm{d}^2Y}{\mathrm{d}x^2}\bigg|_{x=l}=0 \\ \dfrac{\mathrm{d}}{\mathrm{d}x}\left(EI\dfrac{\mathrm{d}^2Y}{\mathrm{d}x^2}\right)\bigg|_{x=l}=-mp^2Y|_{x=l} \end{cases} \tag{5-101}$$

将式（5-101）代入式（5-94）中，并将该式中的两式相减，得

$$\int_0^l \rho Y_iY_j\mathrm{d}x+mY_iY_j|_{x=l}=0\quad(i\neq j) \tag{5-102}$$

再由式（5-94c），可知

$$\int_0^l EI\frac{\mathrm{d}^2Y_i}{\mathrm{d}x^2}\frac{\mathrm{d}^2Y_j}{\mathrm{d}x^2}\mathrm{d}x=0\quad(i\neq j) \tag{5-103}$$

考虑到式（5-103），由式（5-94b），得

$$\int_0^l Y_j\frac{\mathrm{d}^2}{\mathrm{d}x^2}\left(EI\frac{\mathrm{d}^2Y_i}{\mathrm{d}x^2}\right)\mathrm{d}x+mp_i^2Y_iY_j|_{x=l}=0\quad(i\neq j) \tag{5-104}$$

又由式（5-101）有

$$mp_i^2Y_i|_{x=l}=-\frac{\mathrm{d}}{\mathrm{d}x}\left(EI\frac{\mathrm{d}^2Y_i}{\mathrm{d}x^2}\right)\bigg|_{x=l}$$

式（5-104）又可写成

$$\int_0^l Y_j\frac{\mathrm{d}^2}{\mathrm{d}x^2}\left(EI\frac{\mathrm{d}^2Y_i}{\mathrm{d}x^2}\right)\mathrm{d}x-\left[Y_j\frac{\mathrm{d}}{\mathrm{d}x}\left(EI\frac{\mathrm{d}^2Y_i}{\mathrm{d}x^2}\right)\right]\bigg|_{x=l}=0 \tag{5-105}$$

式（5-102）、式（5-103）、式（5-105）即为 $x=l$ 端具有附加质量 m 时，悬臂梁的振型函数及其导数间的正交关系。

对于梁的各振型函数 Y_i 也可将其进行标准化，如果振型函数中的常数因子按下面的归一化条件确定，即 $\int_0^l \rho Y_{Ni}^2\mathrm{d}x=1$，则称振型函数 Y_{Ni} 为第 i 阶正则振型函数，这时相应的主刚度 $k_{p_i}=p_i^2$。

设 $Y_{Ni}=C_iY_i$，式两端平方再乘以梁的单位长度质量 ρ，并沿梁长度对 x 积分，可求得常数为

$$C_i=\frac{1}{\sqrt{\int_0^l \rho Y_i^2\mathrm{d}x}}$$

将 Y_i 乘以 C_i 便得正则振型函数 Y_{Ni}。

还须指出，按简单梁理论，对于高阶振型准确性会降低，阶数越高，准确性越差。这是因为随阶数的增加，节点数也增加，梁的各截面不再保持平面，而发生“翘曲”，按简单梁理论会产生较大误差，这时梁的剪切变形和截面的转动惯量的影响都应加以考虑。这种模型的理论为铁摩辛柯所建立，称铁摩辛柯梁。

5.2.4 梁的受迫振动

由式（5-52）所表示的振动方程，就是梁的横向受迫振动方程，即

$$\frac{\partial^2}{\partial x^2}\left(EI\frac{\partial^2 y}{\partial x^2}\right)+\rho\frac{\partial^2 y}{\partial t^2}=q(x,t) \tag{5-106}$$

式(5-106)的通解为

$$y(x,t)=\sum_{i=1}^{\infty}Y_{Ni}(x)\eta_i(t) \tag{5-107}$$

式中：Y_{N_i}、η_i 分别为正则振型函数和正则坐标。

将式(5-107)代入式(5-106)，得

$$\sum_{i=1}^{\infty}\frac{\mathrm{d}^2}{\mathrm{d}x^2}\left(EI\frac{\mathrm{d}^2 Y_{N_i}}{\mathrm{d}x^2}\right)\eta_i+\rho\sum_{i=1}^{\infty}Y_{N_i}\ddot{\eta}_i+q(x,t)$$

将上式各项乘以 Y_{N_j}，对梁长 l 积分

$$\sum_{i=1}^{\infty}\eta_i\int_0^l Y_{N_i}\frac{\mathrm{d}^2}{\mathrm{d}x^2}\left(EI\frac{\mathrm{d}^2 Y_{N_i}}{\mathrm{d}x^2}\right)\mathrm{d}x+\sum_{i=1}^{\infty}\ddot{\eta}_i\int_0^l \rho Y_{N_i}Y_{N_j}\mathrm{d}x=\int_0^l Y_{N_j}q(x,t)\mathrm{d}x$$

在几何边界条件下，由振型函数的正交关系式(5-95)，得

$$\ddot{\eta}_i+p_i^2\eta_i=N_i(t)\quad(i=1,2,\cdots,n) \tag{5-108}$$

式中：$N_i(t)=\int_0^l Y_{N_i}q(x,t)\mathrm{d}x$。

式(5-108)为第 i 个正则坐标表示的梁的横向受迫振动微分方程，$N_i(t)$ 是与正则坐标 $\eta_i(t)$ 对应的广义力。

设运动的初始条件为

$$\begin{cases}y(x,0)=y_0(x)\\ \left.\dfrac{\mathrm{d}y}{\mathrm{d}t}\right|_{t=0}=\dot{y}_0(x)\end{cases} \tag{5-109}$$

将式(5-109)代入式(5-107)，得

$$\begin{cases}y_0(x)=\displaystyle\sum_{i=1}^{\infty}Y_{N_i}(x)\eta_i(0)\\ \dot{y}_0(x)=\displaystyle\sum_{i=1}^{\infty}Y_{N_i}(x)\dot{\eta}_i(0)\end{cases} \tag{5-110}$$

将式(5-110)中的两式分别乘以 ρY_{Ni}，沿梁长积分利用正交性关系，便得用正则坐标表示的初始条件为

$$\begin{cases}\eta_i(0)=\displaystyle\int_0^l \rho y_0(x)Y_{Ni}^2\mathrm{d}x\\ \dot{\eta}_i(0)=\displaystyle\int_0^l \rho\dot{y}_0(x)Y_{Ni}^2\mathrm{d}x\end{cases} \tag{5-111}$$

于是，对式(5-108)所示的解耦方程组，其解为

$$\eta_i(t)=\eta_i(0)\cos p_i t+\frac{\dot{\eta}_i(0)}{p_i}\sin p_i t+\frac{1}{p_i}\int_0^t N_i(\tau)\sin p_i(t-\tau)\mathrm{d}\tau \tag{5-112}$$

再将用各正则坐标表示的响应式(5-62)代入式(5-57)，得梁对原坐标系的响应

$$y(x,t)=\sum_{i=1}^{\infty}Y_{Ni}(x)\eta_i(t)$$
$$=\sum_{i=1}^{\infty}Y_{Ni}\left[\eta_i(0)\cos p_it+\frac{\dot{\eta}_i(0)}{p_i}\sin p_it+\frac{1}{p_i}\int_0^lY_{Ni}\int_0^tq(x,\tau)\sin p_i(t-\tau)\,\mathrm{d}\tau\mathrm{d}x\right]$$
(5-113)

如果初始条件为零,则只有对激励作用的响应,式(5-113)成为

$$y(x,t)=\sum_{i=1}^{\infty}Y_{Ni}\left[\frac{1}{p_i}\int_0^lY_{Ni}\int_0^tq(x,t)\sin p_i(t-\tau)\,\mathrm{d}\tau\mathrm{d}x\right]\tag{5-114}$$

例 5.4 如图 5-12 所示,均匀简支梁在 $x=x_1$ 处作用一个正弦激励 $H\sin\omega t$,试求梁的响应。

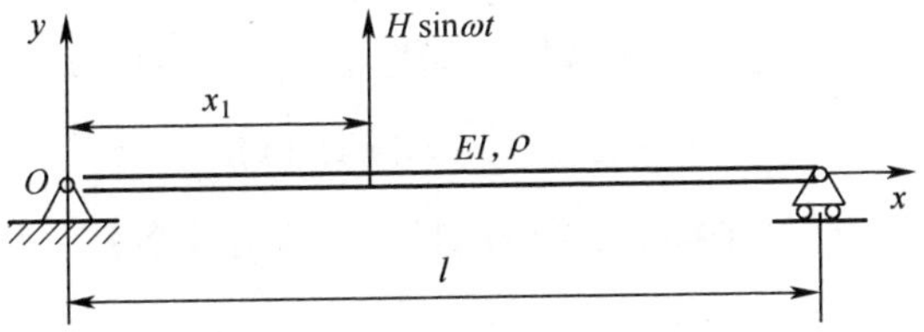

图 5-12 简支梁的受迫振动

解:前面已求得简支梁的固有频率及振型函数为

$$p_i=a\beta_i^2=\frac{i^2\pi^2}{l^2}\sqrt{\frac{EI}{\rho}}\quad(i=1,2,\cdots)$$

$$Y_i(x)=C_i\sin\frac{i\pi}{l}x\quad(i=1,2,\cdots)$$

按归一化条件,令 $Y_{Ni}=C_iY_i$,则有

$$\int_0^l\rho Y_{Ni}^2\mathrm{d}x=\int_0^l\rho\left(C_i\sin\frac{i\pi x}{l}\right)^2\mathrm{d}x=1$$

得 $C_i=\sqrt{\frac{2}{\rho l}}$。则正则振型函数为

$$Y_{Ni}=\sqrt{\frac{2}{\rho l}}\sin\frac{i\pi x}{l}\quad(i=1,2,\cdots)$$

集中力可用 δ 函数表示为

$$q(x,t)=H\sin\omega t\delta(x-x_1)$$

由式(5-114),得梁的响应为

$$y(x,t)=\sum_{i=1}^{\infty}\sqrt{\frac{2}{\rho l}}\sin\frac{i\pi x}{l}\left[\frac{1}{p_i}\int_0^l\sqrt{\frac{2}{\rho l}}\sin\frac{i\pi x}{l}\int_0^tH\sin\omega t\delta(x-x_1)\sin p_i(t-\tau)\,\mathrm{d}\tau\mathrm{d}x\right]$$

$$y(x,t)=\frac{2H}{\rho l}\sum_{i=1}^{\infty}\sin\frac{i\pi x}{l}\cdot\frac{\sin\frac{i\pi x_1}{l}}{p_i^2-\omega^2}\left(\sin\omega t-\frac{\omega}{p_i}\sin p_it\right)$$

$$= \frac{2H}{\rho l}\sum_{i=1}^{\infty}\sin\frac{i\pi x}{l}\cdot\sin\frac{i\pi x_1}{l}\frac{1}{p_i^2-\omega^2}\left(\sin\omega t-\frac{\omega}{p_i}\sin p_i t\right)$$

借助于振型函数的正交关系,可以使描述连续系统运动的偏微分方程解耦为一系列的单自由度系统的运动微分方程,这些方程是用主坐标或正则坐标表示的,求得各单自由度系统的响应后,按变换关系再将其叠加起来,就得到系统在原物理坐标系的响应。这与多自由度系统的振型(模态)叠加法类似,所以也称模态叠加法。

将拉格朗日方程用于连续系统,也可得到关于广义坐标的解耦运动方程。

5.2.5 拉格朗日方程在连续系统中的应用

这里仅就梁的横向振动,以拉格朗日方程法来研究梁的振动。

设梁的横向位移 $y(x,t)$ 可表示为各振型函数的振动之和,即

$$y(x,t) = \sum Y_i(x)q_i(t) \tag{5-115}$$

式中:$q_i(t)$ 可视为系统的广义坐标,用拉格朗日方程来导出各广义坐标的运动微分方程。

梁的动能表示式为

$$T = \frac{1}{2}\int_0^l \rho\left[\frac{\partial y(x,t)}{\partial t}\right]^2 dx = \frac{1}{2}\int_0^l \rho\left[\left(\sum_{i=1}^{\infty}Y_i(x)\dot{q}_i(t)\right)\left(\sum_{j=1}^{\infty}Y_j(x)\dot{q}_j\right)\right]dx$$

$$= \frac{1}{2}\sum_{i=1}^{\infty}\sum_{j=1}^{\infty}\dot{q}_i\dot{q}_j\int_0^l \rho Y_iY_j dx$$

由于正交性条件,上式可写为

$$T = \frac{1}{2}\sum_{i=1}^{\infty}\dot{q}_i^2\int_0^l \rho Y_i^2 dx = \frac{1}{2}\sum_{i=1}^{\infty}m_i\dot{q}_i^2 \tag{5-116}$$

式中:$m_i = \int_0^l \rho Y_i^2 dx$,称为对应广义坐标 q_i 的广义质量。

梁的势能,即弯曲变形能,可由下式计算:

$$V = \frac{1}{2}\int_0^l EI\left(\frac{\partial^2 y}{\partial x^2}\right)^2 dx$$

$$= \frac{1}{2}\int_0^l EI\frac{dy_i}{dx}\frac{dy_j}{dx}dx$$

$$= \frac{1}{2}\sum_{i=1}^{\infty}\sum_{j=1}^{\infty}q_iq_j\int_0^l EI\frac{d^2Y_i}{dx^2}\frac{d^2Y_j}{dx^2}dx$$

由振型函数关于刚度的正交性条件,上式可表示为

$$V = \frac{1}{2}\sum_{i=1}^{\infty}q_i^2\int_0^l EI\left[\frac{d^2Y_i}{dx^2}\right]^2 dx = \frac{1}{2}\sum_{i=1}^{\infty}k_iq_i^2 \tag{5-117}$$

式中:$k_i = \int_0^l EI\left[\frac{d^2Y_i}{dx^2}\right]^2 dx$,称为对应广义坐标 q_i 的广义刚度。

梁做主振动时有关系式

$$\int_0^l EI\left(\frac{d^2 Y_i}{dx^2}\right)^2 dx = p_i^2 \int_0^l \rho Y_i^2 dx$$

即

$$k_i = p_i^2 m_i$$

所以 $p_i^2 = \frac{k_i}{m_i}$，第 i 阶特征值 p_i^2 等于广义刚度 k_i 与广义质量 m_i 之比。广义质量和广义刚度，分别就是式(5-96)中的主质量和主刚度，即 $m_i = m_{pi}$，$k_i = k_{pi}$。

再来讨论对应广义坐标 q_i 的广义力。

由式(5-115)，梁的虚位移可表示为

$$\delta y = \sum_{i=1}^{\infty} Y_i \delta q_i \tag{5-118a}$$

而梁的截面转角为

$$\theta(x,t) = \frac{dy(x,t)}{dx} = \sum_{i=1}^{\infty} \frac{dY_i}{dx} q_i$$

因此转角的虚位移为

$$\delta\theta = \sum_{i=1}^{\infty} \frac{dY_i}{dx} \delta q_i \tag{5-118b}$$

为计算梁上各类作用载荷的虚功，式(5-118)所表示的虚位移是必需的。

设梁上作用有分布载荷 $q(x,t)$，在 $x=x_1$ 处作用有集中力 $F(t)$，在 $x=x_2$ 处作用有集中力偶 $M(t)$，则这些不同类型作用力，在虚位移上的虚功可表示为

$$\begin{aligned}
\delta w &= \int_0^l q(x,t)\, dx \delta y + \int_0^l F(t)\delta(x-x_1)\, dx \delta y + \int_0^l M(t)\delta(x-x_2)\, dx \delta\theta \\
&= \int_0^l q(x,t)\left(\sum_{i=1}^{\infty} Y_i \delta q_i\right) dx + F(t)\left(\sum_{i=1}^{\infty} Y_i\Big|_{x=x_1} \delta q_i\right) + M(t)\left(\sum_{i=1}^{\infty} \frac{dY_i}{dx}\bigg|_{x=x_2} \delta q_i\right) \\
&= \sum_{i=1}^{\infty}\left[\int_0^l q(x,t) Y_i dx + F(t) Y_i\Big|_{x=x_1} + M(t)\frac{dY_i}{dx}\bigg|_{x=x_2}\right]\delta q_i
\end{aligned} \tag{5-119a}$$

主动力的虚功又可用广义力来表示，即

$$\delta w = \sum_{i=1}^{\infty} Q_i \delta q_i \tag{5-119b}$$

比较式(5-119a)和式(5-119b)，便得对应广义坐标 q_i 的广义力为

$$Q_i = \int_0^l q(x,t) Y_i dx + F(t) Y_i\Big|_{x=x_1} + M(t)\frac{dY_i}{dx}\bigg|_{x=x_2} \quad (i = 1,2,\cdots) \tag{5-119c}$$

将式(5-116)、式(5-117)、式(5-119c)所表示的系统的动能 T、势能 V 和广义力 Q_i，代入拉格朗日方程式(2-50)

$$\frac{d}{dt}\left(\frac{\partial L}{\partial \dot{q}_i}\right) - \frac{\partial L}{\partial q_i} = Q_i \quad (i = 1,2,\cdots)$$

即得到由广义坐标表示的运动微分方程

$$\ddot{q}_i + p_i^2 q_i = \frac{1}{m_i} Q_i \quad (i = 1,2,\cdots) \tag{5-120}$$

所得运动微分方程为一系列的单自由度的解耦方程，与用正则坐标或主坐标所表示的方程是类似的，因此广义坐标也可称为主坐标。

如果梁上只作用有分布力 $q(x,t)$，那么

$$Q_i = \int_0^l q(x,t) Y_i \mathrm{d}x$$

这时式(5-120)右端项

$$\frac{1}{m_i} Q_i = \frac{1}{m_i} \int_0^l q(x,t) Y_i \mathrm{d}x$$

与由正则坐标表示的梁的受迫振动方程(5-108)的右端项相比较多出一个因子 $1/m_i$，因为在式(5-108)中采用正则振型函数 Y_{N_i}，因此 $m_i = 1$。式(5-120)与式(5-108)是相同的，只不过这里采用广义坐标 q_i。

如果只在梁上 $x=x_1$ 处，作用一力偶矩 M 为常数的平面力偶，则其广义力可表示为

$$Q_i = M \left. \frac{\mathrm{d}Y_i}{\mathrm{d}x} \right|_{x=x_1}$$

则用广义坐标表示的运动方程为

$$\ddot{q}_i + p_i^2 q_i = \frac{M}{m_i} \left. \frac{\mathrm{d}Y_i}{\mathrm{d}x} \right|_{x=x_1} \quad (i = 1, 2, \cdots) \tag{5-121}$$

例 5.5 均质简支梁，在 $x=x_1$ 处，突然受到一常力偶矩 M 的作用，试求梁的响应，设梁的初始条件为零。

解：简支梁的频率为

$$p_i = \left(\frac{i\pi}{l}\right)^2 \sqrt{\frac{EI}{\rho}}$$

振型函数取为

$$Y_i = \sin \frac{i\pi}{l} x$$

梁的响应表示为振型函数的级数为

$$y(x,t) = \sum_{i=1}^{\infty} Y_i(x) q_i(t) \tag{5-122a}$$

对应于广义坐标 q_i 的广义质量为

$$m_i == \int_0^l \rho \left(\sin \frac{i\pi x}{l}\right)^2 \mathrm{d}x = \frac{1}{2} \rho l \tag{5-122b}$$

在 $x=x_1$ 处的集中力偶矩 M，对应于 q_i 的广义力为

$$Q_i = M \left. \frac{\mathrm{d}Y_i}{\mathrm{d}x} \right|_{x=x_1} = M \frac{i\pi}{l} \cos \frac{i\pi x_1}{l} \tag{5-122c}$$

将式(5-122b)和式(5-122c)式代入式(5-121)，得广义表示的运动方程为

$$\ddot{q}_i + p_i^2 q_i = \frac{2M\pi i}{\rho_i l^2} \cos \frac{i\pi x_1}{l} \quad (i = 1, 2, \cdots)$$

上式在零初始条件的解为

$$q_i(t)=\frac{1}{p_i}\frac{M\pi i}{\rho l^2}\cos\frac{i\pi x_1}{l}\int_0^t \sin p_i(t-\tau)\mathrm{d}\tau=\frac{1}{p_i^2}\frac{2M\pi i}{\rho l^2}\cos\frac{i\pi x_1}{l}(1-\cos p_i t)$$

将上式代入式(5-122a),得

$$y(x,t)=\frac{2M\pi}{\rho l^2}\sum_{i=1}^{\infty}\frac{i}{p_i^2}\cos\frac{i\pi x_1}{l}\sin\frac{i\pi x}{l}(1-\cos p_i t)$$

5.3 简单弹性体振动的近似解法

在5.1节和5.2节中讨论了理想弹性体的振动,对于最简单的情形可得到精确解。对于稍微复杂一点的情形要得到准确解就不容易了,而对于复杂弹性体的振动问题一般是无法找到精确解的。通常只能求近似解,即把无限多自由度系统离散为有限自由度系统来求解,连续体模型的离散化方法也有多种,需按实际情况采用合适的离散模型。本节只对梁的横向振动问题介绍传递矩阵法、假设振型法、里兹法和有限元法,作为4.3.8节多自由度系统振动近似解法内容的补充。

5.3.1 传递矩阵法

连续梁的横向振动,可离散为无质量的弹性梁段连接一系列的集中质量块所组成的有限自由度的振动系统。建立任意区段的单元方程,从而得单元的一端状态矢量和另一端状态矢量的传递矩阵,利用各区段的传递矩阵得到整个梁系统传递矩阵,由边界条件便可得到离散后系统的频率方程。方法与4.3.8节中轴扭转振动传递矩阵法相同,只不过梁的状态矢量包括两个位移分量:挠度与转角;两个力分量剪力与弯矩。状态矢量分量有4个,下面来简要加以说明。

将一个实际的梁用一个具有若干个集中质量块和无质量的梁段组成的系统来替代,如图5-13(a)所示。

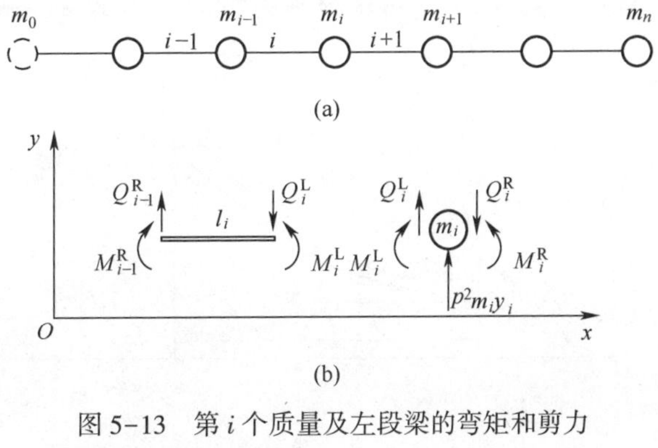

图5-13　第 i 个质量及左段梁的弯矩和剪力

从梁的自由体图中取出第 i 个质量 m_i 和左侧的第 i 段梁 l_i,由 m_i 和 l_i 组成第 i 个区段来建立该单元的左、右端状态变量间的传递关系。

约定 y 轴向上为正，图 5-13(b)中所示梁段两端截面的剪力 $\boldsymbol{Q}$ 和弯矩 $\boldsymbol{M}$ 均规定为正。其中弯矩和剪力的上标 R，L 分别表示在某点集中质量的右侧和左侧，下标则表示某集中质量的位置。

先取集中质量 m_i 为分离体，左、右侧的广义位移都是一样的，即

$$\begin{cases} y_i^{\mathrm{R}} = y_i^{\mathrm{L}} \\ \theta_i^{\mathrm{R}} = \theta_i^{\mathrm{L}} \end{cases} \tag{5-123}$$

m_i 的受力图如图 5-13(b)所示。

设系统做某阶主振动，则有 $y_i = A\sin(pt+\alpha)$，即 $\ddot{y}_i = -p^2 y_i$，$\theta_i^{\mathrm{R}} = \theta_i^{\mathrm{L}}$，$m_i$ 的运动方程可表示为 $-m_i p^2 y_i = Q_i^{\mathrm{L}} - Q_i^{\mathrm{R}}$，由式(5-123)，$y_i = y_i^{\mathrm{R}} = y_i^{\mathrm{L}}$，因而

$$Q_i^{\mathrm{R}} = Q_i^{\mathrm{L}} + m_i p^2 y_i^{\mathrm{L}} \tag{5-124}$$

在不计质量 m_i 对轴截面形心转动惯量影响的情况下，由平衡条件显然有

$$M_i^{\mathrm{R}} = M_i^{\mathrm{L}} \tag{5-125}$$

将式(5-124)、式(5-125)综合写成矩阵形式为

$$\begin{Bmatrix} y \\ \theta \\ M \\ Q \end{Bmatrix}_i^{\mathrm{R}} = \begin{bmatrix} 1 & 0 & 0 & 0 \\ 0 & 1 & 0 & 0 \\ 0 & 0 & 1 & 0 \\ p^2 m & 0 & 0 & 1 \end{bmatrix} \begin{Bmatrix} y \\ \theta \\ M \\ Q \end{Bmatrix}_i^{\mathrm{L}} = [T_P]_i \begin{Bmatrix} y \\ \theta \\ M \\ Q \end{Bmatrix}_i^{\mathrm{L}} \tag{5-126}$$

式中：$[T_P]_i$ 为点传递矩阵，且有

$$[T_P]_i = \begin{bmatrix} 1 & 0 & 0 & 0 \\ 0 & 1 & 0 & 0 \\ 0 & 0 & 1 & 0 \\ p^2 m & 0 & 0 & 1 \end{bmatrix}$$

再对梁段 l_i 取分离体，不计梁段的质量，由平衡条件得

$$\begin{cases} Q_i^{\mathrm{L}} = Q_{i-1}^{\mathrm{R}} \\ M_i^{\mathrm{L}} = M_{i-1}^{\mathrm{R}} + Q_{i-1}^{\mathrm{R}} l_i \end{cases} \tag{5-127}$$

梁段 l_i 左右两端面的挠度与转角的关系可由材料力学的知识求得。载荷与变形如图 5-14 所示。

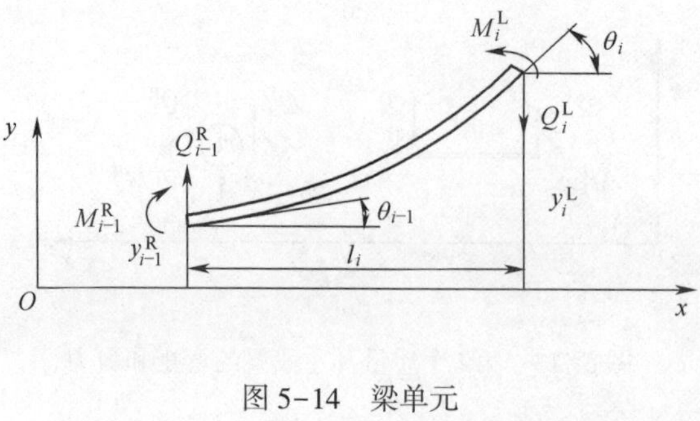

图 5-14　梁单元

无载荷集度均匀梁段 l_i 的端面挠度和转角关系分别为

$$
\begin{aligned}
y_i^{\mathrm{L}} &= y_{i-1}^{\mathrm{R}} + l_i\theta_{i-1}^{\mathrm{R}} + \int_0^{l_i}\left(\frac{M_{i-1}^{\mathrm{R}}x}{EI_i} + \frac{Q_{i-1}^{\mathrm{R}}x^2}{2EI_i}\right)\mathrm{d}x \\
&= y_{i-1}^{\mathrm{R}} + l_i\theta_{i-1}^{\mathrm{R}} + \frac{l_i^2 M_{i-1}^{\mathrm{R}}}{2EI_i} + \frac{l_i^3 Q_{i-1}^{\mathrm{R}}}{6EI_i}
\end{aligned} \tag{5-128}
$$

$$
\begin{aligned}
\theta_i^{\mathrm{L}} &= \theta_{i-1}^{\mathrm{R}} + \frac{1}{EI_i}\int_0^{l_i}(M_{i-1}^{\mathrm{R}} + Q_{i-1}^{\mathrm{R}}x)\,\mathrm{d}x \\
&= \theta_{i-1}^{\mathrm{R}} + \frac{l_i M_{i-1}^{\mathrm{R}}}{EI_i} + \frac{l_i^2 Q_{i-1}^{\mathrm{R}}}{2EI_i}
\end{aligned} \tag{5-129}
$$

将式(5-127)~式(5-129)综合表示成矩阵形式

$$
\begin{Bmatrix} y \\ \theta \\ M \\ Q \end{Bmatrix}_i^{\mathrm{L}} = \begin{bmatrix} 1 & l & \dfrac{l^2}{2EI} & \dfrac{l^3}{6EI} \\ 0 & 1 & \dfrac{l}{EI} & \dfrac{l^2}{2EI} \\ 0 & 0 & 1 & l \\ 0 & 0 & 0 & 1 \end{bmatrix} \begin{Bmatrix} y \\ \theta \\ M \\ Q \end{Bmatrix}_{i-1}^{\mathrm{R}} = [T_F]_i \begin{Bmatrix} y \\ \theta \\ M \\ Q \end{Bmatrix}_{i-1}^{\mathrm{R}} \tag{5-130}
$$

式中：$[T_F]_i$ 为场传递矩阵，且有

$$
[T_F]_i = \begin{bmatrix} 1 & l & \dfrac{l^2}{2EI} & \dfrac{l^3}{6EI} \\ 0 & 1 & \dfrac{l}{EI} & \dfrac{l^2}{2EI} \\ 0 & 0 & 1 & l \\ 0 & 0 & 0 & 1 \end{bmatrix}
$$

把式(5-130)代入式(5-126)，便得第 i 质量点与第 $i-1$ 点左右侧状态变量间的传递关系。

$$
\begin{Bmatrix} y \\ \theta \\ M \\ Q \end{Bmatrix}_i^{\mathrm{R}} = [T_P]_i\,[T_F]_i \begin{Bmatrix} y \\ \theta \\ M \\ Q \end{Bmatrix}_{i-1}^{\mathrm{R}} = [H]_i \begin{Bmatrix} y \\ \theta \\ M \\ Q \end{Bmatrix}_{i-1}^{\mathrm{R}} \tag{5-131a}
$$

其中，

$$
[H]_i = [T_P]_i\,[T_F]_i = \begin{bmatrix} 1 & 1 & \dfrac{l^2}{2EI} & \dfrac{l^3}{6EI} \\ 0 & 1 & \dfrac{l}{EI} & \dfrac{l^2}{2EI} \\ 0 & 0 & 1 & 1 \\ mp^2 & mlp^2 & \dfrac{ml^2p^2}{2EI} & 1+\dfrac{ml^3p^2}{6EI} \end{bmatrix}_i \tag{5-131b}
$$

式(5-131b)定义为单元 i 左、右端状态变量的传递矩阵。

利用式(5-131b),总可以对 n 个集中质量的梁从左边的边界位置零起,计算到右边的边界位置 n。

$$\begin{Bmatrix} y \\ \theta \\ M \\ Q \end{Bmatrix}_n^{\mathrm{R}} = [H]_n\ [H]_{n-1}\cdots\ [H]_1 \begin{Bmatrix} y \\ \theta \\ M \\ Q \end{Bmatrix}_0^{\mathrm{R}} = [H] \begin{Bmatrix} y \\ \theta \\ M \\ Q \end{Bmatrix}_0^{\mathrm{R}} \tag{5-132a}$$

式中

$$[H] = [H]_n [H]_{n-1}\cdots [H]_1$$

为系统的总传递矩阵。因为各单元的传递矩阵都是 4 × 4 阶的方阵,所以总传递矩阵也是 4 ×4 阶的。式(5-132a)可写为

$$\begin{Bmatrix} y \\ \theta \\ M \\ Q \end{Bmatrix}_n^{\mathrm{R}} = \begin{bmatrix} H_{11} & H_{12} & H_{13} & H_{14} \\ H_{21} & H_{22} & H_{23} & H_{24} \\ H_{31} & H_{32} & H_{33} & H_{34} \\ H_{41} & H_{42} & H_{43} & H_{44} \end{bmatrix} \begin{Bmatrix} y \\ \theta \\ M \\ Q \end{Bmatrix}_0^{\mathrm{R}} \tag{5-132b}$$

利用边界条件可以从式(5-132b)确定固有频率和主振型,两端边界条件总是已知的,两端的状态变量各有两个元素取决于边界条件。例如:当边界条件为固定端时,$y = \theta = 0$;当边界条件为简支时,$y = M = 0$;当边界条件为自由时,$M = Q = 0$。因而对于给定的系统便可由式(5-132b)得到相应的频率方程而求得系统的固有频率。

如系统为简支梁,则 $y_n = y_0 = 0,\ M_n = M_0 = 0$,则式(5-132b)写为

$$\begin{bmatrix} H_{12} & H_{14} \\ H_{32} & H_{34} \end{bmatrix} \begin{Bmatrix} \theta \\ Q \end{Bmatrix}_0 = \begin{Bmatrix} 0 \\ 0 \end{Bmatrix}$$

这个关于 θ 和 Q 的齐次方程有非零解,其系数行列式应等于零。由式(5-132b)知 $H_{ij}(i,j = 1,2,3,4)$ 均为特征值 p^2 的函数,因此该系统的频率方程为

$$\Delta(p^2) = \begin{vmatrix} H_{12} & H_{14} \\ H_{32} & H_{34} \end{vmatrix} = 0$$

可用解析法或图解法求出各阶固有频率,作图法利用 $\Delta(p^2)$ 随 p^2 的变化曲线,曲线与 p_2 轴的交点就是系统各阶固有频率的平方。

例 5.6 机翼的横向振动可粗略地简化为三个集中质量梁的振动系统,如图 5-15 所示。

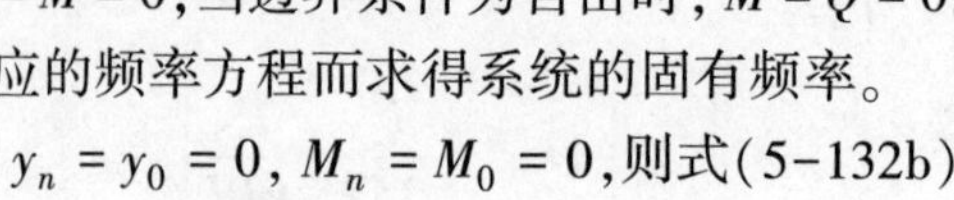

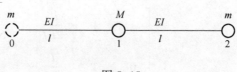

图 5-15

解:从左至右三个集中质量的编号为 0、1、2。由式(5-131b),得

$$[H]_1 = \begin{bmatrix} 1 & l & \dfrac{l^2}{2EI} & \dfrac{l^3}{6EI} \\ 0 & 1 & \dfrac{l}{EI} & \dfrac{l^2}{2EI} \\ 0 & 0 & 1 & l \\ Mp^2 & lMp^2 & \dfrac{l^2 M}{2EI}p^2 & 1+\dfrac{lM}{6EI}p^2 \end{bmatrix}_1$$

$$[H]_2 = \begin{bmatrix} 1 & l & \dfrac{l^2}{2EI} & \dfrac{l^3}{6EI} \\ 0 & 1 & \dfrac{l}{EI} & \dfrac{l^2}{2EI} \\ 0 & 0 & 1 & l \\ mp^2 & lmp^2 & \dfrac{l^2 m}{2EI}p^2 & 1+\dfrac{lm}{6EI}p^2 \end{bmatrix}_2$$

对于最左端质量两侧的状态变量,由式(5-126),得

$$\begin{Bmatrix} y \\ \theta \\ M \\ Q \end{Bmatrix}_0^{\mathrm{R}} = \begin{bmatrix} 1 & 0 & 0 & 0 \\ 0 & 1 & 0 & 0 \\ 0 & 0 & 1 & 0 \\ mp^2 & 0 & 0 & 1 \end{bmatrix} \begin{Bmatrix} y \\ \theta \\ 0 \\ 0 \end{Bmatrix}_0^{\mathrm{L}} = [P]_0 \begin{Bmatrix} y \\ \theta \\ 0 \\ 0 \end{Bmatrix}_0^{\mathrm{L}}$$

式中:$[P]_0$ 为左端质量的点传递矩阵;状态变量 $[y \quad \theta \quad 0 \quad 0]^{\mathrm{T}}$ 为左端边界条件。梁右端边界条件为状态变量,y_2^{R}, θ_2^{R}, $M_2^{\mathrm{R}} = Q_2^R = 0$。由式(5-132a),得

$$\begin{Bmatrix} y \\ \theta \\ 0 \\ 0 \end{Bmatrix}_2^{\mathrm{R}} = [H]_2\,[H]_1 \begin{Bmatrix} y \\ \theta \\ M \\ Q \end{Bmatrix}_0^{\mathrm{R}} = [H]_2\,[H]_1\,[P]_0 \begin{Bmatrix} y \\ \theta \\ 0 \\ 0 \end{Bmatrix}_0 = [H] \begin{Bmatrix} y \\ \theta \\ 0 \\ 0 \end{Bmatrix}_0 \tag{5-133a}$$

式中

$$[H] = [H]_2\,[H]_1\,[P]_0$$

为系统的总传递矩阵,可表示为

$$[H] = \begin{bmatrix} h_{11} & h_{12} & h_{13} & h_{14} \\ h_{21} & h_{22} & h_{23} & h_{24} \\ h_{31} & h_{32} & h_{33} & h_{34} \\ h_{41} & h_{42} & h_{43} & h_{44} \end{bmatrix} \tag{5-133b}$$

式中

$$h_{11} = 1 + \frac{Ml^3}{6EI}p^2 + \left(\frac{4l^3}{3EI} + \frac{Ml^6}{36\,(EI)^2}p^2\right)mp^2,\ h_{12} = 2l + \frac{Ml^4}{6EI}p^2,$$

$$h_{13} = \frac{2l^2}{EI} + \frac{Ml^5}{12\,(EI)^2}p^2,\ h_{14} = \frac{4l^3}{3EI} + \frac{Ml^6}{36\,(EI)^2}p^2$$

$$h_{21}=\frac{Ml^2}{2EI}p^2+\left(\frac{2l^2}{EI}+\frac{Ml^5}{12(EI)^2}\right)mp^2,\ h_{22}=1+\frac{Ml^3}{2EI}p^2,$$

$$h_{23}=\frac{2l}{EI}+\frac{Ml^4}{4(EI)^2}P^2,\ h_{24}=\frac{2l^2}{EI}+\frac{Ml^5}{12(EI)^2}p^2$$

$$h_{31}=lMp^2+\left(2l+\frac{Ml^4}{6EI}p^2\right)mp^2,\ h_{32}=Ml^2p^2,\ h_{33}=1+\frac{Ml^3}{2EI}p^2,\ h_{34}=2l+\frac{Ml^4}{6EI}p^2$$

$$h_{41}=(M+m)p^2+\frac{Mml^3}{6EI}p^4+\left(1+\frac{4ml^3}{3EI}p^2+\frac{Ml^3}{6EI}p^2+\frac{mMl^6}{36(EI)^2}p^4\right)mp^2,$$

$$h_{42}=(2ml+Ml)p^2+\frac{mMl^4}{6EI}p^4,\ h_{43}=\frac{2ml^2}{EI}p^2+\frac{Ml^2}{2EI}p^2+\frac{mMl^4}{12(EI)^2}p^4$$

$$h_{44}=1+\frac{4ml^3}{3EI}p^2+\frac{Ml^3}{6EI}p^2+\frac{mMl^6}{36(EI)^2}p^4$$

由式(5-133a)和式(5-133b),得

$$\begin{cases}h_{31}y_0+h_{32}\theta_0=0\\h_{41}y_0+h_{42}\theta_0=0\end{cases}$$

上式是关于 y_0、θ_0 的齐次线性方程组,有非零解的条件为其系数行列式为零,故得系统的频率方程为

$$\Delta(p^2)=\begin{vmatrix}h_{31}&h_{32}\\h_{41}&h_{42}\end{vmatrix}=0$$

即

$$\Delta(p^2)=h_{31}h_{42}-h_{32}h_{41}=0$$

将 h_{31}、h_{32}、h_{41}、h_{42} 的表达式代入上式整理后,得

$$ml^2p^4\left(2m+M-\frac{mMl^3}{3EI}p^2\right)=0$$

解得

$$p_{1,2}^2=0\ ,\ p_3^2=\frac{3(2m+M)EI}{mMl^3}$$

系统有两个等于零的固有频率,它们将产生系统的刚体运动。

若将 $p^2=0$ 代入式(5-133a),得

$$y_2=y_0+2l\theta_0\ ,\ \theta_2=\theta_0$$

再将 $p^2=0$ 代入下式

$$\begin{Bmatrix}y\\\theta\\M\\Q\end{Bmatrix}_1^{\mathrm{R}}=[H]_1\ [p]_0\begin{Bmatrix}y\\\theta\\0\\0\end{Bmatrix}_0^{\mathrm{R}}\tag{5-134}$$

又得到

$$y_1=y_0+l\theta_0\ ,\ \theta_2=\theta_0$$

这显然是代表系统随 y_0 做平动再加上绕 y_0 转动的刚体平面运动,如 $\theta_0=0$,则代表刚

体的平行移动，刚体振型则为

$$\frac{1}{y_0}[y_0^{(0)}y_1^{(0)}y_2^{(0)}]^{\mathrm{T}}=[1\quad 1\quad 1]^{\mathrm{T}}$$

当然，由于 $p^2=0$ 是重特征值，也可组合成另一个与平动振型正交的刚体转动振型 $[-1\quad 0\quad 1]^{\mathrm{T}}$。总之，零频率对应系统的刚体运动。

对于非零特征值 p_3^2 所对应的弹性振型可将 p_3^2 代入式(5-133a)，得

$$\begin{cases}y_2=y_2^{\mathrm{R}}=h_{11}y_0+h_{12}\theta_0\\0=h_{31}y_0+h_{32}\theta_0\end{cases}$$

消去 θ_0，得

$$y_2=y_0\left(h_{11}-\frac{h_{12}h_{31}}{h_{32}}\right)\bigg|_{p_3^2}$$

把 h_{11}、h_{12}、h_{31}、h_{32} 的表达式代入上式，并将特征值 p_3^2 代入，计算整理后得到

$$y_2=y_0$$

为计算 y_1 可利用式(5-134)

$$\begin{Bmatrix}y\\\theta\\M\\Q\end{Bmatrix}_1^{\mathrm{R}}=[H]_1[p]_0\begin{Bmatrix}y\\\theta\\0\\0\end{Bmatrix}_0$$

由于已求出 $y_2=y_0$，由对称性可知 $\theta_1^{\mathrm{R}}=\theta_1=0$。

令

$$[H]_1[p]_0=[A]$$

$$\begin{Bmatrix}y\\\theta\\M\\Q\end{Bmatrix}_1^{\mathrm{R}}=[A]\begin{Bmatrix}y\\\theta\\0\\0\end{Bmatrix}_0$$

由此得

$$\begin{cases}y_1^{\mathrm{R}}=y_2=a_{11}y_0+a_{12}\theta_0\\0=a_{21}y_0+a_{22}\theta_0\end{cases}$$

则有

$$y_2=y_0\left(a_{11}-\frac{a_{12}a_{21}}{a_{22}}\right)\bigg|_{p_3^2}$$

式中

$$a_{11}=1+\frac{l^3m}{6EI}p^2\;,\;a_{12}=l\;,\;a_{21}=\frac{l^2m}{2EI}p^2\;,\;a_{22}=1$$

代入上式中，并将特征值 p_3^2 代入，整理后得 $y_2=-\dfrac{2m}{M}y_0$，可得系统对应的 p_3^2 的弹性振型为

$$\frac{1}{y_0}[y_0^{(3)}\quad y_1^{(3)}\quad y_2^{(3)}]^{\mathrm{T}}=\left[1\quad -\frac{2m}{M}\quad 1\right]^{\mathrm{T}}$$

由以上计算过程可见,利用传递矩阵法并不比直接求解系统特征值问题方法简单,但由于单元的传递矩阵容易建立,各子系统单元的模式都相同,通过矩阵相乘得到系统的传递矩阵,便于借助计算机实现求数值解,因此传递矩阵法作为一种离散方法也得到广泛应用。特别是对于一些链式结构更便于采用传递矩阵法求解。

5.3.2 假设振型法

假设振型法也是一种将连续体离散化的方法,该方法是利用有限个已知振型函数来近似地确定系统的运动规律,把连续分布质量和分布弹性分配到有限个假设振型中,从而把一个连续系统视为一个有限自由度系统。所假设的振型函数作为有限个基函数,假设的振型函数一般要满足部分或全部边界条件,一般只需满足系统的几何边界条件和所需的各阶导数,但不一定满足动力学方程。把假设振型函数的线性组合作为试算函数或称试函数。

以梁的弯曲振动为例,梁的横向位移可近似表示为

$$y(x,t)=\sum_{i=1}^{n}\phi_i(x)q_i(t) \tag{5-135}$$

式中:$\phi_i(x)$ 为假设的振型函数,它们应满足几何边界条件,但不一定满足动力学方程的函数,并非是真正的振型函数(此法也就称为假设振型法);$q_i(t)$ 是时间的函数,为广义坐标。式(5-135)在形式上与梁振动的振型叠加法类似,不过这里考虑的是假设振型函数的有限项。

梁的动能可表达为

$$\begin{aligned}T&=\frac{1}{2}\int_0^l\rho(x)\left[\frac{\partial y}{\partial t}\right]^2\mathrm{d}x\\&=\frac{1}{2}\int_0^l\rho(x)\left[\sum_{i=1}^{n}\phi_i(x)\dot{q}_i(t)\right]\left[\sum_{j=1}^{n}\phi_j(x)q_j(t)\right]\mathrm{d}x\\&=\frac{1}{2}\sum_{i=1}^{n}\sum_{j=i}^{n}m_{ij}\dot{q}_i(t)\dot{q}_j(t)\end{aligned} \tag{5-136}$$

其中

$$m_{ij}=m_{ji}=\int_0^l\rho(x)\phi_i(x)\phi_i(x)\mathrm{d}x\quad(i,j=1,2,\cdots,n)$$

为对应广义坐标 q_i , q_j 的广义质量系数。

梁的势能可表示为

$$\begin{aligned}V&=\frac{1}{2}\int_0^l EI(x)\left[\frac{\partial^2 y}{\partial x^2}\right]^2\mathrm{d}x\\&=\frac{1}{2}\int_0^l EI(x)\left[\sum_{i=1}^{n}\phi_i''(x)q_i(t)\right]\left[\sum_{j=1}^{n}\phi_j''(x)q_j(t)\right]\mathrm{d}x\\&=\frac{1}{2}\sum_{i=1}^{n}\sum_{j=1}^{n}k_{ij}q_i(t)q_j(t)\end{aligned} \tag{5-137}$$

式中

$$k_{ij}=k_{ji}=\int_0^l EI\phi_i''(x)\phi_j''(x)\mathrm{d}x\quad(i,j=1,2,\cdots,n)$$

为广义刚度系数(其中 ϕ'' 表示二阶导数)。

式(5-136)和式(5-137)可写成矩阵形式

$$T=\frac{1}{2}\dot{\boldsymbol{q}}^{\mathrm{T}}\boldsymbol{M}\dot{\boldsymbol{q}}\ ,\ V=\frac{1}{2}\boldsymbol{q}^{\mathrm{T}}\boldsymbol{K}\boldsymbol{q}$$

式中:$\boldsymbol{M}=(m_{ij})$ 为质量矩阵;$\boldsymbol{K}=(k_{ij})$ 为刚度矩阵;$\boldsymbol{q}=(q_j)$ 为广义坐标列阵。

与多自由度系统的动能,势能表达式在形式上完全相同。

令 $L=T-V$ 为拉格朗日函数,将式(5-136)、式(5-137)代入拉格朗日方程 $\frac{\mathrm{d}}{\mathrm{d}t}\left(\frac{\partial L}{\partial \dot{q}_i}\right)-\frac{\partial L}{\partial q_i}=0$,得

$$\sum_{j=1}^{n} m_{ij}\ddot{q}_j+\sum_{j=1}^{n} k_{ij}q_j=0 \quad i,j=(1,2,\cdots,n) \tag{5-138}$$

式(5-138)写成矩阵形式

$$\boldsymbol{M}\ddot{\boldsymbol{q}}+\boldsymbol{K}\boldsymbol{q}=\boldsymbol{0} \tag{5-139a}$$

这就是多自由度系统的自由振动方程。系统的特征值问题为

$$(p^2\boldsymbol{M}-\boldsymbol{K})\boldsymbol{A}=\boldsymbol{0} \tag{5-139b}$$

因而连续系统离散后又归结为求解关于 $\boldsymbol{M}$ 和 $\boldsymbol{K}$ 的特征值问题。

当梁上受有横向分布力 $f(x,t)$ 和在 $x=a$ 处受有集中力 $F(t)$ 作用时,需计算非有势力的虚功,为

$$\begin{aligned}\delta W&=\int_0^l[f(x,t)+F(t)\delta(x-a)]\delta y\mathrm{d}x\\&=\sum_{i=1}^{n}\left[\int_0^l f(x,t)\phi_i(x)\mathrm{d}x+F(t)\phi_i(a)\right]\delta q_i=\sum_{i=1}^{n}Q_i\delta q_i\end{aligned} \tag{5-140}$$

其中

$$Q_i=\int_0^l f(x,t)\phi_i(x)\mathrm{d}x+F(t)\phi_i(a) \quad (i=1,2,\cdots,n)$$

为对应广义坐标 q_i 的广义力。

代入非有势力的拉格朗日方程中,得到

$$\sum_{j=1}^{n}(m_{ij}\ddot{q}_j+k_{ij}q_j)=Q_i \quad (i=1,2,\cdots,n) \tag{5-141a}$$

写成矩阵形式

$$\boldsymbol{M}\ddot{\boldsymbol{q}}+\boldsymbol{K}\boldsymbol{q}=\boldsymbol{Q} \tag{5-141b}$$

式(5-141)是无阻尼多自由度系统的受迫振动方程。以上就是采用假设振型函数和广义坐标来近似地表达连续系统的动力学方程。假设振型法也同样适用于杆的纵向振动和轴的扭转振动等其他弹性体的振动。

例 5.7 图 5-16 所示为等截面简支梁,中点固定一其质量为 $M=\frac{1}{2}\rho l$ 的质量快,试求系统基频。

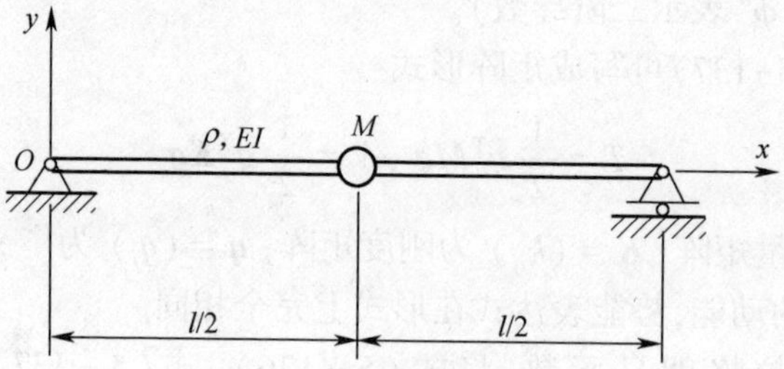

图 5-16　等截面简支梁

解:选无集中质量简支梁振型函数 $\phi_i(x)=\sin\dfrac{i\pi x}{l}$　$(i=1,2,\cdots)$ 作为假设振型函数,显然满足边界条件。取 $n=2$,则试函数为

$$\phi(x)=\sum_{i=1}^{2}\sin\frac{i\pi x}{l}$$

当 $x=a$ 处有集中质量时,在计算各广义质量系数时,要计入集中质量 M 的动能,系统动能可表示为

$$T=\frac{1}{2}\int_0^l\rho\left(\frac{\partial y}{\partial t}\right)^2\mathrm{d}x+\frac{1}{2}M\dot{y}^2\mid_{x=a=\frac{l}{2}}$$

$$=\frac{1}{2}\int_0^l\rho\left[\sum_{i=1}^{n}\phi_i(x)\dot{q}_i\right]\left[\sum_{j=1}^{n}\phi_j(x)\dot{q}_j\right]\mathrm{d}x+\frac{1}{2}M\sum_{i=1}^{n}\phi_i(a)\dot{q}_i\sum_{j=1}^{n}\phi_j(a)\dot{q}_j$$

$$=\frac{1}{2}\sum_{i=1}^{n}\sum_{j=1}^{n}\left[\int_0^l\rho\phi_i(x)\phi_j(x)\mathrm{d}x+M\phi_i(a)\phi_j(a)\right]\dot{q}_i\dot{q}_j$$

则有

$$m_{ij}=m_{ji}=\int_0^l\rho\phi_i(x)\phi_j(x)\mathrm{d}x+M\phi_i(a)\phi_j(a)\quad(i,j=1,2)$$

计算对应广义坐标的各广义质量系数和广义刚度系数:

$$\begin{cases}m_{11}=\int_0^l\rho\sin^2\dfrac{\pi x}{l}\mathrm{d}x+M\sin^2\dfrac{\pi}{l}\left(\dfrac{l}{2}\right)=\dfrac{1}{2}\rho l+M=\rho l\\ m_{12}=m_{21}=0\\ m_{22}=\int_0^l\rho\sin^2\dfrac{2\pi x}{l}\mathrm{d}x+M\sin^2 2\pi=\dfrac{1}{2}\rho l\end{cases}$$

$$\begin{cases}k_{11}=\int_0^l EI\left(\dfrac{\pi}{l}\right)^4\sin^2\dfrac{\pi x}{l}\mathrm{d}x=EI\left(\dfrac{\pi}{l}\right)^4\cdot\dfrac{l}{2}\\ k_{12}=k_{21}=\int_0^l EI\left(\dfrac{\pi}{l}\right)^2\left(\dfrac{2\pi}{l}\right)^2\sin\dfrac{\pi x}{l}\sin\dfrac{2\pi x}{l}\mathrm{d}x=0\\ k_{22}=\left(\dfrac{2\pi}{l}\right)^4 EI\int_0^l\sin^2\dfrac{2\pi x}{l}\mathrm{d}x=EI\left(\dfrac{2\pi}{l}\right)^4\cdot\dfrac{l}{2}\end{cases}$$

由式(5-138)得系统动力学方程为

$$\begin{bmatrix}\rho l & 0\\ 0 & \dfrac{1}{2}\rho l\end{bmatrix}\begin{Bmatrix}\ddot{q}_1\\ \ddot{q}_2\end{Bmatrix}+\begin{bmatrix}EI\left(\dfrac{\pi}{l}\right)^4\dfrac{l}{2} & 0\\ 0 & EI\left(\dfrac{2\pi}{l}\right)^4\dfrac{l}{2}\end{bmatrix}\begin{Bmatrix}q_1\\ q_2\end{Bmatrix}=\begin{Bmatrix}0\\ 0\end{Bmatrix}$$

这是一组解耦方程,其频率方程为

$$\Delta(p^2)=\begin{bmatrix}k_{11}-m_{11}p^2 & 0\\ 0 & k_{22}-m_{22}p^2\end{bmatrix}=0$$

则

$$p_1^2=\frac{EI}{2\rho}\left(\frac{\pi}{l}\right)^4,\ p_2^2=\frac{EI}{\rho}\left(\frac{2\pi}{l}\right)^4$$

基频近似值为

$$p_1=\frac{1}{\sqrt{2}}\left(\frac{\pi}{l}\right)^2\sqrt{\frac{EI}{\rho}}=\frac{6.9789}{l^2}\sqrt{\frac{EI}{\rho}}$$

5.3.3 里兹法

在4.3.8节中所介绍的里兹法也同样适用于连续系统的近似求解。

设 n 个独立的假设振型函数为 $\phi_i(x)$ $(i=1,2,\cdots,n)$,它们的线性组合取作试函数,即

$$\phi(x)=a_1\phi_1(x)+a_2\phi_2(x)+\cdots+a_n\phi_n(x)=\sum_{i=1}^{n}a_i\phi_i(x) \tag{5-142}$$

式中: $a_i(i=1,2,\cdots,n)$ 为待定系数。

瑞利商的能量表示式为

$$R=\frac{V_{\max}}{T_0}=P^2 \tag{5-143}$$

式中: $V_{\max}$ 为系统最大势能; $T_0=\dfrac{T_{\max}}{P^2}$,为动能系数, $T_{\max}$ 为系统的最大动能。

如果系统做某阶主振动,则瑞利商即为系统的该阶特征值,对于真实的振型瑞利商取驻值。选择假设振型函数的诸系数 $a_i(i=1,2,\cdots,n)$,使瑞利商取驻值,利用这个条件便可建立有限自由度系统的特征值问题,进而求得近似的特征值和相应的近似振型函数。

以梁的弯曲振动为例,先计算系统的最大势能 $V_{\max}$ 和动能系数 T_0:

$$\begin{aligned}V_{\max}&=\frac{1}{2}\int_0^l EI(x)\left[\sum_{i=1}^{n}a_i\phi_i''\right]\left[\sum_{j=1}^{n}a_j\phi_j''(x)\right]\mathrm{d}x\\&=\frac{1}{2}\sum_{i=1}^{n}\sum_{j=1}^{n}k_{ij}a_ia_j\end{aligned} \tag{5-144}$$

$$\begin{aligned}T_0&=\frac{1}{2}\int_0^l\rho(x)\left[\sum_{i=1}^{n}a_i\phi_i(x)\right]\left[\sum_{j=1}^{n}a_j\phi_j(x)\right]\mathrm{d}x\\&=\frac{1}{2}\sum_{i=1}^{n}\sum_{j=1}^{n}m_{ij}a_ia_j\end{aligned} \tag{5-145}$$

其中

$$\begin{cases} k_{ij} = k_{ji} = \int_0^l EI(x)\phi_i''(x)\phi_j''(x)\,\mathrm{d}x \\ m_{ij} = m_{ji} = \int_0^l \rho(x)\phi_i(x)\phi_j(x)\,\mathrm{d}x \end{cases} \tag{5-146}$$

若试函数选得接近真实振型函数，则瑞利商便近似等于该阶特征值。

将式(5-144)与式(5-145)代入式(5-142)，并记 $V_m = V_{\max}$，则

$$R(a) = \frac{V_m}{T_0} = \frac{V_m(a_1, a_2, \cdots, a_n)}{T_0(a_1, a_2, \cdots, a_n)} \approx p^2 \tag{5-147}$$

选择待定系数 $a_i(i = 1,2,\cdots,n)$ 使瑞利商 $R(a)$ 取驻值，令

$$\frac{\partial R}{\partial a_i} = 0 \quad (i = 1,2,\cdots,n)$$

即

$$\frac{\partial}{\partial a_i}\left(\frac{V_m}{T_0}\right) = \frac{T_0 \dfrac{\partial V_m}{\partial a_i} - V_m \dfrac{\partial T_0}{\partial a_i}}{T_0^2} = 0$$

则有

$$\frac{\partial V_m}{\partial a_i} - \frac{V_m}{T_0}\frac{\partial T_0}{\partial a_i} = 0$$

考虑到式(5-147)得

$$\frac{\partial V_m}{\partial a_i} - p^2 \frac{\partial T_0}{\partial a_i} = 0 \tag{5-148a}$$

式中：$p^2 = \dfrac{V_m}{T_0}$ 为近似的特征值。

由式(5-144)和式(5-145)，得

$$\begin{cases} V_m = \dfrac{1}{2}\boldsymbol{a}^{\mathrm{T}}\boldsymbol{K}\boldsymbol{a} \\ T_0 = \dfrac{1}{2}\boldsymbol{a}^{\mathrm{T}}\boldsymbol{M}\boldsymbol{a} \end{cases} \tag{5-148b}$$

式中：$\boldsymbol{a} = (a_1, a_2, \cdots, a_n)^{\mathrm{T}}$，$\boldsymbol{K} = (k_{ij})$，$\boldsymbol{M} = (m_{ij})$，分别为待定系数列阵、广义刚度矩阵和广义质量矩阵。

式(5-148a)的求偏导数运算可由式(5-148b)的二次型求导表示，即

$$\frac{\partial V_m}{\partial a_i} = \frac{1}{2}\frac{\partial}{\partial a_i}(\boldsymbol{a}^{\mathrm{T}}\boldsymbol{K}\boldsymbol{a}) = \frac{1}{2}\left(\frac{\partial \boldsymbol{a}^{\mathrm{T}}}{\partial a_i}\boldsymbol{K}\boldsymbol{a} + \boldsymbol{a}^{\mathrm{T}}\boldsymbol{K}\frac{\partial \boldsymbol{a}}{\partial a_i}\right) = \frac{\partial \boldsymbol{a}^{\mathrm{T}}}{\partial a_i}\boldsymbol{K}\boldsymbol{a}$$

同样有

$$\frac{\partial T_0}{\partial a_i} = \frac{1}{2}\frac{\partial}{\partial a_i}(\boldsymbol{a}^{\mathrm{T}}\boldsymbol{M}\boldsymbol{a}) = \frac{1}{2}\left(2\frac{\partial \boldsymbol{a}^{\mathrm{T}}}{\partial a_i}\boldsymbol{M}\boldsymbol{a}\right) = \frac{\partial \boldsymbol{a}^{\mathrm{T}}}{\partial a_i}\boldsymbol{M}\boldsymbol{a}$$

代入式(5-148a)中，得

$$\frac{\partial \boldsymbol{a}^{\mathrm{T}}}{\partial a_i}(\boldsymbol{K}-p^2\boldsymbol{M})\boldsymbol{a}=0 \quad (i=1,2,\cdots,n) \tag{5-149a}$$

令 $\frac{\partial \boldsymbol{a}^{\mathrm{T}}}{\partial a_i}=\boldsymbol{\delta}_i$，定义 $\boldsymbol{\delta}_i=(0,\cdots,0_{i-1},1,0_{i+1},\cdots,0)$ 为只有第 i 个元素为 1，其余元素均为零，共有 n 个元素的行阵，则式(5-149a)的第 i 个方程可记为

$$\delta_i(\boldsymbol{K}-p^2\boldsymbol{M})\boldsymbol{a}=0 \quad (i=1,2,\cdots,n) \tag{5-149b}$$

将式(5-149b)的 n 个方程综合为矩阵形式，则有

$$(\boldsymbol{K}-p^2\boldsymbol{M})\boldsymbol{a}=\boldsymbol{0} \tag{5-150}$$

式(5-150)是关于 $a_1,a_2,\cdots,a_n$ 的 n 个线性齐次方程组，以 p^2 为参数，又归结为多自由度系统的特征值问题，可解出 n 个特征值 p_i^2 $(i=1,2,\cdots,n)$ 及相应的特征向量 $\boldsymbol{a}^{(i)}$ $(i=1,2,\cdots,n)$，再将 $\boldsymbol{a}^{(i)}$ 代回式(5-142)，就得到 n 个试函数的近似值。式(5-150)在形式上与 4.3.8 节中用里兹法得到的方程完全相同。

如果把里兹法与假设振型法对比，若两种方法都选用相同的试函数，则会得到相同的结果。两种方法都是将连续系统化为有限个自由度系统。假设振型法利用拉格朗日方程建立动力学方程，里兹法采用瑞利商求驻值的方法建立系统的特征值问题。

例 5.8 试用里兹法求图 5-16 所示的简支梁的前二阶固有频率和振型函数。

解：选假设振型函数仍为

$$\phi_i(x)=\sin\frac{i\pi x}{l} \quad (i=1,2,\cdots,n) \tag{1}$$

作为基函数，边界条件自然满足。为得到前二阶固有频率较好的近似值，取 $n=3$，按里兹法试函数为

$$\phi(x)=\sum_{i=1}^{3}a_i\sin\frac{i\pi x}{l} \tag{2}$$

由例 5.7 可知

$$\begin{aligned} m_{ij}=m_{ji}&=\int_0^l\rho\phi_i(x)\phi_j(x)\,\mathrm{d}x+M\phi_i\left(\frac{l}{2}\right)\phi_j\left(\frac{l}{2}\right)\\ &=\rho\int_0^l\sin\frac{i\pi x}{l}\sin\frac{j\pi x}{l}\mathrm{d}x+M\sin\frac{i\pi}{2}\sin\frac{j\pi}{2} \quad (i,j=1,2,3)\end{aligned}$$

得

$$m_{11}=\rho l\ ,\ m_{12}=m_{21}=0\ ,\ m_{22}=\frac{1}{2}\rho l$$

$$m_{13}=m_{31}=-\frac{1}{2}\rho l, m_{23}=m_{32}=0, m_{33}=\rho l$$

同样由

$$k_{ij}=k_{ji}=\int_0^l EI\phi_i''(x)\phi_j''(x)\,\mathrm{d}x=EI\left(\frac{i\pi}{l}\right)^2\left(\frac{j\pi}{l}\right)^2\int_0^l\sin\frac{i\pi x}{l}\sin\frac{j\pi x}{l}\mathrm{d}x \quad (i=1,2,\cdots,n)$$

得 $k_{11}=EI\left(\frac{\pi}{l}\right)^4\frac{l}{2}$，$k_{12}=k_{21}=0, k_{13}=k_{31}=0$

$$k_{22}=EI\left(\frac{2\pi}{l}\right)^4\frac{l}{2}\ ,\ k_{33}=EI\left(\frac{3\pi}{l}\right)^4\frac{l}{2}$$

系统的质量矩阵和刚度矩阵分别为

$$\boldsymbol{M}=\frac{\rho l}{2}\begin{bmatrix}2 & 0 & -1\\0 & 1 & 0\\-1 & 0 & 2\end{bmatrix},\boldsymbol{K}=\frac{EI\pi^4}{2l^3}\begin{bmatrix}1 & 0 & 0\\0 & 16 & 0\\0 & 0 & 81\end{bmatrix}$$

由式(5-150),得特征值问题

$$\left(\frac{EI\pi^4}{2l^3}\begin{bmatrix}1 & 0 & 0\\0 & 16 & 0\\0 & 0 & 81\end{bmatrix}-p^2\frac{\rho l}{2}\begin{bmatrix}2 & 0 & -1\\0 & 16 & 0\\-1 & 0 & 2\end{bmatrix}\right)\begin{Bmatrix}a_1\\a_2\\a_3\end{Bmatrix}=\{0\} \tag{3}$$

频率方程为

$$\Delta(p^2)=\begin{vmatrix}\alpha_1-2\alpha_2p^2 & 0 & \alpha_2p^2\\0 & 16\alpha_1-\alpha_2p^2 & 0\\\alpha_2p^2 & 0 & 81\alpha_1-2\alpha_2p^2\end{vmatrix}=0$$

式中：$\alpha_1=\dfrac{EI\pi^4}{2l^3}$，$\alpha_2=\dfrac{\rho L}{2}$。

频率方程展开后,得

$$(\alpha_1-2\alpha_2p^2)(16\alpha_1-\alpha_2p^2)(81\alpha_1-2\alpha_2p^2)-\alpha_2^2p^4(16\alpha_1-\alpha_2p^2)=0$$

$$(16\alpha_1-\alpha_2p^2)\left[(\alpha_1-2\alpha_2p^2)(81\alpha_1-2\alpha_2p^2)-\alpha_2^2p^4\right]=0$$

$$(16\alpha_1-\alpha_2p^2)(3\alpha_2p^4-164\alpha_1\alpha_2p^2+81\alpha_1^2)=0$$

解得

$$p_1^2=0.498447\frac{EI\pi^4}{\rho l^4},p_1=0.7060\frac{\pi^2}{l^2}\sqrt{\frac{EI}{\rho}}=6.9680\frac{1}{l^2}\sqrt{\frac{EI}{\rho}}$$

$$p_2^2=\frac{16EI\pi^4}{\rho l^4},p_2=\frac{4\pi^2}{l^2}\sqrt{\frac{EI}{\rho}}$$

$$p_3^2=54.168219\frac{EI\pi^4}{\rho l^4},p_3=7.3599\frac{\pi^2}{l^2}\sqrt{\frac{EI}{\rho}}$$

将第一、二阶特征值分别代入式(3),得

$$\boldsymbol{a}^{(1)}=\left(\frac{EI\pi^4}{2l^3}\right)^2\begin{pmatrix}1240.17388\\0\\-7.72603588\end{pmatrix},\frac{\boldsymbol{a}^{(1)}}{a_1^{(1)}}=\begin{pmatrix}1\\0\\-0.006230\end{pmatrix}$$

$$\boldsymbol{a}^{(2)}=\left(\frac{EI\pi^4}{2l^3}\right)^2\begin{pmatrix}0\\-2271\\0\end{pmatrix},\frac{\boldsymbol{a}^{(2)}}{a_1^{(2)}}=\begin{pmatrix}0\\1\\0\end{pmatrix}$$

将 $\boldsymbol{a}_1^{(1)}$、$\boldsymbol{a}_2^{(2)}$ 的各元素分别代入式(2)得前二阶振型函数的近似值分别为

$$\phi^{(1)}(x)=\sin\frac{\pi x}{l}-0.00623\sin\frac{3\pi x}{l}$$

$$\phi^{(2)}(x)=\sin\frac{2\pi x}{l}$$

本例选三个基函数之和作为试函数,因而所得基频的近似值与例 5.7 相比更接近于系统真实基频。

5.3.4 有限元法

有限元法也是一种将连续弹性体离散化的方法,把连续体划分为有限个单元,每个单元都是一个弹性体,单元的端点称为节点。单元的位移用节点位移的插值函数(也称形函数)表示,形函数实际上也是一种假定振型函数,但它只是对各单元而论的,并非对整体结构取的假定模式。由于单元可以划分很多,插值函数可以取得很简单,一般可以用线性的函数或代数多项式表示,以节点位移作为广义坐标,将各单元的分布质量和弹性按一定的格式集中到节点上去,这又有集中质量的特点。将各单元集合起来得出在总体坐标系下离散系统的动力学方程。

有限元法是工程中应用非常广泛的一种近似方法,本小节以梁弯曲振动为例简要介绍有限元法。设一等截面均质梁,单位长度质量为 ρ,弯曲刚度为 EI。

将梁划分为若干个单元,从中取任意一个长为 l 的单元如图 5-17 所示,单元与单元之间以节点连接。一个单元有两个节点,每个节点有横向位移和转角,因此一个单元节点的广义位移需 4 个独立参数来表示,它们也就是单元的广义坐标,设 u_1、u_3 分别为两端的横向位移,u_2、u_4 为两端的转角,一个单元就成为具有 4 个自由度的系统。相应的等效节点力也有 4 个,其中 f_1,f_3 是力,f_2,f_4 是力矩,它们也就是单元的相应广义力。单元的 ρ,EI 均视为常数。

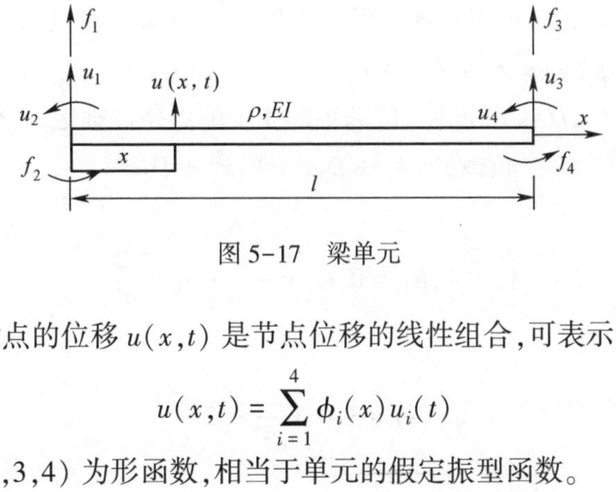

图 5-17 梁单元

假定单元内任意点的位移 $u(x,t)$ 是节点位移的线性组合,可表示为

$$u(x,t)=\sum_{i=1}^{4}\phi_i(x)u_i(t) \tag{5-151}$$

式中:$\phi_i(x)\ (i=1,2,3,4)$ 为形函数,相当于单元的假定振型函数。

$u(x,t)$ 必须满足边界条件:

$$\begin{cases} u(0,t)=u_1(t), \left.\dfrac{\partial u(x,t)}{\partial x}\right|_{x=0}=u_2(t) \\ u(l,t)=u_3(t), \left.\dfrac{\partial u(x,t)}{\partial x}\right|_{x=l}=u_4(t) \end{cases} \tag{5-152}$$

因此,形函数 $\phi_i(x)\ (i=1,2,3,4)$ 必须满足

$$\begin{cases}\phi_1(0)=1,\phi_1(l)=0\\ \phi_1'(0)=0,\phi_1'(l)=0\end{cases} \tag{5-153a}$$

$$\begin{cases}\phi_2(0)=0,\phi_2(l)=0\\ \phi_2'(0)=1,\phi_2'(l)=0\end{cases} \tag{5-153b}$$

$$\begin{cases}\phi_3(0)=0,\phi_3(l)=1\\ \phi_3'(0)=0,\phi_3'(l)=0\end{cases} \tag{5-153c}$$

$$\begin{cases}\phi_4(0)=0,\phi_4(l)=0\\ \phi_4'(0)=0,\phi_4'(l)=1\end{cases} \tag{5-153d}$$

式中：ϕ' 为导数。

根据式(5-152)每个形函数必须满足 4 个边界条件，即两端的函数值与两端的一阶导数值。

形函数的选取要按满足上述 4 个边界条件来考虑，一个长为 l 的均匀梁段，只在常值节点力作用下的静挠度曲线可由其挠曲线微分方程确定，由材料力学可知

$$\frac{\mathrm{d}^4u(x)}{\mathrm{d}x^4}=0 \tag{5-154}$$

它的解是一个较简单的三次多项式的形式：

$$u(x)=A+Bx+Cx^2+Dx^3$$

因此，对于形函数 $\phi_i(x)$ 也可取成挠曲线微分方程式(5-154)解的形式，即

$$\phi_i(x)=A_i+B_ix+C_ix^2+D_ix^3\quad(i=1,2,3,4) \tag{5-155}$$

其中，4 个常数 A_i,B_i,C_i,D_i 可由 $\phi_i(x)$ 应满足的 4 个端点条件确定。例如，令

$$\phi_1(x)=A_1+B_1x+C_1x^2+D_1x^3$$

则由式(5-31a)，得

$$A_1=1,B_1=0,C_1=-\frac{3}{l^3},D_1=\frac{2}{l^3}$$

得形函数为

$$\phi_1(x)=1-3\frac{x^2}{l^2}+2\frac{x^3}{l^3}$$

同样可得

$$\begin{cases}\phi_2(x)=x-2\dfrac{x^2}{l}+\dfrac{x^3}{l^3}\\ \phi_3(x)=3\dfrac{x^2}{l^2}-2\dfrac{x^3}{l^3}\\ \phi_4(x)=-\dfrac{x^2}{l}+\dfrac{x^3}{l^2}\end{cases} \tag{5-156}$$

代入式(5-151)得梁单元内任意一点的横向位移为

$$u(x,t)=\sum_{i=1}^{4}\varphi_i(x)u_i(t)$$

$$=\left(1-3\frac{x^2}{l^2}+2\frac{x^3}{l^3}\right)u_1(t)+\left(x-2\frac{x^2}{l}+\frac{x^3}{l^2}\right)u_2(t)$$

$$+\left(3\frac{x^2}{l^2}-2\frac{x^3}{l^3}\right)u_3(t)+\left(-\frac{x^2}{l}+\frac{x^3}{l^2}\right)u_4(t) \tag{5-157}$$

梁单元的动能为

$$\begin{aligned}T(t)&=\frac{1}{2}\int_0^l\rho\left[\frac{\partial u(x,t)}{\partial t}\right]^2\mathrm{d}x\\&=\frac{1}{2}\int_0^l\rho\left[\sum_{i=1}^{4}\varphi_i(x)\dot{u}_i(t)\right]\left[\sum_{j=1}^{4}\varphi_j(x)\dot{u}_j(t)\right]\mathrm{d}x\\&=\frac{1}{2}\int_0^l\left[\rho\sum_{i=1}^{4}\sum_{j=1}^{4}\varphi_i\varphi_j\dot{u}_i(t)\dot{u}_j(t)\right]\mathrm{d}x\\&=\frac{1}{2}\dot{\boldsymbol{u}}^{\mathrm{T}}\int_0^l\rho\boldsymbol{\phi}\boldsymbol{\phi}^{\mathrm{T}}\mathrm{d}x\dot{\boldsymbol{u}}\end{aligned} \tag{5-158}$$

式中：$\dot{\boldsymbol{u}}=(\dot{u}_1\quad\dot{u}_2\quad\dot{u}_3\quad\dot{u}_4)^{\mathrm{T}}$，为节点广义速度列阵；$\boldsymbol{\phi}=(\phi_1\quad\phi_2\quad\phi_3\quad\phi_4)^{\mathrm{T}}$，为单元形函数列阵。

令

$$[m]=\int_0^l\rho\boldsymbol{\phi}\boldsymbol{\phi}^{\mathrm{T}}\mathrm{d}x \tag{5-159a}$$

为单元质量矩阵，为便于计算，将积分号内的矩阵展开表示为

$$\boldsymbol{\phi}\boldsymbol{\phi}^{\mathrm{T}}=\begin{bmatrix}\phi_1^2 & \phi_1\phi_2 & \phi_1\phi_3 & \phi_1\phi_4\\ \phi_2\phi_1 & \phi_2^2 & \phi_2\phi_3 & \phi_2\phi_4\\ \phi_3\phi_1 & \phi_3\phi_2 & \phi_3^2 & \phi_3\phi_4\\ \phi_4\phi_1 & \phi_4\phi_2 & \phi_4\phi_3 & \phi_4^2\end{bmatrix} \tag{5-159b}$$

将式(5-159b)代入式(5-159a)，便可得单元质量矩阵$[m]$中的诸元素：

$$m_{ij}=m_{ji}=\int_0^l\rho\phi_i\phi_j\mathrm{d}x\quad(i,j=1,2,3,4)$$

从而得到梁单元的质量矩阵为

$$[m]=\frac{\rho l}{420}\begin{bmatrix}156 & 22l & 54 & -13l\\ 22l & 4l^2 & 13l & -3l^2\\ 54 & 13l & 156 & -22l\\ -13l & -3l^2 & -22l & 4l^2\end{bmatrix} \tag{5-160}$$

梁的动能表示式(5-158)可表示为矩阵形式

$$T(t)=\frac{1}{2}\{\dot{u}\}^{\mathrm{T}}[m]\{\dot{u}\} \tag{5-161}$$

梁单元的势能为

$$
\begin{aligned}
V(t) &= \frac{1}{2}\int_0^l EI\left[\frac{\partial^2 u(x,t)}{\partial x^2}\right]^2 \mathrm{d}x \\
&= \frac{1}{2}\int_0^l EI\Big[\sum_{i=1}^{4}\phi_i''(x)u_i(t)\Big]\Big[\sum_{j=1}^{4}\phi_j''(x)u_j(t)\Big] \\
&= \frac{1}{2}\int_0^l \Big[EI\sum_{i=1}^{4}\sum_{j=1}^{4}\phi_i''\phi_j''u_i(t)u_j(t)\Big]\mathrm{d}x \\
&= \frac{1}{2}\boldsymbol{u}^{\mathrm{T}}\int_0^l \boldsymbol{EI\phi''\phi''}^{\mathrm{T}}\mathrm{d}x\boldsymbol{u}
\end{aligned}
\tag{5-162}
$$

式中

$$
\boldsymbol{u} = (u_1 \quad u_2 \quad u_3 \quad u_4)^{\mathrm{T}}, \boldsymbol{\phi}'' = (\phi_1'' \quad \phi_2'' \quad \phi_3'' \quad \phi_4'')^{\mathrm{T}}
$$

其中

$$
\begin{cases}
\phi_1'' = -\dfrac{6}{l^2} + \dfrac{12x}{l^3} \\
\phi_2'' = -\dfrac{4}{l} + \dfrac{6x}{l^2} \\
\phi_3'' = \dfrac{6}{l^2} - \dfrac{12x}{l^3} \\
\phi_4'' = -\dfrac{2}{l} + \dfrac{6x}{l^2}
\end{cases}
\tag{5-163}
$$

令

$$
[k] = \int_0^l EI\boldsymbol{\phi}''\boldsymbol{\phi}''^{\mathrm{T}}\mathrm{d}x \tag{5-164a}
$$

为单元刚度矩阵,把积分号内的矩阵运算表示为

$$
\boldsymbol{\phi}''\boldsymbol{\phi}''^{\mathrm{T}} = \begin{bmatrix}
\phi_1''^2 & \phi_1''\phi_2'' & \phi_1''\phi_3'' & \phi_1''\phi_4'' \\
\phi_2''\phi_1'' & \phi_2''^2 & \phi_2''\phi_3'' & \phi_2''\phi_4'' \\
\phi_3''\phi_1'' & \phi_3''\phi_2'' & \phi_3''^2 & \phi_3''\phi_4'' \\
\phi_4''\phi_1'' & \phi_4''\phi_2'' & \phi_4''\phi_3'' & \phi_4''^2
\end{bmatrix} \tag{5-164b}
$$

利用式(5-163)将式(5-164b)代入式(5-164a),便得到单元刚度矩阵[k]的各元素

$$
k_{ij} = k_{ji} = \int_0^l EI\phi_i''\phi_j''\mathrm{d}x \quad (i,j = 1,2,3,4)
$$

单元刚度矩阵为

$$
[k] = \frac{EI}{l^3}\begin{bmatrix}
12 & 6l & -12 & 6l \\
6l & 4l^2 & -6l & 2l^2 \\
-12 & -6l & 12 & -6l \\
6l & 2l^2 & -6l & 4l^2
\end{bmatrix} \tag{5-165}
$$

单元势能式(5-162)可写成

$$
V(t) = \frac{1}{2}\{u\}^{\mathrm{T}}[k]\{u\} \tag{5-166}
$$

梁单元的等效节点力的计算：

单元的等效节点力就是对应单元节点广义位移的广义力，设作用梁单元上的横向分布载荷集度为$f(x,t)$，相邻单元通过节点作用在所考虑单元上的力和力矩分别为$f_1'(t)$，$f_3'(t)$和$f_2'(t)$，$f_4'(t)$，由虚功表达式可求出对应单元节点各广义位移的广义力$f_1(t)$，$f_2(t)$，$f_3(t)$，$f_4(t)$。对于节点的任意虚位移分量$\delta u_i(i=1,2,3,4)$，诸力的虚功可表示为

$$
\begin{aligned}
\delta W_{\mathrm{i}} &= \int_0^l f(x,t)\phi_i(x)\delta u_i \mathrm{d}x + f_i'(t)\delta u_i \\
&= \left[\int_0^l f(x,t)\phi_i(x)\mathrm{d}x + f_i'(t)\right]\delta u_i \\
&= f_i(t)\delta u_i
\end{aligned}
\tag{5-167}
$$

其中

$$
f_i(t) = \int_0^l f(x,t)\phi_i(x)\mathrm{d}x + f_i'(t) \quad (i=1,2,3,4)
$$

因而，得对应单元节点各广义位移的广义力为

$$
\begin{cases}
f_1(t) = \int_0^l f(x,t)\phi_1(x)\mathrm{d}x + f_1'(t) \\
f_2(t) = \int_0^l f(x,t)\phi_2(x)\mathrm{d}x + f_2'(t) \\
f_3(t) = \int_0^l f(x,t)\phi_3(x)\mathrm{d}x + f_3'(t) \\
f_4(t) = \int_0^l f(x,t)\phi_4(x)\mathrm{d}x + f_4'(t)
\end{cases}
\tag{5-168}
$$

由$[m]$，$[k]$和$\{f\}=(f_1\quad f_2\quad f_3\quad f_4)^{\mathrm{T}}$完全可以确定梁单元的动力学方程。

全系统被离散之后，通过单元分析得到的$[m]$，$[k]$和$\{f\}$都是在单元的特定参考系下得到的，例如单元的坐标系的x轴沿单元轴线方向选取，单元节点的广义位移都是相对该参考系而言的，这种按单元本身某基准所设的坐标系称为单元坐标系或局部坐标系。而对于整个系统来说应有一个统一的参考系才便于描述系统在该参考系中的运动，这种参考系称为总体坐标系。系统的总体结构是各单元的集合，而各单元的节点位移是相对局部坐标系的，如果整个系统所包含的单元其局部参考系取向不尽相同，节点位移方向也就有所不一致。同一个节点可连接有不同的单元，这些单元的节点位移都是在各自局部坐标计算的，方向可有不一致，要保证在该点处，各单元的节点位移相等，变形协调条件得以满足，就必须把各单元的局部坐标系变换到总体坐标系中去，在统一的总体坐标系下建立起系统的运动方程。

设某单元在局部坐标系中位移列阵为$\{u\}$，在总体坐标系中的位移列阵用$\{\overline{u}\}$表示，二者之间的关系为

$$
\{u\} = [L]\{\overline{u}\} \tag{5-169}
$$

式中：$[L]$为该单元的节点位移在两不同坐标系中的变换矩阵。变换矩阵$[L]$可由局部坐标系与总体坐标系间的方向余弦矩阵（坐标变换矩阵）并考虑单元的两端节点的位移转换关系而得到。如果局部参考系和总体参考系均为笛卡儿坐标系，则$[L]$为正交矩阵，即$[L]^{-1}=[L]^{\mathrm{T}}$。如果单元的局部坐标系与总体坐标系方位一致，则$[L]$为单位矩阵。

在总体坐标系中单元的动能表达式:

由式(5-161)和式(5-169),得

$$T=\frac{1}{2}\{\dot{u}\}^{\mathrm{T}}[m]\{\dot{u}\}=\frac{1}{2}\{\dot{\bar{u}}\}^{\mathrm{T}}[L]^{\mathrm{T}}[m][L]\{\dot{\bar{u}}\}=\frac{1}{2}\{\dot{\bar{u}}\}^{\mathrm{T}}[\bar{m}]\{\dot{\bar{u}}\} \quad (5-170a)$$

式中: $[\bar{m}]=[L]^{\mathrm{T}}[m][L]$ 为用总体参考系表示的单元质量矩阵。

总体坐标系中单元的势能:由式(5-166)和式(5-169),得

$$V=\frac{1}{2}\{u\}^{\mathrm{T}}[k]\{u\}=\frac{1}{2}\{\bar{u}\}^{\mathrm{T}}[L]^{\mathrm{T}}[k][L]\{\bar{u}\}=\frac{1}{2}\{\bar{u}\}^{\mathrm{T}}[\bar{k}]\{\bar{u}\} \quad (5-170b)$$

式中: $[\bar{k}]=[L]^{\mathrm{T}}[k][L]$ 为在总体坐标系中表示的单元刚度矩阵。

单元节点力的虚功由式(5-167),得

$$\delta W=\sum_{i=1}^{4}\delta W_i=\sum_{i=1}^{4}f_i\delta u_i=\{\delta u\}^{\mathrm{T}}\{f\}$$

但 $\{\delta u\}^{\mathrm{T}}=\{\delta\bar{u}\}^{\mathrm{T}}[L]^{\mathrm{T}}$,因此用总体坐标表示的单元虚功为

$$\delta W=\{\delta\bar{u}\}^{\mathrm{T}}[L]^{\mathrm{T}}\{f\}=\{\delta\bar{u}\}^{\mathrm{T}}\{\bar{f}\} \quad (5-170c)$$

式中: $\{\bar{f}\}=[L]^{\mathrm{T}}\{f\}$ 为总体参考系表示的单元节点力列阵。

式(5-170)给出了在总体坐标系中单元的动能、势能与节点力虚功的表示式。如何把各单元集总起来使其合适地代表全系统以便建立全系统的动力学方程,这就需用在总体坐标系中节点位移的独立分量来表示全系统的节点位移,这些独立分量也就是系统的广义坐标。

设在总体参考系中全部节点独立的广义位移有 n 个,即系统的自由度数为 n,则可用 n 个位移分量 $\bar{U}_i\ (i=1,2,\cdots,n)$ 作为系统的广义坐标。假设系统由 p 个单元组成,其中属于第 s 个单元的量用下标为 s 的量表示。单元 s 在总体参考系中的位移分量为 $\{\bar{u}\}_s$,此组分量和系统广义坐标间的对应关系可用下式表达:

$$\{\bar{u}\}_s=[A]_s\{\bar{U}\}\quad (s=1,2,\cdots,p) \quad (5-171)$$

其中矩阵 $[A]_s$ 规定为其行数与 $\{\bar{u}\}_s$ 的元素数目相同,而列数则与 $\{\bar{U}\}$ 的元素数目(系统自由度数)相同,也就是 $[A]_s$ 为一个 $4\times n$ 阶矩阵。$[A]_s$ 除了每一行只能有一个元素等于1之外,其余元素均为0。元素1的位置应使式(5-171)表示一个恒等式,也就是即使节点位移分量在单元中的序号与在总体系广义坐标中的排序不同,但表示的是同一个节点的位移分量。通过矩阵 $[A]_s$ 就可得出单元 s 中的各节点位移分量对应总体参考系中的那些广义坐标。这样就可把全部单元的节点位移通过各矩阵 $[A]_s(s=1,2,\cdots,p)$ 统用全系统的广义坐标 $\bar{U}_i(i=1,2,\cdots,n)$ 表示出来,从而便于建立以广义坐标描述的全系统动力学方程。

把式(5-171)代入式(5-170a)就得到第 s 个单元以系统广义坐标表示的动能表达式

$$T_s=\frac{1}{2}\{\dot{\bar{U}}\}^{\mathrm{T}}[A]_s^{\mathrm{T}}[\bar{m}]_s[A]_s\{\dot{\bar{U}}\}$$

全系统的动能为

$$T = \sum_{s=1}^{p} T_s$$

$$= \frac{1}{2} \sum_{s=1}^{p} \{\dot{\bar{U}}\}^{\mathrm{T}} [A]_s^{\mathrm{T}} [\bar{m}]_s [A]_s \{\dot{\bar{U}}\}$$

$$= \frac{1}{2} \{\dot{\bar{U}}\}^{\mathrm{T}} \left(\sum_{s=1}^{p} [A]_s^{\mathrm{T}} [\bar{m}]_s [A]_s \right) \{\dot{\bar{U}}\}$$

$$T = \frac{1}{2} \{\dot{\bar{U}}\}^{\mathrm{T}} [\bar{M}] \{\dot{\bar{U}}\} \tag{5-172a}$$

式中

$$[\bar{M}] = \sum_{s=1}^{p} [A]_s^{\mathrm{T}} [\bar{m}]_s [A]_s \tag{5-172b}$$

$[\bar{M}]$ 就是全系统的质量矩阵。

同样,把式(5-171)代入式(5-170b)得第 s 个单元势能 V_s 表示式

$$V_s = \frac{1}{2} \{\bar{U}\}^{\mathrm{T}} [A]_s^{\mathrm{T}} [\bar{k}]_s [A]_s \{\bar{U}\}$$

全系统的势能为

$$V = \sum_{s=1}^{p} V_s = \frac{1}{2} \{\bar{U}\}^{\mathrm{T}} [\bar{K}] \{\bar{U}\} \tag{5-173a}$$

其中

$$[\bar{K}] = \sum_{s=1}^{p} [A]_s^{\mathrm{T}} [\bar{k}]_s [A]_s \tag{5-173b}$$

$\bar{K}$ 为全系统的刚度矩阵。

再由式(5-170c)可计算出全系统等效节点力的虚功

$$\delta W = \sum_{s=1}^{p} \delta W_s = \sum_{s=1}^{p} \{\delta \bar{u}\}_s^{\mathrm{T}} \{\bar{f}\}_s = \sum_{s=1}^{p} \{\delta \bar{U}\}^{\mathrm{T}} [A]_s^{\mathrm{T}} \{\bar{f}\}_s = \{\delta \bar{U}\}^{\mathrm{T}} \sum_{s=1}^{p} [A]_s^{\mathrm{T}} \{\bar{f}\}_s$$

$$\delta W = \{\delta \bar{U}\}^{\mathrm{T}} \{\bar{F}\} \tag{5-173c}$$

其中

$$\{\bar{F}\} = \sum_{s=1}^{p} [A]_s^{\mathrm{T}} \{\bar{f}\}_s$$

这里须指出 $\{\bar{f}\}_s$ 中包含有单元之间的相互作用力,在对单元求和之后,这些等值反向的相互作用力成对抵消了。因此,广义力列阵 $\{\bar{F}\}$ 则不包括单元之间的相互作用力,而只是各主动力的等效节点力。因而,在计算单元节点力虚功时,只需计算主动力的等效节点力虚功,然后将其加起来就是整个系统主动力的虚功,而不必考虑单元的相互作用力。

将系统动能、势能和系统虚功的广义坐标表达式代入拉格朗日方程中,得矩阵形式的系统动力学方程

$$[\bar{M}] \{\ddot{\bar{U}}\} + [\bar{K}] \{\bar{U}\} = \{\bar{F}\} \tag{5-174}$$

例 5.9 试用有限元法建立图 5-18 所示的左端固定变截面悬臂梁振动的动力学方程,

设梁上作用有简谐变化的均布载荷 $f(x,t)=f_0\sin\omega t$。

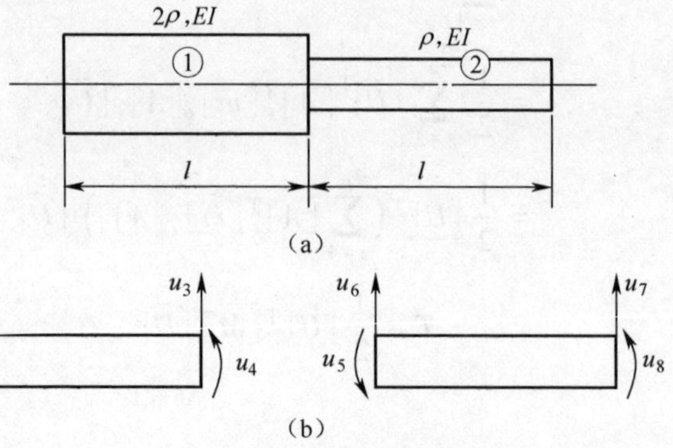

图 5-18　一端固定变截面悬臂梁

解:该变截面梁由 1、2 两段组成,其参数如图 5-18(a)所示,将系统划分为两个单元①和②,各单元分别是梁的 1、2 两段,如图 5-18(b)所示。单元的局部坐标系 x 轴和整体坐标系 $\bar{x}$ 轴线均取为梁的轴线方向。因此单元的质量矩阵和刚度矩阵以及单元的等效节点力列阵在两个坐标系中的表示式均相同,即有

$$[\bar{m}]_1=[m]_1\,,\ [\bar{k}]_1=[k]_1\,,\ [\bar{f}]_1=[f]_1$$

$$[\bar{m}]_2=[m]_2\,,\ [\bar{k}]_2=[k]_2\,,\ [\bar{f}]_2=[f]_2$$

单元的质量矩阵和刚度矩阵分别为

$$[\bar{m}]_1=[m]_1=\frac{\rho l}{210}\begin{bmatrix}156 & 22l & 54 & -13l\\ 22l & 4l^2 & 13l & -3l^2\\ 54 & 13l & 156 & -22l\\ -13l & -3l^2 & -22l & 4l^2\end{bmatrix}\tag{5-175}$$

$$[\bar{k}]_1=[k]_1=\frac{2EI}{l^3}\begin{bmatrix}12 & 6l & -12 & 6l\\ 6l & 4l^2 & -6l & 2l^2\\ -12 & -6l & 12 & -6l\\ 6l & 2l^2 & -6l & 4l^2\end{bmatrix}$$

$$[\bar{m}]_2=[m]_2=\frac{\rho l}{420}\begin{bmatrix}156 & 22l & 54 & -13l\\ 22l & 4l^2 & 13l & -3l^2\\ 54 & 13l & 156 & -22l\\ -13l & -3l^2 & -22l & 4l^2\end{bmatrix}\tag{5-176}$$

$$[\bar{k}]_2=[k]_2=\frac{EI}{l^3}\begin{bmatrix}12 & 6l & -12 & 6l\\ 6l & 4l^2 & -6l & 2l^2\\ -12 & -6l & 12 & -6l\\ 6l & 2l^2 & -6l & 4l^2\end{bmatrix}$$

两个单元主动力的等效节点力相同可由式(5-168)分别计算,对第①个单元

$$f_1(t)=\int_0^l f_0\sin\omega t\phi_1(x)\,\mathrm{d}x$$

$$=f_0\sin\omega t\int_0^l\left(1-3\frac{x^2}{l^2}+2\frac{x^3}{l^3}\right)\mathrm{d}x=\frac{l}{2}f_0\sin\omega t$$

$$f_2(t)=f_0\sin\omega t\int_0^l\phi_2(x)\,\mathrm{d}x=\frac{l^2}{12}f_0\sin\omega t$$

$$f_3(t)=f_0\sin\omega t\int_0^l\phi_3(x)\,\mathrm{d}x=\frac{l}{2}f_0\sin\omega t$$

$$f_4(t)=f_0\sin\omega t\int_0^l\phi_4(x)\,\mathrm{d}x=-\frac{l^2}{12}f_0\sin\omega t$$

对于第②个单元,等效节点力的排序为f_5,f_6,f_7,f_8,且有$f_1=f_5,f_2=f_6,f_3=f_7,f_4=f_8$以及

$$\begin{cases}\{\bar{f}\}_1=\{f\}_1\\\{\bar{f}\}_2=\{f\}_2\end{cases}\tag{5-177}$$

式中

$$\{f\}_1=\{f\}_2=f_0\sin\omega t\begin{pmatrix}\frac{l}{2} & \frac{l^2}{12} & \frac{l}{2} & -\frac{l^2}{12}\end{pmatrix}^{\mathrm{T}}$$

在总体参考系中各单元的节点位移分量$\bar{u}_1=\bar{u}_2=0,\bar{u}_3=\bar{u}_5,\bar{u}_4=\bar{u}_6$。由于该约束条件,在总体参考系中系统节点位移的独立分量只有4个,系统有4个自由度,令

$\bar{u}_3=\bar{u}_5=\bar{U}_1$,$\bar{u}_4=\bar{u}_6=\bar{U}_2$,$\bar{u}_7=\bar{U}_3$,$\bar{u}_8=\bar{U}_4$,则对第①单元,有

$$\begin{Bmatrix}\bar{u}_1\\\bar{u}_2\\\bar{u}_3\\\bar{u}_4\end{Bmatrix}=\begin{bmatrix}0&0&0&0\\0&0&0&0\\1&0&0&0\\0&1&0&0\end{bmatrix}\begin{Bmatrix}\bar{U}_1\\\bar{U}_2\\\bar{U}_3\\\bar{U}_4\end{Bmatrix}=[A]_1\{\bar{U}\}\tag{5-178}$$

其中

$$[A]_1=\begin{bmatrix}0&0&0&0\\0&0&0&0\\1&0&0&0\\0&1&0&0\end{bmatrix}$$

对第②单元,有

$$\begin{Bmatrix}\bar{u}_5\\\bar{u}_6\\\bar{u}_7\\\bar{u}_8\end{Bmatrix}=\begin{bmatrix}1&0&0&0\\0&1&0&0\\0&0&1&0\\0&0&0&1\end{bmatrix}\begin{Bmatrix}\bar{U}_1\\\bar{U}_2\\\bar{U}_3\\\bar{U}_4\end{Bmatrix}=[A]_2\{\bar{U}\}\tag{5-179}$$

式中

$$[A]_2 = \begin{bmatrix} 1 & 0 & 0 & 0 \\ 0 & 1 & 0 & 0 \\ 0 & 0 & 1 & 0 \\ 0 & 0 & 0 & 1 \end{bmatrix}$$

全系统的质量矩阵为

$$[\overline{M}] = \sum_{s=1}^{2} [A]_s^{\mathrm{T}} [\overline{m}]_s [A]_s$$

将式(5-175)、式(5-176)的质量矩阵 $[\overline{m}]_1$, $[\overline{m}]_2$ 及 $[A]_1$, $[A]_2$ 代入上式,得

$$[\overline{M}] = \frac{\rho l}{420} \begin{bmatrix} 468 & -22l & 54 & -13l \\ -22l & 12l^2 & 13l & -3l^2 \\ 54 & 13l & 156 & -22l \\ -13l & -3l^2 & -22l & 4l^2 \end{bmatrix} \tag{5-180}$$

全系统的刚度矩阵为

$$[\overline{K}] = \sum_{s=1}^{2} [A]_s^{\mathrm{T}} [\overline{k}]_s [A]_s$$

把式(5-175)、式(5-176)的刚度矩阵 $[\overline{k}]_1$, $[\overline{k}]_2$ 及 $[A]_1$, $[A]_2$ 代入上式,得

$$[\overline{K}] = \frac{EI}{l^3} \begin{bmatrix} 36 & -6l & -12 & 6l \\ -6l & 12l^2 & -6l & 2l^2 \\ -12 & -6l & 12 & -6l \\ 6l & 2l^2 & -6l & 4l^2 \end{bmatrix} \tag{5-181}$$

全系统等效节点广义力由虚功计算

$$\delta W = \{\delta \overline{U}\}^{\mathrm{T}} \sum_{s=1}^{2} [A]_s^{\mathrm{T}} \{\overline{f}\}_s = \{\delta \overline{U}\}^{\mathrm{T}} \{\overline{F}\}$$

广义列阵为

$$\{\overline{F}\} = \sum_{s=1}^{2} [A]_s^{\mathrm{T}} \{\overline{f}\}_s$$

把

$$\{\overline{f}\}_1 = \{\overline{f}\}_2 = f_0 \sin \omega t \begin{pmatrix} \frac{l}{2} & \frac{l^2}{12} & \frac{l}{2} & -\frac{l^2}{12} \end{pmatrix}^{\mathrm{T}}$$

及 $[A]_1$, $[A]_2$ 代入上式,得

$$\{\overline{F}\} = f_0 \sin \omega t \begin{pmatrix} l & 0 & \frac{l}{2} & -\frac{l^2}{12} \end{pmatrix}^{\mathrm{T}}$$

各广义力为

$$F_1 = l f_0 \sin \omega t\ ,\ F_2 = 0\ ,\ F_3 = \frac{l}{2} f_0 \sin \omega t\ ,\ F_4 = -\frac{l}{12} f_0 \sin \omega t$$

全系统动力学方程为

$$\frac{\rho l}{420}\begin{bmatrix} 468 & -22l & 54 & -13l \\ -22l & 12l^2 & 13l & -3l^2 \\ 54 & 13l & 156 & -22l \\ -13l & -3l^2 & -22l & 4l^2 \end{bmatrix}\begin{Bmatrix} \ddot{\overline{U}}_1 \\ \ddot{\overline{U}}_2 \\ \ddot{\overline{U}}_3 \\ \ddot{\overline{U}}_4 \end{Bmatrix} + \frac{EI}{l^3}\begin{bmatrix} 36 & -6l & -12 & 6l \\ -6l & 12l^2 & -6l & 2l^2 \\ -12 & -6l & 12 & -6l \\ 6l & 2l^2 & -6l & 4l^2 \end{bmatrix}\begin{Bmatrix} \overline{U}_1 \\ \overline{U}_2 \\ \overline{U}_3 \\ \overline{U}_4 \end{Bmatrix} \tag{5-182}$$

$$= \begin{Bmatrix} 1 \\ 0 \\ \dfrac{1}{2} \\ -\dfrac{1}{12} \end{Bmatrix} lf_0 \sin \omega t$$

对于单元的共有节点，在 $[\overline{M}]$ 和 $[\overline{K}]$ 中的相应元素都是共有该节点单元的 $[\overline{m}]$ 和 $[\overline{k}]$ 中对应该节点元素的叠加，因此在计算 $[\overline{M}]$ 和 $[\overline{K}]$ 时，可将各单元 $[\overline{m}]$，$[\overline{k}]$ 的各元素统一按 $\overline{U}_i$ $(i=1,2,\cdots,n)$ 的下标编号。放入对应的行列位置相加而形成 $[\overline{M}]$ 和 $[\overline{K}]$，不必经过与 $[A]_s$ 的矩阵运算这一步骤。

式(5-182)，就是按梁的两段将系统划分为两个单元而得到的系统动力学方程，单元划分多少也是根据需要确定的。单元划分越多，离散系统的自由度数也越多，也就越向实际连续系统靠近，计算结果也会更接近实际系统；但随节点数目的增加，计算工作量也随之剧增，一般能满足精度要求情况下也不必将单元划分过多。例如，对一个复杂的结构根据受力情况常常把一个构件作一个单元处理。

习　题

5-1　均质杆长为 l，抗拉(压)刚度为 EA，单位长度质量为 ρ，以匀速 v_0 沿轴线方向运动，端点 $x=0$ 处突然停止，试求此后杆的振动。

5-2　两端固定，长为 l 的均质杆，处于静止状态下，突然受到按 $F(x)=F_0\dfrac{x}{l}$ 规律作用的轴向分布载荷的作用(题 5-2 图)，试求杆的纵向响应。

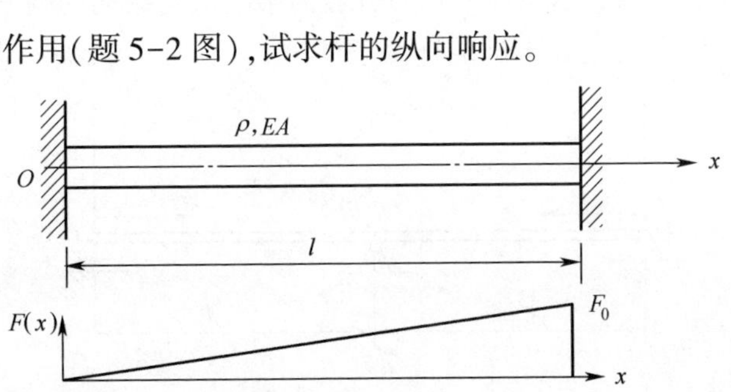

题 5-2 图

5-3 设截面分别为 A_1、A_2，长度分别为 l_1、l_2 的阶梯均质杆（题 5-3 图），单位体积的质量为 ρ，试写出杆做纵向振动时的频率方程。

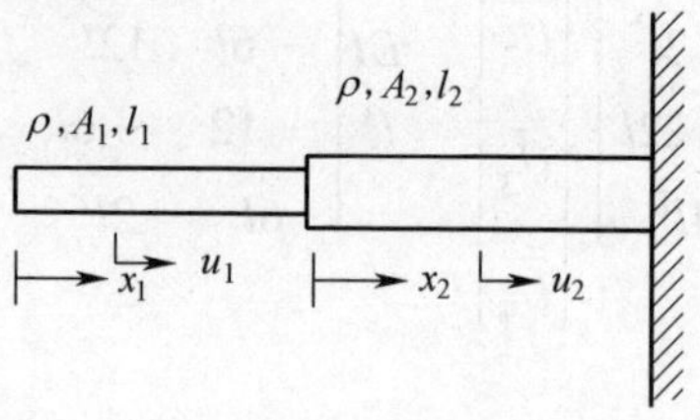

题 5-3 图

5-4 均质简支梁受突加分布载荷 $q(x,t)=\dfrac{cx}{l}F(t)$ 的作用，其中 $F(t)$ 为矩形脉冲，如题 5-4 图所示，求其对激励的响应。

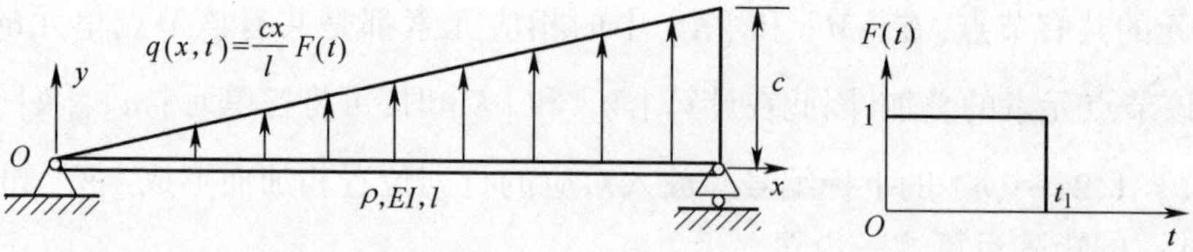

题 5-4 图

5-5 简支梁在左半部作用有横向分布的激励力 $q(x,t)=a\sin\omega t$ 作用，如题 5-5 图所示，试求其稳态响应和中点的幅值。

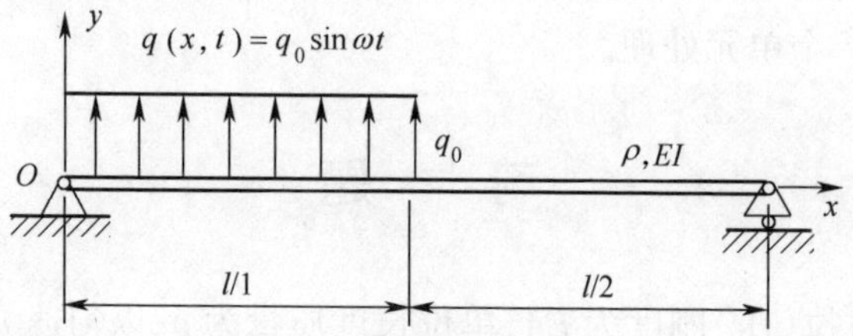

题 5-5 图

5-6 试推导题 5-6 图所示支承条件下均质等截面梁的横向振动的频率方程。（提示：选用图示坐标，利用 $x_1=l_1$，$x_2=l_2$ 的连续条件。）

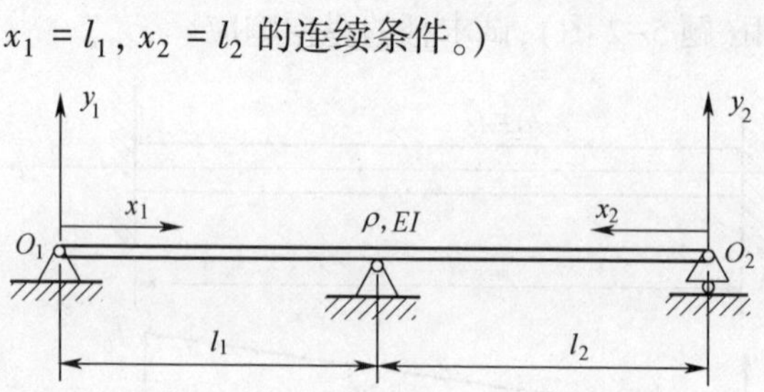

题 5-6 图

参 考 文 献

[1] 刘延柱. 高等动力学[M]. 北京:高等教育出版社, 2001.
[2] (美)罗森伯 R. 离散系统分析动力学[M]. 程乃 ,郭坤,译. 北京:人民教育出版社, 1981.
[3] 刘习军, 贾启芬. 工程振动理论与测试技术[M]. 北京:高等教育出版社,2004.
[4] 汉民师. 机械振动系统: 分析 · 测试 · 建模 · 对策[M]. 武汉:华中科技大学出版社, 2004.

附录　习题参考答案

第2章

2-1 $\begin{cases}(x_1^2+y_1^2)=l_1^2\\(x_2-x_1)^2+(y_2-y_1)^2=l_2^2\end{cases}$ 完整定常系统,有2个自由度。

若 $\varphi_2=a\sin\omega t$,则因坐标变换式 $\begin{cases}x_2=l_1\cos\varphi_1+l_2\cos\omega t=x_2(\varphi_1,t)\\y_2=l_1\sin\varphi_1+l_2\sin\omega t=y_2(\varphi_1,t)\end{cases}$ 中显含 t,系统为完整非定常的,有一个自由度。

2-2 $\begin{cases}x^2+y^2+z^2-2zr=0\\y=x\sin\omega t\end{cases}$ 系统非定常,一个自由度。

2-3 (1) $(x_2-x_1)^2+(y_2-y_1)^2=l^2$

(2) $\dot{x}\cos\theta+\dot{y}\sin\theta=0$,或以笛卡儿坐标为 $\dot{x}_1(x_2-x_1)+\dot{y}(y_2-y_1)=0$,非完整系统,有2个自由度。

2-4 $a=\dfrac{4}{5}g$

2-5 $(3m_1+2m_2)(R-r)\ddot{\varphi}+2m_2l\ddot{\theta}\cos(\theta-\varphi)-2m_2l\dot{\theta}^2\sin(\theta-\varphi)+2(m_1+m_2)g\sin\varphi=0$

$l\ddot{\theta}+(R-r)\ddot{\varphi}\cos(\theta-\varphi)+(R-r)\dot{\varphi}^2\sin(\theta-\varphi)+g\sin\theta=0$

2-6 $(R\theta+l)\ddot{\theta}+R\dot{\theta}+g\sin\theta=0$

2-7 $\dfrac{\mathrm{d}}{\mathrm{d}t}[J_0\dot{\theta}+m(l+x)^2\dot{\theta}]=0$

$m\ddot{x}-m(l+x)\dot{\theta}^2+kx=0$

首次积分为

$J_0\dot{\theta}+m(l+x)^2\dot{\theta}=c_1$

$\dfrac{1}{2}m\dot{x}^2+\dfrac{1}{2}kx^2+\dfrac{1}{2}[J_0+m(l+x)]\dot{\theta}^2=c_2$

其中 c_1,c_2 为积分常数。

2-8 $m(3\dot{x}+l\dot{\theta}\cos\theta)=c_1$

$\dfrac{1}{2}m(3\dot{x}+l^2\dot{\theta}^2+2l\dot{x}\dot{\theta}\cos\theta)-mgl\cos\theta=c_2$

其中 c_1,c_2 为积分常数。

2-9 $2m(\dot{x}-r\dot{\varphi}\sin\varphi)=c_1$

$\dfrac{27}{2}mr^2\dot{\theta}-3mr^2\dot{\varphi}=c_2$

$$m\dot{x}^2 + \frac{27}{4}mr^2\dot{\theta}^2 + 3mr^2\dot{\varphi}^2 - 3mr^2\dot{\theta}\dot{\varphi} - 2mr\dot{x}\dot{\varphi}\sin\varphi - 2mgr\sin\varphi = c_3$$

其中 c_1, c_2, c_3 为积分常数。

2-10 $T = \frac{1}{2}m(\dot{r}^2 + r^2\dot{\theta}^2 + r^2\dot{\phi}^2\sin^2\theta) + \frac{1}{4}mR^2[\frac{1}{2}(\dot{\phi}^2\sin^2\theta + \dot{\theta}^2) + \dot{\phi}^2\cos^2\theta]$

$$V = mgr\cos\theta + \frac{1}{2}k(r - l_0)^2$$

系统的运动微分方程为

$$m[\ddot{r} - r(\dot{\theta}^2 + \dot{\phi}^2\sin^2\theta)] + k(r - l_0) + mg\cos\theta = 0$$

$$\frac{d}{dt}[m\dot{\phi}(r^2\sin^2\theta + \frac{1}{4}R^2\sin^2\theta + \frac{1}{2}R^2\cos^2\theta)] = 0$$

$$\frac{d}{dt}(r^2\dot{\theta}) + \frac{1}{4}R^2\ddot{\theta} - (r^2 - \frac{1}{4}R^2)\dot{\phi}^2\sin\theta\cos\theta - gr\sin\theta = 0$$

2-11 $(m_1 + m_2)\ddot{x} + c\dot{x} + kx + m_2 l(\ddot{\theta}\cos\theta - \dot{\theta}^2\sin\theta) = 0$

$$l\ddot{\theta} + \ddot{x}\cos\theta + g\sin\theta = 0$$

2-12 $\begin{cases}\dot{x}\cos\phi + \dot{y}\sin\phi + a(\dot{\phi} + \dot{\phi}\cos\theta) = 0 \\ -\dot{x}\sin\phi + \dot{y}\cos\phi + a\dot{\theta}\sin\theta = 0\end{cases}$ 非完整约束方程

$z = a\sin\theta$ 完整约束方程

系统有 3 个自由度

动力学方程为

$$m\ddot{x} = -\lambda_1\cos\phi + \lambda_2\sin\phi$$

$$m\ddot{y} = -\lambda_1\sin\phi + \lambda_2\cos\phi$$

2-13 $\frac{d}{dt}(ma^2\dot{\theta}\cos^2\theta + A\dot{\theta}) = -ma^2\dot{\theta}^2\cos\theta\sin\theta - c(\dot{\phi} + \dot{\phi}\cos\theta)\dot{\phi}\sin\theta + A\dot{\phi}\sin\theta\cos\theta - mga\cos\theta - \lambda_2 a\sin\theta$

$$c\frac{d}{dt}(\dot{\varphi} + \dot{\phi}\cos\theta) = -\lambda_1 a$$

$$\frac{d}{dt}[A\dot{\phi}\sin^2\theta + c(\dot{\varphi} + \dot{\phi}\cos\theta)\cos\theta] = -\lambda_2 a\cos\theta$$

式中 $A = \frac{1}{4}ma^2, c = \frac{1}{2}ma^2$；$\lambda_1, \lambda_2$ 是未定乘子。

2-14 $J_x\dot{\omega}_x + (J_z - J_y)\omega_y\omega_z = 0$

$$J_y\dot{\omega}_y + (J_x - J_z)\omega_z\omega_x = 0$$

$$J_z\dot{\omega}_z + (J_y - J_x)\omega_x\omega_y = 0$$

第 3 章

3-1 $p = \sqrt{\frac{2k}{m_1 + 2m_2}}$

3-2 $T=2\pi\sqrt{\dfrac{m}{k}}, A=\sqrt{\dfrac{mg}{k}\left(\dfrac{mg}{k}\sin^2\alpha+2h\right)}$

3-3 (a) $p^2=\dfrac{k_1k_2}{m(k_1+k_2)}$,(b) $p^2=\dfrac{k_1k_2+k_1k_3+k_2k_3}{J(k_2+k_3)}$

3-4 $c_c=\dfrac{2l^2}{a^2}\sqrt{mk}, q=\sqrt{\dfrac{k}{m}-\left(\dfrac{ca^2}{2ml^2}\right)^2}$

3-5 $B=\dfrac{F_0}{k}\dfrac{1}{1-\left(\dfrac{\omega}{p}\right)^2}$,其中 $p=\sqrt{\dfrac{k_1k_2}{m(k_1+k_2)}}$

3-6 $x=\dfrac{k_1a}{(k_1+k_2)-m\omega^2}\sin\omega t$

3-7 $x_1(t)=\dfrac{1}{2}-\dfrac{1}{\pi}\sum\limits_{n=1}^{\infty}\dfrac{1}{n}\sin 2n\pi t$

振动方程为 $m\ddot{x}+c\dot{x}+(k+k_1)x=k_1x_1(t)$

稳态解为 $x(t)=\dfrac{k_1}{k+k_1}\left[\dfrac{1}{2}-\dfrac{1}{\pi}\sum\limits_{n=1}^{\infty}\dfrac{1}{n}\dfrac{\sin(2n\pi t-\varphi_n)}{\sqrt{(1-\lambda_n^2)^2+(2\zeta\lambda_n)^2}}\right]$

其中 $\tan\varphi_n=\dfrac{2\zeta\lambda_n}{1-\lambda_n^2}$

3-8 $m\ddot{x}+c\dot{x}+(k_1+k_2)x=k_1a\sin\omega t, c_c=2\sqrt{m(k+k_1)}$

3-9 $m\ddot{x}+c\dot{x}+kx=me\omega^2\cos\omega t$

$m\ddot{y}+c\dot{y}+ky=me\omega^2\sin\omega t$

稳态解为

$$\begin{cases}x(t)=B_1\cos(\omega t-\varphi)\\ y(t)=B_2\sin(\omega t-\varphi)\end{cases}$$

其中 $B_1=B_2=\dfrac{me\omega^2}{\sqrt{(k-m\omega^2)^2+(c\omega)^2}}=\dfrac{\omega^2}{p^2}e\beta$

式中 $\beta=\dfrac{1}{\sqrt{(1-\lambda^2)^2+4\zeta^2\lambda^2}}$, $\tan\varphi=\dfrac{c\omega}{k-m\omega^2}=\dfrac{2\zeta\lambda}{1-\lambda^2}$

$\overline{OO_1}=\sqrt{x^2+y^2}=\dfrac{me\omega^2}{\sqrt{(k-m\omega^2)^2+(c\omega)^2}}=\dfrac{\omega^2}{p^2}e\beta$

3-10 (a) $x=\dfrac{\alpha}{k}\left(1-\dfrac{1}{p}\sin pt\right)$

(b) $x=\dfrac{F_1}{k}(1-\cos pt)\quad(0\leqslant t\leqslant t_1)$

$x=\dfrac{F_1}{k}[\cos p(t-t_1)-\cos pt]-\dfrac{F_2}{k}[1-\cos p(t-t_1)]\quad(t_1<t\leqslant t_2)$

$$x=\frac{F_1}{k}[\cos p(t-t_1)-\cos pt]-\frac{F_2}{k}[\cos p(t-t_2)-\cos p(t-t_1)]\quad(t>t_2)$$

$$(\mathrm{c})\,x=\frac{F_0}{k}\frac{1}{1-\left(\dfrac{\omega}{p}\right)^2}\left(\sin\omega t-\frac{\omega}{p}\sin pt\right)\quad(0\leqslant t\leqslant t_1)$$

$$x=\frac{F_0}{k}\frac{\dfrac{\omega}{p}}{1-\left(\dfrac{\omega}{p}\right)^2}[\sin p(t-t_1)-\sin pt]\quad(t>t_1)$$

3-11 $$x_r=-\frac{a}{p^2}\left(\frac{t}{t_1}-\frac{\sin pt}{pt_1}\right)\quad(0\leqslant t\leqslant t_1)$$

$$x_r=-\frac{a}{p^2}\left[1+\frac{\sin p(t-t_1)-\sin pt}{pt_1}\right]\quad(t>t_1)$$

第4章

4-1 $$\begin{bmatrix}m&0\\0&2m\end{bmatrix}\begin{Bmatrix}\ddot{x}_1\\\ddot{x}_2\end{Bmatrix}+\begin{bmatrix}5k&-4k\\-4k&5k\end{bmatrix}\begin{Bmatrix}x_1\\x_2\end{Bmatrix}=\begin{Bmatrix}0\\0\end{Bmatrix}$$

$$p_1=0.811\sqrt{\frac{k}{m}},p_2=2.615\sqrt{\frac{k}{m}}$$

4-2 $$p_1^2=\frac{k_1}{2m_1},p_2^2=\frac{2k_1}{m_1},r_1=\frac{1}{2},r_2=-1$$

4-3 $$\begin{bmatrix}2ml^2&ml^2\\ml^2&ml^2\end{bmatrix}\begin{Bmatrix}\ddot{\theta}_1\\\ddot{\theta}_2\end{Bmatrix}+\begin{bmatrix}2kl^2+2mgl&kl^2\\kl^2&kl^2+mgl\end{bmatrix}\begin{Bmatrix}\theta_1\\\theta_2\end{Bmatrix}=\begin{Bmatrix}0\\0\end{Bmatrix}$$

$$\begin{bmatrix}m&0\\0&m\end{bmatrix}\begin{Bmatrix}\ddot{x}_1\\\ddot{x}_2\end{Bmatrix}+\begin{bmatrix}k+\dfrac{3mg}{l}&-\dfrac{mg}{l}\\-\dfrac{mg}{l}&k+\dfrac{mg}{l}\end{bmatrix}\begin{Bmatrix}x_1\\x_2\end{Bmatrix}=\begin{Bmatrix}0\\0\end{Bmatrix}$$

$$p_{1,2}^2=\frac{k}{m}+(2\mp\sqrt{2})\frac{g}{l}$$

4-4 $$\begin{bmatrix}\dfrac{1}{3}m_1l^2&0\\0&m_2\end{bmatrix}\begin{Bmatrix}\ddot{\theta}\\\ddot{x}\end{Bmatrix}+\begin{bmatrix}k_1l^2\cos^2\theta_0+k_2l^2\sin^2\theta_0&-k_2l\sin\theta_0\\-k_2l\sin\theta_0&k_2\end{bmatrix}\begin{Bmatrix}\theta\\x\end{Bmatrix}=\begin{Bmatrix}0\\0\end{Bmatrix}$$

$$p^4-\left[\frac{k_2}{m_2}+\frac{3}{m_1}(k_1\cos^2\theta_0+k_2\sin^2\theta_0)\right]p^2+\frac{3k_1k_2}{m_1m_2}\cos^2\theta_0=0$$

4-5 (a) $$\begin{bmatrix}m_1+\dfrac{1}{4}m_3&\dfrac{1}{4}m_3\\\dfrac{1}{4}m_3&m_2+\dfrac{1}{4}m_3\end{bmatrix}\begin{Bmatrix}\ddot{x}_1\\\ddot{x}_2\end{Bmatrix}+\begin{bmatrix}k_1&0\\0&k_2\end{bmatrix}\begin{Bmatrix}x_1\\x_2\end{Bmatrix}=\begin{Bmatrix}0\\0\end{Bmatrix}$$

(b) $\left(\frac{3}{2}m_1 + m_2\right)\ddot{x} + kx + c\ddot{x} + \frac{1}{2}m_2 l\ddot{\theta} = 0$

$$m_2 l\ddot{x} + \frac{1}{3}m_2 l^2\ddot{\theta} + \frac{1}{2}m_2 gl\theta = 0$$

4-6 $\begin{bmatrix} m_1 & 0 \\ 0 & m_2 \end{bmatrix}\begin{Bmatrix} \ddot{x}_1 \\ \ddot{x}_2 \end{Bmatrix} + \begin{bmatrix} k_1 + k_2 & -k_2 \\ -k_2 & k_2 \end{bmatrix}\begin{Bmatrix} x_1 \\ x_2 \end{Bmatrix} = \begin{Bmatrix} me\omega^2\cos\omega t \\ 0 \end{Bmatrix}$

$$x_1 = \frac{(k_2 - \omega m_2)me\omega^2}{m_1 m_2(\omega^2 - p_1^2)(\omega^2 - p_2^2)}\cos\omega t, x_2 = \frac{k_2 me\omega^2}{m_1 m_2(\omega^2 - p_1^2)(\omega^2 - p_2^2)}\cos\omega t$$

式中 p_1^2, p_2^2 是系统的两个特征值,即为

$m_1 m_2 y^2 - [(k_1 + k_2)m_2 + k_2 m_1]y + (k_1 k_2 + k_2^2) = 0$ 的两个根,其中 $y = p^2$。

4-7 $\begin{bmatrix} ml^2 & 0 \\ 0 & m \end{bmatrix}\begin{Bmatrix} \ddot{\theta} \\ \ddot{x} \end{Bmatrix} + \begin{bmatrix} kl^2 & -kl \\ -kl & k \end{bmatrix}\begin{Bmatrix} \theta \\ x \end{Bmatrix} + \begin{bmatrix} cl^2 & -cl \\ -cl & c \end{bmatrix}\begin{Bmatrix} \dot{\theta} \\ \dot{x} \end{Bmatrix} = \begin{Bmatrix} 0 \\ F_0\sin\omega t \end{Bmatrix}$

$$|\theta_{\max}| = \frac{F_0}{ml\omega^2}\sqrt{\frac{k^2 + c^2\omega^2}{(2k - m\omega^2) + 4c^2\omega^2}}$$

4-8 $m_1\ddot{x}_1 + (k_1 + k_2)x_1 - k_2 x_2 = me\omega^2\sin\omega t$

$m_2\ddot{x}_2 + k_2 x_2 - k_2 x_1 = 0$

$k_2 = m_2\omega^2, |B_2| = \frac{1}{k_2}me\omega^2$

4-9 $\ddot{\varphi} + \left(\frac{R}{l}\Omega^2\right)\varphi = \frac{R + l}{l}\omega^2\theta_0\sin\omega t, \varphi = \varphi_0\sin\omega t$

式中 $\varphi_0 = \dfrac{\frac{R + l}{l}\omega^2\theta_0}{\frac{R}{l}\Omega^2 - \omega^2}, \dfrac{\theta_0}{\varphi_0} = \dfrac{\frac{R}{l}\Omega^2 - \omega^2}{\frac{R + l}{l}\omega^2}$,当 $\omega = \Omega\sqrt{\frac{R}{l}}$ 时,有 $v_0 = 0$,而单摆的固有圆频率为 $p = \Omega\sqrt{\frac{R}{l}}$,随 Ω 而改变,从而使 θ_0 始终为零而消除附加振动。

4-10 $p_1 = 0, p_2 = \sqrt{(2 - \sqrt{2})\frac{k}{m}}, p_3 = \sqrt{\frac{2k}{m}}, p_4 = \sqrt{(2 + \sqrt{2})\frac{k}{m}}$

$\boldsymbol{A}^{(1)} = [1\quad 1\quad 1\quad 1]^{\mathrm{T}}, \boldsymbol{A}^{(2)} = [-1\quad 1 - \sqrt{2}\quad -(1 - \sqrt{2})\quad 1]^{\mathrm{T}}$

$\boldsymbol{A}^{(3)} = [1\quad -1\quad -1\quad 1]^{\mathrm{T}}, \boldsymbol{A}^{(4)} = [-1\quad 1 + \sqrt{2}\quad -(1 + \sqrt{2})\quad -1]^{\mathrm{T}}$

4-11 $p_1 = \sqrt{\frac{g}{l}}, p_2 = \sqrt{\frac{g}{l} + \frac{ka^2}{ml^2}}, p_3 = \sqrt{\frac{g}{l} + \frac{3ka^2}{ml^2}}$

$\boldsymbol{A}^{(1)} = [1\quad 1\quad 1]^{\mathrm{T}}, \boldsymbol{A}^{(2)} = [-1\quad 0\quad 1]^{\mathrm{T}}, \boldsymbol{A}^{(3)} = [1\quad -2\quad 1]^{\mathrm{T}}$

4-12 系统的柔度矩阵为

$$[F] = \frac{h^3}{144EI}\begin{bmatrix} 2 & 2 & 2 \\ 2 & 5 & 5 \\ 2 & 5 & 11 \end{bmatrix}$$

位移方程为

$$\begin{Bmatrix} x_1 \\ x_2 \\ x_3 \end{Bmatrix} + \frac{mh^3}{144EI}\begin{bmatrix} 2 & 2 & 2 \\ 2 & 5 & 5 \\ 2 & 5 & 11 \end{bmatrix}\begin{Bmatrix} \ddot{x}_1 \\ \ddot{x}_2 \\ \ddot{x}_3 \end{Bmatrix} = \begin{Bmatrix} 0 \\ 0 \\ 0 \end{Bmatrix}$$

频率方程为

$$\lambda^3 - 18a\lambda^2 + 54a^2\lambda - 36a^3 = 0$$

其中 $\lambda = \frac{1}{p^2}, a = \frac{mh^3}{144EI}$

4-13 (1) $\begin{Bmatrix} x_1 \\ x_2 \\ x_3 \end{Bmatrix} = \begin{Bmatrix} x_0\cos p_2t \\ 0 \\ -x_0\cos p_2t \end{Bmatrix}$

(2) $\begin{Bmatrix} x_1 \\ x_2 \\ x_3 \end{Bmatrix} = \frac{v}{6}\begin{Bmatrix} 2t + \frac{3}{p_2}\sin p_2t + \frac{1}{p_3}\sin p_3t \\ 2t - \frac{2}{p_3}\sin p_3t \\ 2t - \frac{3}{p_2}\sin p_2t + \frac{1}{p_3}\sin p_3t \end{Bmatrix}$

其中 $p_1^2 = 0, p_2^2 = \frac{k}{m}, p_3^2 = \frac{3k}{m}$

4-14 受迫振动方程为

$$\begin{bmatrix} 2m & 0 \\ 0 & m \end{bmatrix}\begin{Bmatrix} \ddot{x}_1 \\ \ddot{x}_2 \end{Bmatrix} + \begin{bmatrix} 3k & -k \\ -k & k \end{bmatrix}\begin{Bmatrix} x_1 \\ x_2 \end{Bmatrix} = m\omega^2 a_0\begin{Bmatrix} 2\sin\omega t \\ \sin\omega t \end{Bmatrix}$$

系统的响应为

$$\begin{Bmatrix} x_1 \\ x_2 \end{Bmatrix} = \begin{Bmatrix} \frac{2}{3} \\ \frac{4}{3} \end{Bmatrix}\frac{\omega^2 a_0}{p_1^2 - \omega^2}\left(\sin\omega t - \frac{\omega}{p_1}\sin p_1t\right) + \begin{Bmatrix} \frac{1}{3} \\ -\frac{1}{3} \end{Bmatrix}\frac{\omega^2 a_0}{p_2^2 - \omega^2}\left(\sin\omega t - \frac{\omega}{p_2}\sin p_2t\right)$$

式中 $p_1 = \sqrt{\frac{k}{2m}}, p_2 = \sqrt{\frac{2k}{m}}$。

4-15

$$\begin{Bmatrix} x_1 \\ x_2 \end{Bmatrix} = \begin{Bmatrix} 1 \\ 1 \end{Bmatrix}\frac{F_1 + F_2}{2\sqrt{(k - m\omega^2)^2 + c^2\omega^2}}\sin(\omega t - \varphi_1) + \begin{Bmatrix} 1 \\ -1 \end{Bmatrix}\frac{F_1 - F_2}{2\sqrt{(3k - m\omega^2)^2 + 9c^2\omega^2}}\sin(\omega t - \varphi_2)$$

式中 $\varphi_1 = \arctan\frac{c\omega}{k - m\omega^2}, \varphi_2 = \arctan\frac{3c\omega}{3k - m\omega^2}$

4-16　$p_1 = 3.843\sqrt{\dfrac{EI}{ml^3}}$

4-17　$p_1 = 0.378\sqrt{\dfrac{k}{m}}$

4-18　$p_1 = 0.374\sqrt{\dfrac{k}{m}}, p_2 = 1.691\sqrt{\dfrac{k}{m}}$

4-19　$p_1 = 3.159\sqrt{\dfrac{EI}{mh^3}}, p_2 = 7.420\sqrt{\dfrac{EI}{mh^3}}$

$\boldsymbol{A}^{(1)} = [1.000 \quad 2.292 \quad 3.923]^{\mathrm{T}}, \boldsymbol{A}^{(2)} = [1.000 \quad 1.353 \quad -1.045]^{\mathrm{T}}$

4-20　$p_1 = \sqrt{(2-\sqrt{2})\dfrac{k}{I}}, p_2 = \sqrt{(2+\sqrt{2})\dfrac{k}{I}}$

$\boldsymbol{A}^{(1)} = \begin{pmatrix} \dfrac{\sqrt{2}}{2} & 1 \end{pmatrix}^{\mathrm{T}}, \boldsymbol{A}^{(2)} = \begin{pmatrix} -\dfrac{\sqrt{2}}{2} & 1 \end{pmatrix}^{\mathrm{T}}$

第5章

5-1　$u(x,t) = \dfrac{8v_0 l}{\pi^2 a} \sum_{i=1,3,5,\cdots}^{\infty} \dfrac{1}{i^2} \sin\dfrac{i\pi x}{2l} \sin\dfrac{i\pi a}{2l} t$

式中　$a = \sqrt{\dfrac{EA}{\rho}}$

5-3　$\tan\dfrac{\rho}{a} l_1 \cdot \tan\dfrac{\rho}{a} l_2 = \dfrac{A_1}{A_2}$

式中 $a = \sqrt{\dfrac{E}{\rho}}$

5-4　$y(x,t) = \sum_{i=1}^{\infty} (-1)^{i+1} \dfrac{2c}{\mathrm{i}\pi\rho p_i^2}(1-\cos p_i t)\sin\dfrac{i\pi}{l}x \quad (0 \leqslant t \leqslant t)$

$y(x,t) = \sum_{i=1}^{\infty} (-1)^{i+1} \dfrac{2c}{\mathrm{i}\pi\rho p_i^2}[1-\cos p_i(t-t_1) - \cos pt]\sin\dfrac{i\pi}{l}x \quad (t > t_1)$

5-5　$y(x,t) = \dfrac{2q_0}{\pi\rho} \sum_{i=1}^{\infty} \dfrac{1-\cos\dfrac{i\pi}{2}}{i(p_i^2-\omega^2)} \sin\dfrac{i\pi x}{l} \sin\omega t$

中点幅值为

$$y\left(\frac{1}{2}l\right) = \frac{2q_0}{\pi\rho} \sum_{i=1}^{\infty} \frac{\left(1-\cos\dfrac{i\pi}{2}\right)}{i(p_i^2-\omega^2)} \sin\frac{i\pi}{l} = \frac{2q_0}{\pi\rho} \sum_{i=1,3,5,\cdots}^{\infty} \frac{(-1)^{\frac{i-1}{2}}}{i(p_i^2-\omega^2)}$$

5-6　$\mathrm{ctan}\beta l_1 + \mathrm{ctan}\beta l_2 = \mathrm{cth}\beta l_1 + \mathrm{cth}\beta l_2$，其中 $\beta^4 = \dfrac{p^2\rho}{EI}$